Inquiring into the Origin of Science

追问科学起源

时间体系与四次科学奇迹

Time System and Four Scientific Miracles

陈资灿 著

社会科学文献出版社
SOCIAL SCIENCES ACADEMIC PRESS (CHINA)

特别致谢

福州大学福建经济高质量发展研究中心资助
福州大学经济与管理学院学术出版基金资助

目 录

第一篇 历史上科学发展的动力与阻力

第一章 为什么要关注科学起源？ …………………………………… 3

第二章 自然科学发展的动力与阻力 ………………………………… 12
  第一节 科学概念及争论 …………………………………………… 12
  第二节 好奇心理、求知欲与科学探索动力源泉 ………………… 22
  第三节 科学研究的阻力问题探析 ………………………………… 39
  第四节 历史上的科学奇迹总是与精确的时间体系密切相关 …… 46

第二篇 历史上的四次科学奇迹

第三章 科学起源与时间体系的形成 ………………………………… 53
  第一节 科学起源的传统解释及其存在的缺陷 …………………… 53
  第二节 科学起源时代的原始社会 ………………………………… 60
  第三节 原始社会时空理论萌芽与发展 …………………………… 70
  第四节 早期人类对其他领域的科学探索 ………………………… 97

第四章 古希腊科学奇迹 ……………………………………………… 102
  第一节 古希腊科学奇迹的传统解释 ……………………………… 103
  第二节 "拯救现象"与古希腊科学的兴起 ……………………… 118
  第三节 古希腊科学兴起的基本逻辑 ……………………………… 134
  第四节 古希腊科学发展历程与基本特征 ………………………… 145

第五节　古希腊科学衰落的根本原因 ………………………… 165

第五章　伊斯兰阿拉伯科学奇迹 ………………………………… 174
　　第一节　伊斯兰阿拉伯科学的辉煌成就 ……………………… 175
　　第二节　伊斯兰阿拉伯科学发展的动力 ……………………… 191
　　第三节　伊斯兰阿拉伯科学衰落之谜新解释 ………………… 199

第六章　近代科学革命若干问题解析 …………………………… 215
　　第一节　关于近代科学革命动力的不同观点的评析 ………… 215
　　第二节　近代科学革命发生时间与判定标准的争议 ………… 227
　　第三节　从时间体系修订角度理解近代科学革命 …………… 237

第七章　哥白尼革命的真相 ……………………………………… 247
　　第一节　哥白尼革命原因的传统解释 ………………………… 247
　　第二节　欧洲社会对历法修订的需求激励了天文学研究 …… 260
　　第三节　《天体运行论》为儒略历修订提供合适的理论依据
　　　　　　………………………………………………………… 279
　　第四节　《天体运行论》的理论渊源及其整合 ……………… 287
　　第五节　哥白尼革命最初的社会反响 ………………………… 300

第三篇　近代科学革命深化的逻辑与动力解析

第八章　近代科学革命深化的原因与动力源泉 ………………… 311
　　第一节　近代科学革命深化的传统解释及其缺陷 …………… 311
　　第二节　近代科学革命深化的关键历史背景 ………………… 318
　　第三节　布鲁诺事件对近代科学革命的影响 ………………… 325
　　第四节　开普勒新天文学研究的动力逻辑解析 ……………… 332
　　第五节　伽利略新科学研究的动力逻辑解析 ………………… 342

第九章　近代科学革命的深化与两种宇宙观的验证 …………… 361
　　第一节　两种宇宙观的验证形成了近代科学革命核心内容 … 363
　　第二节　牛顿完成了"拯救现象"的证明 …………………… 392

第十章　宗教与科学的冲突和近代科学革命中心的转移 …………… 399
第一节　宗教与科学的特殊冲突的两种后果 ………………… 399
第二节　天主教会科研选题禁令与科学革命中心的转移 ……… 414

第十一章　四个主要发现与展望 …………………………………… 434
第一节　四个主要发现 ………………………………………… 435
第二节　研究展望 ……………………………………………… 447

后　记 …………………………………………………………………… 452

第一篇
历史上科学发展的动力与阻力

第一章　为什么要关注科学起源？

一　李约瑟难题与科学史未解之谜

为什么古代中国科学长期停留在经验阶段，只有原始型或中古型的理论？欧洲在16世纪以后诞生了现代科学，中国文明却未能产生相似的现代科学，其阻碍因素是什么？为什么中国在科学技术发明的许多重要方面能在公元3世纪至13世纪远远领先西方？为什么中国在理论和几何学方法体系方面的弱点并没有妨碍各种科学发现和技术发明的涌现？又是什么因素使得科学在中国早期社会中比在古希腊或欧洲中古社会中更容易得到应用？①这些问题被概括为"李约瑟难题"。1976年，美国经济学家肯尼思·博尔丁将李约瑟在不同场合关于中国古代及近代科技相关问题的各种表述概括为"李约瑟难题"或"李约瑟之谜"。

事实上，早在肯尼思·博尔丁总结出李约瑟难题之前，任鸿隽、冯友兰、竺可桢、钱宝琮等学者已经对中国近代科技的停滞与落后问题进行了许多有益的探索，产生了一批颇有价值的经典文献。20世纪80年代至21世纪初，国内科技界、经济学界、史学界、文化学界、教育学界众多学者共同参与了李约瑟难题研讨，产生了大量具有较高学术价值的研究成果。据粗略统计，1980~2002年，国内探讨李约瑟难题的文章有260多篇，著作有30多种。②受李约瑟影响，国外许多著名学者如何丙郁、葛瑞汉、科恩、席文、尹懋可、拉维茨等也从不同角度探讨了李约瑟难题，产生了许多颇具学术价值的研究成果。最近20年，虽然李约瑟难题

---

① 李约瑟：《中国科学技术史》（第一卷），科学出版社、中国古籍出版社1990年版，导论第1—2页。
② 何平、夏茜：《李约瑟难题再求解》，上海书店出版社2016年版，第2页。

的研究热度大幅度下降，但仍然有一些具有较高学术价值的研究成果产生。

然而十分遗憾的是，迄今为止，李约瑟难题还没有得到合理的解释。如果从任鸿隽 1915 年发表在《科学》杂志创刊号上的文章《说中国之无科学的原因》算起，国内外对李约瑟难题或类似问题的研究已超过 100 年。在历史长河中，100 多年的时间或许并不算漫长，也就是弹指一挥间，但对于人类个体的生命而言，这绝对是一个漫长的时间，一个问题能够在 100 多年间一直保持吸引力，足见这一问题对我们而言是多么重要。同时，100 多年来，这个受到大量关注并且使许多学者为之付出大量心血的问题还没有得到解释，足以说明合理解答李约瑟难题的难度之大。

李约瑟难题或类似的问题之所以对我们具有如此大的吸引力，绝不仅仅因为它是一个饶有趣味的历史问题，还因为这一难题的解答，直接关系我们如何正确认识近代中国的屈辱历史。只有正确认识历史、以史为鉴，才能避免重蹈覆辙。实际上，近代中国的科技落后不仅仅是一个单纯的历史问题，还深刻地影响了当代中国社会的文化价值观念，深刻地影响了当下与未来的发展路径的选择。

可见，正确解答李约瑟难题是学术界无法回避的责任。但是，李约瑟难题是一个牵涉面极广且高度复杂的历史难题，试图在一篇论文或一部专著中彻底解答这一难题是不现实的。因为我们还没有真正地理解科学起源、发展演化以及科学史上若干重要的科学奇迹究竟是怎么产生的；我们还没有真正理解古希腊科学奇迹、伊斯兰阿拉伯科学奇迹以及近代科学革命的逻辑是什么。只有真正理解了历史上科学起源与科学奇迹的演化逻辑，我们才能够正确地解答李约瑟难题。

但这一领域，恰恰是目前研究的薄弱环节。前工业时代科学起源、发展演化与近代科学革命的有关解释，因缺乏基本逻辑而呈现出支离破碎、相互矛盾的现象。

在古代社会，科学究竟起源于何时何处？为什么会产生科学？科学发展演变是否存在规律？古希腊科学奇迹究竟是怎么产生的？遵循何种逻辑？为何很快就衰落下去？伊斯兰阿拉伯科学兴起的原因是什么？又是什么因素导致其衰落？究竟是什么因素导致原本科学基础薄弱的西欧突然爆发了近代科学革命？自然科学的数学化是如何发生的？它是不是原始科学的升华？诸如此类的问题长期困扰着科学哲学、科学史领域的专家学者。

100多年来，许多学者从不同角度、不同层面对历史上科学奇迹、科学演化历程等相关问题展开了系统、深入的持续研究，试图揭示科学起源与发展演化的内在规律与外部条件，以彻底解开笼罩在科学史上诸多谜团。虽然学界的努力取得了一系列丰硕成果，但没有从根本上解开上述谜团，甚至让人陷入更深的迷惘与困惑。实际上，我们发现，随着研究的深入，学界关于科学史上的科学奇迹、近代科学革命的观点分歧没有缩小，反而进一步扩大。

以对近代科学革命之谜的解析为例，学界关于科学革命的定义、原因、动力没有形成一致的意见，反而出现重要观点、解释的分歧进一步扩大的现象。换个角度看，近代科学革命终究体现为科学家的创新活动及其成果，那到底是什么因素促使哥白尼、伽利略、开普勒、笛卡尔、牛顿等人从事这样的科学探索或创新活动？按常理推测，人们对这些问题的回答应该不会存在太大差异，但国内外学界对这些问题的解释实际上五花八门。

以对伽利略科学研究方法的归纳与评价为例，这属于相对客观的问题，似乎不容易引起太大争议，但实际情况却相反，伽利略的研究方法被不同研究者冠以经验主义、理性主义、无政府主义、柏拉图主义、亚里士多德主义、数学-实验主义等，所有这些观点（远不止以上罗列的这些），其论述似乎都有各自充分的根据，但这些结论却是极其矛盾的①。至于对伽利略为什么从事天文学研究，解释更是五花八门，诸如受一颗新星的发现（1604年）启发转而研究天文学、为捍卫哥白尼天体运行论真理而研究天文学、科学与宗教的冲突促使伽利略研究天文学、因为通过望远镜发现行星围绕太阳旋转的现象而研究天文学、受开普勒影响研究天文学、因为早年给学生开设托勒密行星理论课程而走上天文学研究道路等，面对如此大相径庭的解释，试问我们应该如何准确把握伽利略研究天文

---

① 朱惠萍：《伽利略研究的历史线索》，《自然辩证法通讯》1990年第6期，第59—63页、第27页。

学的动机？此外，关于伽利略从事物理学研究的动机的解释也大相径庭。

实际上，关于近代科学革命的方方面面，都存在类似的情况。这表明，虽然我们已经拥有汗牛充栋的近代科学革命相关文献，但近代科学革命之谜仍然没有得到合理解释。对科学史领域的其他谜题的研究，也存在类似的情况。其中的重要原因在于，我们还没有找到合理解析科学起源、发展演化的基本逻辑或线索。

二 与科学革命失之交臂，还是创新激励丧失？

科技创新能力是文明社会的灵魂，是推动中华民族伟大复兴的动力。当前我国科技创新核心竞争力有了很大提升，但与欧美发达国家相比，仍然处于相对劣势地位，导致这种状况的原因究竟是什么？是由于我们曾经数次错过科学革命的历史累积因素，还是我们对科学发展规律的认识存在偏差，进而导致科技创新激励机制存在缺陷？

从历史来看，中华文明之所以能够五千年生生不息、绵延不断，呈现出顽强的自强力量、强大的自信心与包容气度，关键的因素在于中华民族几千年中的大多数时间里一直在科技、经济领域居全球领先的地位。在漫长的农耕文明时代中，中国科技创新能力长期雄踞全球榜首或世界前列，美国科技史领域著名学者坦普尔甚至认为，"近代世界赖以建立的种种基本发明和发现，可能有一半以上来源于中国"。[①] 正是科技创新能力推动了中华文明长期的经济强盛、文化繁荣。建立在强大的科技与经济实力基础上的中华文明在全球范围内具有强大的吸引力。在谈到中华文明和中国传统文化灿烂辉煌的成就时，英国著名数学家、哲学家怀特海曾经感慨："我们对中国的艺术、文学和人生哲学知道得越多，就会愈加羡慕这个文化所达到的高度。几千年来，中国不断出现聪明好学的人，毕生献身于学术研究。从文明的历史和影响的广泛看来，中国的文明是世界上自古以来最伟大的文明。"[②]

反过来看，一个民族一旦丧失科技创新动力，经济发展动力就会随

[①] 〔美〕罗伯特·K.G.坦普尔：《中国：发现和发明的国度》，陈养正等译，二十一世纪出版社1995年版，第11页。

[②] 〔英〕怀特海：《科学与近代世界》，何钦译，商务印书馆1959年版，第6页。

之衰退，文化发展也会随之失去支撑与动力。晚清以后，中国的衰退首先表现为科技创新动力严重欠缺，在西方先进工业经济的冲击下，经济不断衰退，中国传统文化的发展也陷入了低谷。在西方所谓的先进文化冲击下，中国内部出现了多次对传统文化的批判、否定浪潮，导致国人出现了价值观念混乱、信仰迷茫与国家文化认同危机，出现了崇洋媚外的价值取向，严重削弱了民族自信心与凝聚力。要改变这种不安与迷茫，关键的举措之一就是加强科学研究以恢复科技创新能力。

可见，中华民族伟大复兴关键的一个环节是恢复曾经拥有的强大的科技创新能力、实力与领先地位。中华人民共和国成立以来，特别是改革开放以来，中国的科技创新实力得到极大的增强，成为支撑我国经济快速增长的重要动力之一。但是，在1978年以来经济快速增长的40多年里，更多依靠的是制度改革释放出来的动力，科技创新产生的动力仍然不足，特别是在重大基础科学理论创新领域的绩效仍然不太显著，明显无法与经济高速发展相匹配，也与中国世界人力资源第一大国的地位以及世界第二大经济体的地位不匹配。有研究认为，如果我们不能够在重大基础科学理论领域形成强大的原始创新能力与引领全球创新的力量，中华民族伟大复兴将面临考验。

虽然这种担忧并非毫无道理，但笔者认为可能性非常小。因为中国科技创新自信心、科技创新人力资源、科技创新企业家队伍都在快速成长，创新的投入规模也在迅速增长，同时还拥有其他国家不具备的优势，即中国市场规模足够大，能够为科技创新提供源源不断的激励与动力。国家在科技创新领域的支持立场十分坚定，支持力度持续不衰。

近年来，我国不断强调加强自主创新，推动创新主体融入全球创新网络，采取一系列激励措施推动科技创新投入不断增长，2021年我国全社会研发费用大约是2012年的2.7倍，基础研究费用是2012年的3.4倍；在创新投入资金规模不断增长的同时，2021年我国全球创新指数较2011年的排名上升了22位，2021年排名全球第12位。我国企业在5G、移动互联网、高铁、工程机械等领域的科技创新取得了重大成果，科技创新核心竞争力明显提升。

在高质量发展的新发展阶段，不仅要重视投入方面的量的增长，还要在科技创新体制机制方面有所突破。

深入理解人类社会科学起源、演化与发展，了解古代社会科学奇迹，尤其是近代科学革命的内容、实质与来龙去脉，显然有助于我们改善与提高科技创新体制机制的结构与效率，更好地推动中国科技创新核心竞争力的形成，推动经济增长模式实现真正彻底的转型，能够让我们以更少代价在更多领域实现赶超，在更短的时间内实现中华民族伟大复兴，乃至引领世界科技创新潮流，为世界科技进步做出中国贡献。

深入、系统分析科学起源、发展与近代科学革命历史真相，有助于更加信心满满地投身科学事业，将科技创新产生的成果转化为推动中华民族伟大复兴的巨大动力。中国虽然在历史上与数次科学革命失之交臂，但只要正确总结和认识人类科学史中的经验，重建科技创新激励体制和机制，中国具有深度参与甚至引领未来新一轮技术革命乃至科学革命的机会。

无论是从中华民族伟大复兴这一宏伟目标出发，还是从微观个体的收入水平增长出发；无论是从中国传统文化复兴、增强民族凝聚力、维护社会稳定、实现共同富裕目标出发，还是从个人微小的人生目标出发，我们都需要保持一个可持续经济增长局面。同时，当前中国经济的长期可持续较快增长，比以往任何时候都更加依赖以科技创新为基础的核心竞争力，未来更是如此。

三 "纯粹的求真动机"还是需求拉动？

以往的科学史文献中，较少关注一个关键因素：科学起源、古希腊科学奇迹、伊斯兰阿拉伯科学奇迹、近代科学革命所涉及的核心内容都与建立或修订准确时间体系（历法）密切相关，更确切一点讲，我们通常所讲的科学起源与历史上四次科学奇迹是建立或修订时间体系（历法）的需求拉动的结果。

精确的时间体系对人类的生产生活是至关重要的，无论是现代社会，还是古代社会，时间体系的应用无处不在。人类的政治、经济、宗教、文化活动，无不依赖精确的时间体系进行协调。没有时间体系或规则，人类社会的有序运转便无从谈起。时间规则实际上来源于人们日常生产和生活，是人类根据自身的需要而建立起来的时间体系。①

从人类发展历史角度看，没有较为精确的时间体系，人类社会很可能无法走出农业播种困境，无法解决食物供给稳定问题，从而也就难以发展到定居农业时代，而没有定居农业时代的技术创新与积累，人类就无法创造灿烂辉煌的农业文明。

考察人类时间体系的发展历史，不难发现它经历了物候历、星象历、以太阳回归年为基础的天文历（以下简称历法）三个阶段，最后定格在天文历上面。这是因为人类发现以太阳、月亮运行规律为参照，是构建准确计时体系最为高效的方法，同时也是社会代价最小的方法。虽然历法的制定或修订与五大行星运行基本没有直接联系，但在星象历时代，世界各个古文明都对五大行星运行规律做了大量研究，五大行星运动规律可以作为校准对日、月运行的观察的参照物。因此，在以天文历制定与修订为主要目的的天文学研究中，习惯上将太阳、月亮、五大行星作为研究对象。

历法的制定或修订，需要知道太阳、月亮的精确运行规律，包括运行轨道和任意时刻的位置，以精确建立年、月、日之间的客观联系，因此，天文学研究的精细化或数学化是历法制定或修订的内在要求与必然结果。但是在科学史或天文学说史的研究中，学者们似乎遗忘或忽略了这一点，导致科学史中的许多重大历史现象无法得到解释。

因此，从人类对准确时间体系的需求拉动了科学起源和发展演化的基本逻辑出发，可以前后逻辑一致地合理解释人类历史上的四次科学奇迹。这是一个意义极为重大的发现。从中不难发现，人类对时间体系的需求和建立并非平稳匀速推进，而是具有明显的间断性与跳跃性，取决于具体社会环境和条件以及掌权者的偏好与决心。

原始人类对时间体系的迫切需求拉动了天文学研究，掌握了天文历法制定办法，解决了原始社会播种难题与食物危机问题，清除了进入农业文明的障碍。史前文明对时间体系（历法）的迫切需求拉动了科学起源与发展演化。

---

① 俞金尧、洪庆明：《全球化进程中的时间标准化》，《中国社会科学》2016 年第 7 期，第 164—189 页。

雅典历法乱象引起了社会广泛关注，民众普遍希望有一个精确的时间体系来指导他们的生产生活。柏拉图提出"拯救现象"倡议的缘由是为历法修订建立一个可靠的天文学理论，他希望先研究清楚日月和五大行星运动规律，再制定准确的历法。柏拉图的倡议得到了积极响应，推动了古希腊行星天文学研究。以修订准确的历法或时间体系为目标的行星天文学理论研究带动了几何学、光学、天体测量学与数理地理学的发展，构成了古希腊科学奇迹的主要内容。

历史上伊斯兰世界各个王朝赞助科学研究主要是出于计时学研究的需要，以解决伊斯兰信仰中的数理天文学问题，具体包括历法校准、吉布拉值、礼拜时间、新月初见等。历法修订与宗教礼仪的需要拉动了天文学研究，带动了三角学、几何学、数理地理学等自然科学的创新与突破，铸就了伊斯兰阿拉伯科学奇迹。

为确保复活节等宗教节日庆祝活动准时举行，农业生产正常进行，国家、社会正常运转，就必须解决儒略历不准确带来的时间与季节混乱。于是，哥白尼决定创作《天体运行论》，为历法修订提供可靠的天文学理论。莱茵霍尔德根据《天体运行论》编制《普鲁士星表》，成为罗马教会修订儒略历的基础。1582年，教皇格里高利颁布新历法，在天主教掌控的区域实施，以取代实施一千多年的儒略历。此举引发新教教派普遍反对，这意味着新教区域希望拥有自己的新历法，以与格里高利历抗衡，包括第谷、梅斯特林、开普勒等一众天文学家继续天文学理论研究，为历法修订做出了贡献。

如果没有意外事件发生，哥白尼革命之后，西欧社会的天文学研究可能会暂告一段落，但布鲁诺事件导致近代西欧社会产生新的科学研究选题，推动了科学研究不断深化，由此产生了波澜壮阔的科学研究热潮并产生了一系列令人震撼的科学成果。这里的布鲁诺事件是指在长达近二十年时间里，布鲁诺在游历西欧大陆过程中，四处宣扬哥白尼日心说，并批判托勒密地心说，他的观点通过人文学者的文学作品传遍西欧各地，导致两种截然相反的宇宙观尽人皆知，引发两种宇宙观尖锐对立，推动近代科学革命深化。正如开普勒在给伽利略信中所写："不应该忘记我们所有的人都是多亏了布鲁诺，今天我们之所以能够进行这些研究，仍然是多亏了他。"① 在布鲁诺事件的催化下，西欧出现了从物理学角度论证宇宙论的热潮，最终，第谷、开普勒、伽利略将物理学与天文学紧密结合，找到了支持地动说与日心说的大量证据，牛顿在前人基础上进行高效的综合，创作了《自然哲学的数学原理》，完成了古希腊"拯救现象"提出的任务，彻底揭示了"七大行星"（古希腊将日月也当作行星）运动规律。

从史前文明到近代科学革命，科学起源、发展与演化的最重要动力是人类社会对精确的时间体系或历法的需求。正是精确的时间体系或历法在社会各个层面的巨大应用价值，才导致天文学研究成为古代社会最重要的自然科学，而对精确的时间体系或历法的需求，对天文学的数理化提出内在要求，拉动了光学、天体测量学、物理学、数学的发展并实现了自然科学数学化，导致这些学科领域产生了耀眼的科学成果，被我们称为古代社会科学奇迹典型代表的古希腊科学奇迹、伊斯兰阿拉伯科学奇迹、近代科学革命奇迹，都是相关社会或国家对准确时间体系或历法的强烈需求而引发以天文学为中心的科学研究长期持续的结果。

因此，必须强调的是，我们有必要更加谨慎地对待诸如"西方人崇尚自然、纯粹出于对宇宙的好奇心而热衷于科学探索"的流行观点。从古希腊到伊斯兰阿拉伯，再到近代西欧的哥白尼革命，关于时间空间之间关系的科学理论，还是存在非常明确的需求牵引因素，有很强的应用目的，这是以往学界忽视的地方。另外，开普勒、伽利略、笛卡尔与牛顿等学者的科学研究，并非纯粹基于个体的好奇心，而是受整个西欧社会的好奇心的推动，这种社会好奇心源于特定时代的特殊社会冲突导致的特殊需求。

---

① 〔法〕让·昊西：《逃亡与异端——布鲁诺传》，王伟译，商务印书馆2014年版，第239—240页。

第二章　自然科学发展的动力与阻力

第一节　科学概念及争论

一　什么是科学

要理解科学探索的动力问题以及科学发展的历史，对科学的概念做一个简要的梳理显然十分必要。

在现代社会，关于什么是科学，学者们的理解经常不一致，甚至大相径庭。"科学"，英文为"science"，源自拉丁文"*scientia*"，原意为"学问""知识"；16世纪末，中国将"science"译为"格致"，意指通过接触事物获得知识，因此将"science"称为格致之学；19世纪末，康有为和严复根据日文将"science"译为"科学"，此后，"科学"一词在我国逐渐推广使用开来并沿用至今。[①] 在欧洲，直到19世纪，科学一词才开始有自然科学或物理科学等较为严格的现代含义，也就是说，科学一词开始跟物理学、化学、生物学等现代学科产生联系，而在此之前，科学在英语里经常用在哲学以及正式的技能领域。[②]

由于现代科学在短短两百多年的发展历程中日益展现出巨大威力，科学价值观念成为普遍接受的社会价值观，逐步渗透到社会生产生活的方方面面，无论是政治、经济、教育、生产管理领域，还是学习、医药卫生、生活领域，都不可避免地烙上"科学"的印记。相应地，科学一

[①] 吴炜、程本学、李珍：《自然辩证法概论》，中山大学出版社2015年版，第55页。
[②] 〔美〕詹姆斯·E.麦克莱伦第三、哈罗德·多恩：《世界科学技术通史》，王鸣阳、陈多雨译，上海科技教育出版社2020年版，第5页。

词也成为整个社会最高频的用语之一，它在使用过程中存在不同的含义也就不足为奇了。在学术研究领域，当提到科学一词时，我们自然而然地就会联想到使用科学手段、方法以及理论知识来处理或解决社会生产生活中面临的各种挑战或问题，既包括各种各样的自然科学技术挑战或问题，也包括社会生产生活中的各种人文社会挑战或问题，因此，总体上看，科学含义应该有广义与狭义之分。

广义的科学应该包括自然科学、社会科学与人文科学。自然科学包括物理科学、生物科学、地球科学、气象学等，有时包括数学；社会科学包括人类学、考古学、经济学、历史学、政治学、心理学和社会学等；人文科学包括哲学、文学研究、语言研究等学科。[1] 狭义的科学往往是指自然科学。在实践中，各国对科学的划分标准存在很大差异，例如，今天法国科学院与英国皇家学会一样，将社会科学排除在科学体系之外，同时在非科学家的准入方面制定了严格的条件。但是在德国，主要的科学院一直有广泛的成员基础，最初成员包括物理学（也包括化学、医学和其他自然科学）、数学（也包括天文学和力学）、德国哲学和文学（尤其是东方文学），后来科学被划分成自然科学和数学、哲学和历史两类。[2] 美国国家科学院的分类更加广泛，共有五个学科大类，分别是数理科学、生物科学、应用和工程科学、医学科学和社会科学5个学科组，具体涵盖以下学科：数学、天文学、物理学、化学、地质学、地球物理学、生物化学、细胞与发育生物学、生理科学、神经生物学、植物学、遗传学、种群生物学、进化与生态学、工程学、应用生物学、应用物理和数学科学、医学遗传学、血液学和肿瘤学、医学生理学、内分泌与代谢医学、医学微生物学与免疫学、人类学、人类环境科学、心理学、社会和政治学、经济科学等学部[3]。目前，美国国家科学院的院士数量约2600名，有200多位院士获得过诺贝尔奖，其中社会科学领域获奖比例约为1/6，有35位院士获得诺贝尔经济学奖。中国设有中国科学院和中国社会科学院，中国科学院的学科涵盖数学和自然科学，自然科学包括

---

[1] 〔美〕伯纳德·科恩：《自然科学与社会科学的互动》，商务印书馆2016年版，第8页。
[2] 〔美〕伯纳德·科恩：《自然科学与社会科学的互动》，商务印书馆2016年版，第9页。
[3] 见美国国家科学院官网，National Academy of Sciences（nasonline.org）。

物理学、生物学、化学、天文学、地球科学等基础理论科学以及医学、农学、气象学、材料学等应用科学；中国社会科学院的学科涵盖政治学、经济学、管理学、伦理学、历史学、法学、社会学、教育学、人类学、新闻学、传播学、心理学、民俗学等。

世界各国科学院对科学划分的明显差异反映了人们对科学存在不同的看法，但从欧美国家科学发展历程的角度看，对科学的不同划分标准并不影响科学发展水平和绩效。

二 自然科学概念

本书要探讨的科学指狭义上的科学，也就是通常讲的自然科学，如果没有特别说明，本书的"科学"一词是指自然科学（包括数学）。即便做了这样的限制，也没有完全消除人们对科学定义的不同理解。学者们从不同角度或不同目的来解释科学与客观世界之间的内在联系，但关于科学的定义依然存在明显差别，甚至大相径庭。因此，定义科学一词不是简单的事情，而是一个相当复杂的问题，因此有必要从不同角度加以系统考察。

（一）从观察与实践角度界定科学的概念

英国著名科学哲学家查尔默斯认为科学来源于观察与实践经验，并在此基础上构建具有客观规律的理论大厦。他在《科学究竟是什么》一书中对科学下了一个通俗易懂的定义："科学是从经验事实中推导出来的知识。"[①] 他进一步解释："科学是以我们所能看到、听到和触摸到的东西为基础的，而不是以个人的观点或推测性的想象为基础的。如果对世界的观察是通过细致和无偏见的方式进行的，那么，以这种方式确定的事实将为科学构建一个可靠的和客观的基础。"[②]

著名科学史学者戴维斯对科学所下的定义与查尔默斯相类似，他指出："科学是建立在事实基础上的一栋大厦。"[③]

罗素是一位博学多才的学者，是著名哲学家、数学家、逻辑学家、

---

① 〔英〕A. F. 查尔默斯：《科学究竟是什么？》，鲁旭东译，商务印书馆2019年版，第5页。
② 〔英〕A. F. 查尔默斯：《科学究竟是什么？》，鲁旭东译，商务印书馆2019年版，第5页。
③ Davies, J. J. *On the Scientific Method*. London：Longman, 1985：8.

历史学家和文学家,曾获过诺贝尔文学奖,他对科学的定义简明易懂,三言两语将复杂的科学定义清晰地呈现出来,他认为:"科学是依靠观测和基于观测的推理,试图首先发现关于世界的各种特殊事实,然后发现把各种事实相互联系起来的规律,这种规律(在幸运的情况下)使人们能够预言将来发生的事物。"[1]

美国物理学家、科学哲学家、科学史家托马斯·库恩认为,科学是关于自然的事实、理论与研究方法的汇总。[2]

詹姆斯·E. 麦克莱伦第三、哈罗德·多恩认为,从内容上看,科学是自然界知识的集合,"科学以其文化和知识上的巨大威望给我们提供了现代科学世界观。关于宇宙和我们周围的世界,科学给出了很多令人惊叹且无比细致的描述"[3]。

日本著名的科学史学者古川安指出,如果把"科学"宽泛地看作关于自然的知识体系和创造这一体系的人们的行为,那么这样的科学绝非欧洲的专利。从古代到近代,在古希腊、印度、阿拉伯、中国乃至日本,不论东西方,都曾经存在科学。[4]

何平、夏茜认为,"科学是关于自然现象的理论知识,是对经验知识的理性考察,也是对现象之间的因果关系和规则的抽象"[5]。

另外,有些学者认为,真正的科学可以根据其采用的方法来辨别,尤其是实验方法,如果一种理论是真正科学的,就必须建立在观察和实验结果的基础上并接受其检验。[6]

从上述定义中不难看出,科学可以理解成是从实践经验中抽象出来的关于自然现象与自然规律的系统知识体系,它在证实、证伪过程中不断更新成长,借助科学理论,可以较为准确地预测将来发生的事情。

---

[1] 〔英〕罗素:《宗教与科学》,徐奕春、林国夫译,商务印书馆2010年版,第1页。
[2] 〔美〕托马斯·库恩:《科学革命的结构》(第四版),金吾伦、胡新和译,北京大学出版社2012年版,第1页。
[3] 〔美〕詹姆斯·E. 麦克莱伦第三、哈罗德·多恩:《世界科学技术通史》,王鸣阳、陈多雨译,上海科技教育出版社2020年版,第6—7页。
[4] 〔日〕古川安:《科学的社会史》,杨舰、梁波译,科学出版社2011年版,第5页。
[5] 何平、夏茜:《李约瑟难题再求解》,上海书店出版社2016年版,第38页。
[6] 〔美〕戴维·林德伯格:《西方科学的起源》(第二版),张卜天译,湖南科学技术出版社2013年版,第1页。

（二）科学是运用数学方法研究自然现象与自然规律的系统化理论知识

李约瑟认为，应区分古代科学、中世纪科学与现代科学，现代科学是一门以数学手段精确量化研究自然规律的知识体系，始于文艺复兴时期的伽利略。他指出："现代科学只在文艺复兴晚期的伽利略时代发展于西欧时，我们的意思当然是指，只有在彼时彼地才发展出了今天自然科学的基本结构，也就是把数学假说应用于自然，充分认识和运用实验方法，区分第一性质和第二性质，空间的几何化，接受实在的机械论模型。"[①] 至于古代科学与中世纪科学，李约瑟持一种宽泛的看法，将探索自然现象、自然规律的活动及其所得到的知识都看作科学。显然，这样的科学知识遍布于全球各地。

美国著名科学史教授林德伯格认为对科学的定义应尽可能采取一种宽泛的定义，科学知识体系应该包括一切描述自然的手段、方法与观点，但重要的事实与推论应该尽量运用数学进行量化描述。他认为，科学指的是"描述自然的语言，探索或研究自然的方法（包括做实验），由这些研究做出的事实断言和理论断言（尽可能作数学表述），以及用什么标准来判别这些断言正确或有效"[②]。显然，林德伯格关于科学的定义既完整地描述了科学知识体系，又突出了科学知识体系形成过程中的基本特征是数学方法的应用。

林毅夫认为，科学的定义很简单，它是对自然现象的一种系统性的知识，它的发现机制与技术发明是一样的，都是在观察、试错基础上的发现与创新。现代科学与传统科学有两处不同：第一，现代科学使用数学模型来表述关于自然界现象的假说；第二，现代科学使用可控制实验或可复制的实验方式来检验假说的真实性。[③]

科学是运用数学方法研究自然现象与自然规律的系统化理论知识，

---

① 〔英〕李约瑟：《文明的滴定》，张卜天译，商务印书馆2018年版，第5页。
② 〔美〕戴维·林德伯格：《西方科学的起源》（第二版），张卜天译，湖南科学技术出版社2013年版，第2页。
③ 林毅夫：《李约瑟之谜与中国的兴衰》，载《中国经济专题》，北京大学出版社2012年版，第41页。

是一种流行的主流观点，现代社会的各种自然科学基本运用数学方法进行研究与分析。

（三）科学是一种社会建制下的有目的探索活动

著名科学史学家、科学家贝尔纳教授认为，很难为科学下一个简单的、通俗易懂的定义，为避免科学的定义产生遗漏或偏颇，"必须用广泛的阐明性的叙述来作为唯一的表达方法"[1]。他认为，完整的科学概念应该包括以下方面：科学是一种社会建制；科学家采用各种方法从事科学探索的"求真"活动都属于科学范畴；科学知识具有积累性、继承性与超越性特征[2]，"在较早的时期，科学步工业的后尘，目前则是趋向于赶上工业，并领导工业"[3]。显然，贝尔纳的科学定义与工业生产密切相关，它一定程度上来源于工业生产领域知识的积累，又可以引领工业发展，这是一种狭义的科学观。

伏尔科夫对科学的定义较为独特，认为科学不是单纯的理论知识体系本身，而是一种生产知识的有组织的社会活动，他认为："科学本身不是知识，而是产生知识的社会活动，是一种科学生产。"他还指出："科学的本质，不在于已经认识的真理，而在于探索真理。"[4]

小李克特认为，科学是"一种社会地组织起来探求自然规律的活动"[5]。显然，这是将科学共同体当作探索自然规律的基本单位，反映了现代科学探索的基本特点。

吴忠认为，科学可定义为"人类通过社会组织起来的对自然界的经验探索活动及由此而获得的知识"[6]。

从社会建制角度来定义科学，意味着科学活动是一种有组织的人类

---

[1] 〔英〕约翰·德斯蒙德·贝尔纳：《历史上的科学：科学萌芽期》，伍况甫、彭家礼译，科学出版社2015年版，第6页。

[2] 〔英〕约翰·德斯蒙德·贝尔纳：《历史上的科学：科学萌芽期》，伍况甫、彭家礼译，科学出版社2015年版，第6—22页。

[3] 〔英〕约翰·德斯蒙德·贝尔纳：《历史上的科学：科学萌芽期》，伍况甫、彭家礼译，科学出版社2015年版，第19页。

[4] 夏禹龙：《科学学基础》，科学出版社1983年版，第45页。

[5] 〔美〕小李克特：《科学的自主性——一个历史的和比较的分析》，吴忠、范建平译，载《科学技术发展政策译丛》(3)，中国科学院政策研究室1981年版，第6页。

[6] 吴忠：《西方历史上的科学与宗教》，《自然辩证法通讯》1986年第6期。

活动，意味着科学活动成果获得同行或社会认可的重要性，同行或社会认可带来的激励是推动科学探索活动的重要因素。

（四）科学是理性活动的成果

在欧美社会，通常将科学看成理性活动的理论成果，认为在历史上只有古希腊存在过科学，并在后来的近代科学革命中被西欧继承。

爱因斯坦认为，西方科学的发展基于两个重大的成就，即希腊哲学家关于形式逻辑体系（在欧几里得几何学中）的发明，和通过系统的实验找到因果关系之可能性的发现。[①] 按照爱因斯坦的理解，科学是建立在形式逻辑基础上，通过实验（发现）积累起来的自然科学知识。

卡希尔认为，"科学是人的智力发展中的最后一步，并且可以被看成人类文化最高、最独特的成就。它是一种只有在特殊条件下才可能得到发展的非常晚而又非常精致的成果"[②]。

约翰·格里宾认为科学是理性的结果，但他对科学定义与众不同，一般认为科学是智力超群的天才们的工作或游戏的结果，他却认为大部分科学进展是由智力平平的人不断累积的结果；他指出："科学是人类心智最伟大的成就之一（是不是'最'伟大的成就则尚存争议），而且，科学的进展很大部分实际上是由智力平平的人基于其前辈们的工作一步步推进的，这一事实让科学的故事更加不同寻常，而非相反。"[③]

古川安认为，今天我们谈到科学时，大多是指在欧洲诞生的近代科学，它是基于自己独特认识方式的知识体系，已成为国际化的知识。[④]

这一类定义非常抽象。问题是，理性活动建立在什么基础上，通过观察法与试错法找出的自然规律即使是正确的，但如果未经证实，也不能算是科学知识，或许只能归结为经验知识，而不是科学知识。

[①] 葛瑞汉：《中国、欧洲和近代科学的起源：李约瑟的〈大滴定〉》，徐凌译，载刘钝、王扬宗编《中国科学与科学革命：李约瑟难题及其相关问题研究论著选》，辽宁教育出版社2002年版，第141页。

[②] 〔德〕卡希尔：《人论》，甘阳译，上海译文出版社2004年版，第286页。

[③] 〔英〕约翰·格里宾：《科学简史：从文艺复兴到星际探索》，陈志辉、吴燕译，上海科技教育出版社2014年版，第7页。

[④] 〔日〕古川安：《科学的社会史》，杨舰、梁波译，科学出版社2011年版，第5页。

三 关于自然科学定义的争论

以上列举了关于科学的不同定义，不难发现学者们对科学的内涵与外延的认识存在巨大差异，令人眼花缭乱，难以掌握精髓，但是，这些看似杂乱无章的定义，实际上可以大致归纳为三种具有代表性的观点。正如吴国盛指出，尽管科学的定义有许多种，但基本可以归纳为三种代表性观点。第一种是"科学是指导人类与自然界打交道的理论知识，尤其指比较系统的自然真实"。第二种是"科学是植根于希腊理性传统的西方人特有的对待存在的理论态度，其中尤其指在这种理性眼光之下生成的自然知识体系"。第三种是"科学是在近代欧洲诞生的一种看待自然、处理自然的知识形式和社会建制，其理论层面以牛顿力学为典范"。根据第一种定义，科学普遍存在于人类世界各地的生产生活实践中；根据第二种定义，科学主要存在于西方社会，源于古希腊，在近代科学革命中获得重生，最后再扩散到全世界，这是西方大多数科学史家采用的定义；根据第三种定义，科学是近代西欧社会诞生的事物，古希腊科学仅仅是科学的源头偶尔被提及。[①]

学术界对科学定义的分歧，既影响了世界科学史的研究路径，进而严重影响了西欧近代科学革命之谜的原因的正确解释，又直接影响了对中国古代是否存在科学问题的正确回答，进而直接影响李约瑟之谜的正确解释。

如果将科学的定义界定在狭窄范围内，那么现有的绝大多数科学史著作可能都要重写，但重写未必能够更好地描述人类社会对自然界知识的探索与积累进程，反而陷入一种用现代科学思想框架编织的樊笼束缚住了我们探索科学历史的正常的、公正的思维，做不到尊重历史。

笔者认为，上述第一种关于科学的定义，比较准确地反映了科学的内涵，在世界范围内有较高的认可度与广泛的共识。第二种、第三种定义背后则掺杂了西方中心主义的偏见，既不符合科学发展的逻辑，也与历史事实不符。

[①] 吴国盛：《科学史笔记》，广东人民出版社2019年版，第4—6页。

第二种定义将科学看成西方人特有的运用理性眼光对待理论的态度，这种观点反映了部分西方学者狭隘的心理与傲慢的态度，古希腊人的理性既非天生的，也并非独一无二的，人类历史上其他民族并不缺乏理性。近代西欧科学革命，并非单纯地继承了古希腊科学成果，在某种意义上也是对伊斯兰阿拉伯科学成果的继承与发扬。哥白尼《天体运行论》的许多重要内容和方法是对伊斯兰阿拉伯天文学成果的综合与吸收，他本人大量引用了伊斯兰阿拉伯学者的观点，开普勒在天文学、光学上也有对伊斯兰阿拉伯科学研究成果的继承与发展。如果没有伊斯兰阿拉伯学者的科研成果，《天体运行论》能否在1543年问世还是一个不确定的事情，而没有《天体运行论》，后续的科学革命——开普勒、伽利略等学者发起的验证哥白尼宇宙体系真实性的活动——也就不会发生。

第三种定义以牛顿经典力学当作科学的标准或尺度，运用精确的数学方法来研究自然界的客观规律。从表面上看，这种定义似乎没有什么问题，但这种定义常常成为一种打击其他文明的工具，贬低其他文明对现代科学的历史贡献，同时成为美化西方自身文明历史的工具。由于现代科学在世界各国普遍拥有崇高的社会形象与显赫的特权地位，鼓吹第三种定义容易让人联想到一种观念：能够产生现代科学的国家在历史上的文明一定十分优秀，同时，其他文明则在不知不觉中被套上"不科学"或"非科学"的具有重大缺陷的低端文明或劣等文明的标签，其他国家或民族历史上的文明也因此无形中低人一等，而西方文明则被许多不明就里的世界各国加以顶礼膜拜。进一步地，这些西方国家借助在科学上的领先优势，大肆宣扬西方文化价值观念，将现代科学包装成西方的专利或西方文明基因的传承，打击世界其他国家在科学上的努力。

多年来中国是这方面的受害者，SCI评价体系在中国的泛滥就是一个典型例子。在这个过程中西方国家则获得了极大的金钱利益与战略利益。这或许是法国著名历史学家布罗代尔提出的欧洲利用历史学家来促进欧洲人在国内和世界各地获取利益的模式[①]在学术界的翻版。

显然，第二种、第三种科学定义不利于正确理解近代科学革命，因

[①] 〔德〕贡德·弗兰克：《白银资本：重视经济全球化中的东方》，刘北成译，中央编译出版社2013年版，第2页。

为这些定义是严重扭曲的。正如林德伯格指出:"如果科学史家仅仅按照与现代科学的相似性来研究过去的做法和信念,将会导致严重歪曲。那样一来,我们不是对过去的实际情况做出反应,而是透过一个现代框架来考察它。要想公正地对待历史,就必须如实地对待过去。这意味着我们必须抵制诱惑,避免到历史中搜寻现代科学的例子或前身。我们必须尊重前人研究自然的方式"[①]。

关于中国古代是否存在科学,在国内引发了长期的争论,迄今为止还没有取得广泛共识。按照刘钝的总结,中国学术界对古代中国是否存在科学存在三种不同的看法。[②] 第一种"中国古代无科学"观点是指中国无近代科学,这是历史事实,也是李约瑟之谜要探索的真相;实际上,历史上许多国家和地区,包括古希腊、中世纪的阿拉伯都没有近代科学,但持这一观点者通常认为"希腊虽无近代科学但其文化中蕴含着近代科学的要素",反对者则以李约瑟的论断"绝不可认为中国对欧洲文艺复兴后期出现的近代科学的突破毫无贡献",以表明古代中国实际上也含有近代科学的要素。笔者以为,李约瑟的观点背后确实存在着客观历史事实依据。马克思曾指出欧洲科学复兴的中国因素,他指出:"这是预告资产阶级社会到来的三大发明,火药把骑士阶层炸得粉碎,指南针打开了世界市场并建立了殖民地,而印刷术则变成新教的工具,总的来说变成了科学复兴的手段,变成了精神发展创造必要前提的最强大的杠杆。"[③] 提出过"知识就是力量"的英国著名哲学家弗朗西斯·培根则指出,印刷术、火药和指南针改变了整个世界的面貌。实际上,火药、指南针与印刷术都是中国历史上的伟大发明。吴国盛正确地指出:"中国不是近代自然科学的发源地,但是近代科学的诞生得益于许多外在和内在条件,中国文明直接和间接地为之创造了条件。"[④] 第二种"中国古代无科学"观点从具体的知识系统出发,强调中国古代不存在现代意义的科学,研

---

① 〔美〕戴维·林德伯格:《西方科学的起源》(第二版),张卜天译,湖南科学技术出版社 2013 年版,第 2 页。
② 刘钝:《李约瑟的世界和世界的李约瑟》,载刘钝、王扬宗编《中国科学与科学革命:李约瑟难题及其相关问题研究论著选》,辽宁教育出版社 2002 年版,第 22—25 页。
③ 《马克思恩格斯全集》第 47 卷,人民出版社 1979 年版,第 427 页。
④ 吴国盛:《科学的历程》,湖南科学技术出版社 2018 年版,第 80 页。

究重心在社会史领域，实际上这种研究属于社会科学史范畴。第三种"中国古代无科学"观点坚持简单化的知识发展的线性积累模式，断然否定中国古代没有科学因素，只有技术积累。用"中国古代无科学"思路来解释李约瑟之谜，隐含了中国近代科学发展落后于西方社会是因为中国古代本来就缺乏科学基因，只有技术基因，因此近代科学落伍是自然而然的事情。论者通常还认为近代科学落伍是导致中国无法产生工业革命的最重要原因。实际上，这些观点存在浓郁的"历史宿命论"或"文化宿命论"色彩。笔者认为，强调历史因素的重要性或历史因素对未来的影响或作用无疑有一定合理性，但是将历史因素作为决定未来发展的唯一因素或决定性因素，则难免陷入思想的樊笼，无法辩证地、客观地看待历史演变的复杂过程，近代科学发展的历程也是复杂因素共同作用的结果，并非单一因素作用的结果，且在不同国家不同历史阶段所起的作用也有所不同，甚至存在明显的差异。

对这些讨论，李申的《中国科学史》做出了重要贡献，按照朝代顺序详细介绍了中国古代科学发展的历程，内容包括地质、气象、数学、医学、音律、历法、地理、生物等领域，充分地表明中国古代不仅拥有丰富的科学元素，而且科学研究连绵不断，拥有漫长的历史。

退一步讲，即使中国古代没有所谓的近代科学因素，这也不应该是近代中国科学技术落后的主要原因或关键原因，例如东亚的日本、西欧未经历科学革命的国家，它们通过学习而迅速实现了科学知识的进步。因此，近代中国科学落后的原因是我们为何不像上述国家那样，通过学习来跟上科学发展的步伐，毕竟近代科学理论是典型的公共产品，并没有人阻碍中国学习科学知识，对于这一问题的更深层次讨论，涉及科学理论发展的动力问题。

第二节 好奇心理、求知欲与科学探索动力源泉

一 人的偏好与好奇心理分布特点

人的好奇心理往往与其自身的偏好有着较为紧密的联系，因此，在

讨论好奇心理与科学探索的关系之前，我们需要对个体的偏好做一个简要的梳理。

在任何一个自由社会，个体之间的偏好可能存在相似的或重叠的部分，但总体而言，很少出现集中统一的现象，更多的是呈现出多元发散的现象，正所谓"萝卜青菜，各有所爱"，个体的偏好也是如此。这意味着每个人都能够在追逐自己钟爱的事物的过程中获取效用或乐趣或心理上的满足，琴棋书画、音乐、舞蹈、哲学、历史、诗歌、散文、小说、竞技体育、天文、地理、昆虫、花草、各种实用技艺等，都可能是人们偏好的或最爱的事物，社会也因为多元化的偏好而精彩纷呈。

不同偏好的个体往往对同一事物具有不同好奇心理，或者说，个体对不同的事物表现出的好奇心理的强烈程度存在巨大差异。一般而言，如果没有受到人为的引导、限制、激励等方面的干预或冲击，每一个国家或社会的个体偏好总是多元化的，有些人对某些事物的偏好特别强烈，另一些人对其他事物的偏好则十分执着，如果我们能够就个体对人类社会的各种事物的偏好进行逐一分析，可能会发现对某种特定新鲜事物、现象或问题存在好奇心理的人的分布，强烈偏好的人可能仅仅占一个很小比例，与此相反的是，极端厌恶或非常不喜欢的人的占比可能也非常低，大多数个体可能在偏好程度从高到低均匀地分布着。

人类对未知事物的好奇心理是一种与生俱来的本能，好奇心理会引导个体采取相应的行动。个体对未知事物的好奇心理的强烈程度，与他们各自的偏好密切相关，因此，当我们思考好奇心与个体采取的行为时，必须考虑个体之间的偏好差异：一个对天文学怀有强烈偏好的人，可能会花很长时间弄清楚新的天文现象出现的原因以及背后的客观规律；一个对哲学怀有强烈偏好的人，可能会因为人为什么活着的人生哲学命题而着迷并终生孜孜以求；一个偏好化学的人可能会对生活或生产过程中出现的新的化学现象十分感兴趣，并努力探究满意的答案，类似的偏好现象还有很多，在此不一一列举。

即使对同一类问题或同一门学科感兴趣的学者，他们的偏好可能也大相径庭，这意味着他们面对经济问题或现象时，存在不同程度的好奇心理并选择相应的探索行动。例如，经济学是当今世界社会科学中较大的一个分支学科，经济学者之间也存在偏好差异：一些偏好经济学的人可能对"为什么有的国家如此富裕，而另一些国家如此贫穷"的问题与现象十分着迷，并努力寻求真相；这实际上是一个经济增长问题，诺贝尔经济学奖获得者卢卡斯认为这是一个非常具有吸引力的重要问题，他认为，"一旦人们开始思考经济增长问题，他将很难再顾及其他问题"[1]，事实的确如此，近百年来许多经济学家都在努力寻求一个可靠的答案，希望通过经济增长解决世界范围内的贫穷问题，但迄今为止这一问题的解决还没有取得广泛的共识。另一些人可能对价值论问题十分感兴趣，这是经济学最古老的难题，两千多年来许多经济学家致力于了解商品之间交换比例的决定因素以及货币与商品交换的比例如何决定，这是看似简单但实则相当复杂的问题。

可见，好奇心人皆有之，但个体因此而采取的行动与他的偏好密切相关，即使面对同一现象或问题，不同偏好的个体会从不同角度产生好奇心理，偏好会指引他们采取不同的行动，因为他们认为自己的探索成果可能是最好的。例如，假如一个国家出现亟须解决的粮食短缺问题，具有不同偏好的人可能会从不同角度对产生粮食短缺问题的原因产生好奇，并选择自己认为的最佳办法来解决问题：化学家可能认为原因在于存在难以充分吸收的化肥成分而导致粮食单产较低，最终导致粮食短缺，因此可能会努力研究改良化肥的成分与结构，提高农作物吸收肥料效果以提高单产；生物学家可能会探究导致粮食单产低下的原因，从改良农作物基因入手来提高单产；政治家可能会研究如何激励农民劳动积极性以提高单产并加大播种面积；土壤学家可能会研究如何改善一个国家的土壤结构，以增大可种植粮食的土地面积；经济学家可能会从改良激励耕种的制度入手，等等。

强烈的偏好与好奇心理的类型是促使个体做出选择的前提条件或必要条件，但不是充分条件。因为个体的时间资源是稀缺的，一个人必须考虑自己行为的客观的成本与收益，所以，即使个体偏好某个问题，他或她也不可能随心所欲地耗费自己的宝贵时间去探索没有意义的事情，

---

[1] 〔美〕戴维·罗默：《高级宏观经济学》（第四版），吴化斌、龚关译，上海财经大学出版社2014年版，第6页。

比如一个问题如果已经有人给出了一个或多个理论，那么个体首先必须弄清楚这些已知理论中是否存在令人满意的答案，如果没有，就必须进一步考虑可以在哪一个已有理论基础上进一步完善，或者对已有理论进行综合，抑或另辟蹊径提出新的合意的理论。当然，个体在考虑行为的成本与收益时，不仅要考虑客观成本与收益，还要考虑主观的成本与收益，主观方面的成本与收益，缺乏统一的标准，主要与个体主观心理评价密切相关。真正会纯粹因为好奇心理而进行某类科学问题（包括自然科学或社会科学）探索的人占整个社会的比例是非常低的，他们具有较其他人群更加强烈的科学探索活动的心理倾向，能够从科学探索活动中获得更多的心理满足或心理报酬，这种心理报酬是一种主观心理评价，它与人们的偏好密切相关，并没有统一标准，例如，对于一个强烈偏好天文学的人，他可能愿意花费许多时间在寻找新星上面，一旦发现某颗新星可能会给他带来强烈的心理上的快乐，让他觉得过去的辛苦不值得一提，而这种发现对于非天文偏好者而言，可能根本体验不到快乐的感觉，完全无法理解耗费那么多时间去捕捉一颗不确定的新星的意义。同理，天文学偏好者可能也无法理解文学家的创作成果的意义与价值，可能也体会不到文学家对自身成果带来的乐趣与满足感。因此，在一个多元社会，无论偏好音乐创作、诗歌文学创作、培育花草、科学探索等，不同的人都能从各自的活动结果中获取相应的效用，即音乐作品、诗歌文学作品、培育花草、探索科学知识分别能够给他们带来最大效用（或报酬），或者说心理上的最大满足。总之，大千世界中的芸芸众生总是能够通过各自的活动获得自己需要的心理层面的满足或享受。

因此，尽管好奇心理人人皆有，但这并不意味着每个人都会因此而开展科学探索活动。即使好奇心理激发了人们对知识的强烈渴望，也并不必然意味着他们一定会为此开展科学探索活动，更不意味着一定会发现或创造新的科学知识。

二　自然科学探索过程中好奇心理的性质与特点

科学家普遍认为，好奇心理是诱发科学探索活动的重要原因之一。关于好奇心理与科学探索之间的密切联系，学者们从不同角度做出了精辟的总结。勒文施泰因教授从人类的思索性倾向和科学倾向的内在联系的角度进行考察，发现二者共同植根于好奇心理之中，而好奇心理如同恐惧一样是人的基本本能之一，是刺激人类进行科学探索的动因；[1] 萨顿教授从好奇心的强烈程度与科学探索活动的因果关系角度出发，提出人类的好奇心是科学进步的主要动因的观点，他认为导致科学探索活动的好奇心理是一种非常根深蒂固的好奇心理，一旦被有效激发，将激起对知识的强烈渴望与科学探索活动[2]。李醒民教授则认为基于纯粹的好奇心而进行的科学探索活动是真正科学家的高贵品质。他指出，好奇心是人的天性和必然性质，是全人类共同特点，是科学发端的源泉和人们投身科学的最富有感情色彩的心理动机，自培根时代以来，纯粹的好奇心被视为真正科学家主要的探索动机[3]。严建新、王续琨从好奇心理与未知事物的内在联系角度出发，提出无偏见的好奇心理与科学探索的内在联系。他们指出，伟大的科学家总是受无偏见的好奇心驱使而努力探索科学知识，理解世界存在与运行的各种知识；与生俱来的好奇心，通常表现为认识和解释未知世界的内在渴望[4]。袁维新则认为，好奇心是指人类在认识事物过程中对未知的新奇事物进行积极探索的一种心理倾向，是促进人工智能发展和帮助人认识客观世界的内部动因；好奇心是科学素养的重要内容，是创造性思维的激活剂，是进行科学探索的起点和原动力。[5]

从以上论述可以发现，虽然学者们都认为好奇心理是人类的基本本能之一，但显然不能简单地将好奇心理理解为一般意义上的感兴趣；也不能理解为一般意义上的好奇心理。学者们眼中的好奇心理不仅是一种能够刺激人类求知欲与科学探索的心理倾向，而且还是科学探索的动因或动力的重要来源。因此，进一步深入分析与科学探索活动密切相关的

---

[1] Loewenstein G. The Psychology of Curiosity: A Review and Reinterpretation. *Psychological Bulletin*, 1994, 116 (1): 75-98.

[2] 〔美〕乔治·萨顿：《科学史和新人文主义》，陈恒六、刘兵、仲维光译，上海交通大学出版社 2007 年版，第 35 页。

[3] 李醒民：《科学探索的动机或动力》，《自然辩证法通讯》2008 年第 1 期，第 27—34 页。

[4] 严建新、王续琨：《论科学研究的微观动力》，《科学管理研究》2006 年第 1 期，第 40—43 页。

[5] 袁维新：《好奇心驱动的科学教学》，《中国教育学刊》2013 年第 5 期，第 60—63 页。

好奇心理的性质就显得十分必要了。

好奇心理驱动的科学探索本质上是一种认知动机驱动的学习与科学探索活动。好奇心理驱动的科学探索的主观条件是个体或学者对所探索的对象必须拥有强烈与持久的好奇心理。正如马赫指出,所有对探索的促动都诞生于新奇、非寻常和不完全理解的东西。寻常的东西一般不再会引起我们的注意,只有新奇的事件才能被发觉并激起注意。[①] 因此,不是通常的好奇心引发科学探索,而是强烈的好奇心理引发科学探索。否则,科学探索不会轻易发生,更不会因此而创新或发现知识。

如果某种现象被当作寻常的事物,一般情况下不会引发科学探索,科学史上存在大量的例子支撑这一观点。例如,行星运行的椭圆问题长期以来被忽视,因为大家都认为行星与其他天体一样都是作正圆运动,即使偶尔有人根据天文观测数据估算并提出行星可能按椭圆轨道运行的观点,也容易被忽视。吴国盛在评价开普勒发现行星椭圆运行轨道时曾经大为感慨:为什么创立圆锥曲线学说的是希腊学者,最终借助圆锥曲线发现行星运行轨道的却是开普勒?[②] 实际上,古希腊学者曾经提出过行星运行轨道是椭圆的假说,但行星按照正圆运行的观念影响力巨大,以至于行星椭圆轨道运行的猜想一直以来被忽略了;在古希腊,圆形轨道因为结构简单很早就被柏拉图等学者赋予哲学层次的推崇和追求,这不仅影响了古希腊学者的天文学研究,也一度严重影响了哥白尼和开普勒等人的天文学研究。[③] 古希腊学者没能发现行星运动的椭圆轨迹,至少还有另外三个因素:一是绝大多数学者排斥地球自西向东自转的观点,并对亚里士多德地球稳定不动的观点深信不疑;二是不能正确认识地球以及其他行星围绕太阳公转的客观规律;三是宗教因素的干扰,日心地动说提出者亚里斯塔克曾经被教会严厉批判为"不敬神"。这些因素共同导致古希腊学者最终沿着阿波罗尼乌斯、喜帕恰斯提出的本轮-均轮模型深入研究。即使发现行星围绕太阳沿椭圆轨道运行,可能被当作失误

---

① E. Mach, *Principles of the Theory of Heat*, *Historically and Critically Elucidated*, D. Reidel Publishing Company, 1986:338-349.
② 吴国盛:《科学的历程》,湖南科学技术出版社2018年版,第249页。
③ 何平、夏茜:《李约瑟难题再求解》,上海书店出版社2016年版,第109页。

而加以修正,更别提引发科学探索了。著名天文学家比鲁尼曾质疑托勒密太阳围绕地球旋转的论断,提出地球绕太阳旋转的学说;比鲁尼还根据自身长期观测经验推测行星运行轨道是椭圆的。① 这已经非常接近太阳系行星真实运动状况。这表明,偶然发现的问题,不一定能够引起科学家足够的兴趣与探索的热情,许多时候,一些问题只有在反复催化之下,才能够引发强烈的好奇心,成为科学共同体或学者们共同感兴趣的科学选题。例如,哥白尼《天体运行论》引发的天文学研究热情就是典型的一个例子,一开始几乎是默默无闻,后来在布鲁诺的反复宣传、人文主义者的广泛传播以及教会的极力打压之下,才成为学者们持续关注的科学研究问题。

从这个意义上看,一个人丧失了好奇心,或者说,他能够观测到或觉察到的事物或现象无法激发自身的好奇心,也就丧失了科学探索的动力。也就是说,如果客观环境中存在的事物或发生的现象已经得到合理解释,即使看似合理的解释实际上是错误的或不合理的,人们也可能无法产生好奇心理,科学探索活动将会因此停滞;同时,如果一个社会未能产生或创造未知的新奇事物或现象,或者人们未能感知到未知的新奇事物或现象,科学探索活动也将因此停滞。因此,尽管任何时候宇宙中未知的事物总是客观存在的,但只要人们感受不到它们的存在,科学探索将不会发生。

即使人们对某个或某些自然现象十分好奇,同时他或她具备科学探索的基本条件,也未必会投入时间、精力进行科学探索,因为他们还需要考虑是否值得这么做。众所周知,在古代社会,自然科学领域探索的最大回报是科学成果本身。这意味着在绝大多数情况下,他们在意自己预期的科学成果的优先权或社会价值。由此一个合理的推测就是科学家或自然哲学家在决定研究课题时,首先必须了解他们试图探索的课题领域,别的科学家已经实现的进展究竟到了什么程度,还是没有任何进展?这就解释了为什么古希腊学者喜欢到周边先进古文明国家或地区进行游学并大量引进国外各种学术文献或资料?为什么伊斯兰世界的学者在开

---

① 纪志刚:《阿拉伯的科学》,转引自江晓原《科学史十五讲》,北京大学出版社2006年版,第118页。

展科学研究活动之前要大量翻译古印度、古希腊的科学文献？为什么近代欧洲学者在开展科学研究活动之前要大量翻译古希腊、伊斯兰阿拉伯文献？笔者相信，无论是哪一时代、哪一个国家的学者，都非常在意学术成果的原创性，尽量避免自己的科学成果是其他文明社会成果的简单重复，否则将会给自己带来尴尬，甚至是耻辱。从这个意义上看，大量翻译或引进其他文明的成果，是保证科学成果原创性或社会价值的前提。

三 好奇心理与科学探索的两种方式或途径

（一）心理满足是好奇心理驱动科学探索的内在激励与原生动力

对偏好科学的个体而言，科学发现或科研成果无疑能够给他们带来最大的乐趣或最幸福的感受，是驱动科学探索的强烈动因或动力来源。即使在仅能维持最基本生存条件的社会中，在缺乏物质激励条件下，仅仅依靠内心世界因探索未知事物的成果而感到满足或愉悦，个体也能够形成强烈的认知动机，驱使自身探索包括宇宙在内的周边环境。在这里，认知动机是指个体在实践和探索过程中，在获得成功之后体验到心理满足后的乐趣，并以此为基础逐渐巩固最初的求知欲，从而形成一种比较稳固的科学探索动力。[1] 早在希腊古典时代，基于纯粹心理满足的探索科学的自由精神就一直被先哲津津乐道，并被尊崇为真正的科学研究精神。古希腊先贤泰勒斯、柏拉图、亚里士多德等都对科学探索的发现或研究成果给科学家带来的心灵上的巨大满足给予崇高的评价。

古希腊最早的自然哲学家泰勒斯认为，尽管自然哲学知识可以用来发家致富，但自然哲学家探索自然奥秘、创新科学知识的目的不在于财富，而是自然知识本身。科学史记载，泰勒斯曾经向世人证明过应用自然哲学知识来发家致富，但并没有受金钱物质羁绊，而是回归到自然哲学知识的探索中并乐此不疲。柏拉图认为，科学探索与哲学思考不应该斤斤计较实际利益，而应该把沉醉于科学研究和真理追求本身的热情视为最高美德和最高幸福。[2] 作为柏拉图得意弟子，注重现实的

---

[1] 袁维新：《好奇心驱动的科学教学》，《中国教育学刊》2013年第5期，第60—63页。
[2] 张世英：《希腊精神与科学》，《南京大学学报（哲学·人文科学·社会科学）》2007年第2期，第79—88页。

哲学家亚里士多德认为基本生活条件不过是使最高美德和最高幸福得以实现的前提,真正哲学家的生活或"科学的人"的生活通常不为利害所束缚,只有他们才是真正"最幸福的人"。[①] 对此,吴国盛感慨地指出:"希腊人发展科学和哲学,不是为了功利和实用的目的,而只是因为对自然现象和社会现象感到困惑和惊奇,为了解除困惑不得不求知。"[②] 这或许就是真正的纯粹科学精神,将科学成果作为科学家探索行为的最大报酬或激励。

在科学发展历程上,总有一些伟大的科学家,他们进行科学探索活动,仅仅因为他们能够直接从科学探索成果中获得最大心理满足。他们是心无杂念的"纯粹的科学家"。这样的科学家,虽然占总人口的比例很小,但在历史不同阶段不同地方均存在过,并非一些学者所言,只有古希腊才有这类学者。萨顿正确地指出:"如果说纯科学是公正的学问,这种知识的获取是为了知识自身而不是想着直接利用,那么我深信,古代的天文学家是或者可能是像我们时代的天文学家一样的纯科学家。"[③]纯粹的科学家不为物质金钱羁绊,坚信获取新知识就是研究自然科学的最好回报。这表明,纯粹的科学家对自己在科学探索过程中获取的知识回报具有非常高的心理评价。

实际上,以科学发现作为最高幸福或最大乐趣的科学家绝不仅限于古希腊,其他时代其他地方也有类似的伟大科学家。例如中国古代刘徽、祖冲之、李冶、王文素等,都是以科学研究为最大乐趣或最大幸福的伟大科学家。

魏晋时期的刘徽是中国伟大的数学家,虽然他社会地位卑微,但人格高尚,具有学而不厌、锲而不舍的研究精神,一生以数学研究为乐趣。他的《九章算术注》开创了中国古代计算圆周率的新途径,他运用极限的概念来解决圆周率计算难题,取得了重大成果;另外,他在锥体体积

[①] 张世英:《希腊精神与科学》,《南京大学学报(哲学·人文科学·社会科学)》2007年第2期,第79—88页。

[②] 吴国盛:《科学的历程》,湖南科学技术出版社2018年版,第88页。

[③] 〔美〕乔治·萨顿:《希腊黄金时代的古代科学》,鲁旭东译,大象出版社2010年版,第19页。

和弧田面积计算方面都有独到见解。① 刘徽还对数学概念进行定义,对数学命题进行论证,追求数学科学的严谨性和精确性。② 刘徽因为卓越的贡献经常被誉为"东方的阿基米德"。

祖冲之出生在学术世家,博学多才,虽长期在朝廷任职,但能利用业余时间潜心学术,在数学、天文学上都取得了伟大成就,他计算的圆周率精确到小数点后第 7 位,领先世界 1000 多年;在天文学领域,他提出了 391 年 144 个闰月的更为准确的置闰周期,按照他的推算,一个回归年的长度为 365.2428148 日,与今天的推算值仅相差 46 秒,他还明确提出交点月的长度为 27.21223 日,与今天推算比较,只差 1 秒左右。③

中国宋元时期著名数学家李冶,原名李治,也是以数学研究为最大乐趣与幸福的伟大学者。历史记载,李冶居住环境差,温饱问题经常难以解决,却以科学研究与著书为乐,从不间断著书立说。即使在颠沛流离的日子里,也没有一天放弃自己的数学研究事业。同时,他还是能够坚定拒绝高官厚禄诱惑的品德高尚的学者。元世祖忽必烈多次召见李冶,许以高官厚禄,都被李冶婉言谢绝。经过多年潜心治学,于 1248 年完成《测圆海镜》,于 1259 年完成《益古演段》。《益古演段》是我国现存最早的一部系统讲述天元术的著作,天元术即根据已知条件列方程与求解方程的方法,天元术的出现标志着我国传统数学中符号代数学的诞生。④ 数学的符号化通常被认为具有重大意义,是近代数学发展历史的重要转折点,但遗憾的是,宋元数学迅猛发展趋势未能延续下去。

明代著名数学家王文素的艰苦钻研科学精神同样也十分令人钦佩,他长年累月痴迷数学研究,甘于清贫生活,以数学研究为最大乐趣,甚至不惜耗尽家产以维持数学研究;在研究历程中,他"铁砚磨穿三两个,

---

① 陈美东:《简明中国科学技术史话》,中国青年出版社 2009 年版,第 139 页。
② 傅海伦、郭书春:《"为数学而数学"——刘徽科学价值观探析》,《自然辩证法通讯》2003 年第 1 期,第 70—75 页。
③ 吴国盛:《科学的历程》,湖南科学技术出版社 2018 年版,第 184 页。
④ 吴国盛:《科学的历程》,湖南科学技术出版社 2018 年版,第 188—189 页。

毛锥乏尽几千根",经常"苦思善致精神败,久视能令眼目昏",孜孜以求30余年,直至花甲之年,方才完成50余万字的传世之作《新集通证古今算学宝鉴》。① 在书中,王文素率先发现并运用西方17世纪微积分创立时期出现的导数,独立开创的导数迭代求解高次方程的算法可与牛顿媲美,但比牛顿早了100多年,王文素出版他的著作时,伽利略、牛顿、莱布尼茨都还没有出生。② 实际上,在古代中国,具有纯粹科学精神的学者还大有人在,限于篇幅,在此不一一列举。

伊斯兰世界也有不少诸如柏拉图与亚里士多德所宣扬的以科学研究为最大快乐与最高幸福的学者,例如阿尔巴塔尼、比鲁尼、阿尔·哈曾等伟大学者。阿尔巴塔尼是伊斯兰世界最伟大的天文学家,也是世界上最伟大的天文学家之一。他甘于平凡生活,不为名利羁绊,没有被当时世界上最繁华的都市巴格达所吸引,终生留在叙利亚西北角的安提阿和北方的拉卡进行天文观测,并乐此不疲,最终完成了共57章的巨著《天体运行》;1116年它被译为拉丁文,并于1537年印刷出版。阿尔巴塔尼计算的回归年长度为365日5小时48分24秒,这是非常精确的成果。

可见,以科学探索或研究为最大乐趣与最高幸福的学者并非仅限于古希腊,其他国家或地区也有大量具有纯粹科学精神的学者。这表明,纯粹科学精神普遍存在于世界各国或地区。当然,每一个国家或地区具有纯粹科学精神的人口占比都非常小。这些个体对于科学研究有崇高追求的目标,由此伴生的强烈的求知欲会激发同等强烈的探索欲望,并在发现自然奥秘的同时让内心世界得到极大的满足感。③ 因此,基于科学研究成果本身带来的乐趣是一种十分幸福的感受,这种感受往往超过一般人的想象,足以让纯粹科学家克服现实生活中各种困难而专心致志于科学探索事业。正如古希腊先哲泰勒斯、柏拉图、亚里士多德所言,这是科学研究的最高精神境界。在以科学探索为最高乐趣或最高幸福的情况下,真正的纯粹科学家往往会对新奇事物或现象产生强烈好奇心,抛

---

① 冯礼贵、张秀琴、王彩云:《明代山西数学家王文素研究》,《科学技术与辩证法》第11卷,第6期,1994年12月,第33—35页。
② 何平、夏茜:《李约瑟难题再求解》,上海书店出版社2016年版,第209页。
③ 严建新、王续琨:《论科学研究的微观动力》,《科学管理研究》2006年第1期,第40—43页。

弃物质利益羁绊，自发地、积极努力地开展科学探索活动。他们能够敏锐地对外部环境的变化做出迅速的反应，即对新出现的情况和新发生的变化及时做出反应，发现问题，并追根溯源，从而激发思考，引起探索欲望，开始创新活动；科学史表明，许多看似偶然的发现其实都隐含着一种必然：发现者必然具有强烈的好奇心，并由强烈的好奇心引发科学探索。[1] 当强烈的好奇心得到满足之后，会产生极大的乐趣，而乐趣的产生又是对科学探索的最大报酬，这种报酬有时是喜悦的感受，有时甚至可以说是欣喜若狂，这实际上构成了科学探索的强大的内在动力或内在激励。对此，法国微生物学家巴斯德深有体会，当谈到科学探索发现新知识所感受的深刻体会，他是这么说的："当你终于确实明白了某件事情时，你所感到的快乐是人类所能感到的一种最大的快乐。"[2]

（二）外部激励强化好奇心理与求知欲，形成科学探索外生动力

1. 社会给予的纯粹荣誉激励

一般而言，人类的本能是自觉地做对自己有利的事情，但是，人类也愿意在一定条件下做对社会有益的事情，特别是当他们感受到自己做的事情让整个社会得到益处并因此受到好评时，他们将感到十分欣慰或喜悦。在科学探索道路上，既有亚里士多德、柏拉图所言的以科学成果本身为最大快乐的学者，也有因为社会需求而探求真理的学者，他们为了满足社会迫切需求而不惜刻苦钻研。哥白尼就是这样一个伟大的天文学家。哥白尼在《天体运行论》（有时也译为《天球运行论》）[3] 第一卷引言中指出："在激励人类心灵的各种文化和技艺研究中，我认为首先应当怀着强烈感情和极大热忱去研究的，是那些最美好、最值得认识的事物。"[4] 哥白尼认为最美好、最值得认识的事物是研究宇宙的天文学，因为天文学不仅能够赋予广大民众极大的裨益和美感，还会给人们带来

---

[1] 袁维新：《好奇心驱动的科学教学》，《中国教育学刊》2013年第5期，第60—63页。
[2] 袁维新：《好奇心驱动的科学教学》，《中国教育学刊》2013年第5期，第60—63页。
[3] 根据吴国盛的研究，译为《天球运行论》更符合原意。但由于习惯因素，大家更习惯用《天体运行论》译名，本书并没有对两个译名做明确区分，如果引用的文献中使用的是《天球运行论》，则引文保持一致；否则，一般情况下仍然沿用旧译《天体运行论》。
[4] 〔波兰〕哥白尼：《天球运行论》，张卜天译，商务印书馆2021年版，第4页。

无尽的益处。① 由于天文学能够解决欧洲社会儒略历缺陷带来的极大困扰，给广大民众带来无穷的好处，哥白尼在既没有任何物质激励，也没有科学共同体给予荣誉激励的情况下，数十年如一日孜孜不倦地研究天文学，一心一意地为儒略历修订提供可靠的天文学理论。这种伟大的科学精神的确令人钦佩。

2. 科学共同体给予的纯粹荣誉激励

虽然好奇心与求知欲是人的本能，历史上许多国家或地区确实存在纯粹为求知而求知的科学家或自然哲学家，如古希腊的泰勒斯、柏拉图、亚里士多德等，近代科学革命时期卓越的数学家费马等，都属于这一类型。纯粹的科学家对自己在科学探索过程中获取的知识回报具有非常高的心理评价，意味着他们对新创造的知识的优先权十分在意，甚至可能将创新知识的优先权作为自己科学探索事业的最高奖励。著名科学史家默顿曾经一针见血地、生动地描绘了科学家对知识优先权的高度重视。他强调指出："科学家们尽管在其他生活领域可以是谦谦君子甚至是卑躬屈节的人也会强硬地提出他们的优先权要求。"② 当然，科学的荣誉承认有自己的价值规范，正如李醒民指出的，科学有自己一套独特的价值规范，它根据科学家们对增进科学知识的贡献大小来给予承认和分配荣誉。科学家在做出了独创性的科学发现即创造出确凿无误的新知识后，最为看重的或许是博得同行的承认。③ 但是，在科学领域赢得同行的认可或赞赏并非易事，往往要付出艰辛的努力，才有可能在激烈的竞争中脱颖而出。因此，科学共同体的成员，"为了赢得社会和公众的赏识和名声，就必须首先博得科学共同体的承认，于是怀抱雄心壮志，充满好胜心，在激烈的竞争中获取优先权就构成了科学探究的动力"。④

实际上，科学家对科学成果优先权的争夺古已有之，是科学领域的常见现象。在古希腊科学文明灿烂辉煌时代，科学家就已经对科学成果

---

① 〔波兰〕哥白尼：《天球运行论》，张卜天译，商务印书馆2021年版，第5页。
② 〔美〕罗伯特·金·默顿：《十七世纪英格兰的科学、技术与社会》，范岱年、吴忠、蒋效东译，商务印书馆2000年版，第 vix 页。
③ 李醒民：《关于科学与价值的几个问题》，《中国社会科学》1990年第5期，第43—60页。
④ 李醒民：《科学探索的动机或动力》，《自然辩证法通讯》2008年第1期，第27—34页、第14页。

优先权的争夺乐此不疲,即使古希腊时代没有现代社会正式发表论文或网络预披露论文机制以锁定优先权,也不妨碍他们对科学研究成果优先权的主张,他们通常想方设法通过学术团体获取科学成果优先权。毛丹、江晓原指出"在尚无印刷术的时代,学术团体自身的逻辑仍逼着科学家设法让研究成果尽快广为人知"①。这只能通过学术交流形式让其他学者知道自己的学术成果并加以认可,因为"在科学共同体内,承认是科学王国的唯一硬通货,荣誉是科学劳作的最大报偿"。② 科学成果优先权机制有效地激励了科学探索活动,是古希腊科学繁荣的重要原因之一。有了创造或发现新知识的优先权带来的巨大精神激励,科学家的创造性活动的内在动力之旺盛,可能远远超乎我们想象。无论是古代社会,还是现代社会,都可以发现科学共同体对其成员赋予的荣誉带来的积极的正面激励绩效。

因此,科学建制的发展与成熟,有利于为科学研究提供动力。科学家争取自身研究成果得到同行承认,实际上意味着外部激励对科学研究活动也十分重要。如果科学家的研究成果无法得到同行认可,其研究成果难以公开发表,其研究积极性将会严重受挫;反之,如果一个研究成果得到广泛认可甚至好评,他或她则更有信心从事下一步研究,这是心理学上的正反馈。因此,只要条件许可,科学家或潜在的科学家总是力图到世界上最好的大学或研究机构求学与研究,以提高创造科研成果的速度以及科研成果被认可的速度,这有利于捍卫科学研究成果的优先权,获取科学共同体给予的名誉或声望。

3. 物质的激励

在人类社会,人们总是受各种预期回报的激励而从事各种各样的活动,其中,最常见的激励是物质或金钱报酬,具有普遍性、基础性特征。虽然科学家自身的兴趣爱好以及科学家自身高贵品质在科学研究中起了积极的重要作用,但是,具有高贵品质的科学家,之所以被作为楷模加以大力赞赏与宣扬,实际上暗示了这一类科学家占比很小,不宜作为从

---

① 毛丹、江晓原:《希腊化科学衰落过程中的学术共同体及其消亡》,《自然辩证法通讯》2015年(第37卷)第3期,第60—64页。
② 李醒民:《关于科学与价值的几个问题》,《中国社会科学》1990年第5期,第43—60页。

事科学事业或职业的人才的共同特征。否则,世界各国就不需要制定各种激励科学研究的优惠政策,因为纯粹的科学家基本上不需要太多的物质激励。对于大多数科学家而言,其好奇心与求知欲的延续并做出持续科学探索的努力则需要适当的外部激励,即物质或金钱激励,这已为实践证实。事实上,科学家也有谋生压力,也要养家糊口。毋庸讳言,对于绝大多数科学家而言,他们无法仅仅通过科学探索的成果就能够获得足够的满足感。从某种意义上看,科学家也具备普通人共有的品质特征,即"理性经济人",具有趋利避害的本能,能够对不同的选择进行成本与收益比较分析,总是倾向于选择对自身有利的方案。这意味着大部分的科学家在选择从事科学研究职业时,往往会受到功利思想的影响,这本身并没有过错,也谈不上庸俗、低俗或品德低下,毕竟君子好财,取之有道即可,只要是合理的利益诉求,科学家对物质的追求就不应该受到苛责。在适当的物质激励下追求科学研究成果,社会应该予以宽容看待。

如果撇开不以特定功利为目的、将科学发现或科学研究成果本身视为最大的激励或动力的"纯粹科学家"不谈,广大科学家的工作往往具有两种动机:一是科学探索,发现或创造新知识以认识客观世界,服务于世界;二是以科学研究成果换取职位与收入。正如布罗德所言,"科学研究从一开始就是人们为两个目标而奋斗的舞台:一是认识世界,二是争取别人对自己工作的承认。这种目的的两重性存在于科学事业的根基中。只有承认这两重目标,才能正确地了解科学家的动机、科学界的行为和科研本身的过程"[①]。实际上,大多数科学家争取别人对自己工作的承认,既有单纯的名誉或声望的诉求,又有正当的物质利益的追求。一般而言,科学共同体对科学家研究成果的承认形式大体上可分为荣誉承认和职位承认,两者之间存在着相互加强的机制,且前者往往是前提条件,若没有荣誉性承认,其职位以及后续研究资源很可能会受到实质性威胁,甚至会因此丧失研究资源并丢掉职位;同时,鉴于科学知识在社会的强大影响,科学家在科学共同体内的职位与荣誉很容易被外部社会

[①] 〔美〕威廉·布罗德等:《背叛真理的人们》,朱宁进等译,上海科技教育出版社2004年版,第181页。

接受，从而将其在共同体内的声望及地位扩展到共同体之外。①

在科研职业化时代，科学共同体的承认对于科学家个人具有多方面的积极意义，共同体的承认通常被作为科研能力的指标，较多的承认意味着有较多机会获得研究课题和经费，进而又有利于获得更多的承认，从而构成了一个良性循环，这就是科学共同体中"马太效应"的产生机制。② 因此，无论是古代还是现代，科学共同体的承认绝不仅仅是可有可无的荣誉象征，而是关系到科学家自身科学职业生涯规划目标的实现，甚至关系到他们科学职业岗位继续以及谋生问题，在这方面，即使伟大的科学家也难以免俗，难以超脱世俗生活的压力。爱因斯坦曾感叹道："如果一个人不必依靠从事科学研究来维持生计，那么科学研究才是绝妙的工作。"③ 言外之意很明显，从事科学研究必须兼顾"维持生计"的问题。这是爱因斯坦成名之后在一次宴会上发表的讲话，像他那样举世闻名的学者尚需考虑现实的谋生问题，遑论其他学者。所以，"科学家的动机有可能从热切期望促进知识，发展到对获取个人声望有浓厚的兴趣"④。

科学家在追求荣誉的同时追求利益，是否会导致科研行为产生异化，影响科学事业的正常发展？笔者认为，只要用合法手段追求正当利益，就无须过多担心功利思想对科学事业的侵蚀。实际上，远在古希腊时代，自然哲学家或科学家，就已经将追求声誉与获取实际利益当作科学共同体或学术共同体共同遵守的惯例。在古希腊，科研成果被学术共同体认可，不仅仅是一种荣誉激励，它在许多场合，还涉及学者的招生与谋生问题。古希腊学者通过学术辩论获取荣誉，用学术成果、声誉争取更多的学生就读就是典型例子。因此，对古希腊学者而言，辩论是他们日常

---

① 严建新、王绩琨：《论科学研究的微观动力》，《科学管理研究》2006年第1期，第40—43页。
② 严建新、王绩琨：《论科学研究的微观动力》，《科学管理研究》2006年第1期，第40—43页。
③ 梁国钊：《诺贝尔奖获得者论科学思想、科学方法与科学精神》，中国科学技术出版社2001年版，第219页。
④ 〔美〕R. K. 默顿：《科学社会学（上册）》，鲁旭东、林聚任译，商务印书馆2003年版，第356页。

工作生活中不可或缺的一部分,既是获取荣誉的手段,又是获取物质利益的谋生手段之一。劳埃德指出:"胜利属于能用知识而不是纯粹的信仰来证明其主张的人。"① 通过辩论展现自身学识或学术声誉已形成了一种惯例。因此,共同体的承认会不同程度地对好奇心和好利心产生强化作用,其直接结果是加强了科学家从事科学研究的微观动力,而间接结果是使科学建制目标不断得以实现。②

但是,君子爱财,取之有道。科学共同体应该同时明确且严肃地反对科研上的弄虚作假与不道德的牟利行为。布罗德等指出,在多数情况下,科学家的认识世界与争取别人对自己工作的承认这两个目标是一致的,但有时它们又是互相抵触的。当实验结果不完全符合自己的想法时,当一种理论未能得到普遍接受时,一个科学家会面临各种不同的引诱,从用种种方法对数据加以修饰到明目张胆地舞弊。③ 显然,这种行为应该遭到科学共同体坚决抵制与惩罚。

实际上,在现代社会,这种科学研究不端行为存在蔓延或扩散的趋势,甚至存在局部泛滥成灾的风险。因此,在很多时候,我们很难将纯粹的学术荣誉与物质利益截然分开,两者的联系实际上非常紧密,在现代社会尤其如此。在古代或近代社会,虽然科学研究的不端行为没有像现代社会那样,遭受太多的物质诱惑,但物质激励仍然能够让古代、近代科学家产生极大的动力。当我们将目光转向古代社会的哲学、科学研究的历史时,既要正视古代那些高风亮节的不计名利的伟大学者,在纯粹为求知而求知的科学精神指引下,在科学领域实现的伟大贡献,也要正视那些在外部物质激励下创造的巨大科学研究贡献,这是合理解释古代社会科学发展历史的关键。

总之,影响科学探索的因素有三个:科学成果本身带来的精神激励、社会的承认或同行的承认以及金钱物质激励。如果一个社会在这方面的

---

① 〔英〕G. E. R. 劳埃德:《古代世界的现代思考——透视希腊、中国的科学与文化》,钮卫星译,上海科技教育出版社 2015 年版,第 83 页。
② 严建新、王续琨:《论科学研究的微观动力》,《科学管理研究》2006 年第 1 期,第 40—43 页。
③ 〔美〕威廉·布罗德等:《背叛真理的人们》,朱宁进等译,上海科技教育出版社 2004 年版,第 181 页。

条件优越,则有利于推动科学探索活动持续进行,扩大科学探索活动的规模;如果一个社会的科学成果得不到同行或社会的承认,甚至被责难,同时也缺乏外部激励机制,则这样的社会将抑制科学探索活动的规模,导致科学事业发展缓慢。经济学家通过大量数据的计量分析发现,幸福或快乐会随着收入的增加而增加,平均而言,一个国家的国民会随着收入水平的提高获得更多的物质享受和幸福感受,在不同国家之间,高收入国家的国民相对于低收入国家的国民幸福感或快乐感更高。[1] 由此可以推断科学家们也需要在更高的收入水平或更好的职位待遇下才能得到更好的激励,获得更多的科研成果,这在一定程度上解释了为什么高收入国家往往比低收入国家有更好的科学研究表现,这意味着科学事业的发展需要更多的外部激励,特别是物质金钱方面的激励对科学研究事业的成长仍然十分重要。

上述探讨的科学成果本身带来的精神激励、社会的承认或同行的承认以及金钱物质激励等,是科学探索一般意义上的、常见的动力,尤其在现代社会更是如此,我们把这些科学探索动力统称为科学探索或研究的一般动力。在探讨历史上的科学起源与发展上,我们有必要关注科学发展的另外一种动力,即生存压力形成的科学探索动力,例如,原始人类为了解决播种难题与食物危机,清除进入农业文明时代的障碍,不得不长年累月持续不断地探索日月星辰运动规律以掌握时间与季节变化规律,我们将这一动力称为科学探索或研究的特殊动力。总之,历史上科学探索或研究动力可以归纳为一般动力与特殊动力。

第三节 科学研究的阻力问题探析

一 宗教与科学一般意义上的冲突

科学与宗教的冲突历史十分悠久。在人类社会早期阶段,面对复杂的生存环境与自然现象,如电闪雷鸣、狂风暴雨、洪涝灾害、毒蛇猛兽、

---

[1] 〔美〕罗伯特·S. 平狄克、丹尼尔·L. 鲁宾费尔德:《微观经济学》(第八版),李彬、高远等译,中国人民大学出版社2020年版,第74页。

流星陨石等带来的严峻挑战，人类逐步发展出一系列的知识体系——如科学与宗教——来认识这些现象与环境。科学是以理性为基础的知识体系，宗教则是以信仰或迷信为基础的知识体系。理性是人类在生存活动中进化出来的一种与生存环境协调的能力，目的是协调人群活动、便利日常活动，① 提高生活的幸福程度；信仰或迷信也是人类在生存活动中进化出来的一种适应环境的一种知识体系，是人们将自己无法解释的现象或无法解决的问题委托给所谓的神灵的一种做法，目的是减少未知领域的不确定性带来的负面冲击，以寻求心理上的安慰。面对同一个自然现象或生存环境威胁，科学与宗教往往给出大相径庭的解释，罗素认为科学代表了理性，宗教代表了迷信，科学强调求真，认为没有永恒正确的真理，允许推翻过去认为是真理的观点，且这种做法通常情况下不会损害科学的威望和形象；宗教强调神灵的启示，强调并维护绝对正确的教条和教会的威望，教条的错误与更改显然会对教会造成尴尬与挑战，甚至严重损害教会的威望与形象。②

因此，无论是在历史上还是在现实中，人们容易观察到科学与宗教之间的冲突。理查德·道金斯在美国人文协会发表的一次演说中清晰地概括了理性与迷信或信仰的冲突、科学与宗教的冲突的格局与无奈，他指出："信仰是这个世界最大的邪恶之一，可以与天花病毒相比，但却更难消除。"道金斯认为，自然科学作为一个整体是支持无神论的，他还猛烈批评那些将诉诸上帝作为一种科学解说的人。③ 但是，宗教及其信仰不会因此消失。当然，在当代，严格地说，宗教已经不是科学事业的重大障碍，但人们还是习惯性地认为科学与宗教无法和解，科学代表了理性，宗教则代表了迷信。④

在人类科学发展历程中，特别是古代社会，我们经常看到科学与宗教的冲突，即使在一般认为的古代科学发展最辉煌的古希腊，也不乏科

---

① 吴国盛：《时间的观念》，商务印书馆2019年版，第12页。
② 〔英〕罗素：《宗教与科学》，徐奕春、林国夫译，商务印书馆2010年版，第1—25页。
③ 〔英〕阿利斯特·E.麦克格拉思：《科学与宗教引论》，王毅、魏颖译，上海世纪出版集团、上海人民出版社2015年版，第165页。
④ 〔英〕阿利斯特·E.麦克格拉思：《科学与宗教引论》，王毅、魏颖译，上海世纪出版集团、上海人民出版社2015年版，第50页。

学与宗教冲突现象;科学固然强调理智的重要性,但也没有排除巫术、秘密宗教仪式以及祭拜仪式,且这些宗教仪式在古希腊社会具有远高于科学的权威地位。①

二 不宜高估历史上宗教对科学研究的负面作用

虽然宗教与科学存在内在冲突,在历史上也经常发现科学与宗教冲突的例子,但倘若我们因此将历史上科学的衰退或衰落的主要或关键原因归咎于宗教对科学的打击或压制,那么我们可能高估了宗教对科学的负面作用,同时,可能也意味着我们低估了科学研究动力形成的难度。

实际上,在古代社会的任何国家或地区,主导的宗教往往具有较为成熟的建制,其经济实力与组织力量完全可以碾压自然科学研究的力量,这是显而易见的历史事实。但是,我们发现,古代社会依然出现了多次科学巅峰。实际上,无论是古希腊科学的巅峰、伊斯兰阿拉伯科学的辉煌以及近代西欧科学革命,这些辉煌的科学事业都是在宗教在社会建制中占有明显优势地位且科学与宗教存在冲突的情况下发展起来的。这足以表明,既然科学事业能够在宗教压制的环境下崛起,就不会因为宗教的压制而轻易地衰落或衰退;除非宗教有充分的力量直接禁止学者进行科学研究。因此将科学事业的衰退或衰落归咎于宗教的打击或压制是不恰当的。

(一) 宗教压制不是古希腊科学衰退的关键变量

在古希腊社会,即使在科学事业兴旺繁荣之时,宗教仍然非常活跃,仍然是社会意识形态的主导力量,宗教与科学的冲突在一定程度上构成了科学研究的阻碍,但这不是古希腊科学衰退的关键。诚然,在古希腊,科学的发展也受到宗教压制,宗教经常以神灵的启示来解答困惑,或者以神灵的启示压制科学的质疑,从而削弱科学发展的动力。

但是,宗教并非反对一切科学领域,这一例子或许可以在一定程度上解释宗教压制了日心说的研究,但古希腊科学领域远不止天文学,其

---

① 〔美〕安东尼·M. 阿里奥托:《西方科学史》,鲁旭东等译,商务印书馆2011年版,第48页。

他科学领域为什么也没有进展呢？

（二）宗教压制不是伊斯兰阿拉伯科学衰落的关键变量

艾德瓦德、冯·格鲁内鲍姆、萨耶勒、桑德斯、萨卜拉等著名伊斯兰科学史权威专家基本认为宗教因素是导致伊斯兰世界科学走向衰落的深层原因。他们认为，打破单一宗教信仰会为科学研究带来意想不到的关键作用，反之，单一宗教信仰会严重束缚或窒息科学研究。这种流行观点经不起推敲，与历史事实不符，历史上一个国家科学繁荣与否和民众的宗教信仰结构并没有直接联系。

即使在伊斯兰正统教派占据绝对控制地位之后，科学研究仍然得到伊斯兰教信仰需求支撑，十二三世纪，许多清真寺设有专职的计时员，有利于他们从事天文学、数学、光学等科学领域的研究。因此，即使 11 世纪之后，正统教派占据控制地位，伊斯兰世界的科学发展仍然引人注目，伊斯兰学者图西、沙提尔的天文学成果对后来哥白尼创作《天体运行论》的贡献非常大。

著名科学史家萨顿指出，将伊斯兰阿拉伯世界的科学发展的停顿归咎于宗教的封杀，是令人难以置信的观点。[①] 伊斯兰科学鼎盛时期的科学，恰恰是在最伊斯兰化的中心地区（如巴格达）最为发达[②]。

（三）宗教打压没能清除近代科学革命的动力

在近代科学革命历程中，由于宗教组织相对于科学家以及科学共同体具有明显的优势，宗教与科学的冲突凸显了"理性与信仰是相互对立的东西"[③]，对科学的发展造成了不可忽视的阻碍，除了令人耳熟能详的布鲁诺、伽利略的悲剧之外，科学史还记录了大量类似的案例与悲剧，但这一切并没有导致科学研究动力的丧失，也没有导致科学探索步伐完全停止。

在宗教打压之下，近代科学仍然不断发展并取得令人瞩目的成就。

---

① 转引自张晓丹《试论伊斯兰科学的兴衰及其历史贡献》，《西亚非洲》1992 年第 6 期，第 49—56 页。

② 〔美〕詹姆斯·E. 麦克莱伦第三、哈罗德·多恩：《世界科学技术通史》，王鸣阳、陈多雨译，上海科技教育出版社 2020 年版，第 131 页。

③ 〔日〕古川安：《科学的社会史》，杨舰、梁波译，科学出版社 2011 年版，第 58 页。

从哥白尼革命到牛顿的综合，许多杰出的科学家取得了大量科学成果，推动近代科学革命不断深化发展，最终完成了柏拉图"拯救现象"的任务。

总之，古代社会三次科学巅峰，都有宗教对科学的压制，但科学事业仍然取得辉煌成就。这似乎足以表明，在宗教打压下不断崛起的科学事业，不会因为宗教的打压而轻易地持续衰落。因此，宗教打压并非科学事业持续衰落的关键变量，除非宗教能够全面禁止科学研究的选题。

三　有利于科学研究的环境并不等于科学研究动力

宗教宽容与否对科学研究的确有一定影响，但不宜高估宗教因素对科学研究的促进作用或抑制作用，除非宗教有意愿且有能力禁止科学研究，否则宗教与科学的偶尔冲突，不会构成科学衰落的关键因素。

一般而言，经济繁荣、百姓富足、社会祥和、宗教信仰自由在一定程度上有利于学者从事科学事业，但不宜高估其作用。随着国家日渐衰落，宗教宽容被单一宗教替代，但我们不宜高估单一宗教对科学研究的破坏作用，更不能据此得出单一宗教信仰会对科学研究造成致命打击的结论；同时，也不宜过高估计打破单一宗教对科学研究的促进作用或推动作用。

实际上，我们应该更加关注科学研究的动因，宗教与科学的冲突并没有在根本上破坏科学研究的动力，宗教的阻力并没有明显地清除科学研究的动力源泉。

四　不利于科学研究的环境并不等于消除科学研究的动力

在古代社会中，科学研究经常会遭遇经济萧条、社会秩序混乱、宗教迷信泛滥等不利环境，显然，这种环境不利于开展科学研究。但是，如果社会已经开展某些项目的科学研究，这些科学研究的动力是否会持续下去，这取决于科学研究项目自身是否得到广泛认可，是否值得持续研究。

五　忽视了选题因素对科学研究动力的影响

科学问题的提出往往不是孤立的，而是具有明确指向、研究目标和求解结果。科学问题的来源主要包括五个方面[①]：一是科学理论与科学实践的矛盾所产生的问题，当传统科学理论无法解释新出现的经验或现象时，将促使新的科学问题的提出；二是科学理论体系内在矛盾所产生的科学问题，如牛顿创造的微积分存在逻辑矛盾，引发了达朗贝尔、拉格朗日、柯西等学者对微积分逻辑的进一步研究与完善；三是不同科学学派和科学理论之间的矛盾所产生的科学问题如日心说和地心说的争论引发了经典力学研究；四是经验事实积累到一定阶段时产生的科学问题，如元素周期律、能量守恒与转化定律的发现；五是社会经济发展和生产实际需要所产生的科学应用问题。

在现代国家对科学研究的慷慨资助下，不同领域的科研选题常常得以延续并持续推进。但这并不意味着科学研究选题是一件轻而易举的事情。实际上，任何时候，要在科研领域提出一个适当的选题，并没有想象中那么容易。正如爱因斯坦在1938年所言："提出一个问题往往比解决问题更重要，因为解决问题也许仅是一个教学上或实验上的技能而已。而提出新的问题、新的可能性，从新的角度去看旧的问题，都需要有创造性的想象力，而且标志着科学的真正进步。"[②] 爱因斯坦这句名言道出了问题指引科学研究的重要性。在科学研究中，寻找研究主题是一个重要环节或关键环节。

著名科学家、科学学的奠基人贝尔纳进一步指出："课题的形成和选择，无论作为外部的经济要求，抑或作为科学本身的要求，都是研究工作中最复杂的一个阶段，一般来说，提出课题比解决课题更困难……所以评价和选择课题，便成了研究战略的起点。"[③] 科研选题是科学研究的前提与基础，是科学研究的起点与关键步骤。

与现代社会相比，古代社会的科学研究选题面临的约束显然更多，由于古代社会对科学的作用不太了解，资助科学研究的事情极为罕见；

---

① 全国工程硕士政治理论课教材编写组：《自然辩证法——在工程中的理论与应用》，清华大学出版社2008年版，第184—185页。

② 〔美〕阿尔伯特·爱因斯坦、〔波兰〕利奥波德·英费尔德：《物理学的进化》，周肇威译，中信出版集团2019年版，第90页。

③ 贝尔纳：《科学研究的战略》，载《科学学译文集》，科学出版社1981年版，第28—29页。

同时，由于科学理论体系还远未成熟，学者也很难提出合适的选题来推动科学事业的发展。如果一个社会不能形成具有广泛共识的科研选题，就无法凝聚人力物力形成长期持续的科研动力，因为许多科研问题不是依靠某一两个天才就能取得系统性突破，而是需要一代代学者从不同角度、运用不同方法对科研课题进行持续不断的探索，才能取得成功。反之，如果科学研究选题缺乏社会广泛共识，只能反映个别学者偏好，这样的课题难以得到延续，难以取得突出的成果，即使偶尔有一些比较突出的进展，也只能是昙花一现。因此，古代社会许多科学选题因缺乏广泛共识往往无疾而终。因此，无论哪一个社会，要想在科学事业上取得辉煌成就，首先必须在科学选题上达成广泛的共识，在此基础上形成科学研究的动力。

从这个意义上看，古代、近代社会宗教与科学的冲突，虽然在一定程度上构成了科学研究的阻力，但不宜过分夸大这种阻力对科学事业的压制。因此，以为宗教阻力消失了，科学研究的动力在所谓的科学精神激励下就会自然而然地形成，社会中就会出现科学研究的浪潮，这种想法显然对科学研究动力的形成过于乐观。

实际上，即使这些阻力都消失了，一个社会科学研究的动力也未必因此产生。现有解释忽略了一个关键因素，即学者从事科学探索的动力，科学研究的动力虽然会受到包括宗教打压在内的各种阻力的影响，但科学研究动力源泉却基本与阻碍科学研究的力量没有直接的联系。

为了方便分析，我们将历史上阻碍科学发展的力量分为一般阻力和特殊阻力。科学发展的一般阻力，主要指在前工业革命社会中，科学理论体系远未成熟，一个社会很难形成有广泛共识的科研选题。俗话说"万事开头难"，科研选题是科学研究的第一步，也是最为关键的环节，没有科研选题，科学研究就不会发生。没有广泛共识的科研选题，缺乏民意基础，即使偶尔有人开始研究，也难以形成长期持续的科学研究局面，更谈不上不断取得突破。

科学发展的特殊阻力主要指宗教对科学发展施加的阻力。在古代社会，主导的宗教往往具有成熟的建制、强大的经济实力与严密的组织机构，能够对自然科学研究施加特定的影响，特别是在一些自然科学研究的结论与宗教教义产生矛盾与冲突时，宗教组织可能会采取制止、禁止或惩罚措施。但是，这并不意味着宗教反对一切科学研究，否则古代社会绝不会出现多次科学奇迹，这些科学奇迹都是宗教在社会建制中占据明显优势地位情况下发展起来的，一些科学奇迹甚至是在科学与宗教存在冲突情况下发展起来的。

第四节 历史上的科学奇迹总是与精确的时间体系密切相关

将历史上科学发展的动力区分为一般动力因素与特殊动力因素，将科学发展的阻力区分为一般阻力因素与特殊阻力因素，这样的区分实际上初步构建了历史上科学发展兴盛与衰落的分析框架，运用这一分析框架来解析历史上科学辉煌与衰落，发现它们与人类对时间体系的需求密切、直接相关。

一 科学起源于人类对时空问题的探索

科学起源于何时、起源于何处一直是一个引人入胜的研究课题。通过梳理科学史，我们发现科学起源于人类对精确的时间体系或历法的需求。原始人类发现精确的时间体系或历法能够解决播种难题和食物安全问题。在追求准确时间体系过程中，原始人类一开始对地球上物候现象加以归纳总结，形成物候历以指导自身生产生活，后来发现物候历的准确性比较差，同时发现物候与天象之间存在密切联系，通过星象运行规律的归纳总结可以提高时间体系的准确性，但准确度还有待提高。最终他们发现农作物的成长与太阳运行密切相关，于是开始研究太阳运行规律。由于太阳运行规律十分复杂，原始人类往往将行星、恒星作为参照物，以更好地把握太阳运行规律，以制定精确的时间体系或历法。

因此，人类对精确的时间体系的需求，必然引导自身认识时空问题，或者说认识宇宙的问题。我们无法确切地知道早期人类在认识时空环境的过程中，是先从时间开始，还是先从空间开始，抑或同时从时间和空间开始。不过，从人类古文明发展实践角度看，各个文明主体似乎更重视时间问题，他们往往把时间体系作为重要的公共产品进行权威发布并要求社会成员遵照执行，当然，精确的时间体系离不开人类对太空的精细观测与日月星辰运动规律的深刻认识。

人类对时空环境的认识可能与好奇心理有一定联系，从中可以发现时间变化现象以及简单的规律，但人类创建精确的时间体系，则基于生存与发展的压力。早期人类的生存，无论是御寒保暖还是基本食物供给安全，都离不开对时间体系的依赖；人类的交往与合作，也离不开统一的精确时间体系。

二　工业革命之前科学探索好奇心理的形成特点

每一个时代、每一个国家国民，总是存在各种各样的兴趣或偏好，良好的社会环境，总是有利于他们的兴趣或偏好得以实现，当然也有利于具有科学探索精神的人能够从事科学研究。

但是，上文分析表明，社会成员的偏好是非常多样的，因此，在工业革命之前的社会，同时具备基本物质条件以及科学探索偏好，对某些问题、现象具有强烈且持续的好奇心理的个体数量十分稀少，难以形成对某个或某些科学问题的持续研究；在同一个时代，很难找到同时对某个或某些科学问题进行持续研究的一批志同道合的科学家或自然哲学家，因此古代社会很难自发形成科学共同体，共同推动某些科学领域的研究，科学家或自然哲学家也很少有机会获取金钱物质方面的激励。因此，工业革命之前的社会，在大多数情况下，社会普遍缺乏激励科学研究的因素，科学事业发展十分缓慢是常见的现象。即使偶尔有一些学者开创一些研究课题，也难以得到长期持续赞助，难以得到其他学者的支持或加盟，这样的课题往往随他们生命的逝去而中断，不会像时间体系建设那样，能够得到长期延续。

如果我们发现历史上某些国家或地区的科学事业比同一时期的其他国家或地区存在明显的进步，很可能是科学研究得到良好的激励，或者也可能是生存压力带来的意外收获。显然，这种激励科学研究因素得到极大增强的现象，我们很难简单地从科学理论本身发展的内在规律来理解，而应该结合社会环境因素考察科学研究动力的变化。

三　历史上科学巅峰与时间体系修订的密切联系

在前工业社会，目前已经发现的有大量科学文献支撑的可被称为科学奇迹的科学发展高峰至少有四个，分别是古希腊、伊斯兰阿拉伯、近代西欧以及2~16世纪的中国的科学发展。其中，前三个辉煌的科学时代，均与社会或国家追求精确的时间体系密切相关，也与本书探讨的主题密切相关。

这三个辉煌的科学时代的直接诱导因素都是对精确的时间体系的需求，并且都得到国家或宗教组织的支持与赞助。对精确时间体系的需求，客观上要求系统深入研究天文学。古希腊天文学研究从柏拉图学园开始，进入了数理天文学发展路径，随后又得到缪塞昂资助，进而引发了球面几何学、球面三角学、数理地理学以及天文观测、光学的突破性进展，最终这些科学成果汇总构成了古希腊的科学硕果，被科学史称为古希腊科学奇迹。伊斯兰世界的科学与其宗教信仰密切相关，不同王朝均慷慨资助科学研究，其中部分科学研究项目甚至还得到了宗教组织的直接支持。围绕着伊斯兰信仰中的数理天文学问题展开，其科学发展主要继承了古希腊传统，也兼收并蓄了一部分古印度的科学成果，最终伊斯兰世界的数理天文学、代数学、三角学、数理地理学、光学产生了大量杰出研究成果，铸就了伊斯兰阿拉伯科学的辉煌。基于儒略历修订的需要，罗马教会直接、大力支持天文学研究，哥白尼《天体运行论》是儒略历修订运动的产物，尽管它的观点和结论不是罗马教会希望看到。布鲁诺对哥白尼宇宙观的激进宣传以及人文主义学者的广泛转述，导致西欧社会高度关注宇宙的真相，探索宇宙真相的热情被彻底激发，最终导致新科学（即新天文学、新物理学）以及数学和光学都取得了突破性进展，由此近代科学革命成果达到了工业革命之前的巅峰状态。

从中我们可以发现，人类社会对精确时间体系的迫切需求，大多数发生在时间体系导致较大混乱之时。在这种情况下，国家或社会才会达成共识，并组织力量推动历法或时间体系的修订。这可能是因为古代社会生产力落后，财力、人力有限，只有在时间体系出现较大混乱之时，才会想方设法加以解决。但不是所有的修订时间体系的行为都会促进科学发展。只有运用新方法修订时间体系或对时间体系精确度提出更高要求时，才会极大地促进科学研究进步，当任务完成后，科学的发展就失去了相应的动力，科学探索活动回归到正常状态，呈现出零散、小规模的特征。

第二篇
历史上的四次科学奇迹

第三章 科学起源与时间体系的形成

第一节 科学起源的传统解释及其存在的缺陷

一 科学起源于人类好奇心理的传统解释

科学的起源是一个古老而有趣的问题，它产生于人类社会实践中遇到的困惑或难解的谜题而引发的理性探索，因此从理论上讲，科学发展的历史应该与人类的生产生活的历史一样悠久。但我们实际上无法确切地知道科学起源与发展的历史，因为迄今为止并没有可靠的历史资料明确记载这一点，甚至连人类起源的确切时间，我们也无法确知。尽管考古发现将人类起源的时间不断往前推移，从一百多万年到两三百万年，然而我们始终无法给出一个最终的权威答案。因此，要想对科学的起源给出一个可靠的答案，实际上并不是一件容易的事情。但这并不意味着我们对科学的起源问题一无所知，也不意味着我们对科学起源的问题束手无策。实际上，我们可以根据丰富的科学发展历史文献，对科学的起源问题做一些合理分析与推测，从而得出一个初步的结论，即科学的起源是人类实践活动中理性思考的产物。

著名科学史家萨顿曾经对科学起源问题做了精辟且通俗易懂的归纳，他指出："科学起源于何时？起源于何处？无论何时何处，只要人们试图解答无穷无尽的生活问题，科学就会由此发端。最初的解答仅仅是权宜性的，但在开始时却是必不可少的。逐渐地，人们把这些权宜性的解答加以比较、概括、合理化、简化，使它们相互联系并对它们进行整合；

科学之网会缓慢地织就。"① 按照萨顿的理解，当人们在实践中遇到困惑不解的问题之时，就会自然而然地产生好奇心理，进而通过理性探索，提供一些在逻辑上具有一定合理性的初步解答。显然，这种初步解答仅仅是权宜性答案，并非完美无缺的最终正确答案，初步的解答既可能是正确的，也可能是错误的，但它们是建立在理性思考基础上的可以进行证伪或证实的答案，这种权宜性答案与神灵启示提供的答案存在最大的区别就是，前者可以通过不断修正、否定的方式，引导人们不断追寻正确的答案并最终得到正确的答案，整个过程表现出一种理性探索的科学精神，不断产生出各种科学元素，最终组成科学体系的一个有机组成部分；而后者往往是定论或最终结论，它需要受众接受神灵的权威解答，往往禁锢了人的思维活动。

值得注意的是，虽然萨顿认为科学起源于人类生活或生产实践，但萨顿并不认为科学产生于实践的需要或需求，而是将科学的产生归结为实践过程中遇到的困惑不解的问题而产生的好奇心理。萨顿将解决人类社会实践所需要的方案归入技术范畴，而由好奇心理产生的思考与理论解答则划归科学范畴。因此，萨顿实际上认为，科学的萌芽源于人类的好奇心理，这是一种贯穿人类历史普遍存在的心理活动，是科学探索活动的起点并伴随着科学探索历程，他指出："好奇心，这种人类最奥秘的特性之一，的确比人类本身还要古老，它也许是古代科学知识的主要起因，就像它在今天仍然是科学知识的主要起因一样。需要被称为发明之母、技术之母，而好奇心则是科学之母。原始科学家的动机，也许与我们当代的那些科学家并无天壤之别。"② 在此，萨顿将科学与技术的起源作了严格区分，他从好奇心的强烈程度与科学探索活动的因果关系角度出发，旗帜鲜明地提出人类的好奇心是科学进步的主要动因的观点，他认为导致科学探索活动的好奇心是一种非常根深蒂固的好奇心理，一旦被有效激发，将激起对知识的强烈渴望

---

① 〔美〕乔治·萨顿：《希腊黄金时代的古代科学》，鲁旭东译，大象出版社 2010 年版，第 3 页。
② 〔美〕乔治·萨顿：《希腊黄金时代的古代科学》，鲁旭东译，大象出版社 2010 年版，第 19 页。

与科学探索活动。① 萨顿的观点显然起了一种重要引领作用,成为探索科学起源的一面重要旗帜,后续学者在探索科学起源问题上,很难绕开萨顿的阐述。

今天,我们所处的时代是科学高度发达的时代,科学元素已渗透到人类社会生产生活的方方面面,但我们仍然不知道科学起源的确切时间,甚至也不知道科学起源于什么样的困惑不解的问题。但根据现有史料,我们可以十分明确地指出,科学的起源远远早于文字的发明,即科学的起源远远早于有文字记载的人类文明。考古研究发现,人类最早的文字是楔形文字,大约出现在5200年前的美索不达米亚平原,而科学的起源至少可以追溯到一万年前。正如萨顿指出的:"在世界的某些地区,科学的萌芽在10000年以前甚至更早以前就出现了;在今天,在其他地方仍可以目睹这种萌芽;而且无论在哪个地区,我们都可以在一定程度上在孩子的心灵中观察到这样的萌芽。"② 实际上,早在原始社会,人类就开始努力探索周边环境以及宇宙运行奥秘,且这种现象在世界范围内具有明显的普遍性特征。

大约在公元前4200年,古埃及人已经认识到太阳回归年为365天,已经非常接近我们今天测量的准确数值,仅仅比实际地球年短了近0.25天,他们创建了人类历史上最早的太阳历,还发现一个大年(恒星年)等于1460个地球年③;在那样遥远的年代,仅仅凭借一些简单的工具和长期细致的观测,居然能够确定如此之长的时间周期,的确是非常了不起的事情④。大约在公元前4000年,苏美尔人发现了月亮盈亏规律并制定了阴历作为时间体系,在公元前2000年左右,他们已经掌握了太阳、月亮运动规律,发现了阴历一年12个月,天数为354天,并通过置闰的方式让时间、季节与回归年相吻合⑤。古巴比伦

---

① 〔美〕乔治·萨顿:《科学史和新人文主义》,陈恒六、刘兵、仲维光译,上海交通大学出版社2007年版,第35页。
② 〔美〕乔治·萨顿:《希腊黄金时代的古代科学》,鲁旭东译,大象出版社2010年版,第4页。
③ 吴军:《全球科技通史》,中信出版集团2019年版,第50页。
④ 吴国盛:《科学的历程》,湖南科学技术出版社2018年版,第63页。
⑤ 吴国盛:《科学的历程》,湖南科学技术出版社2018年版,第67页。

人历经近 2000 年的观测和总结，系统掌握了太阳、月亮、各星座的位置及其与每一年中不同时间、季节的对应关系，以指导农业生产[①]。大约公元前 1500 年，古印度人进入吠陀时代，将一年定为 360 天，月亮运行一周不到 30 天，并把黄道划分为 27 宿，他们认为宇宙像一口扣在大地的大锅[②]。在中国，在大约公元前 2400 年的尧帝时代，已设置了专职的天文官，负责观象授时，他们将一年时间定为 366 天，运用观测到的不同恒星位置变化来划分春夏秋冬四季，《夏小正》《春秋》《左传》中有大量天文资料[③]。在夏商时期，中国人已经掌握了较为精确的回归年长度，可以制定历法进行主动授时[④]。这表明，那时的中国人已经认识到日月运动规律。虽然以上列举的世界不同古文明对宇宙运行机制的研究成果距今最长时间不过 6000 年，但考虑到获取这些成果需要漫长的时间，因此可以推测这些古文明在更早的时代就已经开始探索宇宙运行机制。

对于原始社会人类对宇宙运行奥秘的不懈探索，传统的解释认为，这是人类在好奇心理驱使下的科学探索行为，是人类的一种本能。这种解释的思想渊源可能来自亚里士多德，早在 2000 多年前，亚里士多德就十分鲜明地指出："求知为人类的本能。"[⑤] 既然是人的本能，原始人类探索宇宙运行机制也就不足为怪了。美国科学哲学学者劳丹系统地解释了这种本能，他指出："人类对认识周围世界和本身的好奇心之需要，丝毫不亚于对衣服和食物的需要。我们所知的一切文化人类学都表明，对宇宙运行机制的精细学说的追求是一种普遍的现象，即使在能够维持生存水平的'原始'文化中亦是如此。这种现象的普遍性表明，对世界以及人在其中的位置的了解，深深植根于人类心灵之中。"[⑥] 显然，劳丹在此正确地指出，早在原始社会，人类就已经在宇宙论领域做出了杰出的贡献，因为他们探索和追求的是"宇宙运行机制的

---

① 吴军：《全球科技通史》，中信出版集团 2019 年版，第 50—51 页。
② 吴国盛：《科学的历程》，湖南科学技术出版社 2018 年版，第 74—75 页。
③ 吴国盛：《科学的历程》，湖南科学技术出版社 2018 年版，第 78—79 页。
④ 陈久金：《中国古代天文历法》，青海人民出版社 2022 年版，第 4 页。
⑤ 〔古希腊〕亚里士多德：《形而上学》，程诗和译，台海出版社 2016 年版，第 1 页。
⑥ 〔美〕拉瑞·劳丹：《进步及其问题》，刘新民译，华夏出版社 1990 年版，第 222 页。

精细学说",而不是对宇宙的肤浅、粗糙或片面的认识,这足以表明,原始社会的先人对科学的探索可能存在很长时间了,从"宇宙运行机制的精细学说"可以推测,这样的探索至少已持续了数千年甚至数万年。值得高度关注的是,这些科学成果并不是个别文明偶然所得,而是相互独立、互不联系的诸多文明中存在的普遍现象,这足以表明,关于宇宙运行机制的科学成果既不是靠运气偶然间获取的,也不是所谓的某些超自然力量对人类的恩赐,而是原始人类努力进行科学探索获得的成果。

既然宇宙运行机制学说是人类社会早期诸多古文明在相互独立的状态下不约而同地努力追求的目标,具有明显的普遍性特征,且这些学说相对比较系统,因此可以推测它们的发展历史较其他科学更为久远。劳丹所讲的宇宙运行机制精细学说大体指天体运行规律,从这个意义上看,人类社会的科学起源于天文学,即起源于原始人类对天体的长期持续不懈的观测与研究。

二 科学起源于好奇心理的传统解释存在的不足

科学起源于人类普遍存在的好奇心理,这种解释有一定合理性,也能够得到大量事实佐证。如果我们追根溯源,的确可以发现人类的科学探索活动与好奇心理存在千丝万缕的联系。因此,从好奇心理角度探索现代科学发展动力,或许是一个基本合适的角度。但是,如果我们仅仅将人类的科学起源归结为好奇心理,可能会遗漏一些关键细节,而这些未知的关键细节恰恰可能是解开科学起源之谜的真正突破口。如果这个推测成立,则意味着科学起源的传统解释可能高估了好奇心理对科学起源的作用,或者说,好奇心理并非科学探索的充分条件,仅仅是一个必要条件。为此,我们有必要对已知的所有古文明都存在对宇宙运行机制的精细学说的不懈追求现象做进一步分析,看看它们究竟是不是"深深植根于人类心灵之中"的好奇心理驱动的产物。这不仅需要我们重新梳理原始人类或史前文明探索宇宙运行机制的社会环境,从中追寻有价值的线索或证据,而且需要我们对人类好奇心理的性质、特征做必要的进一步探讨。

传统观点认为,人类的好奇心是对未知事物探究的心理倾向或偏好,这是人类与生俱来的一种心理倾向，会激发某种精神或心理需求，如同人的饥饿和寒冷的感受会自然而然地产生物质需求一样，强烈的好奇心会激发人类求知的内在需求，推动科学探索活动。从这个意义上看，人类天生具备科学探索活动的潜在动力，在适当条件下，好奇心将转化为科学探索的实际动力，这在现代社会是司空见惯的普遍现象。即使在远古时代，人类也进行了大量的科学探索活动，如在日月星辰与气候变化的联系领域，将泥土、石块等转变成生活生产用具等领域发现了许多科学知识。因此，把对宇宙运行机制的精细学说的不懈追求当作深深植根于人类心灵之中的好奇心理驱动的产物，似乎也说得通。因为所有古文明都拥有相似的好奇心理，对好奇心理的需求犹如对食物与衣物的需求一样，在好奇心理驱动下，经过努力探索，对宇宙运行机制的规律性有了较为深刻的理解。

但是，劳丹对人类科学探索需求的精辟评价难免给人留下另一种困惑：为何远古文明科学探索具有如此明显的倾向性和聚集性？既然认识周围世界本身是与衣服和食物一样的需要，相当于一种本能，那么远古人类应该对周围事物进行无差别的科学探索并取得相应的成果。然而我们浏览科学历史不难发现，许多古文明科学发展正如劳丹所言，对宇宙运行机制的深入研究是一种普遍现象，且硕果累累，令人深感震撼，但对周围其他事物的科学探索几乎乏善可陈。这驱使我们进一步思考，为什么不同文明在宇宙运行机制或者说在时间空间问题上取得如此伟大的成就，遥遥领先于其他科学领域，或者更通俗一点讲，为什么所有古文明的好奇心理都表现出如此出奇一致的共同偏好，都锲而不舍地努力探索宇宙运行机制的精细学说，并取得了伟大的科学成果，而在其他科学领域，如食物种子的栽培、营养、衣物的材料科学等领域没取得同样伟大的成果。显然，其他领域科学成果即使不是乏善可陈，至少也可以说远远逊色于宇宙领域。

这与人类的偏好以及好奇心理的实际状况存在明显的冲突。众所周知，人类个体之间的好奇心理并非无差别对待各种困惑或问题，而是存在明显的差别，换句话说，人类的好奇心理具有偏好，不同偏好的个体可能对同一事物表现出具有明显差异的好奇心理，或者说，个体对不同的事物表现出的好奇心理的强烈程度存在巨大差异。要想让偏好差异明显的群体从事同一项研究主题，绝不是一件轻而易举的事情。

当然，笔者并不是完全否定劳丹的观点，相反地，笔者赞成劳丹对人类科学探索的动因与特点的精辟归纳。的确，在早期阶段，人类在有限的条件下毅然决然地进行科学探索，以尽可能更加准确地认识人类自身所处的位置与周边的环境。但是，对宇宙运行机制的精细学说需要漫长时间的坚持，它持续的时间不是几年，也不是百十来年，而是持续数百年上千年，甚至持续几千年，要想在如此长的时期里，让世世代代的个体持续不断地努力探索同一个问题，仅仅从人类的好奇心理是一种与生俱来的本能来解释很难让人信服。因此，劳丹的重要观点可能与历史事实存在极大的偏差，它可能误导我们对科学起源问题的进一步深入分析、研究，对此，我们不能不保持应有的警惕。

或许人类对宇宙精细学说的探讨历史可以给我们一些启发。今天我们知道，在所谓的轴心时代，许多国家和地区的宇宙学、天文学研究达到一个高潮，此后逐步消退。德国哲学家卡尔·雅斯贝尔斯在《历史的起源与目标》一书中把公元前500年前后或公元前800～公元200年同时出现在西欧、中国、印度等地区的人类文明重大突破时期称为轴心时代。在轴心时代，美索不达米亚、古希腊、古代中国、古印度等国家和地区，对宇宙的探讨达到人类有史以来的第一次高峰，天文学研究也相应地达到历史高峰，基本解决了历法编制难题，人类时间体系的建设方法基本进入成熟阶段，掌握了置闰技巧，历法时间与季节保持相对稳定。轴心时代宇宙学、天文学的成就令人惊叹。此后只要在原有天文学理论基础上修订历法，基本上可以校准历法缺陷，满足日常生产生活对时间服务的基本需求。此后，轴心时代各个文明国家和地区对宇宙学和天文学的研究热情开始逐步消退。

因此，人类对未知事物的好奇心理可能是一种与生俱来的本能，但个体对未知事物的好奇心理的强烈程度，可能与自身的偏好密切相关，也可能与外部环境密切相关，例如，对准确的历法或时间体系的需求，可能推动宇宙学、天文学研究。因此，个体对某个领域的科学探索，可能是自身强烈的偏好使然，也可能是受社会需求的激励。

既然好奇心是人类的本性，偏好可以假设为呈现随机分布的状态，我们没有任何理由证明原始人类对某种科学领域拥有特别强烈的天生的好奇心理，因此，对史前文明中，许多社会（部落或部落联盟）都不约而同地对人类周边环境特别是宇宙运行机制进行了深入研究的历史事实，应该予以重点关注。仅仅从好奇心理的角度探讨科学的起源、发展，显然存在缺陷。

可见，在探讨历史上的科学起源与发展时，不能简单地将古代科学归结为好奇心理的产物，也不能轻易地将科学成果归功于科学精神的推动，而是要深入理解时代背景与社会环境，对科学探索选题的决定以及研究的动力做深入研究。既然科学起源于原始社会，那就应该对原始社会中科学起源的背景与环境因素做简要、系统的分析。

第二节　科学起源时代的原始社会

科学的起源与发展，究竟是如劳丹所言，源于植根在人类心灵深处的对宇宙运行机制的好奇心理，还是那深邃幽蓝的天空，隐藏着能够为原始人类带来迫切需要解答的困惑的答案？

我们已经知道，现有的理论还无法解释为何植根于人类心灵深处的好奇心理特别偏好或偏爱天文学，而不是其他领域的科学。这一令人惊讶的历史事实无疑值得我们深入思考，除了人类固有的好奇心理促使人们不辞辛劳、持之以恒地仰望星空之外，应该还有其他非常重要的且我们还没有充分掌握的关键因素。为此，我们必须梳理：原始人类在日常生产生活中遇到的最迫切需要解决的挑战或困惑究竟是什么？为什么诸多古文明都遇到类似的或相同的问题，从而采取相同的解决问题的办法，都不约而同地通过天文学研究来解答他们面临的最大的困惑或挑战？的确，原始社会存在促使科学起源的背景与环境，那就是原始人类面临的生存压力与危机，而天文学能够为原始人类解决这一问题奠定一个坚实的基础，缓解他们的极度焦虑与不安。

在讨论这一问题之前，我们需要简要回顾一下人类祖先在原始社会面临的严峻的生存挑战。

一 食物采集时代的人口规模与生存状况

人类学家、考古学家联合研究的结论是，在旧石器时代初期的食物采集时代，全球人口数量大约只有12.5万。[①] 在这个时代，大自然赐予的食物很多，人均潜在食物较为可观，但由于原始人类认识能力十分低下，无法确知哪些自然物品可以食用，哪些不能食用，哪些具有严重毒副作用；同时，原始人类生产力水平十分低下，因此人类祖先生存依然十分艰辛，他们一般不会远离自己的生活栖息地，通常在太阳出来时采集可以食用的植物的根与果实，在夜幕降临之前回到栖息地休息。此时原始人类处于低级蒙昧社会阶段。美国人类学家摩尔根将人类社会分为低级蒙昧社会、中级蒙昧社会、高级蒙昧社会、低级野蛮社会、中级野蛮社会、高级野蛮社会与文明社会七个阶段，与物种获取食物资源的生存技术密切相关，包括在有限空间范围内采集各种可以食用的天然食物（主要包括植物的根和果实）、捕获鱼类食物、通过种植获取淀粉食物、通过畜牧获取肉类和乳类食物、通过田野农业而获得无穷食物等方式。[②]

在低级蒙昧社会，原始人类在有限空间范围内采集植物的根和果实作为天然食物，因此这一时期通常也被称为食物采集时代。这是生产力极度落后的旧石器时代初期，通常情况下，特定空间范围内的食物资源所能供养的人口数量非常有限。据考古研究推断，"即使在那些冬季气候也很温暖、物产丰饶的地区，每平方英里（约3885亩）也只能养活一至两名食物采集者，如果在气候寒冷的地方，在热带丛林区或沙漠地带，那么养活一名食物采集者则需要20至30平方英里的地盘"[③]。当然，这个数据仅仅是一种推断，并非十分精确，另外还有一种比较权威的估计数据，认为维持一个晚期原始采集者生存需要更多的土地资源。大卫·克里斯蒂安指出"在全新世早期的欧洲，食物采集的生活方式可以养活

[①] 〔美〕斯塔夫里阿诺斯：《全球通史：1500年以前的世界》，吴象婴、梁赤民译，上海社会科学院出版社1999年版，第76页。

[②] 〔美〕路易斯·亨利·摩尔根：《古代社会》（上册），杨东莼、马雍、马巨译，商务印书馆1977年版，第9—11页、第18—24页。

[③] 〔美〕斯塔夫里阿诺斯：《全球通史：1500年以前的世界》，吴象婴、梁赤民译，上海社会科学院出版社1999年版，第82页。

的人口密度为 10 平方千米 1 人"①，考虑到早期人类生产力水平低下以及生存技能水平低下等因素，绝大多数人类学家、考古学家和历史学家都倾向于认为，最早的人类生活于热带或亚热带的森林中。人类学家摩尔根指出，根据食物性质推断，最早的人类应该生存于热带或亚热带的果木林中，那里阳光充足，适合生存②。生物学家、动物行为学家珍·古德尔也持类似的观点，她指出，人类最早生存于热带或亚热带森林中，随着捕猎能力的提高才向草原迁徙。③ 的确，在食物采集阶段，一定空间范围内可以获取的食物数量，决定了单个原始部落人口规模十分有限，因此，古德尔推断，生产力水平低下、以采集维持生存的早期原始部落人口规模相当稳定，一般不会超过 20 人；发明了猎捕动物的工具后，原始人类从森林向草原迁徙，能够有效组织集体狩猎活动的部落，其人口规模可能增加到 40 人左右。④ 近代探险活动的发现支持古德尔根据考古资料推断的原始部落的人口规模。近代欧洲探险者到达澳洲时，当地原住民仍然处于狩猎阶段的原始社会，探险者发现从事狩猎的澳大利亚南部塔斯马尼亚原住民，一个经济集团人口有 30 至 50 人。更多的资料显示，当时澳大利亚一个氏族群体一般为 40 至 60 人，最多的也不超过 100 人。非洲尼罗河上游森林地区的俾格米人，一个群居的小集体通常是由三四个成员组成的小家庭。⑤ 考虑到澳大利亚原住民已经脱离采集食物阶段进入狩猎阶段，其单个群体人口规模有所扩张，因此推断采集食物阶段的单个群体人口规模不超过 20 人的结论应该是可信的。

尽管采集阶段的生产力水平低下，获取食物难度非常大，但只要生活标准高于一定水平，就会出现人口增长趋势。⑥ 这是人类繁衍后代、维持种族延续的本能决定的人口增长趋势。然而，随着人口增加，原有

---

① 〔美〕大卫·克里斯蒂安：《时间地图：大历史，130 亿年前至今》，晏可佳等译，中信出版集团 2017 年版，第 217 页。
② 〔美〕路易斯·亨利·摩尔根：《古代社会》（上册），杨东莼、马雍、马巨译，商务印书馆 1977 年版，第 19 页。
③ JaneGoodall, *Chimpanzees of the Gombe*, Stream Reserve, 1963: 445-500.
④ JaneGoodall, *Chimpanzees of the Gombe*, Stream Reserve, 1963: 445-500.
⑤ 罗琨、张永山：《原始社会》，中国青年出版社 1995 年版，第 113 页。
⑥ 〔美〕道格拉斯·C. 诺思：《经济史中的结构与变迁》，陈郁、罗华平等译，上海三联书店、上海人民出版社 1994 年版，第 92 页。

部落范围内采集食物的平衡状况势必被逐步打破，这意味着人口与自然资源在部落范围内产生了矛盾与冲突。在当时十分低下的生产力水平下，解决人与自然的矛盾和冲突无非两条路径：要么通过杀婴人为控制部落人口规模，重新保持人口与食物的平衡；要么通过群体分化与迁徙，寻找新的生活区域和食物采集空间。

很不幸地，原始人类在十分漫长的一段时期里选择了以杀婴方式来维持人口规模。卡洛·齐波拉发现，人类出现后的一两百万年历史上，人口增长率奇低无比，年均增长率为 0.0007%~0.0015%，人口规模几乎没有什么变化。齐波拉认为，在定居农业时代之前，捕获的动物数量和采集食物数量决定了原始部落人口规模，原始部落控制人口规模的重要措施就是杀婴。[①] 这种残忍现象不仅在世界各地原始部落普遍存在，而且在漫长的农业社会中仍然不时地发生，直到一百多年前，世界各地的杀婴现象才逐渐消失。

这一时期，原始人类选择以杀婴方式来维持人与自然的平衡与和谐共处，而不是通过群体的分化与迁徙来实现人与自然的平衡与和谐共处，可能是因为他们应对外部世界的各种威胁的能力还比较低下。他们应该能够预计到迁徙路途中可能会遇到老虎、狮子、豹子、鳄鱼、蟒蛇等猛兽以及毒蛇的致命威胁，而他们却无法有效应对，他们之所以能够预计到这一点，是因为他们在采集过程中，甚至在栖息地，会受到毒蛇猛兽的伤害，甚至有亲人因此丧生。因此，原始人类不仅需要采集食物以解决饥饿问题，还要与毒蛇猛兽做斗争，以保护自身安全。

二 人口增长、寻找新食物与人群初步迁徙的轨迹

无论从哪一个角度看，杀婴都是十分残忍的事，会严重伤害婴儿父母及其他亲人的情感，造成重大的身心伤害，他们都有让自己的后代能够健康地存续下来的强烈愿望。另外，从抵御毒蛇猛兽的能力上看，更多的人口意味着更大的力量。因此，原始群体有拓展食物来源的强烈的

[①] 〔意〕卡洛·M. 奇波拉：《世界人口经济史》，黄朝华译，商务印书馆1993年版，转引自林岗、刘元春、张宇《诺斯与马克思：关于社会发展和制度变迁动力的比较》，《中国人民大学学报》2000年第3期，第25—33页。

内在冲动。当然，原始人类也深知采集食物是一项十分艰辛的劳动，深知自身生存的自然环境所能提供的天然食物的极限，人口增长势必对原有生存环境造成一定的压力，只有通过迁徙寻找新的食物来源，才能解决人口增加与食物不足的难题。

当原始人类迈出迁徙的步伐时，他们必须解决迁徙过程中的食物与水源问题。原始人类认识到鱼类资源是迁徙路途中最重要的食物保障。因此，当原始部落因人口增长需要分化迁徙时，拥有鱼类资源和水资源的江河湖海区域就是他们首选的路径。正如摩尔根所言："人类依靠鱼类食物才开始摆脱气候和地域限制，他们沿着海岸或湖岸，沿着河道四处散布，可以遍及地球上大部分地区。"[1] 摩尔根继续指出，他的观点得到了地球上各个大陆考古发现的足够多的遗迹、资料的佐证，事实的确如此，没有鱼类食物，仅仅以野果、植物根茎为食，人类无法完成迁徙的壮举。[2]

在原始人类还没有掌握有效的狩猎技巧、难以大量捕杀其他动物的时候，鱼类资源可能是原始人类的最重要的蛋白来源，不仅有效拓宽了原始人类的天然食物来源，而且成为原始社会人口增长、迁徙的重要保障。

三 生存技能提升、人口增长与新的人口压力

早在食物采集阶段，原始人类就在栖息地附近或采集食物过程中积累了抵御毒蛇猛兽侵袭的方法与技巧；在迁徙过程中，原始人类随时可能遭遇老虎、狮子、豹子、鳄鱼、蟒蛇等猛兽的威胁，一路上随时可能面临生死考验，他们更迫切地需要能够自保的武器以及猎杀猛兽的武器。一开始，处于低级蒙昧社会阶段末期的原始人类运用粗糙的石块、树枝或木棍抵御猛兽侵袭并捕杀猎物，随后他们可能逐渐地改进了武器，如石矛、标枪等。显然，这种简单的捕猎工具所能获取的猎物比较有限，为了增加捕猎成果，原始人类还不断改变捕猎方式，从近身搏斗到远距

---

[1] 〔美〕路易斯·亨利·摩尔根：《古代社会》（上册），杨东莼、马雍、马巨译，商务印书馆1977年版，第20页。

[2] 〔美〕路易斯·亨利·摩尔根：《古代社会》（上册），杨东莼、马雍、马巨译，商务印书馆1977年版，第20页。

离抛掷石块、木棍,从抛掷粗糙石块、木棍到打磨锋利的石块、标枪。原始人类不断积累经验,制造武器品种越来越多,能力越来越强,逐步具备了有组织地狩猎的能力。

随着原始人类逐步掌握狩猎以及渔猎技术并学会用火的知识或技能,原始社会食物品种、数量得以大量增加,食物品质得以缓慢提升。由于火的运用,食物变得更加健康,也更有营养,原始人类身体健康状况得到了明显改善,人口数量开始较快增长,人类社会逐渐过渡到摩尔根所讲的中级蒙昧社会。

人口的较快增长,意味着寻找更多的食物来源迫在眉睫,陆地上的各种野兽自然而然地就成为原始人类新的食物目标,特别是大型野生动物。但是,仅仅用简单的石矛、标枪、棍棒、石块是难以捕捉大型动物的,弄不好人类自身反而成为大型野生动物的猎物。传统观点认为,在与野生动物反复较量过程中,原始人类最终在距今30000年至25000年发明了弓箭。但最新研究表明,人类可能在71000年前开始使用弓箭。① 弓箭的发明,意味着原始人类生存技能得到大幅度提升,原始社会进入高级蒙昧社会阶段。随着弓箭制作技能快速扩散到全球各地,成为史前部落普遍使用的狩猎武器,原始人类不仅可以捕杀小型动物,还可以猎杀大型野生动物,原始人类的食物更加丰富,食物品质、营养明显提升,人口数量开始进一步增加,而人口增加势必导致对野生动物的需求继续增加,这导致弓箭的使用越来越频繁。

弓箭的大规模运用带来了两个后果。一是热带、温带大型动物数量大幅度减少,部分类型的动物甚至濒临灭绝,考古发现的许多大型动物的大量骨头,今天我们已经不知道这些类型野生动物的外形与名称。二是人类随着狩猎进程而不断迁徙,其活动范围已经扩展到气候寒冷的高纬度地区,捕杀大型动物的效率不断提高,包括凶猛的猛犸象和长毛犀牛在内的大型动物数量不断减少,大约在距今25000年前至12000年前,大量大型动物灭绝②。根据保罗·马丁和N.E.赖特根的估计,200多种

---

① 吴军:《全球科技通史》,中信出版集团2019年版,第17页。
② 〔美〕道格拉斯·C.诺思:《经济史中的结构与变迁》,陈郁、罗华平等译,上海三联书店、上海人民出版社1994年版,第94页。

巨型动物的灭绝与人类狩猎活动密切相关。①

狩猎技能水平提升与人口规模的扩大相伴而生，原始部落人口规模扩张，从采集时代的 20 人以内向 40 人左右扩张。② 另外，大型动物的数量越来越少，地球上未被开发的地域越来越少。这样，单位土地上承载的人口数量的增加，必然导致人与自然资源（动植物）关系更加紧张。一种可行的解决问题的思路是在外部资源比较充裕时，当某个区域人口的增加导致食物供应紧张时，部落分化并迁徙到新的地区，形成新的部落。③ 另一种思路是寻找新的食物来源来应对人口增长，据弗兰纳里考证，从农业诞生之前的公元前 20000 年起，人类就开始以更多的动植物为食，例如将禽类动物、贝壳类动物、蜗牛等作为新食物以满足日益增加的人口的生存需求。④ 实际上，以上两种思路或办法，原始人类曾经都采用过。

显然，这两类办法只能在短期内缓解局部区域的人与自然紧张关系，但随着时间推移，这两种办法必然导致人口数量增加，不可避免地进一步加剧人与自然的紧张状况。从长期看，这两种办法必然导致人口增长，而地球拥有的天然资源或食物总是有限的，人与自然资源稀缺的矛盾必然随着人口规模的扩张而日益凸显。

随着人类足迹遍布全球，野生动植物资源急剧下降。大型动物数量急剧下降，必然威胁狩猎时代原始人类的食物安全，虽然目前还没有发现直接证据表明整个原始部落因饥饿死亡或灭绝的现象，但原始社会出现这种现象应该是可以理解的。正如著名历史学家威尔·杜兰特和阿里尔·杜兰特明确指出："我们的祖先为了生存，不得不去追捕，战斗，杀戮"⑤，以获取维持生存的食物；另外，在狩猎时代的原始人类时常受饥

---

① 〔美〕道格拉斯·C. 诺思：《经济史中的结构与变迁》，陈郁、罗华平等译，上海三联书店、上海人民出版社 1994 年版，第 82 页。
② JaneGoodall, *Chimpanzees of the Gombe*, Stream Reserve, 1963: 445-500.
③ 〔美〕道格拉斯·C. 诺思：《经济史中的结构与变迁》，陈郁、罗华平等译，上海三联书店、上海人民出版社 1994 年版，第 94 页。
④ 〔美〕道格拉斯·C. 诺思：《经济史中的结构与变迁》，陈郁、罗华平等译，上海三联书店、上海人民出版社 1994 年版，第 82、95 页。
⑤ 〔美〕威尔·杜兰特、阿里尔·杜兰特：《历史的教训》，倪玉平、张闶译，中国方正出版社、四川人民出版社 2015 年版，第 20 页。

饿威胁而养成暴饮暴食的不良习惯，因为他们常常不知道下一次饱餐的机会是在什么时候，正如威尔·杜兰特、阿里尔·杜兰特多次强调："在狩猎阶段，一个人必须随时准备好去追捕、格斗和砍杀。当他抓到了猎物，总是要吃下三倍于自己胃消化量的食物。"① 实际上，原始人类在面临饥饿威胁时，其行为是非常可怕的，说是令人毛骨悚然并不为过，为了生存，"人类不得不采取吃人的残酷手段。在古代，吃人之风普遍流行"②。在谈到原始社会人吃人现象时，摩尔根指出："有理由相信吃人的风气在整个蒙昧阶段是普遍流行的，平时吃被俘的敌人，遇到饥荒的时候，就连自己的朋友和亲属也会被吃掉。在战争中，作战双方在战场上互吃对方的人，这种风气仍残存在美洲土著当中"③。

四 发展畜牧业与种植业是原始社会解决食物短缺问题的重要举措

从食物采集到食物采集与狩猎活动并存的阶段，原始人类始终没能有效解决人口增长与食物短缺之间的矛盾。为了维持生存，原始人类需要持续不断地消费食物，但食物的获取却是不确定、间断性的，无论是采集，还是狩猎，都无法保证稳定可靠的食物来源。一开始，原始人类数量很少，其面临的食物挑战主要是原始人类知识极其贫乏、生产力极其低下，无法通过采集来满足人口增长带来的食物需求增加；随着原始人类生存技能不断增长，人口数量不断增加，对食物的需求不断膨胀，特别是弓箭捕猎技术的出现，导致人类对动物资源的过度开发使用，导致可食用的动植物资源数量急剧下降，出现了人类历史上全球范围内首次大规模、普遍的"公地悲剧"现象，此时地球上生存环境比较恶劣，连高纬度、比较寒冷区域的动物资源也已经被过度开发，许多大型动物已经灭绝，地球上未开发的处女地已经非常稀少，且处于异常寒冷、人迹罕至的地方。

---

① 〔美〕威尔·杜兰特、阿里尔·杜兰特：《历史的教训》，倪玉平、张闶译，中国方正出版社、四川人民出版社2015年版，第54页。
② 〔美〕路易斯·亨利·摩尔根：《古代社会》（上册），杨东莼、马雍、马巨译，商务印书馆1977年版，第20页。
③ 〔美〕路易斯·亨利·摩尔根：《古代社会》（上册），杨东莼、马雍、马巨译，商务印书馆1977年版，第22页。

可见，原始人类面临的食物挑战并非线性的，而是螺旋式上升，其严重程度随人口增加而上升，解决矛盾的回旋余地却随人口的增长而日趋狭窄。

于是，原始人类开始保护和放养比较温顺的食草动物以及尝试栽培植物以作为新的食物来源，人类开始踏上了通过劳动生产食物的新阶段，用人工食物来补充或替代天然食物。根据摩尔根的研究，这一阶段的原始人类已进入野蛮社会低级阶段，在东半球的标志是动物的饲养，在西半球是种植谷类作物。①

经过漫长时间的努力，原始人类畜牧业与种植业有了相当发展，食物供应得到极大的改善，原始人类进入野蛮社会的中级阶段。随着美洲先进部落拥有谷物、亚洲和欧洲的先进部落拥有了家畜，特别是谷物生产能力得到提高之后，原始人类破天荒地产生了食物充裕的印象。②

五 定居农业是原始人类生存与发展的重要转折

在采集与狩猎并存的漫长时期里，原始人类始终没能解决食物安全问题，即人对食物的持续性需求与食物来源的不稳定、短缺之间的矛盾，这意味着饥饿问题随时可能发生，他们试图通过发展动物驯养和植物种植业来解决这一问题。的确，动物驯养与植物种植在提供稳定的食物来源上具有明显的优势和巨大的潜力，有利于解决长期威胁生存的饥饿问题。在西半球，印第安人逐步发现并栽培了菜豆、南瓜、烟草、可可、棉花、胡椒等农作物③，在东半球，原始人类开始栽培小麦、大麦、水稻等谷物，有效地解决了人与自然之间的紧张关系，让自然界的生物得以逐步恢复。

大约1万年前，原始人类逐步开始进入定居农业时代，发展种植业

---

① 〔美〕路易斯·亨利·摩尔根：《古代社会》（上册），杨东莼、马雍、马巨译，商务印书馆1977年版，第20—21页。
② 〔美〕路易斯·亨利·摩尔根：《古代社会》（上册），杨东莼、马雍、马巨译，商务印书馆1977年版，第22—23页。
③ 〔美〕路易斯·亨利·摩尔根：《古代社会》（上册），杨东莼、马雍、马巨译，商务印书馆1977年版，第24页。

与饲养动物，以获取稳定的食物来源，实现了采集与狩猎向定居农业的转变；这一转变从根本上改变了人类社会进程，原始社会开始了快速超常发展的进程，逐步过渡到文明社会。根据摩尔根的研究，原始人类在定居农业时代，发现种植业和动物饲养业不仅可以直接带来食物，而且可以运用畜力来补充人力，扩大种植面积，增加食物供给。随着农业生产工具的改进，出现了畜力拉犁的技术革新，推动了森林开发和田野开垦，在有限的地域范围内可以供养更多的人口。[1] 在采集和狩猎时代，通常实行男人狩猎、妇女与孩童采集的简单社会分工，不利于原始人类劳动技能水平提升。在定居农业时代，更密集的人口推动了定居部落内部的社会分工，促进了相互学习、相互借鉴的进程，推动了原始人类技术创新能力的提高，出现了各种各样的手工业。到公元前2000年，手工业专业化分工已经十分发达，考古发现，当时的迈锡尼文明虽然还处于氏族时代，但是社会已经拥有专业的陶工、金属工、纺织工、泥瓦匠、木匠、造船匠、铜匠和金匠等专门职业分工。[2]

显然，农业或种植业的大规模普遍发展对原始人类社会的转型与进步是极为重要的历史事件，农业的发展让原始人类从不断迁徙转变为定居模式。自从定居农业产生以后，原始人类的生产力水平得到明显提高，物质生产的进步速度大幅度加快，能够生产的劳动产品品种数量明显扩张，精神文化生活也变得更加丰富多彩，创造了辉煌的农业文明。[3] 历史学家将定居农业的出现称为第一次经济革命，也是人类进入文明时代的极为关键的一步。

既然农业或种植业如此重要，为何在漫长的数百万年中，原始人类没能早一点发展农业或种植业，以彻底解决人类对食物的持续性需求与采集和狩猎获取食物的不稳定、短缺的矛盾？传统的解释是早期人类学习能力很差，生产技能积累缓慢，一直到1万年前左右才有效掌握种植

---

[1] 〔美〕路易斯·亨利·摩尔根：《古代社会》（上册），杨东莼、马雍、马巨译，商务印书馆1977年版，第24页。

[2] 〔美〕道格拉斯·C. 诺思：《经济史中的结构与变迁》，陈郁、罗华平等译，上海三联书店、上海人民出版社1994年版，第105页。

[3] 〔美〕道格拉斯·C. 诺思：《经济史中的结构与变迁》，陈郁、罗华平等译，上海三联书店、上海人民出版社1994年版，第81—82页。

业生产技术。很长一段时间以来，这种观点一直流行并被广泛接受。但是，著名学者，诺贝尔奖获得者道格拉斯·诺思对流行观点提出质疑，提出原始社会末期人与自然资源的紧张格局促使产权安排改革以及社会激励机制发生变化，导致了生产技术发明创造速度加快，让原始人类有效掌握种植业相关技术，这才是原始人类从采集狩猎生活模式向定居农业转型的关键原因，也正是产权改革与激励机制创新才推动了农业经济时代的繁荣。

第三节　原始社会时空理论萌芽与发展

一　第一次经济革命的原因：产权改革还是时间体系建设？

（一）对诺思解释存在缺陷的反思

诺思简要、系统地考察了原始人类从采集、狩猎为生转变为定居农业的演变原因、过程与结果。其逻辑思路是原始社会末期人口增长压力导致从事农业生产的边际收益高于狩猎活动的事实推动了排他性公有产权制度的建立，导致原始社会产生新的激励机制，从而有效促进了技术进步，促使原始人类转向定居农业；定居农业促进了社会分工与劳动效率提高，推动了农业文明走向辉煌。

诺思认为，在漫长时间里，原始群落形成了自己特有的生活方式，他们习惯了把一个地区的动植物消耗完，然后迁徙到新的地方；但是在弓箭发明之后，人类捕杀大型野生动物的能力得到极大增强，意味着可供养人口增加，人口的增长与弓箭的普遍使用共同导致许多大型野生动物近乎灭绝；由此导致狩猎的边际收益递减，从而导致原始部落将更多的劳动用于采集。在某一个时间点上，群落将努力寻找土地肥沃的地区定居下来，并阻止新的部落前来，从而构建了排他性公有产权。正是排他性公有产权制度的建立，原始人类才有足够的激励去发展畜牧业和种植业，提高对种植业的投入。诺思特别指出，排他性产权加强了原始人类对获取新知识的刺激，进而创新了新知识帮助原始人类胜任新的工作，即种植与驯养动物。①

诺思将人类的第一次经济革命归功于排他性产权制度的建立这一论断曾经风靡全球。诺思运用制度创新与激励机制的变迁，来解释过去10000年人类取得的迅速进步和漫长的原始狩猎采集时代发展缓慢的原因，进而将产权制度对人类文明演化的作用提升到决定性或关键性的等级。②

笔者认为，如果诺思的分析对象是现代社会的某一公共资源面临诸多经济主体争相使用的场景，则诺思关于建立排他性产权的分析基本是对的，但是，当诺思将这种分析方法简单地套用到原始社会从采集、狩猎向定居农业转变时，则他的分析论证至少存在两个重大缺陷。他认为排他性公有产权的确立替代了原始公有产权，才导致畜牧业和原始种植业的产生，这很可能不符合历史事实。因为包括斯塔夫里阿诺斯等大多数历史学家都认为，对原始人类来说，食物是最重要的，关系自身生死存亡，在许多时候，食物总是稀缺的，在人类数百万年漫长的原始社会中，普遍存在的杀婴现象就是这种观点的有力佐证，因而他们对自身势力范围内的食物资源是非常在意、非常敏感的。因此，一旦某个氏族或部落占据了某个地域，他们总是有充分的理由抵制其他群体染指自己的领地，除非他们觉得该领地的动植物资源即将趋于枯竭，主动放弃领地并迁徙到其他地方。但这种情况在未开发的公共资源越来越少的旧石器时代末期比较少见，更多的情况是原有部落或氏族人员分化，根据原有领地动植物资源所能承载人口数量，决定留下来多少人，其余人员迁徙到其他地方。当然，分化迁徙过程可能是和平商量后决定，也可能是暴力斗争的结果。因此，原始人类可能会遵循先到原则或先占原则，排他性产权是自然而然地形成的，除非先占者自愿放弃并迁徙到其他地方，或者后来者使用暴力战胜先占者，否则产权属于先到者或先占者。此外，现有大部分著作都认为，土地或领地是原始社会最重要的公共财产。③

---

① 〔美〕道格拉斯·C. 诺思:《经济史中的结构与变迁》，陈郁、罗华平等译，上海三联书店、上海人民出版社1994年版，第80、96—97页。
② 〔美〕道格拉斯·C. 诺思:《经济史中的结构与变迁》，陈郁、罗华平等译，上海三联书店、上海人民出版社1994年版，第95—98页。
③ 蒋学模:《政治经济学教材》，上海人民出版社2003年版，第8页。

也就是说，排他性公共财产是自然历史的过程，是早已存在的约定俗成的规则，并非原始社会末期刻意创新的结果。

上述分析表明，不是人口压力导致原始人类发明了新的产权制度与激励机制，无论他们能否发明新的产权与激励制度，在人口压力下，他们都有足够的激励寻求采集、渔猎之外的方法来获取新的食物，即种植与驯养动物，如果原始部落延续杀婴陋习，将导致本部落人口增长缓慢或人口减少，这在人口压力日益明显的时代将面临严重后果。因为在外部资源匮乏、食物紧张之时，原始部落必然更加注重保护自己占有的动植物资源，以免被邻近的其他部落暴力侵占，为此每一个原始部落都有增强自身力量的内在冲动，而增强力量最直接的办法就是增加本群体的人口，而增加人口数量就必须优先解决增加食物数量问题。人类学家与考古学家的研究发现，当不对人口进行限制的部落与对人口进行限制的部落发生战争时，前者将战胜后者，因此人口自动平衡的地区往往是远离其他群落的地区。① 实际上，在绝大多数情况下，战争获胜的一方是具有人口优势的部落，正如吴军指出的："在史前时期，部族之间的竞争非常激烈，而取胜的一方几乎无一例外是人口占多数的部族。"② 当然增加人口数量不是增强部落实力与安全的唯一选项，还有一种选项是联盟，即通过部落之间的联盟来增强自身的保护力量，但是，自身力量的强大可以有效保障自己在联盟过程中处于有利地位，更好地保护自身合理的权益，至少不要因联盟而遭受实际利益损失。

由此可见，在旧石器时代末期的原始社会，原始部落在任何情况下都会想方设法保护自己的权益，通过种植与驯养动物来增加食物供应与产权制度、激励机制变迁没有明显的联系，原始公有产权变成排他性公有产权是自然历史过程，并非主动改革的结果。但是，如果技术创新或知识创新的动力不是来自产权，那来自哪里？实际上，不是排他性产权带来的收益增加，刺激原始人类进行更多的知识与技术创新，而是人口压力导致的生存压力焦虑迫使他们创新，特别是种植业领域的创新。

---

① 〔美〕道格拉斯·C.诺思：《经济史中的结构与变迁》，陈郁、罗华平等译，上海三联书店、上海人民出版社 1994 年版，第 93 页。
② 吴军：《全球科技通史》，中信出版集团 2019 年版，第 25 页。

但是，人口压力导致的技术创新的最大障碍并非我们通常认为的生产实践环节，而是关于适时播种的知识，这与人类对季节或时间体系的认识密切相关。

（二）定居农业的真正障碍是缺乏时间体系来指示季节

1. 原始人类难以准确把握播种季节

农业是如何产生的，一直存在许多未解之谜，同样地，原始人类为何迟迟没有向定居农业过渡，也是一个有意思的谜题？一方面，人类的历史长达数百万年，在漫长的采集、狩猎生活中，原始人类一直饱受食物短缺问题困扰；另一方面，原始人类在漫长的采集过程中，早已熟悉了野生植物的生长规律，他们可能了解种植业对解决食物危机的巨大潜力，但历史事实却是原始人类迟迟没有将劳动资源大规模配置到种植业。

为什么说这是一个令人奇怪的矛盾现象？历史资料表明，原始人类对获取食物的努力是十分执着的，哪怕冒着生命危险，也不肯轻易放过任何可能充当食物的东西。虽然无法确切知道数万年或数十万年乃至数百万年前，原始人类为了寻找可食用的物品，经历了怎样的坎坷，但萨顿对南美洲近代原始人类寻找食物经历的描述，让我们对原始人类寻找食物有一个轮廓式的了解。萨顿指出："农夫发现了一种又一种有用的植物——这些植物有的可用来做食物，有的可用来做药材，或者可用于家庭生活的其他用途——这暗示着，人们进行了数不胜数的实验。"[1] 在《希腊黄金时代的古代科学》中，萨顿描述的印第安部落的木薯食物的发现，为这类推测提供一个有力的佐证。他指出："南美的棕榈树皮筒是一种用攀缘棕树皮编织而成的有弹性的圆筒，用来榨取木薯（或树薯）的汁液；当石头或其他东西的重量把圆筒拉长时，内部的压力就会增加，汁液就会流出来。这项发明的简便和有效值得称赞，但更令人惊异的是印第安人能够发现木薯具有很高的营养价值。木薯的汁液含有一种可以致命的物质（氢氰酸），必须通过烧煮把它除去，否则的话，食用者不仅不能从中获得营养，反而会因食用而丧命。印第安人是怎样发现这种

---

[1] 〔美〕乔治·萨顿：《希腊黄金时代的古代科学》，鲁旭东译，大象出版社2010年版，第5页。

只有当其有害的毒物除掉以后才能享用的宝物的呢？"① 虽然我们不能确切地知道印第安人如何发现这些有价值的科学知识，但可以合理推断印第安人为这一发现做过大量的异常艰辛的试错行动，甚至有人因此不幸遇难。由此我们可以推测，原始人类愿意为寻找各种可能的食物付出巨大的努力，甚至不惜牺牲生命。

既然原始人类如此努力、执着地获取食物，那么，在定居农业之前漫长的采集、狩猎生活中，原始人类应该多次尝试过栽培野生植物以增加食物，但为何定居农业那么晚才出现？这显然是一个值得特别关注的重要问题。

在大型动物灭绝、动植物资源无法承载日益增长的人口之时，原始人类才被动地进入种植业。为什么一定要在生存压力之下才激发出种植业创新知识或技术呢？

显然，原始人类迟迟没有全面转向种植业或农业，一个最可能的原因是种植业的收成存在极大的不确定性，当原始人类播种时，根本无法预期未来的收成是多少：或许丰收、或许歉收、或许颗粒无收，这是导致原始人类在面对种植业时踌躇不前的最重要原因。

今天我们都知道，农业或种植业具有明显的脆弱性特征，不仅面临高温、旱涝、风暴、冰雹、低温等自然灾害风险，在生产环节面临人类认识错误或失误带来的风险，如果我们因为面临这一系列困境就将种植业描述成高风险行业，似乎有点夸大其词。事实上，这并非危言耸听，而是原始人类曾经面临的巨大挑战。

在我们固有的认知中，原始社会种植业是对自然界野生植物的简单模仿，这是建立在原始人类漫长的采集经验基础上，由于他们似乎早已熟悉了野生植物的生长规律，通过模仿自然界野生植物生长规律进行种植，即使不是轻而易举的事情，也不至于构成艰难的挑战。然而，实际情况可能出乎我们的意料，种植业对原始人类的的确确是一个十分严峻挑战。原始人类采集和狩猎固然十分艰辛，也面临很大的不确定性，但

---

① 〔美〕乔治·萨顿：《希腊黄金时代的古代科学》，鲁旭东译，大象出版社2010年版，第6页。

只要他们足够努力，收获大体可以在预期范围内。

但是，对于原始人类而言，他们面对种植业时，面临的不确定性似乎更为可怕，因为他们根本不知道为何看似一个简单的模仿，却无法预期未来的收获？他们可能意识到了种植业或农业存在无法解决的难题，也可能根本无法确定问题究竟在哪里？

为此，我们有必要简要梳理一下原始社会种植业涉及的生产环节，主要包括耕地、播种、收割、晾晒还有磨粉等生产流程，在现代人看来，无论是耕地、播种、收割，还是晾晒、磨粉等生产流程，都是稀松平常的劳动环节，不存在明显的技能差异。但是，在史前文明中，这些生产环节需要的技能却存在巨大的差别。原始人类没有我们今天各种先进的生产工具，也没有我们熟知的农业文明历史中的各种生产工具，无论是耕地、收割、晾晒和磨粉，原始人类都面临着如何创新生产工具的难题，其中收割、晾晒，还有磨粉等生产环节，可能在种植业之前的采集阶段就已经掌握了一定方法与简单工具，耕地虽然耗费力气，但在创新工具以及使用畜力上经历了漫长时间之后，原始人类还是可以逐步克服的。唯独播种环节，对原始人类构成了十分严峻的挑战。原始人类在选择或确定播种时机时面临极大的困难，这是原始人类迟迟不愿大规模进军种植业的关键因素。

今天我们知道，如果不能够适时进行农业播种，农作物产量将因此减产、歉收，甚至可能颗粒无收。由于缺乏历法或时间体系，原始人类对准确的播种时机难以把握，他们的季节概念可能相当模糊。更麻烦的是，原始人类未必能够轻易地认识到农作物歉收是播种时机把握不当。因为在原始社会，种植农作物经常会遇到各种各样的意外，而且原始人类一时半会根本无法确定是什么原因造成的，例如筛选种子环节、保管种子环节，选择播种时机环节等，都可能导致种植失败。

因此，一次失败的种植经历，要想在种子筛选、保管、播种时机中找出具体哪一个环节出问题，还是所有环节都出现了失误，原始人可能存在极大的困惑，难以通过简单的方法进行排除。例如，假设种子筛选有优、中、劣三种，保管方式有三种，播种时机有提早、适时、推迟三种，那么，一次随机试验找出最佳播种方式的概率只有1/27，即约为

3.7%，如果能够确定季节或播种时间，则一次随机试验找出最佳播种方式的概率提升了 3 倍，即为 1/9 或 11.1%，当然，相对于种子筛选、保管方式而言，经过一段时间的实验，是可以逐步解决的。但播种时机最难解决，在播种时机上出现错误，轻则歉收，可能无法收回种子的投入量，重则颗粒无收，血本无归。因此，对现代人而言，种植业播种是一个简单的问题，但对原始人类来讲却是一个非常艰难的问题，把握适当播种时机走过了十分艰辛曲折的历程，甚至常常因此误入歧途。例如，在很长的时间里，原始人类认为在他们生活的天地里的食物来源充裕与否，受神力支配，而巫医或巫师则与神力有着特殊的联系，应该逐渐从生产食物与制作工具的活动中脱离开来，专职实施巫术，为大家祈求利益和幸福。①

可见，原始人类认识到导致播种困境的根源需要经历非常多次的尝试与挫折。要想找到播种的"有效的方法，显然必须经过无数次的尝试，他们还要常常进行着错误的解释，因此产生无数次的错觉，他们只有通过无数次的挫折和考验，才能获得对的成果"。② 这才是导致原始人类没有轻易发展农业的重要原因。

可能正是播种难题，导致原始人类在野生动植物资源比较丰富之时，继续过着采集、狩猎与迁移的习惯生活模式，而不愿意冒险从事种植业，只有在野生动植物资源面临枯竭的情况下，才痛下决心发展种植业。

2. 低下的产量与种子比是制约原始人类发展种植业的另一关键原因

在漫长的数百万年原始社会里，种植业收获数量与投入的种子数量的比值可能长期在低位徘徊，并且很不稳定，提高种植业产量可能是一件十分困难的事情。我们无法确切地知道原始人类在种植农作物时，其产量与种子的比值是多少？但是，工业革命之前的英国农业种子与产量的比值可以为我们提供一个有益的参考。根据施瓦茨的研究，在公元 1600 年左右，英国需要保留粮食作物中的 25%~33%作为来年的种子③，

---

① 〔美〕斯塔夫里阿诺斯：《全球通史：1500 年以前的世界》，吴象婴、梁赤民译，上海社会科学院出版社 1999 年版，第 71 页。
② 〔英〕赫伯特·乔治·威尔斯：《世界简史》，余贝译，新世界出版社 2012 年版，第 037 页。
③ 〔美〕赫尔曼·M. 施瓦茨：《国家与市场》，徐佳译，江苏人民出版社 2008 年版，第 61 页。

即产量与种子的比值大约为3∶1到4∶1；这还是在15世纪初开始采用多种新作物轮作方法、更多的肥料以及新的生产工具基础上取得的成就。[①] 也就是说，在公元1400年之前，英国粮食作物中产量与种子的比值可能更低，甚至可能低于2∶1。实际上，英国人种植业收入产出比低并非欧洲社会的个例，在除西北欧之外的欧洲大陆上，种植业的产量与种子的比值都比较低，且这种情况一直持续到19世纪。[②] 后来，英国、荷兰经过150年的努力来改进方法，将产量与种子比从3∶1提高到6∶1，然后又经过100年的努力将这一比值从6∶1提高到10∶1，而中国人早在公元1100年左右就已经实现产量与种子的比例为10∶1。[③]

虽然造成近代之前欧洲大陆低下的产量与种子比值的原因是多方面的，如适时播种、合理施肥、天气状况等，但不可否认的是，适时播种是最为关键的一个环节，但欧洲恰恰在适时播种环节存在严重的先天不足，即当时欧洲实施的儒略历严重失真，其在播种时机把握方面远远落后于中国，中国历法平均每隔几十年就修订一次，误差相对而言比较小，而儒略历长期没有修订，大约平均128年晚一天，在公元1500年前后大约与实际时间、季节晚9.6天，在1582年改历时，发现晚了大约10天。显然，历法或时间体系运行过程中的巨大误差，会对农业生产造成严重甚至是致命的影响。对此，许多学者都严肃地指出精确的时间体系或历法对包括播种时机的把握在内的农业生产的重要性，吴国盛指出："在农业社会中，确定年是非常必要的，因为耕种、收获只有在一年中适当的时候才能保证丰收。"[④] 天文考古学者冯时教授指出，在寒暑季节变化分明的地区从事农耕生产，"一年中真正适合播种和收获的时间非常有限，有时甚至只有短短几天"[⑤]。古代中国是一个农业发达国家，非常强调适时播种，无论是早播种、还是晚播种，都会降低产量，但如果不能适时

---

① 〔美〕赫尔曼·M.施瓦茨：《国家与市场》，徐佳译，江苏人民出版社2008年版，第112页。
② 〔美〕赫尔曼·M·施瓦茨：《国家与市场》，徐佳译，江苏人民出版社2008年版，第61页。
③ 〔美〕赫尔曼·M·施瓦茨：《国家与市场》，徐佳译，江苏人民出版社2008年版，第112页。
④ 吴国盛：《科学的历程》，湖南科学技术出版社2018年版，第62页。
⑤ 冯时：《观象授时与文明的诞生》，《南方文物》2016年第1期，第1—6页。

播种，那早播种比晚播种相对而言对产量的影响要小。① 因此，儒略历滞后真实时间、季节，肯定会降低产量与种子的比值，但具体造成多大的影响，还需要进一步深入研究。

由上述分析可以推测，在一万多年前，处于摩尔根所说的野蛮社会的原始人类的粮食产量可能很低，为分析方便，我们不妨假设其粮食作物的产量与种子的比值与英国中世纪情况相类似，可能在3∶1或4∶1左右。这意味着，原始人类种植业面临的风险可能远远高于我们的估计，如果出现意外，未来的食物安全将遭受严重威胁。对于种植业收获出现问题，除自然界灾害之外，原始人类可能会梳理生产环节的问题，在对耕地、播种、收割、晾晒、磨粉等生产环节进行反思时，原始人类很容易将收割、晾晒、磨粉等环节撇除掉，因为这些生产环节都是在农作物成熟之后进行的，不会影响产量，更何况这些是他们在长期采集时代已经熟悉的生产环节；耕地虽然会影响产量，但原始人类通过实验容易进行验证，例如，在同一片土地、同一个时间进行不同粗细程度的耕地方式，用同一批次种子播种，一个生长周期之后就知道哪一种耕地方式较其他方式能够获取更高一些的产量，持续几年就可以确定较好的耕地方式。

今天我们都知道没有精确的时间体系或历法对种植业的严重影响，但原始社会恰恰缺乏一个可靠的历法或时间体系。因此，这是导致原始人类迟迟没有轻易发展农业的重要原因。

3. 缺乏精确的时间体系或历法是导致播种季节血祭仪式盛行的关键原因

由于缺乏准确可靠的时间体系或历法，原始人类在播种这一生产环节上肯定有过惨痛的教训，播种时间过早或过晚，轻则减产，重则颗粒无收，白白浪费宝贵的种子，无论哪一种结果，都会造成赖以为生的食物大幅度减少，这意味着他们中的一部分人在未来一段时间将面临饥饿，甚至死亡的威胁。如果处理不好食物分配的事情，将因为食物争夺而引发暴力杀戮，造成整个部落崩溃。这种可怕情形并非凭空捏造，实际上，在人类生产能力低下的远古时代，可获取的食物数量决定了能够活下来的人口总量。在漫长的岁月里，原始人类经常面临生死考验。据记载，

---

① 宋湛庆：《我国古代的播种技术》，《中国农史》1985年第1期，第24—34页。

古代部落普遍存在杀婴行为来控制部落人口规模。根据 R. W. 菲斯对处于原始社会阶段的迪科比亚人的考察发现，原始部落人口规模长期保持稳定的原因是既实施杀婴制度，又强制将外来者送到海上淹死。[1] 为什么原始社会普遍存在溺婴等杀死婴幼儿的陋习，并非单纯的道德问题，而是巨大的生存压力导致了人性扭曲后做出的无奈选择。

遗憾的是，在很长一段时期，原始人类未能正确认识到导致播种困境的真正原因在于缺乏一个可靠的时间体系或历法，却错误地以为是神灵惩罚原始人类，希望通过献祭方式获取神灵的谅解，以实现农作物丰收。于是，原始人类为了解决播种难题，希望通过残忍的血祭来取悦神灵，以祈求神灵的谅解与保佑，进而获取农作物丰收，养活更多人口。英国著名政治家、社会学家与历史学家赫伯特·乔治·威尔斯指出世界范围内普遍存在的一个残忍的陋习，将播种观念与活人血祭观念密切联系起来。他指出："大约 1.2 万年至 2 万年前，每当播种季节来临，就会举行用活人来献祭的仪式。这些不幸地被献祭的人，都是通过精挑细选的童男童女，并不是遭到遗弃或者地位低微的人。"[2] 对此，威尔斯将这种陋习归咎为"无法用理智的推测加以阐释的，只是一种幼稚的、充满幻想的、生活在神话世界中的原始人类心中的纠缠不清的情绪。"[3] 威尔斯的解释有一定道理，但并没有真正揭示这种纠缠不清的情绪来源，为什么这种残忍的血祭要与播种紧密地联系起来。

直到多年以后，原始人类才慢慢地意识到，血祭可能会给他们心理焦虑以安慰，但无法真正解决播种难题，他们逐渐意识到所有导致播种难题的原因在于物候时间的不可靠。在长期采集生活中，原始人类对自然界寒来暑往、月亮圆缺变化、昼夜更替以及果实成熟季节有所认识，原始人类开始产生了朦胧的时间意识，但播种困境让原始人类认识到物候时间的缺陷，缺乏准确可靠的时间体系或历法体系是导致播种困境的真正原因。发现了问题的真正症结所在，原始人类就开始寻找精确的时间体系，他们逐渐发现天上的星象与地上自然界的变化存在密切联系，

---

[1] R. W. Firth. *Primitive Polynesian Eeonomy*. London: Routledge & KeganPaul, 1939.
[2] 〔英〕赫伯特·乔治·威尔斯：《世界简史》，余贝译，新世界出版社 2012 年版，第 38 页。
[3] 〔英〕赫伯特·乔治·威尔斯：《世界简史》，余贝译，新世界出版社 2012 年版，第 38 页。

开始通过仰望星空来理解年月日之间的关系。大约在12000年前,原始人类发明了巨石阵组成的复杂日晷,残忍的播种血祭陋习才逐渐被取缔,而这个时候,播种血祭仪式已实施了近8000年的漫长时期。遗憾的是,一些地方的播种季节血祭仪式却以变相的方式长期遗留下来,直到现代社会才消失。

二 原始人类时间体系形成历程

(一) 原始人类物候授时时间观的形成

1. 原始人类物候授时时间观的萌芽

所谓物候,简言之,即以回归年为周期的自然现象,具体指动植物以及自然环境随季节而周期性变化,气候决定了物候,通过对物候的观察能够比较准确地感受到季节和气候的变化周期,进而对动、植物成长与活动有一个超前的认识[1]。季节变化或季节轮回也是以回归年为周期的自然现象,物候变化能够在一定程度上预示季节变化。物候授时具有许多优点:一是物候现象具有直观性,不仅可通过视觉去观察,而且还可通过听觉、触觉、嗅觉、味觉等去感受;二是简便易行,物候现象容易观测,无须任何仪器设备,物候授时的参照物就在人们生活环境中;三是物候授时可选择的参照物种类繁多,具有多样性特征,丰富多彩的动植物以及自然现象均可以因地制宜作为参照物进行授时;四是物候授时具有明显的地域性,适用于孤立的各个原始部落,因而史前社会最早采用物候授时。[2]

由于原始人类的采集、狩猎和捕鱼,都是以自然界天然产物作为目标食物,对周边环境保持敏锐地观察,可以提高获取食物的效率。因此,他们很早就注意到物候现象并利用物候授时来提高获取食物的效率。由于这一阶段的原始人类还不能自己生产植物果实和畜牧动物,他们面临的最大问题是食物的获取并不具备持续性与稳定性,但是,为了维持基

---

[1] 郝庆云、陈伯霖:《北方渔猎民族物候历的人类学阐释》,《黑龙江民族丛刊》2004年第3期,第63—68页。

[2] 廖伯琴:《西南民族授时方法与历法系统初探》,《自然杂志》1993年第C3期,第53—56、67页。

本生存，他们需要持续稳定的或经常性的食物供给。按照斯塔夫里阿诺斯的研究，原始人类知道很多自然界情况，因为他们不得不关心周围一切，否则就无法生存①。

他们在长期实践中逐渐认识到物候知识能够提高获取食物的效率。因此，在史前社会，原始人类在采集、狩猎与捕鱼等长期实践中，有动力搜集有关自然界的各种各样变化规律的知识，特别是他们生活生产实践周边最容易观察到的自然现象，诸如树叶从发芽到枯黄、花朵从盛开到凋谢、鸟兽的滋生蛰伏等等。② 以狩猎为例，原始人类在长期狩猎实践中，将会逐步发现，当某种物候特征出现时，某些动物的活动就会出现相应的变化，这样就可以更好地掌握动物的生活习性和活动规律，提高狩猎收获。例如，因纽特人通过掌握每年不同月份动物习性和活动规律，在异常寒冷的北极圈生存下来，一个重要的因素就是积极总结当地的物候特征，提高狩猎效率。同理，原始人类加强对山林中野兽的行踪、陆上动物活动和繁殖规律、江河湖海中各种鱼类随季节性成长规律的认识，对各种植物果实的生长周期等加深了解，也可以提高获取猎物效率、提高食物采集的效率。③

2. 原始人类物候授时时间观的形成

当原始人类开始发展种植业时，只能通过陆地野生动物、植物以及鸟类、天气等随季节变化呈现出周期性变化的自然现象，即通过物候现象来推测季节变化的时间节点，以把握播种时机。虽然我们无法确切地知道原始人类如何根据物候现象进行播种，但近代某些地区仍然保留了根据物候进行播种的传统，从中我们可以推测原始人类根据物候播种的情景。具体而言，可能是以下几种情形。一是根据某些植物发芽、开花来推测季节以进行播种，如新中国成立前的云南省拉祜族民众，曾经以蒿子花开来推测耕地播种季节；二是以候鸟、昆虫的周期性活动推测季

---

① 〔美〕斯塔夫里阿诺斯：《全球通史：1500年以前的世界》，吴象婴、梁赤民译，上海社会科学院出版社1999年版，第71页。

② 廖伯琴：《西南民族授时方法与历法系统初探》，《自然杂志》1993年第C3期，第53—56、第67页。

③ 郝庆云、陈伯霖：《北方渔猎民族物候历的人类学阐释》，《黑龙江民族丛刊》2004年第3期，第63—68页。

节并进行播种，这种习惯做法在今天部分地区仍然得以沿袭，贵州省的瑶族民众只要听到布谷鸟的鸣叫，就开始播种；三是根据霜降、下雪、冰雪融化等自然现象来推测季节安排农时，现在仍然有人采用，如傈僳族通常以山顶积雪的变化来确定农时。① 四是以动物、植物、太阳光线等多种物候现象相结合方式来确定农时，如埃塞俄比亚西南部的穆西人根据鸟儿的来临、植物的开花、地平线上的太阳等物候现象来判断季节，安排他们的耕作、放牧与迁徙。②

因此，原始人类很早就知道物候变化与季节的联系，并根据物候现象来安排耕地、播种等生产环节的时间节点。在文字产生之前的原始社会，历法的雏形是"物候历"，历史上几乎所有民族曾经都采用过这种原始历法。③ 这表明，在历法发展史上，物候历较之天文历更古老。天文史学家指出，最初，"年"和"季"的观念都是依据物候确定的，先民们观察物候的主要目的就是为了确定农时，即根据物候现象的变化确定何时播种、何时耕耘、何时收割等等。④

在旧石器时代，人类已经注意到了草木荣枯，候鸟去来、冰雪融化等自然现象与季节之间的联系，并据以安排自己的农事活动。但由于物候变化往往受到气象等异常因素的影响，难以准确地预告季节的变更，单纯凭借植物的枯荣、候鸟的迁徙、动物的蛰伏、冰雪的融化等物候变化推测时间与季节，确定农时，可能无法满足农业生产的需要。⑤

物候授时存在以下弊端。一是物候现象指示的时间、季节准确度不可靠，时有提前或滞后现象，可能给农业生产造成惨重损失。著名天文学家、历法学家陈久金指出，虽然物候与太阳运动密切相关，但由于气候变幻莫测，不同年份的物候特征常常错位好几天甚至十几天，⑥ 对农

---

① 王俊：《中国古代天文历法与二十四节气》，中国商业出版社2022年版，第3页。
② 〔英〕米歇尔·霍斯金：《剑桥插图天文学史》，江晓原、关增建、钮卫星译，山东画报出版社2003年版，第15页。
③ 张廷：《浅谈古代玛雅历法》，《科学与文化》2010年第10期，第55页。
④ 邵望平、卢央：《天文学起源初探》，载《中国天文学史文集（第二集）》，科学出版社1981年版，第3页。
⑤ 王俊：《中国古代天文历法与二十四节气》，中国商业出版社2022年版，第3页。
⑥ 陈久金：《中国古代天文历法》，青海人民出版社2022年版，第004页。

业生产造成严重不良影响。二是物候授时存在一个明显的地域性缺陷,那就是它具有十分鲜明的地域性①,在迁徙过程中,原始人类在稍微远一点的地方发展种植业也可能遇到季节变化的问题,或者部落之间、部落联盟内部之间的相互交流种植经验,也可能遇到物候指示的时间差异,因此,单凭在一个地点观察而得到的物候知识无法适应广大地域的需要,这就决定了物候历只能在一个很小的范围内通行有效,而无法在更大的疆域内普遍推行。②

因此,虽然春耕播种、夏季耕耘、秋季收获、冬季贮藏等农事活动与物候变化密切相关,但是,仅仅依据物候安排播种等农事活动,必然遭受大量严重挫折,最终他们认识到物候变化归根到底取决于季节变化,季节变化的时间周期是年,年度季节变化在本质上由太阳运行方式决定。但是,发现问题并不等于就可以轻易解决问题,因为太阳的运行规律不是那么容易确定,也就是说,准确的年度时间长度以及年月日之间的关系(历法或时间体系的主要内容)是很难确定的,即使对于高度发达的各个农业文明国家,历法的制定对于专业人士而言,也是十分艰辛的高难度工作,更何况对于原始人类而言,更是难以用语言描述的难上加难的异常艰巨的任务。于是,原始人类退而求其次,他们希望通过其他方式来找出年月日的关系,因为他们在漫长的实践过程中可能已经隐隐约约认识到物候现象与天空中星象存在一定的联系,这样,原始人类最终由观测物候确定农时转向观象授时,开始有目的地观测星象,通过星象观测来建立时间体系,以进一步了解季节与星象的内在联系,从而逐步走向天文学研究。

(二) 从物候授时走向观象授时的历史必然性

1. 原始人类从物候授时向星象授时转向的必然性

原始人类一直渴望能够通过种植业,解决人类对食物持续性、稳定性需求与采集、渔猎收获的食物不稳定的矛盾,但在实践中,他们发现依靠物候授时进行生产存在巨大的风险。考古研究发现,原始社会农业

---

① 竺可桢、宛敏渭:《物候学》,湖南教育出版社1999年版,第23页。
② 刘宗迪:《从节气到节日:从历法史的角度看中国节日系统的形成和变迁》,《江西社会科学》2006年第2期,第15—18页。

起源的条件比较苛刻，原始社会种植业发展初始阶段，一年中适合播种的时间甚至仅仅只有短短的几天。正如冯时教授指出的："众所周知，气候条件对于农业的起源具有直接的影响，这意味着原始农业一定首先发生在寒暑季节变化分明的纬度地区。而在这样的地区从事农耕生产，一年中真正适合播种和收获的时间非常有限，有时甚至只有短短几天。"[1]

在物候历流行时代，原始人类在意识到物候指示的季节存在较大的误差时，他们会想方设法地提高预报季节的准确度。在日复一日、年复一年的种植摸索过程中，原始人类逐渐发现物候现象或特征与星象之间存在一定的联系，从而迈入观象授时时代。所谓观象授时，是指"根据星象来判断一年的季节"[2]，具体一点讲，是通过观测日月星辰的运动变化来界定一年中春夏秋冬以及节气变化，以安排农时和祭祀活动。因此，观象授时主要指观测太阳、月亮、五大行星、恒星的位置变化来确定季节，由于天体运动有相对稳定的客观规律，通过观象授时，以星象定季节，其授时准确度比物候提高了很多。[3]

长久以来，人类形成了日出而作，日落而息的生产生活习惯，这是人类对自身生存环境的基于本能的认识。随着人类对准确的历法的需求越来越清晰、越来越强烈，这激励他们努力探索星空，观测纷纭变化的复杂天象，找出影响农业生产的节气或气候规律，以有效服务农业生产。虽然不同的古文明都是通过日月星辰的运动或相对位置的变化来总结气候变化与农业生产的关系，但由于地域差异，所能观测的天象与季节、气候变化也存在各自差异。古埃及通过天狼星、太阳的相对位置变化来预测尼罗河水泛滥，古巴比伦通过日月五星运动周期性变化、创造黄道十二宫等来准确预报农时，而中国黄河流域和长江流域的先人则通过晨星、昏星与中星运动位置的变化来制定星象历法，预报季节、农时。[4]

2. 历史上观象授时方法

在史前文明时代，许多原始部落已经初步学会观测星象而授时。世

---

[1] 冯时：《观象授时与文明的诞生》，《南方文物》2016 年第 1 期，第 1—6 页。
[2] 陈遵妫：《中国天文学史》（第三册），上海人民出版社 1984 年版，第 675 页。
[3] 陈久金：《中国古代天文历法》，青海人民出版社 2022 年版，第 4 页。
[4] 杜昇云、崔振华、苗永宽、肖耐园：《中国古代天文学的转轨与近代天文学》，中国科学技术出版社 2013 年版，第 6 页。

界历史上观象授时主要有三大类：观日象、测月象、观星辰；其中观星辰又可以进一步细分为观某一或某一组合恒星、观五大行星、观星宿或星座。①

观日象授时考古发现的最古老的日晷证据是土耳其哥贝克力山顶的日晷石阵，约建于公元前 9000 年左右，即距今 11000 年，石阵附近还发现了原始小麦，石阵日晷可帮助古人辨认季节，有利于种植业发展并获得稳定的食物来源，推动 20 人左右的原始小型部落走向大型社会，石制日晷标志着人类从采集狩猎时代逐渐进入农耕时代。石阵日晷散布在欧洲和中亚大陆，结构存在一些差异，主要表现在石阵的柱子大小不一，数目不同，少的仅 4 个，多的则有十多个。

在这些林林总总的石阵中，最著名的是英国的巨石阵，考古研究发现，巨石阵并非一次性建造完成，而是在公元前 3000～前 2000 年分几次建造的，有些巨石高达 4.1 米，重 25 吨，清晨的阳光在一年中不同的时间到达石阵中不同的位置，容易辨识时间与季节。这些巨大的石阵在广阔的原野上记录着古人们探索时间的足迹。②关于英国巨石阵，早在 20 世纪初，天文学家诺曼·洛克耶就已经明确指出："古代的巨石阵是为了观测和标志天体升落方位而建造的。"③

迄今为止，关于巨石阵的研究非常多，并且存在很多大相径庭的看法，已经取得的最大共识是，"沿着其主轴方向，可以发现不同的台阶，一处正对着夏至日出方位，另一处则正对着冬至日落方位"④。虽然英国巨石阵日晷是在长达 1000 年的时间中逐渐修建完成的，可能反映了先民在使用过程中逐步完善日晷的意图，但研究发现其精确度仍然不太高；刘次沅进一步指出，英国巨石阵是运用方位均分的建筑来表达日出方向，新近考古发现的秘鲁巨石阵也是运用方位均分原理来表达日出方向。⑤

---

① 蒋南华：《浅谈观象授时》，《贵州大学学报》1992 年第 1 期，第 42—47 页。
② 杜如虚、杨晖：《时间之旅：人类测度与计量时间的历程》，高等教育出版社 2022 年版，第 8 页。
③ 〔英〕米歇尔·霍斯金：《剑桥插图天文学史》，江晓原、关增建、钮卫星译，山东画报出版社 2003 年版，第 2 页。
④ 〔英〕米歇尔·霍斯金：《剑桥插图天文学史》，江晓原、关增建、钮卫星译，山东画报出版社 2003 年版，第 3 页。
⑤ 刘次沅：《陶寺观象台遗址的天文学分析》，《天文学报》2009 年第 1 期，第 107—116 页。

实际上，全球范围内巨石阵的遗迹非常多，20世纪60年代，英国牛津大学工程学教授亚历山大·汤姆以专业标准重新测量了保留在英国、爱尔兰和法国北部的巨石阵以及其他用巨石构成的环形遗迹，发现石阵日晷遗迹居然多达数百个，它们共同的特点是可以提供精密天文学观测，汤姆在深入研究之后，猜测大约3000年前甚至更早时候，祭司们凭借这些观测能够获得有关太阳、月亮的数据知识，甚至能够预测月食，以增强自身在社会中的地位。① 但石阵日晷显然太过笨拙，几经演化，早期石阵日晷最终演化成更加简便的日晷。

新近考古发现，在8000多年前的新石器时代，中国天文学已有相当的成就，考古中发现的河南濮阳古墓北斗龙虎天象图实际上是一幅形象化的星图，据此可以推断当时天文学家已经认识到众星拱极的天体周日视运动，用龙与虎分别表示春夏秋冬四季变化；大约4000年前，中国古人已经建立了置闰的日历，用来指导农业生产，还为各行各业授时。②

无论运用复杂的、还是简单的日晷，其基本原理都大同小异，可归纳为两个方面：一是先民们通过标记太阳东升西落的不同位置来测定季节，二是观测日影长度变化来测定时间或季节。③ 这两种方法常常结合使用，增强授时准确性。现有天文历史资料记载了世界各地史前文明的许多民族曾经都运用这种方法，包括古代中国人、古巴比伦人、古埃及人、古欧洲人、古印度人、玛雅人等。后来，笨重的石阵日晷以及其他复杂的日晷逐步简化为一根弯折成90度的带有刻度的杠子，工作原理变得更加简单易行：把一根柱子竖立在空地上，由于太阳在天上位置的变化，日影随之变化；在一天之中，早晨及傍晚日影最长，正午日影最短。在北半球一年之中，冬至日影最长，夏至日影最短；根据这些变化规律设计好刻度，就可以大概地判断一天中的时间和一年中的季节了。④

---

① 〔英〕米歇尔·霍斯金：《剑桥插图天文学史》，江晓原、关增建、钮卫星译，山东画报出版社2003年版，第4页。
② 杜昇云、崔振华、苗永宽、肖耐园：《中国古代天文学的转轨与近代天文学》，中国科学技术出版社2013年版，第5—6页。
③ 蒋南华：《浅谈观象授时》，《贵州大学学报》1992年第1期，第42—47页。
④ 杜如虚、杨晖：《时间之旅：人类测度与计量时间的历程》，高等教育出版社2022年版，第8页。

当然，在观日象授时的早期阶段，还无法准确测算太阳回归年长度，其中重要原因在于太阳不能直接观测，太阳的定位是史前文明以及早期文明的一大难点。①

测月象授时是指根据月球与地球、太阳相对位置的周期性变化来确定时间，我们都知道，随着月球与地球、太阳相对位置的运动变化，月亮的阴晴圆缺也会发生周期性变化，当三个天体成一直线时，太阳照射到月球的光线恰好被地球全部挡住，当天即为朔日或阴历初一，当月球的受光面不受地球任何遮挡，这天即为望日或阴历十五，从朔到朔或从望到望的周期长度即为朔望月，即阴历一个月。②古巴比伦、古埃及、古中国等史前文明都通过测月象来授时，但测月象最大的缺陷在于它不能准确地反映季节，难以为农业生产提供服务。

观星辰授时通过长期观测星辰在不同季节和夜晚不同时间的位置变化规律，可以把握季节和时间变化规律，有利于指导农业生产。由于观测地点不同，星辰的视运动呈现不同的特征，世界各地史前文明的原始部落都有自己偏好的观测对象，这种习惯一直延续下来。古埃及人在物候历向太阳历转轨过程中，也曾经历过观象授时的阶段，根据尼罗河潮水涨落的典型物候特征来确定农业生产季节。古埃及人偏爱观测天狼星，后来进一步发现尼罗河泛滥现象与天狼星运动存在密切的联系。于是，他们将天狼星与地球上物候现象联系起来，预判时间和季节以服务农业生产。这可能是因为在古埃及观测星象，天狼星在夜晚是位于南部偏东的天空上最亮的星星；当天狼星几乎与太阳同时出现在地平线上（比太阳略早出现），尼罗河开始了一年一度的泛滥，尼罗河水泛滥使土地肥沃，便利农耕，通过观天象能够提前掌握尼罗河潮水变化规律，提前做好农事准备工作，在一定程度上可以决定古代埃及农业的丰歉。③今天我们知道，天狼星在每年7月的一天与太阳一起升起，然后消失在晨曦之

---

① 李勇：《北斗观象授时系统》，《南京大学学报（自然科学版）》1991年第4期，第653—659页。
② 蒋南华：《浅谈观象授时》，《贵州大学学报》1992年第1期，第42—47页。
③ 张定河：《现代历法的演变》，《山东师大学报（社会科学版）》1994年第2期，第46—48页。

中，因此埃及人把这一天定为每年的岁首。①

美索不达米亚的苏美尔和古巴比伦天文学家经过大约 2000 年时间的反复观测与验证，发现了天空星辰相对位置的变化与地面气候变化之间的特定联系。透过古巴比伦人保存的关于星座位置、历法资料以及农业种植的大量书面资料，我们基本能够了解当时天文学发展全貌，他们将掌握的太阳、月亮、各个星座的位置与每一年中具体时间的对应关系，制作成标准化的精确测量时间的"大钟"，成功地用来指导全年的农业生产。②

在星象授时阶段，古中国人偏爱观测北斗七星，并在长期的观测与研究中逐渐掌握北斗七星的确定季节和时间的技巧，使北斗七星成为一个悬挂在天空中供人们随时翻阅的时钟和历表。③ 此外，玛雅人偏爱对金星的观测和研究来确定季节和时间，因纽特人注重极昼极夜变化的太阳运行。

原始人类还通过观测太阳系五大行星来确定季节和时间，《尚书·尧典》记载了中国古代先民利用火星的运动位置变化来确定时间和季节，还专门设置"火正"官职以指导农事。④ 此外，古巴比伦人、古印度人、古希腊人也掌握了利用五大行星来确定时间和季节的办法。

另外，中国古人运用星宿来确定季节和时间，古巴比伦人以黄道十二宫来确定季节或节气，两者都是通过星象指导农业生产的杰出典范，对当时农业生产具有重要意义。这种古老的方法在一些科技落后的国家，直到今天仍然还有一定程度范围内应用，例如，埃塞俄比亚西南部的穆西人，至今还保留着星象授时年代遗留的传统来预测奥姆河每年洪水来临的时间，他们观测的星象是半人马座和南十字座中四颗恒星的日落，以精确判定一年中的各个时间，安排各事项。⑤

---

① 杜如虚、杨晖：《时间之旅：人类测度与计量时间的历程》，高等教育出版社 2022 年版，第 9 页。
② 吴军：《全球科技通史》，中信出版集团 2019 年版，第 50—51 页。
③ 蒋南华：《浅谈观象授时》，《贵州大学学报》1992 年第 1 期，第 42—47 页。
④ 王俊：《中国古代天文历法与二十四节气》，中国商业出版社 2022 年版，第 4—5 页。
⑤ 〔英〕米歇尔·霍斯金：《剑桥插图天文学史》，江晓原、关增建、钮卫星译，山东画报出版社 2003 年版，第 15—16 页。

当原始天文学知识积累到一定程度,人类对气候与季节之间的关系的认识进一步深化,大约公元前 3500 年,即至今 5500 年左右,人类已经知道了如何划分季节,察觉到季节与某些天象的联系。简而言之,人类对自身所处环境已经知道了很多。① 对此,萨顿总结道:"某些星座随着季节的变化而出现和消失,晨星和昏星以及其他行星更复杂地运动。他们以多种方式意识到了时间的行进,因为他们必然认识到昼与夜、月亮的相位、气象时令以及太阳年等周而复始的周期。"②

以上分析表明,世界范围内许多古文明都经历过观象授时阶段,都通过星象授时来纠正物候授时体系存在的缺陷,或者与物候授时结合起来使用,降低单纯依赖物候授时不确定性对农业生产造成的危害程度,从而有力地支持了种植业或农业生产的需要。观象授时是史前文明中天文学研究的重要内容,距今至少有 11000 多年历史。没有天文学的发展,没有时间和季节意识,史前文明的农业根本无法发展起来,原始人类根本无法进入到农业文明时代。冯时明确地指出:"就农业的起源而言,古人对于时间的认识已成为其不可或缺的首要前提。事实上,没有古人对时间的掌握便不会有人工栽培农业的出现,我们不能想象,一个对时间茫然无知的民族可以创造出发达的农业文明,这种情况是根本不可能发生的。"③ 这十分准确地归纳了农业社会到来的关键是较为准确时间体系的建立和发展。

(三) 从观象授时走向历法授时

1. 从被动授时到主动授时

在长达数百万年的漫长时间里,原始人类一直在同饥饿做斗争,一直为更好地生存而努力奋斗,种植业让原始人类看到食物供应的巨大潜力,看到获取稳定食物来源的希望,在长期生产实践的积累中,他们逐渐认识到进一步加强对时间体系的认识与建设的重要意义在于更好地掌

---

① 〔美〕戴维·林德伯格:《西方科学的起源》(第二版),张卜天译,湖南科学技术出版社 2013 年版,第 3—4 页。
② 〔美〕乔治·萨顿:《希腊黄金时代的古代科学》,鲁旭东译,大象出版社 2010 年版,第 18 页。
③ 冯时:《观象授时与文明的诞生》,《南方文物》2016 年第 1 期,第 1—6 页。

握季节与农时，更好地把握适时播种时机，更有效地提高产量并解决食物供给安全问题。于是，他们在观象授时基础上，进一步认识到太阳运动周期性规律与农作物生长之间的密切联系。

无论是物候授时或物候历，还是观象授时或星象历，都属于被动授时范畴，原始人类无法掌握主动权，为改变这一被动局面，更好地掌握季节变化规律，掌握预先播报季节变化的技能，以更好地安排人类的生产与生活，经过数千年的努力，原始人类初步认识到太阳回归年的长度，月亮变化的规律，基本厘清了年月日之间的复杂关系，于是他们开始尝试制定历法来主动报时。

随着国家形成，安居乐业开始成为黎民百姓的向往和追求的生活模式，时间体系的准确性显得更加重要。大约公元前5000年，世界各地的文明社会初步认识到太阳运行规律与季节循环和农事生产之间的关系。于是，世界各地文明开始历法研制，取得了一系列重大成果，特别是古埃及、古巴比伦、古印度、古中国，在历法领域取得了惊人的成就，在回归年计算的精度上，都达到了很高的水平。

于是，人类自然而然地开始尝试制订适合他们生产生活所需要的历法，"他们为自己制定了日历……这些日历有的以气象事件为基础，有的以月亮周期为基础，有的以太阳周期为基础，或者以许多这样的事件的组合为基础。日历来源于观察，它们也许会随着这些观察的重复和改进而逐渐得到改善"①。可见，人类的生存与发展，离不开天文学知识，天文学知识是人类在解决生存问题中逐步发展起来的。

全球范围内的许多古文明先后各自独立或相互借鉴，制定了各自的历法。阴历，一种最古老的历法，以月相周期变化来计时的历法。月亮作为夜空中最为耀眼、明亮的天体，其明显的阴晴圆缺周期性变化规律是最为引人注目的周期现象，以月相变化来计日，显然既醒目又方便，由此古巴比伦制定了世界上最早的阴历。月相变化的周期性规律常常被用来标记祭祀、节日的日期，成为提醒、庆祝农业生产的重要计时体系，

---

① 〔美〕乔治·萨顿：《希腊黄金时代的古代科学》，鲁旭东译，大象出版社2010年版，第18页。

比如古希腊的节日历，基本采用阴历①，通过举办不同的庆祝活动来指导各种农事生产。早在公元前 2000 多年，古埃及人为保证农业生产效率，需要准确预测尼罗河洪水到来与退去的时间、气候变化与农业生产节气，他们根据天狼星和太阳的相对位置创建了自己天文学，制定历法，判断一年中节气与气候变化。随后，埃及人制定了历史上最早的太阳历，由于其相对于星象授时的巨大优越性，很快被争相选用而迅速地传播到周边地区。在中国，出现了阴阳合历的夏历，这是古中国人根据太阳视运动周期而制定了适用历法，它规定了季节以及各种细分节气，便于农民安排农时，较好地反映了太阳对农作物的作用。同时，为了方便地计时，夏历将一年分为 12 个月，反映了月相变化对计时的指导作用。在古中国，人们根据夏历来举办各种庆祝或祭祀仪式来提醒、指导农事生产，正如刘宗迪指出："节气的准确与否直接影响着农业的成败、作物的丰歉、社会的治乱、国家的盛衰。因此，古人给予节气以特别的重视，每当特定的节气到来之时，都要举行与这个节气相应的仪式和庆典活动。"② 夏商以来，国家有关机构按时节向农民宣告农事和祭祀等事宜，提醒农民适时播种、施肥、锄草、收割等农事，并以韵文形式记载汇总起来，形成《夏小正》，③ 成为我们今天认识夏朝时期天象、历法的重要文献。

2. 时间体系对人口增长、人类文明起源与发展的极端重要性

在旧石器时代，原始人类依靠"采集野生植物和捕捉动物过着朝不保夕、勉强糊口的生活……没有任何剩余物品可用作其他用途……使食物采集者的文化发展受到难以突破的限制"④。他们经常为食物短缺问题操心，其文化生活十分贫乏，流行原始图腾崇拜。尽管原始人类知道很多自然界情况，因为他们不得不关心周围一切，否则就无法生存，但是，他们一旦遭遇自然灾害或挫折，往往迷信超自然力量，即神灵或魔法，

---

① 王志鹏：《古希腊节日历与农业生产》，《农业考古》2016 年第 4 期，第 218—222 页。
② 刘宗迪：《从节气到节日：从历法史的角度看中国节日系统的形成和变迁》，《江西社会科学》2006 年第 2 期，第 15—18 页。
③ 韩高年：《上古授时仪式于仪式韵文——论〈夏小正〉的性质、时代及演变》，《文献》2004 年第 4 期，第 99—111 页。
④ 〔美〕斯塔夫里阿诺斯：《全球通史：1500 年以前的世界》，吴象婴、梁赤民译，上海社会科学院出版社 1999 年版，第 69 页。

花费大量时间精力愚蠢地祈求神灵或魔法让他们的生活变得富足。他们发展了原始图腾崇拜，认为把有用的动物或植物作为图腾加以崇拜，可以让动物大量繁衍、食物来源丰盛。① 在农业时代，尽管人们对土壤、种子、肥料和农作物轮作等知识的掌握极其缓慢、常常耗费大量精力，生产率仍然很低，但随着时间推移，生产效率逐步提高，食物产出不断增加，每平方英里能够供养的人口大幅度增加，考虑到土地肥沃程度的差异，即使按每亩谷物产量约10~50斤计算，每平方英里的耕地能够供养的人口为55~270人，与生产力落后的旧石器时代初期的食物采集时代相比，两者存在天壤之别。因此，进入农业时代，全世界人口出现了爆炸性增长。在旧石器时代大约100万年中，初期全世界人口估计只有12.5万人，末期大约为532万人。② 随着原始人类对时间体系的认识日益深刻，有力地推动了农业的极大发展，粮食不断增加，能够供养的人口不断增加。原始社会早期人口增长的不利局面被彻底扭转。

我们知道，造成原始社会早期人口增长缓慢的一个重要原因是原始人类往往根据食物数量来决定人口数量，他们"采取堕胎、停止哺乳和杀死新生婴儿等办法来降低自己的人口数，以度过一年中食物来源不足的月份"③。但在距今10000年至距今2000年的"短短"8000年时间里，人类的人口数量从523万增长到13300万，约增长25倍，与旧石器时代相比，农业时代的人口增长效率远远高于旧石器时代④，也远远高于畜牧业时代。虽然畜牧业获取食物比采集高效，但比农业低效得多，例如，游牧群体的人数很少超过200人，通常是不到100人，人口密度大概是1平方公里为1~5人，⑤ 远远低于农业时代的人口密度，早期农业生产方

---

① 〔美〕斯塔夫里阿诺斯：《全球通史：1500年以前的世界》，吴象婴、梁赤民译，上海社会科学院出版社1999年版，第71页。
② 〔美〕斯塔夫里阿诺斯：《全球通史：1500年以前的世界》，吴象婴、梁赤民译，上海社会科学院出版社1999年版，第76页。
③ 〔美〕斯塔夫里阿诺斯：《全球通史：1500年以前的世界》，吴象婴、梁赤民译，上海社会科学院出版社1999年版，第83页。
④ 〔美〕斯塔夫里阿诺斯：《全球通史：1500年以前的世界》，吴象婴、梁赤民译，上海社会科学院出版社1999年版，第98—99页。
⑤ 〔美〕斯塔夫里阿诺斯：《全球通史：1500年以前的世界》，吴象婴、梁赤民译，上海社会科学院出版社1999年版，第92页。

式在相同面积内大概可以养活 5~10 人,[①] 同样面积的土地,农业可以养活的人口是畜牧业的 2~5 倍。

农业文明的天文学或历法研究历史悠久,考古发现支持了这一点,史前文明的许多地方都留下了天文学研究或制定历法的历史遗迹,这反映了农业文明对天文历法的高度依赖,因为人口数量的增长,又需要更多的更加稳定的食物来源,迫切需要进一步发展农业,而首要条件仍然是深化对时间体系的认识。在经过漫长时间的天文观测和天文学研究之后,距今大约 5500 年前,人类终于对气候、季节、天象之间的关系有了较为深刻、系统地认识。这样,建立一种具备普遍适用的历法或较为精确的时间体系的条件基本具备,人类终于可以制定历法为万民提供时间和节令,以促进农业发展。

为此,必须尽可能精确地观测天象,特别是日月运动规律,根据日月运行周期来确立人类社会时间周期;在星象观测精确化过程中,数学知识与数学计算必不可少,数学成为早期天文学不可分割的部分,例如,中国古人天数不分传统正是这样形成的。[②] 实际上,几乎所有的古文明,只要尝试制定历法或时间体系,都会形成天数不分的传统,或者说,天文学发展的需求带动了数学的发展,天文学的发展过程中的需求带动了数学的创新。

此外,天文学和历法(时间体系)的跨区域、远距离学习和传播的历史事实,足以证明古代社会对历法的重视以及历法对社会的重要性。据记载,古希腊学者曾经漂洋过海不远千里到美索不达米亚学习天文学、数学,沿用古巴比伦人创造的标志着太阳、月亮和行星在天空中移动的 12 个星座的黄道十二宫,古希腊人还学习了古埃及以及其他文明的天文学与历法。在此基础上,古希腊人建立了自己的天文学和历法体系。

三 影响人类社会时间体系发展的其他因素

(一)人类的交往需要统一的时间体系

1. 从原始人类早期的朦胧时间意识到时间协调

人类在诞生伊始就需要通过采集、狩猎、渔猎等劳动实践来获取食

---

① 〔美〕大卫·克里斯蒂安:《时间地图:大历史,130 亿年前至今》,晏可佳等译,中信出版集团 2017 年版,第 217 页。
② 冯时:《观象授时与文明的诞生》,《南方文物》2016 年第 1 期,第 1—6 页。

物以维持生存,在维持生存的劳动实践中,逐渐产生了朦胧的时间意识,诸如日出而作、日落而息的习惯的形成,大体反映了人类的时间意识。

随着人类活动范围逐渐扩大,生存技能的提升,人类开始迁徙并组织狩猎活动以增加攫取食物的数量,这些共同活动需要人与人之间加强彼此协调,而协调需要大家彼此遵守的统一时间体系;此外,随着劳动实践经验的日积月累,原始人类生产力水平逐渐提高,开始尝试种植业与驯养动物,对计时需求明显增加,要求更高,出现了结绳计日、刻木计日等计时需求。结绳计日需求究竟产生于何时,目前并没有精确的答案,但结绳计日应该发生在结绳计数与结绳记事之前,结绳记事中通常包含了时间、地点以及记事的目的。从现有史料看,结绳记事大概发生在语言产生以后、文字出现之前的漫长年代里。通常认为,人类语言大约产生于 5 万年前,文字大概产生于距今 1 万年至距今 6000 年之间。

2. 部落联盟或国家的政治军事活动需要统一的时间体系

在部落联盟或国家内部,如果需要在特定时间进行开会讨论并决定大政方针或重要事情,必须有明确的时间体系为参照,如果缺乏明确的时间体系,必然导致成员之间的协商成本大幅度提高,导致集体行动困境。

在人类进化历史上,许多地方或部落都曾经发生过结绳记事的现象。我国古代文献对结绳记事有多次记载,如《周易·系辞》记载:"上古结绳而治",大意是上古时期没有文字,用结绳记事的方法来治理天下;又如《春秋左传集解》记载:"古者无文字,其有约誓之事,事大大其绳,事小小其绳,结之多少,随扬众寡,各执以相考,亦足以相治也。"

除了我国有结绳记事的历史记载之外,北美印第安人也有结绳记事的历史记载,并且保留到 18 世纪。摩尔根在《古代社会》对此有深入考察并详细记载,他指出:"贝珠带所衔的使命大意是对召开大会的时间、地点和开会目的一一规定清楚。"[①] 在履行某项议案时,贝珠带可以作为

---

① 〔美〕路易斯·亨利·摩尔根:《古代社会》(上册),杨东莼、马雍、马巨译,商务印书馆 1977 年版,第 133 页。

证据，运用"交换贝珠带的方法以免使议案的执行发生纠纷"①。古代印第安人的结绳记事可以表达更多的复杂事项，不同颜色、不同图案、不同组合的结绳记事方式记叙不同的重要事情，正如摩尔根指出：易洛魁人"把紫贝珠串和白贝珠串编成一条绳，或者用各种颜色不同的贝珠织成有图案的带子……这种贝珠绳和贝珠带是易洛魁人唯一可以目睹的史册；但是，它们需要一些训练有素的讲解人，那些讲解人能够根据各串或各种图案将其所隐含的记录表白出来"②。

马克思对此十分感兴趣，在《摩尔根〈古代社会〉一书摘要》中，曾说明了印第安人如何运用各色贝珠穿成的绳带以结绳记事。他写道："由紫色和白色贝珠的珠绳组成的珠带上的条条，或由各种色彩的贝珠组成的带子上的条条，其意义在于一定的珠串与一定的事实相联系，从而把各种事件排成系列，并使人准确记忆。这些贝珠条和贝珠带是易洛魁人唯一的文件；但是需要有经过训练的解释者，这些人能够从贝珠带上的珠串和图形中把记在带子上各种记录解释出来。"③

部落联盟或国家的军事行动需要明确的时间体系。军事行动关系部落或国家财产安全、生死存亡，军事行动对精确的时间体系要求很高，要求成员之间要有很高的协调配合能力，"兵贵神速"、捕捉战机等都要求联盟或国家能够提供精确的时间体系。

从人类结绳计日、结绳记事的历史，不难看出人类的时间意识从朦胧逐渐变得清晰，伴随这一变化过程的是人们生存实践的需要，如氏族对获取食物和分配食物的方案、部落联盟、氏族、部落内部的协同行动等，必然涉及具体的时间，这就明确提出了计时需求。人类的生存离不开生产的发展，生产发展的持续进步离不开人与人之间的交往，包括生产技术或经验的交流、产品的交换、政治军事合作等，从解决温饱问题、化解生存挑战的需要，都十分明确地提出了计时需求，最终发展成整个

---

① 〔美〕路易斯·亨利·摩尔根：《古代社会》（上册），杨东莼、马雍、马巨译，商务印书馆1977年版，第135页。
② 〔美〕路易斯·亨利·摩尔根：《古代社会》（上册），杨东莼、马雍、马巨译，商务印书馆1977年版，第138页。
③ 《马克思恩格斯全集》第45卷，人民出版社1979年版，第451页。

社会对时间体系的迫切需求。

3. 原始社会的产品交换与商贸往来需要统一时间体系

随着定居农业的出现，人类社会生产力得以大幅度提高，出现了大量的剩余产品。为了改善生活品质，提高消费效用水平，人们产生了零星地相互交换剩余产品的需求，而要交换产品，需要约定时间进行面对面交换，这就需要以明确的统一时间体系为基础。进一步地，随着社会生产力水平进一步提高，较大规模的商贸活动也会随之发生，如果没有明确的统一时间体系，相互之间的协商成本会大幅度增加，阻碍商品交换和商贸活动；而有了明确的统一时间体系，协商成本就会大幅度下降，促进商品交换和商贸活动。

（二）统一的时间体系需要权威机构发布

如果一个国家或社会的历法仅仅为了确定一个统一的时间体系，则随意规定一个时间体系就可以了，没有必要进行复杂、高难度的天象观测与计算，这样就可以大量节约提供历法的社会成本。但是，一个历法要想以一个低的成本运行、得到广大民众的自愿遵守，就必须让历法能够准确反映气候、节气，特别在农业时代尤其如此。在系统理解了古人需要明确的时间体系或历法之后，我们不难理解为什么能够准确反映节气、气候的历法或统一的时间体系会成为人类社会最早的公共产品或服务，会成为最重要的社会规则或制度之一。

今天，我们无法确知早期人类是如何通过天象观测来制定准确的历法，但可以想象他们一定是日复一日、年复一年，历经千辛万苦的复杂计算、推理，最终制定了历法。有意思的是，尽管历法制定是一项非常复杂的专业工作，但早期人类几大文明的历法准确度都相当高。

在定居农业时代，从事农业生产的人口无疑是最多的，一个精确的时间体系或历法无疑能够为他们带来实用价值与实际利益，能够得到广大农民的自愿遵守或服从，其他社会阶层也会支持这样的历法作为统一的时间体系，从而整个社会拥有广泛一致支持的历法或时间体系。如果一个社会或国家推行的历法不能准确反映农业生产需要的节气，那农民之外的社会阶层可能会接受这样的历法作为社会统一的时间体系，但农民没有意愿遵守这样的历法，他们会想方设法寻求能够反映农业生产节气的历法，这样，国家或社会至少会出现两种或两种以上的历法，徒增社会协调成本，白白浪费宝贵的社会资源。当然，如果两种历法之间有明确的换算方法也未尝不可，如阴阳合历，但严格来说，阴阳合历只能算一种历法，难度较大，制定、修订成本较高。实际上，一个好的时间体系，在某种意义上也是一套好的制度规则，有利于社会正常运转。

一个国家或社会推行统一的历法或时间体系是最佳选择，能够尽可能地降低制定历法的成本与历法运行成本。考虑到历法制定的难度与高昂的成本，一个能够提供这样公共服务的机构必须具有强大的财政实力，因此国家或政府是制定历法的最佳主体。因此，在古代社会，能够提供准确历法往往是一个国家或政府能力与尊严的象征，更容易获得民众信赖与自愿服从。同时，国家或政府往往也愿意承担制定或修改历法的重任，以展示自己的威严与神圣权力。

总之，尽管古代社会的时间需求的精确度远远没有现代社会高，但古代社会对时间体系的需求与现代社会一样，无处不在。无论是生产领域，还是生活方面；无论是国家政治大事，还是军事行动；无论是物资储备，还是商贸流通等，处处都需要时间体系或历法。

第四节　早期人类对其他领域的科学探索

一　与生存密切相关的科学探索

人类的生存与发展，除了天文学知识，还需要其他各种科学知识，例如植物学知识、动物学知识、化学知识等。这些科学的发展，除了好奇心天性使然，更多的是基于生存需要的因素。以植物学发展为例，在早期人类社会，为了生存的需要，迫切需要寻找安全的食物，这就要求人们必须探索植物的各种性质，其中最关键的两个环节无疑是区分对人体有毒与否的植物以及营养价值高低的植物。今天，我们无法确切地知道最早的人类是如何通过观察与探索活动获取原始的植物学知识，但是，我们可以合理推测他们从事植物学知识的探索热情非常高，进行了大量有效的试错式活动并取得了丰硕的成果。

在原始社会，没有文字与书写工具，人类大脑的记忆能力有限，只能将生产生活中获取的实用知识记忆下来，同时选择性地遗忘发现植物性质的完整过程的"科学理论"。不同地域有着不同的植物分布，因此不难推断，当不同区域的知识汇集（例如部落迁徙或交流），经过消化吸收，最终将奠定较为完整的植物学知识体系，或者被分解成植物学与草药学科学知识体系，当文字产生之后，它们就成为人类文明的实用科学成果。

二 与生产生活工具制造相关的科学探索

除了天文学、植物学等科学知识外，原始人类在生产与生活过程中，还发现了大量的其他科学知识。原始人类需要工具打猎或种植农作物，这样工匠可能从石器工具的打造或原料的筛选过程中发现了金属矿物，积累了矿物开采、冶炼方面的科学知识。萨顿指出："最早开采的矿石大概是硫化铜和硫化锑，由于这两种矿石很容易提炼，铜和锑就这样被发现了……把少许锡与铜熔合……新的合金——青铜，它比铜更硬也更耐用。"[①] 这样，人类就进入青铜时代，在冶炼过程中，可能发现了铁矿石，从而开启了铁器时代。原始人类需要遮蔽物以"免遭严寒、暴雨或烈日的侵袭"，兽皮、树叶、树皮是可供选择的物品，但都无法与某些纤维织成的材料如麻、布匹以及丝绸相媲美。[②] 这样，纺织活动以及与纺织相关的科学知识也开始了积累的过程。实际上，人类的各种需求都拉动了相关科学的发展。

三 科学与技术的高度融合

当然，原始社会的科学知识经常与技术知识紧密地结合在一起，因

[①] 〔美〕乔治·萨顿：《希腊黄金时代的古代科学》，鲁旭东译，大象出版社2010年版，第8页。

[②] 〔美〕乔治·萨顿：《希腊黄金时代的古代科学》，鲁旭东译，大象出版社2010年版，第5页。

为原始的科学并非源自纯粹的好奇心，而是经常与原始人类的迫切需要结合在一起，在适应自然环境、征服自然环境与改造自然环境过程中获取科学和技术知识。正如林德伯格指出："人类的生存从一开始就依赖于应对自然环境的能力。史前人类为了获得生活必需品，发展出了各种技术。他们学会了制造工具、生火、营造栖身之所、狩猎、捕鱼和采集果蔬。要想成功地狩猎和采集食物（大约公元前七八千年之后产生了农业），需要了解有关动物行为和植物特性的大量知识。在更高水平上，史前人类学会了区分有毒的和有治疗作用的草药，还发展出了制陶、纺织和金属加工等各种技艺。"[①] 可见，早期人类的科学和技术往往融合在一起，主要体现在技术层面上，反映了人类基于好奇心的科学探索及其知识往往隐蔽在技术应用中，并没有进行有意识的区分，但我们不能因此否认早期人类的技术中完全没有科学的成分。

四 科学知识的地域特征明显

显然，原始人类在科学探索过程中，历经了千辛万苦，付出了极大的代价，甚至是冒着生命危险在进行科学探索（如检验食物的毒性、航海、渡江等），才逐步累积了丰富的科学知识。因此，当人类进入文字时代，已拥有相当丰硕的科学成果。这一切伴随着科学精神的成长与外部激励的持续，就科学精神而言，通常指人类能够从科学知识的发现过程中获得某种满足感或精神激励；就外部激励而言，科学发现者可以从科学发现过程中直接获取可用的成果（如可食用的物品、可制作工具的金属等），可能还有部落首领提供的物质或精神激励，或其他群体给予的各种激励。正如萨顿指出："如果科学研究从其发端时起，没有得到一定的无私精神和冒险精神以及被其敌人称之为轻率和不敬神的精神启示和激励，科学的进步会比它实际的发展慢得多。某些原始人类所获得的知识量，可以从人类学记录中，或者从最古老文明的可观察的知识量中推论出来。当人类在历史舞台上出现时，我们发现，他们已经有许多艺术的大师和许多工艺的专家，他们有丰富的知识，而

---

① 〔美〕戴维·林德伯格：《西方科学的起源》（第二版），张卜天译，湖南科学技术出版社2013年版，第3—4页。

且足智多谋。"①

随着人类社会科学知识、技术知识以及其他知识的不断积累，迫切需要某种手段来记录科学技术知识，于是文字就被发明出来承担记录与传播知识的任务。科学知识的积累与汇总，一方面意味着人类文明的不断进步，帮助人类过上了更加幸福美好的生活；另一方面也意味着对科学知识需求存在差异性，生活在不同区域、不同部落的人群，对不同的科学技术知识的需求存在明显差异，居住在河边的人们可能非常需要捕鱼、造船、航行等方面的科学知识，而居住在森林边缘的人们可能更加偏爱狩猎、采集野果、种植果树、豢养野兽等方面的科学技术知识，居住在平原地区的人们可能更需要防范洪水、种植农作物等方面的知识，也就是说，人们对科学知识的必需程度与自身的生产生活密切相关，这意味着科学知识的积累与人们对科学知识的需求程度的紧密联系开始变得复杂。随着越来越多的部落或部落联盟组成了国家，国家地域范围不断扩大，每一个部落必需的科学知识可能都不相同，但许许多多部落必需的科学知识汇成一个总的知识体系，对整个国家而言又是必需的，由此国家成为科学知识这一公共产品的提供者，这意味着需要一定的激励才能让庞大的科学知识体系得以传承。于是，部落联盟或国家为专业人士提供适当的职位或供养专业人士传承科学知识体系就显得十分必要，以防止科学知识的遗失。此时，技术的理论抽象或高度概括显得十分必要，因为古代社会记录文字的人员、材料都比较稀缺，往往只能挑选最重要的内容加以记载，确保关键知识能够有效传承。这样，区分科学和技术显得十分必要。

总之，我们所处的宇宙一直存在各种各样的谜团，究竟怎样破解这些谜团，我们总是面临着各种各样的约束与选择，有限的人力资源与物质资源决定了我们必须合理安排探索宇宙未知领域的目标与范围。在人类社会起源阶段，先人们也面临着选择的困境，是按照自然科学发展的内在规律来调配资源推动自然科学深入研究，还是根据社会需求来配置

---

① 〔美〕戴维·林德伯格：《西方科学的起源》（第二版），张卜天译，湖南科学技术出版社2013年版，第19页。

资源以解燃眉之急？考察世界各个早期文明的科学成果，不难发现它们都有各自的天文学知识体系、历法体系以及与他们生存环境相关的动植物学知识体系，这表明，人类早期的科学探索动力，在很大程度上与他们的生存需求密切相关。早期社会需求激发了社会好奇心理，改变了个体的偏好，让人类能够将有限的资源集中在优先探索的领域，从而形成了早期的自然科学知识体系。

第四章　古希腊科学奇迹

　　古希腊的科学成就是人类历史上的伟大奇迹，它为近代科学革命提供了理论源头与指导思想。正如恩格斯所言："如果理论自然科学想追溯自己今天的一般原理发生和发展的历史，它也不得不回到古希腊那里。"① 恩格斯的科学论断在今天依然适用，在当今世界，几乎每一部科学通史方面的著作，都会对古希腊科学发展历程进行浓墨重彩的回顾，以充满敬佩或激动人心的语气介绍古希腊自然哲学家（科学家）辉煌的科学成就，从而向世人再现古希腊灿烂辉煌的科学奇迹。古希腊科学巅峰在希腊化时代，其标志性成就主要体现在欧几里得的《几何原本》、阿基米德的杠杆原理与浮力原理以及托勒密的《至大论》，这些令人惊叹的成就是古代世界在几何学、力学和天文学领域不可逾越的科学高峰。但令人扼腕叹息的是，一度辉煌的古希腊科学在鼎盛之后，逐步走向衰落，最终埋没在历史尘埃之中。在漫长的历史长河中，古希腊科学文献似乎已经被世人遗忘，鲜有人知道它们的巨大价值。直到文艺复兴与西欧近代科学革命爆发，科学在社会中发挥越来越大作用，古希腊科学理论的重要性才被重新挖掘，与此相伴而生的是，对古希腊科学兴盛与衰落之谜的探索也长盛不衰。但到目前为止，这一谜题仍然没有得到合理的解释，本章试图从准确的历法或时间体系修订角度来解释古希腊科学兴衰历史谜题。

---

① 《马克思恩格斯选集》第3卷，人民出版社1979年版，第468页。

第一节 古希腊科学奇迹的传统解释

一 希腊古典时代科学兴盛的传统解释

（一）希腊的地理位置优势

亚里士多德对好奇心、求知欲与哲学、科学探索的关系的经典阐述，是理解希腊古典时代科学兴盛的重要着眼点。他指出："从古至今，人们开始进行哲理探讨，都源于对事物的惊诧；最先惊诧于纷繁复杂的表象，然后一点一滴地积累经验，进而对某些重大问题带来的疑惑作出阐述，例如日月星辰之运转与宇宙之起源。当一个人感觉困惑与惊诧，并有愧于自己的无知；他们探求哲理只为摆脱无知，显然，他们为求知而致力于学术，并无任何实用性目的。"[1]

按照亚里士多德的见解，人们总是对能够接触到的各种新鲜事物或未知事物充满好奇心理并引发认知需求，认知需求遵循从简单到复杂，从表象到内在实质，从身边现象到日月星辰与宇宙起源的循序渐进的次序，直到它们得到合理解释为止。通常而言，一个认知需求得到满足，会激励人们更加积极、更加热情地探索知识；反之，如果每次获取新知识都是非常艰难、困顿，将会严厉打击探索知识的积极性，产生懈怠心理。因此，人们由于好奇心引起的求知欲，习惯上总是先从已有的知识中寻找答案，希腊古典时代的学者也是如此。由于希腊地理位置刚好处在巴比伦文明、埃及文明、波斯文明以及印度文明等古文明的中心，古希腊人能够从邻近的古文明中找到满足自身好奇心的大量知识，希腊文明是在吸收中东古文明几千年的成果的基础上迅速崛起的，其起点一开始便很高。[2]

另外，由于地理环境优势和繁荣的海上贸易，古希腊人能够接触到的新鲜事物远远超过本地的事物，在刺激求知欲方面存在便利条件，有

---

[1] 〔古希腊〕亚里士多德：《形而上学》，程诗和译，台海出版社2016年版，第5页。
[2] 文贯中：《中国的疆域变化与走出农本社会的冲动》，《经济学》2005年第4卷第2期，第519—540页。

利于他们在吸收其他文明基础上加以发展。一般而言，不同文明对同一事物或现象的解释肯定存在各自特色，当古希腊学者面对文明的差异之处，很容易被激发起好奇心与求知欲，兴起甄别不同文明的科学研究成果的浓厚兴趣，对不同文明成果兼收并蓄，形成有自身特色的文明。为此，面对不同古文明在同一科学问题上相互矛盾的不同结论或解释，首先必须鉴定哪一个是正确的，或者都是错误的，因此证实或证伪科学的结论、解释就显得十分必要；面对同一科学问题上相同或相似的结论、解释，同样地也必须先进行证实或证伪，再鉴别那些相似的结论、解释孰优孰劣，并在此基础上进行更好的归纳与总结。因此，古希腊文明是建立在邻近古文明基础上的升华。正如文贯中指出："如此众多的文明相距如此之近，崛起如此之早，交往如此之密切，形态却如此之不同，使后起的古希腊文明不用像中国文明和印加文明等几乎一切需从头再来。它可站在许多巨人的肩上，高屋建瓴，兼收并蓄，迅速吸取其他文明经历几千年的努力才取得的优秀成果，并发扬光大，产生出更为辉煌的文明来。"① 在这个过程中，古希腊学者形成了为求知而求知的精神，致使古希腊学术繁荣兴盛，成为古代世界耀眼的、独特的文明。

（二）科学探索自由精神的形成与传播奠定了希腊古典时代科学繁荣兴盛的基础

虽然柏拉图、亚里士多德指出了超越实际利益羁绊之局限的自由探索科学研究精神是希腊科学发达的关键，但我们不能因此得出希腊科学发达与经济条件或物质基础无关的结论。实际上，古希腊人不为名利束缚而自由探索科学是有条件的，需要适当的物质基础。科学最早产生于生存基本条件得以具备的闲暇阶级，恰恰表明科学研究不能脱离物质条件而孤立存在。亚里士多德指出："当所有这些发明相继出现以后，又出现了既不以生活必需为目的，也不以娱乐消遣为目的的一类科学，这类科学最早出现于人们有闲暇之处。这就是为什么数学最先兴起于埃及；

---

① 文贯中：《中国的疆域变化与走出农本社会的冲动》，《经济学》2005年第4卷第2期，第519—540页。

因为那儿的僧侣阶级有特许的闲暇。"① 柏拉图出生于富裕的奴隶主家庭，这是他能够摆脱实际物质利益的束缚、专心从事哲学研究的前提条件；亚里士多德拥有亚历山大王子为首的贵族学生，可以轻易摆脱衣食方面的困扰，从而能够轻易超越物质利益羁绊而专心致志地探索哲学科学问题。因此，对于柏拉图、亚里士多德而言，选择自由的科学探索活动无非是个人精神追求，这种活动及其成果显然可以给他们带来足够的乐趣与精神上的满足。

严格地讲，柏拉图与亚里士多德的观点只能代表他们本身以及与他们拥有类似条件的学者对待科学研究的态度或信念，或者说他们认为科学研究应该持有的态度，不能代表古希腊学者群体从事科学研究的真实状态。要知道，即使在今天，满足"全部生活必须"解决的物质条件也是很高的标准，能够满足这一条件的学者占比也是相对较低的。因此，那个时代满足这一条件的学者数量应该十分有限。虽然我们赞同古希腊先哲柏拉图、亚里士多德关于科学研究超然的观点与态度，不是为了功利目的从事科学研究。但是，我们也应该认识到，在希腊古典时代，对大多数学者而言，必须通过功利方式来获取谋生手段，而后才有机会从事科学研究。

雅典实行宽松的政策而实现了经济繁荣，这是希腊人崇尚知识的社会价值观形成的重要基础。历史学家劳埃德认为，古希腊的经济繁荣与城邦民主政治确实为科学的产生创造了良好的条件，但仅仅将古希腊科学成就归结为古希腊的经济因素和政治体制难以得出令人信服的解释，要在较微观的、更具体的层面上探讨古希腊社会与科学的关系。② 以雅典为例，城邦较好的经济收入为科学探索奠定了良好的物质条件。历史资料表明，"公元前6至（前）4世纪之间，希腊经济正飞速上升……若充分估计不同时代的具体情况，雅典经济给人的印象与19世纪的欧洲有点相似。"③值得欣赏的是，古希腊人并没有随意挥霍财富，而是用来有

---

① 〔古希腊〕亚里士多德：《形而上学》，程诗和译，台海出版社2016年版，第3页。
② 孙小淳：《走进希腊科学——读劳埃德的〈早期希腊科学〉及其他几种著作》，《科学文化评论》2005年（第2卷）第3期，第115—125页。
③ 〔美〕斯塔夫里阿诺斯：《全球通史：1500年以前的世界》，吴象婴、梁赤民译，上海社会科学院出版社1999年版，第203页。

力地支撑雅典教育产业和学者科学研究事业的发展。雅典良好的经济状况为学者的生存与研究提供了一种良好的学术生态环境：一方面，自由民与贵族在物质生活得到基本满足之后，产生了精神需求，愿意花费薪资聘请学者传授他们子弟哲学科学知识；另一方面，古希腊学者可以通过教书维持生计，为学术研究奠定了较好的物质条件。

雅典学术生态环境的形成可从柏拉图学园谈起。柏拉图学院专门训练人的心智，提出国家未来执政者在20~30岁这段关键时期，应当研习广义的数学，即算术、平面几何、立体几何、天文学以及乐理知识；他们认为这五个部分知识互相关联，能够促进清晰、有条理的思考，既可以通往宇宙奥秘，又可以作为一种制定与施行法律者的思想训练。[1] 在这种风气影响下，雅典一度形成了用知识来衡量一个人价值的观念，崇尚知识与高扬智慧互通成为雅典文化的重要特点，而学习与探索是获取知识的重要途径。[2]因此，经济条件稍微好一点的家庭乐于送子女去学校学习知识，而学者则通过担任教师获得生存条件，从而能够进行哲学思考与科学研究。

这为雅典吸引人才奠定了良好基础。一是雅典的学园老师学术水平较高，吸引青年才俊前往求学，学成后可选择教师职业或其他较为体面的职业。二是雅典民众愿意拥抱理性，不仅愿意花费金钱送子女接受哲学与自然科学知识教育，而且不少普通民众自身也愿意接受教育，雅典形成了用知识衡量个人价值的观念。例如，"亚里士多德在吕克昂学园开设了两类课程，上午给他的正规学生授课，晚上给一般的公众讲学"[3]。此外，雅典社会政治开放，与周边城邦相比，拥有更有利于个人成才的社会环境。"以雅典为代表的城邦在政治制度上频繁地进行旨在扩大民众参政的改革，最终建立了民主政体。改革一般通过修改宪法的办法和平进行，限制和废除世袭君主，改由民选执政官管

---

[1] 陈方正：《继承与叛逆：现代科学为何出现于西方》，生活·读书·新知三联书店2009年版，第152页。

[2] 炎冰：《论古希腊的科学传统》，《云南社会科学》1995年第4期，第44—50页。

[3] 〔美〕安东尼·M. 阿里奥图：《西方科学史》，鲁旭东、张敦敏、刘钢、赵培杰译，商务印书馆2011年版，第96页。

理城邦，并又逐渐缩短其任期，以防权力的过于集中引起滥权和腐败。"①

因此，雅典鼎盛时期吸引了大量人才，如荷马、阿基洛古、伊翁、赫格曼、萨福、阿尔喀俄、赫西俄德、库迈、泰勒斯、毕达哥拉斯、亚里士多德、芝诺、希波克拉底等，他们原本都不是雅典人②，但他们都曾经在雅典学习或工作过较长的时间，并贡献了各自的哲学或科学成果。众多学者云集雅典，不仅对雅典教育做出了重大贡献，而且为自由探索科学精神的形成与广泛传播奠定了基础。这有利于科学、哲学事业的发展，有利于社会形成对自然、对人生与社会进行追根溯源思考的社会风气。"可贵的是，他们并非胡思乱想，而是遵循已经发展得十分完善的形式逻辑做严格的推理和归纳。建立于这种工商、外贸，民主和科学思辨之上的古希腊文明，在短短几百年间便建立起人类历史上第一个真正意义上的科学传统，并在思辨和实验的基础上产生了近代科学的萌芽。这是其他文明始终没有达到的高度。"③

（三）古希腊的思辨精神和科学批判精神

亚里士多德曾经说过："我敬爱柏拉图，但我更爱真理"④，这一充满思辨哲理的名言道出了古希腊哲学、科学的批判精神。但这种精神是怎么形成的，需要我们加以系统梳理。

要理解古希腊经由海上贸易培养的思辨精神，首先必须重点关注古希腊海上贸易繁荣的地理条件特点。正如文贯中所言，地理禀赋是古希腊发展海上贸易的一个主要解释变量。他指出："巴尔干半岛多崇山峻岭，仅沿海有小块盆地。这种地形有利于希腊城邦的长期存在。各城邦既能借助周边的高山自卫，又能借助港口与海外互通有无。由于腹地有限，单个城邦难以崛起以兼并他国，因而难以抑制其他城邦的自由发展。各个城邦多以开拓海外殖民地的方式扩张，以减少境内人口压力。因此，

---

① 文贯中：《中国的疆域变化与走出农本社会的冲动》，《经济学》2005年第4卷第2期，第519—540页。
② 陈恒：《失落的文明：古希腊》，华东师范大学出版社2001年版，第153—154页。
③ 文贯中：《中国的疆域变化与走出农本社会的冲动》，《经济学》2005年第4卷第2期，第519—540页。
④ 吴国盛：《科学的历程》，湖南科学技术出版社2018年版，第118页。

市民与外部世界有积极的经贸互动关系。"[1] 由于跨国贸易经常面临自然环境安全风险与各种市场风险，要想在商业贸易中取得成功，必须学会辩证思维，避免"一根筋"的僵化处事方式，学会灵活应对各种变化与风险，善于把握市场交易机会，以获取利润。因此，商业贸易让人眼界开阔，观察敏锐，思维开放，善于辩证地看问题。商业贸易兴盛，经济成长迅速，物质生活较为宽裕，逐步改变了雅典政治氛围，开明风气逐渐主导了城邦的民主兴起。雅典民主政治辩论风气深刻地影响了科学探索与交流机制，希腊科学的发展历程也充满了争论或辩论元素，推动了科学探索不断深入发展。劳埃德论证了古希腊城邦政治所营造的关于政治体制与法律制度的争论习惯使得希腊科学也具有论争的特点。[2]

古希腊学者谋生过程中必须经历功利性环节，以争取更多的学生。劳埃德指出："在许多希腊哲学家采纳的确定的认识论模式中，关于实在的对立见解在公开的辩论中较量，为名誉——实际上是为招到更多学生——而战，但是胜利属于能用知识而不是纯粹的信仰来证明其主张的人。"[3] 由此可见，在古希腊，学术声誉与教师职位的获取以及收入紧密相关，这种关系一直延续到欧洲中世纪大学，剑桥大学、牛津大学教师的收入最初来自学生听课缴纳的学费，如果没有一定的学术声誉，很难吸引到足够数量的学生以赚取维持最低生存水平的收入，自然也难以静下心来从事哲学、科学研究。实际上直到今天，学者的学术声誉与大学教师职位的获取依然存在十分紧密的联系。

因此，为获得较好的教学机会与教学职位，古希腊学者需要一定知名度与同行认可度。获取知名度与同行认可度无非两个途径，一是学术成果得到同行认可，二是在学术辩论过程中获得良好声誉。在人类文明早期，学术成果得到同行认可与学术辩论密不可分，一方面，由于没有印刷术和出版业，要想让学术成果得到同行认可，必须借助学术交流，

---

[1] 文贯中：《中国的疆域变化与走出农本社会的冲动》，《经济学》2005年第4卷第2期，第519—540页。

[2] 孙小淳：《走进希腊科学——读劳埃德的〈早期希腊科学〉及其他几种著作》，《科学文化评论》2005年（第2卷）第3期，第115—125页。

[3] 〔英〕G.E.R.劳埃德：《古代世界的现代思考——透视希腊、中国的科学与文化》，钮卫星译，上海科技教育出版社2015年版，第83页。

而辩论是学术交流的重要形式。另一方面，学术辩论除了获取荣誉之外，还与学者谋生密切相关，因为学术成果也是争取学生的重要凭借。因此，无论是谋生使然，还是荣誉使然，古希腊学者十分热衷于学术交流。毛丹、江晓原指出，在当时的著作前言中，"能感受到熟悉的现代学术氛围：学者交流频繁、富于竞争力"①。关于这一点，其他学者也发现大量证据。例如，劳埃德发现争论对希腊科学的产生与发展十分重要，他指出，首先，在希腊哲学家的著作中发现大量争论的证据，这同他们的民主体制中的政治辩论习惯是一致的。其次，经常会有许多哲学家研究同样的自然现象或相同问题，迫切需要的是发现最佳的解释和最优的理论。②显然，辩论是古希腊社会发现最佳解释和最优理论的有效途径。因此，"哲人的理论都要经得起相互之间的反复诘难和验证。这种证伪过程只会迅速暴露谬误，接近真理。这是古希腊的科学思想进步迅速，推理严密，体系完整，发明创造频繁，远远超出同期文明的原因。"③

另外，值得强调的是，在学术辩论过程中，学者无非是证明自己的观点或支持某些学者的观点是正确的，或证伪他反对的观点。古希腊学者的学术路径或风格（作风）似乎是一个异数，但考虑到雅典民主风气，古希腊的辩论习惯并不值得诧异。"在民主体制下，公民崇尚以理服人的风尚，不接受未经验证的所谓绝对权威。"④可见，辩论形式是雅典常见的社会现象，并融入雅典公民的日常生活。因此，一旦有哲学或自然科学方面的好方法或技巧，就可以通过辩论的方式而迅速传播开来。

二 希腊化时代科学奇迹的传统解释

（一）希腊古典时代科学批判精神与风气的传承和发扬

希腊化时期的缪塞昂是当时世界最著名的学术机构，继承了希腊学

---

① 毛丹、江晓原：《希腊化科学衰落过程中的学术共同体及其消亡》，《自然辩证法通讯》2015年（第37卷）第3期，第60—64页。
② 孙小淳：《走进希腊科学——读劳埃德的〈早期希腊科学〉及其他几种著作》，《科学文化评论》2005年（第2卷）第3期，第115—125页。
③ 文贯中：《中国的疆域变化与走出农本社会的冲动》，《经济学》2005年第4卷第2期，第519—540页。
④ 文贯中：《中国的疆域变化与走出农本社会的冲动》，《经济学》2005年第4卷第2期，第519—540页。

术研究的争论传统。虽然缪塞昂在早期阶段，免费的膳宿与高薪吸引了整个地中海地区学者趋之若鹜，但这并不意味着任何学者都能够高枕无忧地留在缪塞昂。虽然现在没有发现缪塞昂学术考核机制的具体规定，但许多历史文献记载了缪塞昂继承了希腊古典时期的学术风气或习惯，因此我们可以从两方面推断缪塞昂存在一定的学术考核机制。

第一，缪塞昂既是学术机构，又是教育机构，对学者有相应的学术成果考核是理所当然的事情。从希腊古典时代存在的学术辩论与同行认可的传统习惯推测，如果一个学者的学术成果难以得到同行认可，其在缪塞昂的科学研究职位很可能受到威胁，甚至失去职位。贝尔纳注意到了缪塞昂科学家群体的严谨批判精神与高效的研究效率，他指出，在博学院（即缪塞昂），"科学家能够大胆探索复杂而精微的辩难，并由互相批评而得到伟大而迅速的进展……科学方面的全部努力依靠一个开明政府的照顾"[①]。实际上，贝尔纳在此指出了希腊化时代学术发展的必经之路是学者们之间相互争论或辩论。劳埃德也注意到了古希腊科学家在学术方面最基本要求之一是得到同行认可与支持，在造纸术与印刷术还没诞生之时，让同行认可与支持的最简便方式就是通过学术交流，并在交流过程中就不同观点或意见展开辩论，劳埃德指出："虽然今天的科学建制已经有了巨大变化，但是我们可以说在两个方面它几乎没有发生什么变化。科学家仍旧要作出决定来说服他们的同行"[②]。

第二，欧洲早期大学教职的获取与学术成果挂钩的习惯，就是沿袭了古希腊传统学术考核的习惯做法。虽然当前我们无法确切知道希腊古典时代与希腊化时代如何考核学术成果，但也并非毫无迹象可循。既然中世纪大学的学术考核是继承希腊化时代的缪塞昂，那么从中世纪大学的学术考核机制可以合理反推缪塞昂的学术考核机制。中世纪大学对教师学术成果的数量与质量的考核相当重视，几乎是获取大学执教资格的关键因素，甚至是决定因素。如果学术成果不能得到同行与校方的认可，

[①] 〔英〕约翰·德斯蒙德·贝尔纳：《历史上的科学：科学萌芽期》，伍况甫、彭家礼译，科学出版社2015年版，第152页。

[②] 〔英〕G.E.R.劳埃德：《古代世界的现代思考——透视希腊、中国的科学与文化》，钮卫星译，上海科技教育出版社2015年版，第43页。

几乎不可能成为大学教师。例如，1623年，成名之前的数学家卡瓦列里申请博洛尼亚大学的教授职位的事情表明，中世纪大学对学术要求是相当严格的。尽管得到恩师、当时著名数学家卡斯泰利的鼎力推荐，卡瓦列里仍然未能在博洛尼亚大学谋到教职。虽然博洛尼亚参议院没有直接拒绝卡瓦列里的申请，但一再要求他提供更多的学术成果。① 此后多年，卡瓦列里的成果虽然不少，但没有引起同行的关注与认可，迟迟与大学教师职位无缘。这一实例表明学术成果对获取大学教师职位的重要性。直到1629年，伽利略公开发表声明，高度评价卡瓦列里科学成果的巨大学术价值，情况才发生了根本改变。伽利略指出："自阿基米德之后，很少有学者——也许根本没有哪位学者——能像卡瓦列里那样对几何有如此深刻的理解。"基于大名鼎鼎的伽利略的高度评价，博洛尼亚参议院终于被彻底说服，为卡瓦列里提供了数学教授职位。②

可见，无论从科学研究角度还是从教师职位的获取来看，缪塞昂的学者必须通过辩论方式向同行展示自身的学术成果并争取同行的认可，这确保了科学探索的批判精神与风气的传承与发扬，这是希腊化时代科学研究兴盛的重要原因。

（二）亚历山大与托勒密王朝慷慨赞助科学研究事业

古希腊科学探索的自由精神的形成、传承与发扬离不开物质基础的支持。亚历山大基于战争工具的需求而长期持续大规模赞助科学技术发展，科学技术在亚历山大的征服历程中发挥了巨大作用，在工程师的帮助下，亚历山大军队的攻城战水平一度达到了欧洲近代的高度。③ 亚历山大的征服战争扩大了市场范围与规模，激发了人们改进技术并增加产量；同时，战争产生了对复杂的武器的需要，带动了科技的进步④，这是亚历山大赞助科学发展的直接原因。但值得注意的是，除了特定军事

---

① 〔美〕阿米尔·亚历山大：《无穷小：一个危险的数学理论如何塑造了现代世界》，凌波译，化学工业出版社2019年版，第91页。
② 〔美〕阿米尔·亚历山大：《无穷小：一个危险的数学理论如何塑造了现代世界》，凌波译，化学工业出版社2019年版，第91—92页。
③ 吴国盛：《科学的历程》，湖南科学技术出版社2018年版，第123—124页。
④ 〔美〕斯塔夫里阿诺斯：《全球通史：1500年以前的世界》，吴象婴、梁赤民译，上海社会科学院出版社1999年版，第224页。

用途的工程技术外，亚历山大对科学研究行为并没有太多的干预，这可能是因为亚历山大对于科学研究事业的偏好，他传承了恩师亚里士多德关于哲学研究"为求知而求知"的价值观念，科学知识能够给他带来心灵上的快乐与满足。显然，这种长期大规模赞助有利于希腊古典时期形成的科学探索自由精神的传承，有利于学者摆脱谋生问题的困扰，安心从事自然科学研究，让希腊化时代的科学研究得以延续。在亚历山大去世之后，托勒密王朝出于政治考虑，或许还有国王个人偏好的考虑而继续资助哲学与自然科学研究。托勒密王朝对科学发展的最大贡献是建立了当时世界上最大的国立学术机构缪塞昂（Museum），缪塞昂持续时间长达 600 年之久，它最初的 200 年是科学史上的重要时期，科学英才辈出、学术事业十分繁荣。[①]

亚历山大国王与托勒密王朝慷慨的赞助政策对希腊化时代科学事业的繁荣是至关重要的因素，其中，托勒密王朝管辖下的埃及对科学研究的支持力度更是令人吃惊。据记载，"埃及的亚历山大图书博物馆（缪塞昂）实际上是历史上最早由国家供养的研究院……当时，曾发生早期'人才流失'的现象，整个地中海世界的哲学家、数学家、医生、植物学家、动物学家、天文学家、语言学家、地理学家、艺术家和诗人，由于受适宜且激励人的气氛、极好的设备、免费的膳宿和令人羡慕的薪水的吸引，纷纷来到埃及。"[②] 国家的慷慨赞助以及提供富有竞争力的薪酬，使学者们得以免除谋生的后顾之忧，可以安心地从事学术研究，这是缪塞昂英才辈出与学术繁荣的重要原因，也是科学探索的自由精神得以传承与发扬的重要因素。但必须指出的是，希腊化时代的伟大科学成就，在很大程度上是地中海附近国家科学技术实践与理论知识的累积与融汇的结果，如果考虑到地中海附近各国学者与周边国家或地区的学术交流因素，则缪塞昂的学术成果来源实际上更加广泛，说它是当时世界科技实践与理论知识的一次大规模汇聚，也并不过分，因此，希腊化时代缪塞昂的原创科学理论占比实际上比较有限。

---

① 吴国盛：《科学的历程》，湖南科学技术出版社 2018 年版，第 124—126 页。
② 〔美〕斯塔夫里阿诺斯：《全球通史：1500 年以前的世界》，吴象婴、梁赤民译，上海社会科学院出版社 1999 年版，第 225 页。

（三） 两种目的的科学研究相得益彰共同推动古希腊科学登上高峰

1. 古希腊科学的功利性问题

古希腊科学的功利性因素常常被忽略，主要原因在于柏拉图与亚里士多德等著名学者倡议科学研究的非功利性元素。柏拉图与亚里士多德也确实做到了这一点，他们的自由探索与批判精神确实令人钦佩。但是，我们不能据此认定古希腊科学发展与功利因素无关。实际上，希腊化时代科学的发展离不开功利性因素，甚至可以说，功利性因素对科学探索的自由精神得以形成与传承有着不可忽视的积极意义。

事实上，古希腊科学并不排斥实用性或功利性因素。劳埃德指出："在古代中国和希腊，存在着认识论层面和实用层面的两种质疑模式，这就排除了每一个古代社会只与一种质疑模式有关的任何一般性结论。"[1] 这表明，与中国古代相类似，古希腊社会对哲学与自然科学理论的发展也存在实用层面的质疑声音。实际上，古希腊先哲经常遇到哲学与科学的实用性问题的困扰。早在公元前6世纪，古希腊第一个自然哲学家泰勒斯既是西方历史上第一个哲学家，也是第一个科学家，就遇到过哲学与科学知识的功利性问题的困扰。亚里士多德在《政治学》中提到，当时人们轻视泰勒斯，认为哲学、科学知识没有用，到头来依然囊中羞涩。但泰勒斯运用天文学知识一举发了大财。他向人们表明，哲学家致富是容易的，只是他们的抱负不在此处而已。[2] 在此，亚里士多德显然暗示了哲学知识（包括自然科学知识）是有重大实际用途，但哲学家偏爱知识探索与精神领域的满足，志向在于学术成就，不希望受实际利益羁绊而放弃自己的兴趣爱好与志向，但大众可以运用所学哲学与科学知识获取财富。在《形而上学》中，亚里士多德特别强调为了摆脱无知而进行的哲学思考不以某种实用性为目的[3]，恰恰反映了古希腊社会对科学与哲学实用问题的关注，说明他在当时社会中遇到这一类问题的多次困扰，不胜其烦，但无奈的是，亚里士多德无法在社会中找到哲学与科学的直

---

[1] ［英］G.E.R.劳埃德：《古代世界的现代思考——透视希腊、中国的科学与文化》，钮卫星译，上海科技教育出版社2015年版，第83页。
[2] 吴国盛：《科学的历程》，湖南科学技术出版社2018年版，第98页。
[3] ［古希腊］亚里士多德：《形而上学》，程诗和译，台海出版社2016年版，第5页。

接的实际用途,而哲学与科学知识在培养人的心智上又是如此重要,因此他强调不应该以实用目的来作为哲学学习与思考的动力与依据。实际上,亚里士多德的论述透露出几层含义:一是哲学与科学知识是有用的,但实际用途应该由个体自己努力去挖掘;二是对哲学与科学的态度上,不应该只盯住眼前的实际用途,不以一时的实用目的来取舍哲学与科学知识,应该从长远角度来看待;三是不反对运用哲学与科学知识来发家致富,甚至鼓励大众运用相关知识致富,因此他才会在"致富术"部分阐述了哲学家与致富术的经典故事或案例;四是将不以实用为目的的哲学思考理解为他排斥哲学的实际用途,这种传统解释显然存在局限性,正确的理解是哲学家的志向远远超越了实际利益的羁绊的一种超然脱俗的状态。更重要的是,强调为求知而求知,实际上反映了哲学或科学传承延续的危机感,担心大家因为不实用而放弃。这并非亚里士多德杞人忧天,而是反映了他睿智的前瞻眼光,即使哲学或科学经历了缪塞昂的辉煌时期,由于缺乏实用性仍不可避免地被社会遗忘或疏忽,而各种实用技术却得以传承延续下来。

在亚里士多德之后,希腊的哲学与科学发展仍然受到功利问题的困扰。据记载,有人问欧几里得:你这个东西有什么用啊?他勃然大怒,他说你是在侮辱我,我的学问是没有用的,你怎么能问我有什么用呢![1]这实际上反映了欧几里得受这一类问题长期困扰而不胜厌烦,因此才会有十分情绪化的反应,以"勃然大怒"的方式回答问题。实际上,最早的几何学是生产实践中总结出来的,实用性一直比较强,怎么可能一点实用性也没有呢?虽然欧几里得《几何原本》不是以实用为目的,是以证明宇宙空间秩序为目的,但也不能排除别人从《几何原本》中获得实用知识。显然,欧几里得讨厌以短视的眼光对待几何学知识。例如,一位青年学子刚学了几何学一个命题,就问欧几里得几何学有什么用处?欧几里得对此非常不满,认为青年想从几何学中捞到实利的想法是不可原谅的而果断地开除了他。[2]当然,这些例子也从侧面上反映了在古希腊社会中,哲学科学的用途是社会普遍关心的重要问题。

---

[1] 吴国盛:《近代科学的起源》,http://mini.eastday.com/a/180514104520805.html。
[2] 吴国盛:《科学的历程》,湖南科学技术出版社 2018 年版,第 127 页。

2. 实验科学是希腊科学的升华

希腊化时期，托勒密王朝对科学研究的慷慨赞助，吸引了希腊地区以及周边地区大量学者聚集在缪塞昂专心致志地从事科学研究，这是希腊化时期科学事业取得伟大成就的最为关键的因素。由于缪塞昂让这些学者摆脱谋生问题的困扰，不必纠结科学研究成果是否有实用价值以及是否可以获得实质性回报，而是按照科学共同体的组织与要求，根据科学自身发展的内在规律，本着求真务实的原则不断对科学命题系统深入探索，在科学共同体范围内的热烈辩论过程中，不断证实或证伪科学研究成果，日积月累地逐步地在不同自然科学领域形成理论体系，形成人类古代历史上特有的纯理性、沉思型科学。因此，这一时期，古希腊科学研究的自由精神得到淋漓尽致的体现，展示出令人惊讶的创造力。正如张世英正确地指出："希腊人所特有的纯理性科学、沉思型科学，诚然可以让科学家抱着不计较功利、为科学而科学的'自由精神'从事研究。"[①] 但是，这绝不意味着纯理论科学就是科学发展的唯一方向，也不意味着纯理论科学就一定优于经验性科学，因为经验性科学或技术往往来自人类实践，而古代人类实践，无论是生产方面或生活方面的实践，在某种意义上很难离开试错法或实验。当然，在古代社会条件下，不同的科学领域对实验有不同要求。例如，古代天文学领域的实验手段相对有限，除了日复一日、年复一年的仔细观测与哲学思考，在当时条件下，受限于适宜的工具或仪器，确实难以借助实验手段对理性思考做出太多实质性帮助，但这并不意味天文学家们都不做实验，他们仍然会尽可能地利用有限的工具做一些实验验证相关理论，尽管当时的工具与今天相比，可能简陋不堪。但天文学家仍然想方设法利用光学经验知识或其他知识进行实验验证某些理论推论，或证伪某些错误结论，否则我们就无法理解古代天文学知识是怎么获取的。例如，埃拉托色尼假定地球为球体，在同一时间地球上不同地方太阳光线与地平面的夹角不一样，这样，计算两地的这个夹角差以及距离，就可以计算地球周长，他选择埃及的塞恩与亚历山大里亚两地进行测量，最终算出地球周长为

[①] 张世英：《希腊精神与科学》，《南京大学学报（哲学·人文科学·社会科学）》2007年第2期，第79—88页。

25万希腊里，约合4万千米，与地球实际周长相差无几。① 正是通过各种各样的实验，古希腊天文学抑或其他文明的天文学知识才取得了大量有价值的正确知识，这已为现代天文学所证实。

在其他自然科学领域，学者可以通过更多的实验手段来验证理论的正确与否。必须指出的是，实验或试错方法是人类好奇心的体现，也是人的本能之一，并没有什么神秘色彩，古代医学、农学、机械学等理论或技术，哪一个不是经过反复试错或实验方法获取的？植物种子的筛选与培养、草药的运用、生产工具的发明与改进、野兽的驯化等，哪一个能够离开多次重复的实验或试错方法？因此，在科学发展历程中，借助实验方法或试错方法在科学理论上取得突破是必由之路，只要有人率先在某个科学领域通过试错或试验取得某种成功的方法或经验，这种方法或经验必然会成为科学共同体学习的榜样。因此，科学发展走上重实验的道路是历史的必然。具体到缪塞昂这样的机构，由于浓厚的辩论氛围与习惯，好的方法或经验在科学共同体内部的扩散速度肯定比较快。

不管怎样，科学理论总是来自人类实践活动，最终还是要服务于人类的生产、生活、安全等方方面面的需求，在这一过程中离不开实验环节。实验方法是科学理论应用的必要环节，也是科学理论技术化必不可少的环节，科学理论的技术化与应用化或功利化并不必然破坏科学探索的自由精神，两者并不存在内在冲突。历史上，"（科学）实验的方法是由亚里士多德以后希腊化时期的数学物理学家阿基米德开创的，近代科学把数学和实验方法结合起来的精神在阿基米德那里已奠定了基础。他提出假说，按演绎法进行逻辑推理，然后又用实验的方法加以检验和证实。他所发现的所谓阿基米德原理和杠杆定律，都是既凭着希腊人'沉思'抽象推理的热情，又加上他的实验精神而求得的。"② 但是，阿基米德注重实验与科学理论的运用，并没有破坏科学探索的自由精神。正如张世英指出的："希腊化时期的阿基米德早就具有重实验、重效用的近代精神，他是古代世界中第一个近代型的科学家。值得注意的是希腊人的

---

① 吴国盛：《科学的历程》，湖南科学技术出版社2018年版，第135页。
② 张世英：《希腊精神与科学》，《南京大学学报（哲学·人文科学·社会科学）》2007年第2期，第79—88页。

第四章 古希腊科学奇迹

'自由精神'在阿基米德身上并没有因其重实验、重效用而沉没,相反,他是一个不计个人安危而一心埋头于科学探索的、极富'自由精神'的人。"① 因此,"科学的沉思与效用两者在阿基米德这里完全融为一体。希腊的'自由精神'并没有因阿基米德注重科学的效用性而有丝毫减退。"② 笔者认为,将古希腊科学与近代科学革命中的科学的基本特征界定为不注重效用与注重效用很可能是一个值得商榷的命题,古希腊科学处于科学萌芽时期,还没有发现它的实际用途,因为发现实际用途到真正实际应用需要一定时间与应用开发代价。

传统观点认为,"为科学而科学与为效用而科学,一般认为两者是对立的:前者是自由的,后者是不自由的"③。笔者认为,虽然前者是自由的,但在某种意义上却是虚幻的,缺乏物质基础支撑的科学研究是难以长期持续的。为效用而开展科学研究,获取符合法律的、社会伦理道德规范的效益,将科学带来的经济效益进一步投入科学研究,以支撑更大规模的科学研究可持续进行,当今世界发达国家的科学研究深度与广度的拓展正是建立在现代工业基础上,表现出良好的经济效益与社会效益,这反过来又推动了科学研究事业的繁荣,为工业技术创新与进步奠定了坚实的基础。因此,张世英正确地指出:"从沉思型科学到效用型科学,从亚里士多德传统到阿基米德、赫密士传统,从希腊科学到近代科学,是科学发展史上的一大进步。后者继承和发展了前者,是对前者的超越,而非对前者的抛弃。"④ 实际上,人们并没有全面否定现代科学的功利性,而是谴责对科学的非理性滥用,如把科学理论应用于侵略和破坏。为人类文明的进步、造福人类等高尚目标而利用科学发现,是人类理性的合理诉求。

总之,对古希腊科学奇迹的传统解释建立在系统、深入挖掘它自身

---

① 张世英:《希腊精神与科学》,《南京大学学报(哲学·人文科学·社会科学)》2007年第2期,第79—88页。
② 张世英:《希腊精神与科学》,《南京大学学报(哲学·人文科学·社会科学)》2007年第2期,第79—88页。
③ 张世英:《希腊精神与科学》,《南京大学学报(哲学·人文科学·社会科学)》2007年第2期,第79—88页。
④ 张世英:《希腊精神与科学》,《南京大学学报(哲学·人文科学·社会科学)》2007年第2期,第79—88页。

独特的或与众不同的政治、经济、文化价值观念等因素基础上，对古希腊科学奇迹的解释有一定说服力，但仍然存在较大的缺陷。同时，以上因素对于古希腊科学衰落的解释，基本没有多少说服力。也就是说，传统解释不太符合理论逻辑推理与历史事实相统一的基本原则。

第二节 "拯救现象"与古希腊科学的兴起

一 问题的提出

柏拉图的"拯救现象"倡议，催生了希腊古典时代的数理天文学研究，希腊化时代缪塞昂继承了数理天文学研究并创造了辉煌的科学奇迹。但实际上，所谓的"拯救现象"，在《柏拉图全集》里未见记载，很可能并非柏拉图原话，而是后世学者根据辛普利丘转述的古老传说归纳总结出来的专业术语。公元6世纪，雅典新柏拉图主义者辛普利丘对亚里士多德的《论天》专门进行注释时提到一个天文学领域的古代传说，即柏拉图曾经向他学园里的学生们提出一个问题："假定行星如何进行匀速且有序的运动，才能合理解释它们的视运动？"[1] 后人把柏拉图这一问题称为"拯救现象"。

关于柏拉图为什么要提出"拯救现象"，流行的解释大体上可归结为希腊人崇尚理性、热爱真理，对自然现象怀有强烈的好奇心理，常常因为纯粹求知而努力进行探索的科学精神。的确，在柏拉图提出拯救现象之后，古希腊科学从数理天文学开始，逐步向其他科学领域扩展，最终铸就了古代社会辉煌的科学奇迹。在这个过程中，古希腊学者确实展现出令人钦佩的孜孜不倦、锲而不舍地求知的科学精神。

但是，究竟是古希腊人独特的崇尚科学的精神推动了科学事业蓬勃发展并最终创造了奇迹，还是古希腊人在"拯救现象"过程中展现出了令人钦佩的科学精神？

如果是前者，我们可以将古希腊辉煌的科学奇迹归结为古希腊人独

---

[1] Thomas Heath, *Aristarchus of Samos*, Oxford: Clarendon Press, 1913: 140.

特的崇尚科学的精神或文化,或者说,独特的崇尚科学的精神或文化是解释古希腊科学奇迹的关键变量。但问题是,如果古希腊人真的拥有独特的崇尚科学的精神或文化,为何在柏拉图提出"拯救现象"之前科学成就平淡无奇,远远落后于古巴比伦、古埃及等周边古文明,同时在喜帕恰斯或托勒密之后的古希腊科学辉煌不再,甚至重新回归沉寂、默默无闻?显然,古希腊人拥有独特的科学精神或文化难以解释古希腊的科学奇迹。因此,仅仅用独特的科学精神或文化来解释希腊科学奇迹,很难得出理论逻辑的推论与历史事实相统一的科学结论。

如果是后者,希腊人的科学精神固然令人钦佩,但不再是解释古希腊科学奇迹的关键变量,仅仅是执行"拯救现象"历程中表现出来的一种职业素养或科学素养,那么,探析古希腊辉煌的科学奇迹就不应该以所谓的古希腊人特有的科学精神或文化为前提或基础条件,必须另辟蹊径才能得出真实可靠的结论。

显然,对以上问题的回答,直接关系到对古希腊科学奇迹与衰落的历史谜题的正确解析。本节无意对这些错综复杂的历史谜题进行全面考察和逐一解析,但是笔者认为,深入剖析柏拉图"拯救现象"倡议背后的深层原因,有助于彻底解开古希腊科学兴盛与衰落的历史谜题,因而具有重要的学术价值。具体一点讲,西方科学甚至现代科学也是始于古希腊,希腊值得提及的重大原始科学创新始于数理天文学,数理天文学始于柏拉图"拯救现象"的倡议。中国人历来有以史为鉴的文化与习惯,如何正确认识西方科学发展的历史是值得反复追问的一个问题,本节或许能够提供一个不一样的有价值的视角:柏拉图"拯救现象"的倡议与历法修订的社会需求密切相关,因而获得广泛的积极的响应,古希腊人并非一味地偏好所谓的"无用"的科学,其科学发展动力在很大程度上源于社会需求的激励。

二 历法修订需求推动天文学研究是"拯救现象"倡议的关键

(一)"拯救现象"倡议的社会历史背景是雅典对准确历法的迫切需求

公元前6~前4世纪,古希腊存在不同权力主体,各个城邦采用不同历法。诚然，从权力意志角度看，统治者有权随意制订历法，然后再强制推广执行，但在历法领域各自为政，必然推高历法运行成本，导致整个希腊社会历法问题颇为混乱，社会协调成本极高。

雅典是古希腊较大的城邦之一，其历法乱象是古希腊历法混乱现象的一个缩影。在雅典城邦内，不同地方行政机构可以自行决定闰月、闰日，宗教团体自行采用宗教历法。城邦政府、地方行政机构和宗教团体，在某种程度上可以看作不同的权力中心，权力中心固然可以自行控制历法的修订与颁布，其历法或时间体系也可以自行其是，但这种人为制定的日历与实际天象、物候之间不协调的现象越来越多，不仅难以指导农业生产顺利进行，还可能带来意想不到的伤害，而且还明显增加了相互之间的协调成本。

农业生产对雅典经济社会稳定具有十分重要的意义。雅典是以农为本的民主制城邦，一直重视农业生产，自给自足是城邦公民的理想，他们满足于自己的土地上能生产出自己所需要的一切。① 公元前6世纪，雅典富人的财富主要在地产上，大部分雅典人亲自参与农耕。雅典普通小农往往以家庭为单位过着日出而作、日落而息的生产与生活。公元前5世纪的大部分时间里，雅典的农村人口约占 2/3，住在城里的雅典市民通常也拥有农村地产，有时候要去巡视或亲自去干活。历法与雅典的农业生产紧密相关。② 农业生产在雅典的重要性让他们选择了节日为农事提供时序，以大众节日的形式指导农业生产。但遗憾的是，节日历采用巴比伦阴历，当时雅典还无法解决阴历固有的麻烦，因此，节日历并不能精确地反映农时节令。可见，从农业生产角度看，准确的历法对雅典而言尤其重要。

还有，雅典商贸活动一度十分活跃，构成社会财富积累的重要来源，为商业贸易活动提供准确的时间以便利交易、防止商贸纠纷也是政府必须考虑的事情。此外，决定国家大事的政治会议、保卫国家安全以及对外征服的军事行动等都需要一个大家共同认可的或遵守的时间规则体系。

---

① 黄洋：《古代希腊土地制度研究》，复旦大学出版社1995年版，第205页。
② 郝际陶、陈锡文：《略论古代希腊农业经济与历法》，《世界历史》2007年第1期，第106—112页。

如果缺乏准确、统一的历法或时间体系，商贸活动、政治军事等集体行动的协调成本也会大幅度增加。

综合以上因素，雅典城邦有必要建立一个统一的准确时间体系或历法，否则必然徒增历法运行的社会成本，降低社会收益。因此，对雅典城邦而言，更为准确可靠的历法已成为迫切的需求。但年、月、日之间的不可整数通约，使得历法编制十分复杂且艰辛，是专业性很强的长期工作。① 事实上，对于任何一个古代文明社会，历法编制都是一个极大的难题和挑战。对公元前6~前4世纪的雅典而言，制订一个准确的历法或时间体系，更是一个大难题和大挑战，因为彼时雅典的天文学研究比较落后，远远落后周边古文明，如古巴比伦天文学、古埃及天文学水平都远高于雅典。因此，对雅典而言，对准确的统一时间体系的迫切需求，意味着迫切需要提高天文学研究水平，否则无法制订一部高效准确的历法。显然，要对历法进行有效调整，必须加大天文学研究力度，对天体运行现象有更深刻更系统地认识。

（二）雅典历法修订需要一个可靠的天文学理论

在人类社会，时间体系的形成经历了一个十分漫长的历史时期，它往往建立在长期天文观测数据积累与一定的天文学理论基础上。无论是天文观测数据的积累，还是天文学理论的形成，都需要一个相当漫长的时间历程。历法修订需要知道年月日时间单位形成的基本原理以及它们之间的内在联系，这看起来似乎简单易行，没有太多技术含量。实际上，在古代社会，历法修订是一件十分复杂、艰辛、专业的事情，对公元前6~前4世纪的雅典而言，更是如此，具体表现在以下方面。

首先，虽然人们很容易意识到日或天这一时间单位，这是最简单的时间单位，也是历法第一个时间单位或最基础的时间单位。由若干日数或天数构成了年、月等较长的历法时间单位，但这绝不意味着历法可以轻易修订而成。在古代社会漫长的历程中，日或天的时间单位以太阳为计时参照物，通过太阳东升西落的周期性运动表现出来；实际上，这仅仅是太阳的视运动。真实情况是，日或天是地球周日运动形成的基本时

---

① 吴国盛:《时间的观念》，商务印书馆2019年版，第15页。

间单位,即地球绕轴自转一周。虽然日或天是最简单的时间单位,但人类社会认识这一时间单位的形成原理却花费了几千年,最早完整地认识地球周日运动的是古希腊的亚里斯塔克,但被严厉批判而无人问津。后来哥白尼重提地球周日运动,经伽利略验证和大力宣扬,人们才逐渐相信日或天是地球周日运动形成的时间单位。虽然将日或天定义为太阳东升西落的周期性运动,似乎对时间计量不会出现明显的误差,对历法编制或修订没有实质性影响,但这只是表面现象。实际上,这意味着人们没有正确认识隐藏着的天体运动规律的复杂性问题,这必然成为历法编制或修订的最大障碍。由于不能正确地认识地球周日运动与周年运动,人类社会在日、月、地及其他行星运动的认识上耗费了太多的精力却难以掌握基本规律,因此,在历法编制或修订中,日与月、日与年之间的关系总是难以精准确定,特别是在较长时期内,它们之间的关系变得更加复杂,需要在专业的天文学理论指导下并运用长期的天文观测数据进行定期或不定期校准,否则,历法的精确性必然大打折扣,甚至会陷入一片混乱。

其次,人们以月亮为计时参照物,通过观察月相的周期性变化建立了第二个历法时间单位,即"月",将若干天数如 29 或 30 日定为一个月。从理论上讲,太阳、地球、月球的空间相对位置周期性变化引起月相周期性变化,月相变化的一个周期就是一个月。几乎所有的早期文明都观测到月相的周期性变化规律,月球从小小的一弯新月开始,逐步变成满月,再变成看不见,这表明时间已过去了一个月,每重复这样一个历程就是一个月的时间,因此,月的时间单位的确定似乎也不复杂。但麻烦在于,月相变化的一个周期的时间单位为"月",并非天或日的整数倍,平均约为 29.5 天,但对于历书而言,它需要预报未来数年、数十年甚至数百年的日期,要知道究竟哪一个月应定为 29 天或 30 天才能更加精确地符合实际天象,就必须努力探索月球运动规律以及月球、太阳与地球三者之间的相对运动或在空间的相对位置。这对雅典而言,是一个极大的挑战,即使在托勒密时代,古希腊科学在这方面的研究成就虽然相当突出,达到了古代社会一个高峰状态,但仍然存在明显的局限性。

最后,历法的第三个时间单位是年。年最早来源于物候现象,即动物、植物、天气等随季节的变化而发生周期性变化的规律，它是由地球围绕太阳公转而引起的自然现象。今天我们已经认识到年的本质是地球围绕太阳的周年公转过程中接受太阳光照射的程度不同而出现的冷暖四季交替。① 古人虽然缺乏对年的本质的深刻理解，但也很早就懂得可以通过天象观测来确定年的长度，如古埃及人通过太阳的周年视运动来确定年的长度。我们知道历法存在固有的难题，通过观测天象所规定的年、月、日之间不可能整数通约，这是太阳系运转带来的问题："地球自转一圈为一天，但旋转365圈与地球环绕太阳运行一圈所花时间（如一年）并不相等，它需要花费365.242199天。"② 另外，今天我们都知道，在一年之中大致有12个阴历月份，这些月份累计天数只有354.36706天——比太阳年少11天。在公元前6～前4世纪的古希腊，虽然雅典人还不知道这种情况是太阳系运行特点引起的，但他们的确已经知道一个太阳年不能划分成整数个太阴月。为此，如何协调月份与季节之间相对稳定的关系，以指导农业生产与远海航行，也成为雅典历法修订面临的重大难题。正如劳埃德指出，当时希腊历法修订试图保持月份与月相同步，但前后新月之间的间隔并没有对应于整日数，月长不是29日就是30日，这就导致历法修订面临更加复杂的问题。③

因此，要修订历法，雅典人必须深入研究太阳、地球、月亮在空间中的相对运动规律，认清时间单位年月日之间的复杂内在关系，这就要求雅典社会能够提供科学的天文学理论。

三 柏拉图提出"拯救现象"的多重缘由

合理解释"七大行星"（古希腊学者将日、月也当作行星）运动规律有利于制订一部高质量的历法、建立一个更加准确的统一时间体系，这是柏拉图提出"拯救现象"倡议的重要缘由。做出这样判断的依据主要如下。

---

① 吴国盛：《时间的观念》，商务印书馆2019年版，第15页。
② 〔英〕彼得·詹姆斯、尼克·索：《世界古代发明》，颜可维译，世界知识出版社1999年版，第520页。
③ 〔英〕G. E. R. 劳埃德：《早期希腊科学——从泰勒斯到亚里士多德》，孙小淳译，上海科技教育出版社2015年版，第5页。

（一）柏拉图重视时间哲学问题研究与历法修订密切相关

时间问题始终是贯穿整个哲学发展历程的最为基本的问题之一，是任何一个时代哲学家都关心的重大社会问题，古往今来许多学者从不同角度发表了关于时间的不同看法。现代哲学家研究时间哲学问题，可能更多地基于认识论方面的考量。但是，古希腊学者在研究时间哲学问题时，往往还考虑到当时社会面临的时间体系混乱局面这一重要问题。作为一个伟大的哲学家，柏拉图对时间哲学进行过系统、深入的研究，深知一个精确的时间体系对于社会正常运行的重要性，这可能是驱使他深入研究时间观的最为重要的动力之一。

作为西方社会最早提出客观时间观的哲学家，柏拉图的时间观深刻地影响了整个西方社会。他认为时间与天体在空中的运动密切相关，时间的计量以及时间体系的形成是建立在"七大行星"运动规律基础上。因此要理解时间问题，必须认识天体的运动，但天体运动的真实状况是无法简单地通过观测实现的，在《国家篇》（即《理想国》）中，柏拉图借苏格拉底之口表达了这一观点，即"装饰着天空的这些星辰，我们确实应当把它们视作最美丽、最精确的物体性的东西，但我们也必须承认它们离真实还差得很远"[1]，柏拉图进一步解释，通过天文观测看到的天空的画面仅仅是真实世界的摹本，是理解宇宙实在的媒介，但是人们不要指望由此可以轻易地认识和理解宇宙实在，因为任何试图在可见的画面上找到现象世界与理念世界之间的精确比例关系必然徒劳无功。正如他指出的："我们必须把天空这幅画面作为我们学习这些知识时使用的一个样板，就好像……画匠精心绘制的设计图……要从这些设计图上找到绝对真实的相等、成倍或其他比例，那么他们也会认为这样做是荒唐的。"[2]

同样，天文学家也不可能仅仅通过简单地观测天体或行星运动就能够轻易计量基本时间单位"天"的长短以及"天"与月、年这些更加复杂的时间单位之间的实在关系，也无法在星辰运动与各种时间单位之间

---

[1] 《柏拉图全集》（第二卷），王晓朝译，人民出版社2017年版，第530页。
[2] 《柏拉图全集》（第二卷），王晓朝译，人民出版社2017年版，第530—531页。

建立一种恒定不变的规律。因为这些都是可见的物体,而不是事物的实在。柏拉图再次通过苏格拉底之口表达了这一观点:"若有人说日夜的长短、日夜与月份的关系、月份和年份的关系、其他星辰与年月的关系,以及星辰之间的关系,有一种恒常不变的比例,那么他也会认为这些想法是荒谬的"①。在这里,柏拉图从天体或行星运动转到时间体系或历法建构的讨论上,或者说,他在讨论天文学与历法或时间体系的关系,因为历法或时间体系就是依据日月星辰有规律的运行来确定年、月、日和四季、节气,服务于人类的生产生活。② 实际上,关于天体或行星运动与时间体系或历法的关系,柏拉图之前的其他古文明,如古希腊周边的古埃及文明、古巴比伦文明早已有过许多探讨。但柏拉图在此并非简单重复其他古文明或其他学者的观点,除了阐述天体运动存在自身规律并不等于它们之间的关系是恒定不变,以及时间单位(日、月、年)是天体运动的反映与时间单位之间的关系也并非恒定不变的观点之外,更重要的是,他强调了天文观测无法真正认识到天体运动的理念世界,只能停留在现象世界,而无法达到理念世界势必给制订精确的历法或时间体系带来负面影响。因为天文观测获得的画面仅仅是理念世界的摹本,并不是真正的实在,真正的实在是理念。

要想让天文学研究帮助人们从可见的现象来认识不可见的实在,必须抛弃从可见的画面上简单地寻找理念世界的肤浅、荒谬的想法,必须从数学(几何)角度理性地研究天文学。柏拉图仍然借助苏格拉底之口提出了看法:"我们要像研究几何学一样,借助于提问来研究天文学,我们先不要去管那些天空中可见的事物,如果我们想要掌握部分真正的天文学,就应当正确地使用灵魂中的天赋的理智。"③ 在此,柏拉图将宇宙看作由几何图形构造的理念世界,强调运用理智和几何学方法来研究天文学,为构建精确的时间体系或历法提供理论基础或指导。

在《蒂迈欧篇》中,柏拉图再次探讨了历法或时间体系与天文学研究之间的关系。他提出了为了使时间体系形成而创造了太阳、月亮及其

---

① 《柏拉图全集》(第二卷),王晓朝译,人民出版社2017年版,第531页。
② 张闻玉:《古代天文历法讲座》,广西师范大学出版社2021年版,第8页。
③ 《柏拉图全集》(第二卷),王晓朝译,人民出版社2017年版,第531页。

他五个行星的观点，即"他（指造物主，引者注）创造了太阳、月亮，以及被称作行星的五颗星辰，用来确定和保持时间方面的数"①。在此，柏拉图的意思十分明确，他认为造物主创造日月及其他五颗行星的目的是让时间诞生，时间必须通过"七大行星"的循环运动以数的规律表现出来，时间是客观存在的，不仅以循环方式趋于永恒，而且可以像数的规律那样可以精确量化。此外，柏拉图进一步将整个宇宙看作一个复杂的几何体，将宇宙中的万物看作由各种各样的几何体按照一定秩序组成的自然物体，这一定程度上解释了为什么要从几何学角度来研究天文学。②

显然，柏拉图探索天体运动与时间的关系，并非仅仅为了满足好奇心，他还有更为重要的考量，即为雅典或希腊建立准确的统一时间体系，而历法无疑是量化时间的一个有效工具，也是建立准确的统一时间体系的基础，而修订历法，显然必须先弄清楚行星运动规律。

在晚年，柏拉图甚至将天文历法知识与行星运动规律作为一切知识的基础，作为一个理性人的必备知识。他指出："分不清昼夜，不知日月星辰的轨道，那么这样的人还能算是人吗？所以，若有人以为这些知识对想要'知道'一切学问中最高尚的知识的人来说并非不可或缺的，那么这种想法极端愚蠢。"③ 这反映了柏拉图对时间哲学问题研究的一贯高度重视的基本态度，也折射出他对时间体系形成与计量背后的天文学研究的极端重视。

（二）柏拉图哲学家治国理念意味着他重视建立准确的统一时间体系

柏拉图强调哲学家治国理念必然要求哲学家提供一个精确的时间体系。柏拉图眼中的哲学家显然要具备正确的宇宙观，宇宙观最基本的要求是必须掌握时间与空间的内在联系。在古代社会，治理国家的哲学家思考时空关系并非完全基于个人偏好的考量，而是因为正确理解时空关系是治国理政者的必备素质，是治理好国家与社会的前提和基础，是一

---

① 《柏拉图全集》（第二卷），王晓朝译，人民出版社 2017 年版，第 289 页。
② 《柏拉图全集》（第二卷），王晓朝译，人民出版社 2017 年版，第 305—381 页。
③ 《柏拉图全集》（第三卷），王晓朝译，人民出版社 2017 年版，第 577 页。

个国家政治、经济良性循环的前提和基础。在《理想国》中，柏拉图提倡哲学家治国，哲学家治国首要关键问题就是为国家或社会提供赖以正常运行的准确的统一时间体系。

从政治角度看，提供准确的统一时间体系这一公共产品，在政治上可以展现政权的实力，获得良好的社会声誉。柏拉图在《理想国》中多次强调统一的准确历法或时间体系对希腊农业、航海以及行军打仗的重要作用，如"对年份、月份、季节比较懂行是有用的，不仅对农业和航海有用，而且对军事也有用"①。因此，当权者通过创立时间体系、规定时间表现方式与时间单位的命名，让社会广泛接受并遵从时间规则，无疑可以让社会各阶层实实在在地享受到时间体系带来的节约生产、生活成本的好处，可以很好地展现当权者的威严与力量。从某种意义上看，"时间就是权力，这对于一切文化形态而言都是正确的。谁控制了时间体系、时间的象征和对时间的解释，谁就控制了社会生活。中国古代皇家对天文和历法的垄断，就显示了这一真理。对欧洲中世纪而言，这一点亦十分明显。"② 吴国盛这一精辟论述同样适用于古希腊社会。因此，从政治或权力角度考察历法的重要性，可以在相当程度上合理解释大力提倡哲学王治国的柏拉图为何热衷于支持天文学研究与历法修订活动。

从经济角度看，统治者推动历法制定往往还有经济因素。柏拉图眼中的国家之所以需要准确的历法，在很大程度上是因为国家需要税收收入来维持整个国家机器的正常运转。例如，为维护国家安全，需要供养保家卫国的军队，这就要求城邦生产者能够为城邦卫士或战士提供给养，"他们（指城邦卫士，引者注）需要别人每年向他们提供一年的给养作为报酬，以便能把他们的全部精力用于保卫国家"。③ 而在古代社会，农业无疑是税收收入的重要来源，为此国家必须想方设法保证农业生产符合季节时令的要求，以提高农业生产效率。另外，古希腊商贸活动一度十分活跃，为商业贸易活动提供准确的时间以便利交易、防止商贸纠纷也是政府必须考虑的事情。

---

① 《柏拉图全集》（第二卷），王晓朝译，人民出版社2017年版，第528页。
② 吴国盛：《时间的观念》，商务印书馆2019年版，第120页。
③ 《柏拉图全集》（第二卷），王晓朝译，人民出版社2017年版，第546页。

此外，柏拉图在《理想国》中十分强调国家中每一个人按照正义规范各尽所能、各司其职，才能保证国家成为正义之国，正义之人是幸福的人，正义之国是幸福的国家。显然，这一切都需要一个精确的时间体系或历法。这可能是柏拉图在《理想国》中直截了当地提出天文、历法对农业、航海、军事的重要作用的原因。[1]

在任何一个时代，要建立一个精确的时间体系，必然要仰望星空寻求描述时间单位的天体空间运动规律。准确测量时间、提供准确地描述时间的手段或方法，是任何一个社会或国家需要加以解决的重大问题，也是国家或社会努力追求的重要目标之一，当然也是天文学研究的重要目标之一。因此，迄今为止的考古发现，凡是被称为人类古文明的地方，必定都有较为发达的天文学研究与较为成熟的历法制定历史，例如古代中国、埃及、巴比伦、印度、波斯、希腊等。然而，在柏拉图时代的雅典，提供一个精确的时间体系及其恰当的表现方式曾经是一个极大的难题。如果缺乏准确、统一的历法或时间体系，古希腊或雅典的农业生产、商贸活动以及政治、军事、祭祀等集体行动的协调成本就会大幅度增加，理想国可能不复存在。这是促使具有强烈家国情怀的柏拉图深入思考哲学家治国理政、建立准确的统一时间体系的重要因素。

（三）准确的历法是柏拉图履行宗教礼仪的前提与条件

柏拉图十分重视宗教礼仪，多次强调要在准确时间节点表达对诸神的虔敬。这可能与柏拉图处世原则密切相关，柏拉图在遇到事情时，总是希望祈求诸神的帮助。他指出："只要稍微有一点头脑的人，在每件事情开始时总要求助于神，无论这件事情是大是小。"[2] 因此，柏拉图多次强调要在恰当的时间点表达对诸神的虔敬，这是顺理成章的事情。

在晚年，柏拉图甚至明确指出："制定有关节日的历法，赋予它法律的权威，决定庆祝什么节日和举行什么献祭才是对国家'有益的、有利的'，决定这些祭祀应当献给哪些神祇。在一定范围内，献祭的日期和数量也是我们要决定的问题之一。"[3] 此外，关于每年献祭的次数、参与人

---

[1] 《柏拉图全集》（第二卷），王晓朝译，人民出版社 2017 年版，第 528 页。
[2] 《柏拉图全集》（第二卷），王晓朝译，人民出版社 2017 版，第 279 页。
[3] 《柏拉图全集》（第二卷），王晓朝译，人民出版社 2017 版，第 586 页。

员，献祭时举办战争运动项目、奖励活动等，柏拉图认为都要进行合理规划，准时举办。① 由此可见，准确的历法或时间体系在柏拉图心中是多么重要。

柏拉图还十分重视宗教礼仪在国家伦理道德体系中的重要作用，为此不惜想方设法禁止亵渎神灵。例如，他指出："要想使我们的卫士敬神明、孝父母、重视朋友间的友谊，我们一定不能允许亵渎诸神的故事存在，也不允许他们从小就听这类故事。"② 因此，柏拉图对诸神的虔诚与敬意是发自内心的，他甚至将按时履行敬神等宗教礼仪当作每个人对国家应尽的义务，并发出诚挚的呼吁。正如阿里奥图指出的："在整个古希腊的哲学史中，诸神仍然制约着城邦的生活……即使最伟大的哲学家之一的柏拉图也把对诸神的信仰当作对国家应尽的一种义务。"③

可见，柏拉图不仅十分重视宗教礼仪，而且强调履行宗教礼仪的准确时间节点。显然，要想在恰当的时间节点对神灵表达敬意，必须建立精确的时间体系或历法。由于当时雅典节日历采用的是古巴比伦阴历，要想精准确定每个月开始的时间，首先必须弄清楚"七大行星"的运动规律。这是因为阴历有一些固有的麻烦，主要表现在两大方面。一是阴历两个新月之间相隔天数到底是 29 天还是 30 天，由太阳与月亮相对位置决定，从地球上观测，可发现月亮和太阳黄经相同，月球和太阳方位相合但并没有重叠，月球与太阳同时升起同时落下，在制定历法时需要长期详细了解并准确计算两者运动规律，才能做出准确预报，尽可能实现历法时间与客观的实际时间相吻合。二是阴历时间与季节相符问题是一个十分复杂的专业性很强的问题，取决于月球和太阳的运行路径及速度，为此需要准确置闰，如在 19 年里插进 7 个闰月等。④ 但是，在柏拉图时代的雅典，并没有解决阴历固有的麻烦，这就导致人们难以在准确的时间节点履行宗教礼仪。作为诸神虔诚信徒的柏拉图，显然无法容忍

---

① 《柏拉图全集》（第二卷），王晓朝译，人民出版社 2017 版，第 586—587 页。
② 《柏拉图全集》（第二卷），王晓朝译，人民出版社 2017 版，第 347 页。
③ 〔美〕安东尼·M. 阿里奥图：《西方科学史》，鲁旭东，张敦敏，刘钢，赵培杰译，商务印书馆 2011 年版，第 44 页。
④ 〔美〕莫里斯·克莱因：《古今数学思想（第一册）》，张里京、张锦炎、江泽涵译，上海科学技术出版社 2014 年版，第 9 页。

这种现象迟迟无法得以解决的局面，这可能是促使他深入思考"拯救现象"的重要缘由之一。

（四）准确的历法是雅典农业生产正常进行的基础，农业是雅典社会稳定的基础

农业是雅典最为基础的产业，也是雅典最为重要的产业之一，关系到雅典社会的安全与稳定。古希腊的重要农作物为大麦、小麦、橄榄和葡萄，节日历中的相关节日涵盖了以上四种农作物关键生产阶段。古代希腊城邦普遍推行有利于人民安于农耕的法律，以确保农民耕种田园，安于农事。① 与古希腊其他城邦一样，雅典也实施有利于人民安于农耕的法律。雅典是以农为本的民主制城邦，一直重视农业生产，自给自足是城邦公民的理想，他们满足于自己的土地上能生产出自己所需要的一切。② 柏拉图重视农业生产，在法律篇中多次提到雅典农业（包括粮食、水果等）生产与供给的时间节点等细节问题，还涉及外国人购买小麦粉、大麦粉等粮食以及肉类的时间、数量等细节问题。③ 因此，从农业生产角度看，准确的历法对雅典而言尤其重要，而在柏拉图时代，雅典的历法相当混乱。作为一个深入探索时间哲学的伟大学者，柏拉图深知雅典农业生产节日历采用古巴比伦阴历，其固有缺陷不利于农业生产季节时令的把握。因此，柏拉图有兴趣深入思考如何"拯救现象"以解决雅典历法混乱问题。

（五）柏拉图另辟蹊径提高天文学研究效率

我们知道，古代社会天文学、历法研究的一个显著特点是，通过长期观测日、月、行星与恒星的相对位置变化来制订历法。他们认为天空星辰相对位置的变化与地面气候变化以及其他自然现象变化存在特定的关联性，如埃及将天狼星位置变化与尼罗河洪水泛滥规律联系起来，苏美尔人将太阳、月亮、行星在天空中的相对位置变化与历法制定、指导农业生产联系起来。④ 另外，古埃及人与古巴比伦人也都在遥远的过去

---

① 〔古希腊〕亚里士多德：《政治学》，吴寿彭译，商务印书馆1981年版，第19—20页。
② 黄洋：《古代希腊土地制度研究》，复旦大学出版社1995年版，第205页。
③ 《柏拉图全集》（第二卷），王晓朝译，人民出版社2017版，第604—610页。
④ 吴军：《全球科技通史》，中信出版集团2019年版，第50—51页。

第四章 古希腊科学奇迹

就开始观测日月以及五星运动规律,并且两者记录了相似的行星观测结果,这些天文观测资料成为古希腊天文学研究的基础。①

正当诸多天文学家努力进行天文学观测、研究活动时,柏拉图独辟蹊径,提出天文学研究新路径,即运用几何模型来研究天文学。他认为包括行星在内的天体运动看似杂乱无章,实则存在各种规律,而数学是揭示天体运动规律的最有效工具。这与柏拉图宇宙观密切相关,他认为宇宙是由几何组成的和谐图景,自然哲学应该将探索隐藏在自然现象背后的自然规律作为首要任务,并用数和形来表征。② 同时,柏拉图长期秉持观测只能认识到千变万化的现实世界,只能看到真实事物的摹本,无法真正认识理念世界的哲学观念,这是他坚持认为运用几何学来研究天文学才能够认识真正的实在的重要原因。为此,柏拉图"为天文学设立的目标就是,从一个公认的假设出发,运用前后一贯的数学推理,来对行星的上述运动给出确切的说明"③。柏拉图深信数学手段是揭示天体运行规律的最佳手段,能够有效替代观测手段,他甚至指出,即使这种研究方法要比观测方法付出许多倍的努力与代价,也是值得坚持探索的方法。④ 柏拉图坚定地认为天文学是精确的数学科学,研究天文学要像研究几何学一样,从问题出发来研究,让问题指引天文学研究方向与内容。⑤

在晚年,柏拉图十分肯定行星运行存在明确的规律。他指出:"认为太阳、月亮和其他天体是某种'漫游者',这种信念实际上是不正确的。与之相反的看法才是对的。"⑥

综合以上理由,"拯救现象"应该是为制订历法、建立准确的统一

---

① 〔美〕弗朗西斯卡·罗切博格:《巴比伦天文学在希腊化地区的传播》,关瑜桢、张瑞译,《亚非研究》2018年第2期,第25—43页。
② 张谨:《古希腊科学繁荣的人文底蕴》,《广西大学学报(哲学社会科学版)》2005年第1期,第24—27页。
③ 郝刘祥:《希腊哲学与科学之间的关系》,《科学文化评论》2007年第4期,第17—40页。
④ 〔英〕G.E.R. 劳埃德:《早期希腊科学——从泰勒斯到亚里士多德》,孙小淳译,上海科技教育出版社2015年版,第79页。
⑤ 〔英〕G.E.R. 劳埃德:《早期希腊科学——从泰勒斯到亚里士多德》,孙小淳译,上海科技教育出版社2015年版,第78—79页。
⑥ 《柏拉图全集》(第二卷),王晓朝译,人民出版社2017版,第582页。

时间体系而做的预备工作。

四 "拯救现象"获得的响应与希腊科学兴起

柏拉图提出了"拯救现象"的倡议，试图通过对日月五星的相对位置变化的系统研究，得出天体运行的精确规律。"拯救现象"目的并非单纯出于对天体运行自然现象背后的奥秘的好奇心理，而是如其他古文明那样，为制定更准确的历法奠定理论基础。

事实上，在公元前6~前4世纪，不仅仅是柏拉图，还有许多自然哲学家和天文学家，如自然哲学家阿纳克萨哥拉、天文学家默冬等，都对行星运动规律怀有强烈的好奇心理，都试图掌握行星运动规律，只不过他们依然遵循传统的天文观测方法。柏拉图学园的老师与弟子积极响应"拯救现象"的倡议，是因为他们也对行星运动规律抱有强烈的好奇心，深层原因在于雅典或希腊社会对统一的历法修订需求激励了他们研究行星运动规律。

基于以上原因，柏拉图学园的欧多克斯创建了同心球模型，随后其他学者很快发现同心球模型存在的问题，并进行了相应修改。柏拉图的倡议实际上导致了两条不同的天文学研究路径，客观上推动了观测天文学与数理天文学这两种研究路径的竞争，导致两种天文学在公元前4世纪都有很大进展，例如，对一年四季长度给出了更精确估计值，可断定观测精度大大提高。① 更为重要的是，在天文学研究中的几何学应用，极大地推动了古希腊几何学的发展与创新。学者们针对不同的天文学模型在"拯救现象"上的优劣，评价天文学模型的优劣并制订改进思路以进一步完善模型，如此反复循环，极大地促进了几何学的发展与创新。

实际上，当柏拉图在"拯救现象"的倡议中提出用几何方法替代观测方法研究天文学时，他似乎没有意识到几何方法与观测方法既有相互替代的一面，又有相互补充的一面，几何方法不仅不能完全替代天文观测方法，而且在某种意义上非常依赖天文观测方法，因为几何方法建立

---

① 〔英〕G.E.R.劳埃德：《早期希腊科学——从泰勒斯到亚里士多德》，孙小淳译，上海科技教育出版社2015年版，第89—90页。

的数理天文学模型需要天文观测数据进行验证、提供改进思路。因此，追求更精确的数理天文学模型，需要更精确的天文观测工具、方法以及更精确的天文观测数据。顺便提一下，这是人类直到开普勒、伽利略时代才真正认识天体运动规律的重要原因之一，因为直到那个时代，才有更为精确的天文观测方法、工具和数据。

当缪塞昂成立之后，柏拉图倡议运用数学方法研究天文学，终于结出了累累硕果，数理天文学成为缪塞昂的最最重要的核心研究主题，其研究成果被托勒密广泛吸纳，最终形成了《数学汇编13卷》，即《至大论》，是历法编修的重要参考理论，托勒密也因此被尊称为"历法大师"[1]。实际上，《至大论》被广泛传播至世界各地，也是因为其在历法修订上的重要参考价值而被热捧，如波斯、伊斯兰阿拉伯世界、西欧等国家或地区，之所以重视《至大论》的学习与研究，在很大程度上是因为历法修订的需要。

五　结论与启示

雅典社会对精确的时间体系或历法的需求，让学者们开始深入研究天文学，柏拉图提出"拯救现象"倡议，对天文学研究提出新思路和新问题，天文学研究引发了相关科学研究实现一系列重大突破。正如爱因斯坦曾经指出的："提出一个问题往往比解决问题更重要，因为解决问题也许仅是一个教学上或实验上的技能而已。而提出新的问题、新的可能性，从新的角度去看旧的问题，都需要有创造性的想象力，而且标志着科学的真正进步。"[2] 爱因斯坦这句名言道出了问题指引科学研究的重要性。在科学研究中，寻找研究主题是一个重要环节或关键环节。柏拉图运用数学方法研究天文学的倡议之所以具有伟大的历史意义，是因为他发现了单纯的天文观测方法存在的弊端，并对天文学研究提出了新问题。沿着数学方法研究天文学，随着一个个具体天文问题逐步得以解决，在

---

[1] 〔美〕弗朗西斯卡·罗切博格：《巴比伦天文学在希腊化地区的传播》，关瑜桢、张瑞译，《亚非研究》2018年第2期，第25—43页。
[2] 〔美〕阿尔伯特·爱因斯坦、〔波兰〕利奥波德·英费尔德：《物理学的进化》，周肇威译，中信出版集团2019年版，第90页。

研究过程中又会发现或遇到新问题，这些新问题指引着学者研究方向与内容，在新问题研究历程中又会发现新的问题，随着连绵不断的问题的发现与解决，数理天文学研究带动了古希腊科学研究热潮，引导了天文学、数学、光学与物理学的持续突破，欧几里得的《几何原本》、阿基米德的杠杆原理和浮力原理、托勒密的《至大论》成为古代世界在几何学、力学和天文学领域的杰出贡献[1]，最终让希腊化时代的科学达到古代世界的巅峰。

第三节　古希腊科学兴起的基本逻辑

柏拉图认为，天上"七大行星"是一个整体，必须完整地认识它们表面混乱背后的有规律运动，才能清楚地认识空中星辰表示的时间，"他（指造物主，引者注）创造了太阳、月亮，以及被称作行星的五颗星辰，用来确定和保持时间方面的数"[2]，进而才能够制定准确的历法。于是，他提出"拯救现象"的倡议，强调运用几何学研究来认识天球运动的实在。欧多克斯等柏拉图学园学者做出了积极响应，开创了古希腊数理天文学研究。因此，古希腊科学兴起的基本逻辑是在以修订准确的历法或时间体系的目标指引下，行星天文学研究带动了几何学、光学、天体测量学与数理地理学的发展，构成了古希腊科学奇迹的主要内容。具体说来，主要表现在以下方面。

一　古希腊科学数学化的内在逻辑是历法修订的内在要求

（一）古希腊科学数学化的传统解释

古希腊科学奇迹的突出表现是自然科学领域的数学化，吴国盛指出："在几个特殊的科学领域里，希腊人成功地将它们数学化，并得出了高度量化的结论。这些领域是天文学、静力学、地理学、光学，希腊人不仅在古代世界达到了该领域的最高水平，而且为近代科学的诞生起了示范

---

[1] 吴国盛：《科学的历程》，湖南科学技术出版社 2018 年版，第 38 页。
[2] 《柏拉图全集》（第二卷），王晓朝译，人民出版社 2017 年版，第 289 页。

作用。"① 古希腊自然科学的数学化，不仅奠定了整个西方世界科学发展的坚实基础，而且塑造了古代西方世界科学发展范式，对西欧近代科学革命产生了十分重要的直接影响。

关于古希腊自然科学数学化奇迹的缘由，存在多种解释，以下介绍四种流行的观点。

第一，认为古希腊自然科学数学化奇迹归功于毕达哥拉斯学派或教派提出并宣扬"万物皆数"的观念，孕育了古希腊特有的科学精神，推动了古希腊严格论证的数学科学的奇迹般发展，塑造了自然科学的数学化、精确化发展路径与范式，其影响力一直延续到近代西欧社会。正如陈方正教授指出的："毕达哥拉斯"倡导'万物皆数'，这个观念后来发芽、滋长，成为希腊精确科学的种子；他创立强大、严密的教派，它虽然不久就覆灭，但其强烈的精神则通过后代教徒而灌注于柏拉图学园，成为它发展严格数学的动力；最后，他的人格、事迹、信念更是成为西方智慧的象征和泉源，其影响历代相传不衰，一直延续到开普勒和牛顿。"② 按照这种思路，古希腊自然科学的数学化奇迹要归功于毕达哥拉斯"万物皆数"的理念，对希腊科学研究精神的全面、深刻渗透，在潜移默化中孕育了自然科学研究数学模式。但陈方正也承认，西方学界对毕达哥拉斯的事迹存在过度渲染、夸大和牵强附会的成分。

第二，柏拉图大力倡导运用数学（几何学）方法研究天文学，取得了巨大成功，为运用数学方法研究复杂的自然科学的研究路径树立了典范，最终推动了自然科学精确化研究范式。正如劳埃德指出的，公元前4世纪古希腊天文学的主要价值不在于观测手段的进步与获取大量观测数据，而在于把数学方法成功地应用于研究复杂自然现象提供了范例，"正是柏拉图首先坚持把天文学当作一门精密科学来对待……还多亏欧多克斯数学上的天才，才使这一天文学新方法变得如此有影响"③。劳埃德

---

① 吴国盛：《科学的历程》，湖南科学技术出版社2018年版，第93页。
② 陈方正：《继承与叛逆：现代科学为何出现于西方》，生活·读书·新知三联书店2022年版，第99页。
③ 〔英〕G.E.R.劳埃德：《早期希腊科学——从泰勒斯到亚里士多德》，孙小淳译，上海科技教育出版社2015年版，第90页。

认为，数学方法在天文学上的成功应用，鼓励了静力学、光学和声学等其他自然科学领域的研究也运用数学方法，并取得了很大成功。① 劳埃德是希腊史权威专家，在国际上拥有巨大影响力。按照他的观点，古希腊科学奇迹表现为自然科学数学化研究路径，最终归功于柏拉图倡议将天文学当作精细科学来研究。柏拉图的确十分注重运用几何学来研究天文学，甚至强调一开始哪怕付出很高的代价也值得坚持下去。

第三，古希腊的精确自然科学研究源于运用数学方法研究能够有效解决自然界中的疑难问题。著名科学史家戴维·林德伯格认为，古希腊学者关于数学能否应用于自然科学始终存在争论。毕达哥拉斯学派认为自然完全是数学的，数学分析能够提供更深刻理解自然的可靠途径。柏拉图在此基础上进一步指出，组成可见世界的基本构件不是物质的，而是几何的，世界终极实在是数，认识世界要以数学为分析工具。② 宇宙空间显然是可见世界的组成部分，因此要认识宇宙空间的星辰运动，必须从数的角度进行分析。在林德伯格看来，古希腊学者之所以从数学角度研究天文学，是因为他们需要回答柏拉图提出"用匀速圆周运动的组合来解释行星不规则的视运动"，即解决"拯救现象"的问题，直到托勒密才最终完成了这一难题。③ 至于光学、平衡或杠杆原理，也是古希腊学者应用数学分析的领域，取得了很大成功。④ 总之，在林德伯格看来，古希腊精确科学在于数学分析能够更好地或更有效率地解决问题，他指出："毫无疑问，自然科学家似乎越来越倾向于用数学方法来解决问题。"⑤ 按照这种思路，古希腊之所以运用数学研究自然科学，首先是因为毕达哥拉斯学派认为自然是由数学构成的或组合而成的；其次是柏拉

---

① 〔英〕G.E.R.劳埃德：《科学与数学》，载〔英〕F.L.芬利主编《希腊的遗产》，张强、唐均等译，上海人民出版社2004年版，第288—298页。
② 〔美〕戴维·林德伯格：《西方科学的起源》（第二版），张卜天译，湖南科学技术出版社2013年版，第89页。
③ 〔美〕戴维·林德伯格：《西方科学的起源》（第二版），张卜天译，湖南科学技术出版社2013年版，第97—114页。
④ 〔美〕戴维·林德伯格：《西方科学的起源》（第二版），张卜天译，湖南科学技术出版社2013年版，第114—121页。
⑤ 〔美〕戴维·林德伯格：《西方科学的起源》（第二版），张卜天译，湖南科学技术出版社2013年版，第89页。

图倡议运用几何学研究天文学。最终,古希腊社会形成只有运用数学分析才能真正认识自然界的一切疑难问题的观念,这种观念深刻影响了科学探索精神,在示范效应作用下,成为古希腊学者自觉采用的科学研究方式,也就是古希腊自然科学研究的范式。

第四,吴国盛认为,古希腊人将自然界当作独立于人类社会的一个整体或存在,有自己运行的内在规律和秩序,人们可以把握自然界这一内在规律和秩序,因为规律和秩序是数学的。因此,希腊人非常重视运用数学分析,他们发展出精致复杂的数学工具来把握自然界的规律和秩序;并在一些领域将自然科学数学化。[①]

以上解释古希腊科学数学化的观点都强调了"万物皆数"、数学分析有重要作用的观念,以及与数学分析密切相关的科学精神,这些观念和科学精神在古希腊得到很好的传承与延续,展现了旺盛的生命力。但是,古希腊科学的数学化奇迹究竟在多大程度上取决于这些观念和科学精神,到目前为止依然缺乏可靠的文献资料,实际上很难进行证实或证伪,因此仍然是一个未解之谜。

事实上,迄今为止,我们既没有直接证据证明"万物皆数"以及数学分析重要性的观念、科学精神与古希腊科学数学化奇迹存在明显的因果关系,也没有证据证明它们之间存在其他任何紧密关系的结论。这些观点仅仅是现代学者对古希腊科学数学化奇迹的解读,尽管这些看法并非无端的解读或猜测。假如"万物皆数"以及数学分析重要性的观念、科学精神真的具有强大的力量,为何在长达数百年时间里,自然科学的数学化仅仅局限在有限的、特定的自然科学领域,即与天文学理论形成与发展密切相关的自然科学领域,而不是更多元的、广泛的自然科学领域?同时,这些观念与科学精神形成于柏拉图之前,为何在柏拉图之前或托勒密之后,并没有发现自然科学领域数学化的突出成果?

可见,关于古希腊自然科学数学化奇迹的传统流行解释均存在值得关注的缺陷,我们必须进一步寻求理论逻辑推论与历史事实相一致的解释。

[①] 吴国盛:《科学的历程》,湖南科学技术出版社 2018 年版,第 91、93 页。

（二）历法修订需求拉动古希腊科学数学化

1. 多个古文明在历法修订历程中都有自然科学数学化的现象

虽然上述观点可能都有一定道理，但都缺乏可靠的证据，实际上都带有一定的高估古希腊自然科学研究的成分。值得特别强调和注意的是，即使没有"万物皆数"以及数学分析重要作用的观念以及与此相关的科学精神，只要古希腊学者建构修订历法的天文学理论或行星天文学理论，就必然要将天文学进行数学化或将天文学与数学进行深度融合，这早已为人类文明历史所证实。因此，古希腊科学数学化奇迹的基本逻辑是制订一部准确的历法或时间体系的内在要求，这拉动了天文学及其相关的自然科学领域的数学化。

实际上，纵观诸多古文明，都有自己的数理天文学或天文学的数理化，它们无一不是历法或时间体系制定或修订的必然结果。这并非主观臆断，而是有实实在在的历史事实作为支撑的可靠结论。例如，中国自古天数不分家，即天文学和数学经常结合在一起使用。在早期阶段，经常是天文学家基于研究的需要而创造数学理论或工具，随着时间积累，古代中国形成了十分系统的数理天文学理论知识体系。数学家、科学史家曲安京教授按照传统历法的编排次序，系统阐述了古代中国在太阳运动、月亮运动、日月交食与行星运动等领域的数理天文学理论体系。[1] 科学史家吴国盛指出："在公元前几个世纪的塞琉古时期，美索不达米亚出现过高度发达的数理天文学体系，足以媲美同时代的希腊数理天文学。"[2] 美索不达米亚数理天文学成就不仅体现在理论上，还有很强的实用性，其编制的日月运行表可以非常方便地查出"太阳月运行度数（以天球坐标计）、昼夜长短、月行速度、朔望月长度、连续合朔日期、黄道对地平的交角、月亮的维度等"[3]。美索不达米亚的苏美尔文明、古巴伦文明的数理天文学均较为发达，当时古希腊学者经常漂洋过海到美索不达米亚去学习天文学和数学。[4]

---

[1] 曲安京：《中国数理天文学》，科学出版社2008年版，第1—19页。
[2] 吴国盛：《科学的历程》，湖南科学技术出版社2018年版，第67页。
[3] 吴国盛：《科学的历程》，湖南科学技术出版社2018年版，第68页。
[4] 吴军：《全球科技通史》，中信出版集团2019年版，第51页。

2. 历法修订需求拉动古希腊科学数学化

因为历法修订的需求，柏拉图认为"七大行星"是一个整体，首先需要真正搞清楚七大行星运动规律，然后在此基础上搞清楚年、月、日的复杂关系，所以他提出"拯救现象"的研究纲领，推动了古希腊数理天文学研究。可见，是历法修订的需要要求天文学、光学进行量化研究，进一步地，天文学量化模型验证需要天体测量数据、地理位置数据，因此，归根结底是历法修订需要拉动天文学量化或精细研究，并带动了天体测量学、数理地理学、几何光学等相关自然科学的量化发展，造就了古希腊科学奇迹。

可见，从准确的历法或时间体系修订这一角度解释古希腊科学奇迹，不仅具有清晰的因果逻辑关系，而且理论逻辑推论与历史事实相一致。

（三）古希腊与中国历法修订需求拉动科学数学化的经验比较

特别值得一提的是，古代中国在制定历法之前，也需要进行数理天文学研究，同样也取得了大量科学成果，包括代数学、数理天文学、天体测量学、几何光学等数学化的自然科学。实际上，中国古代天文学发达程度并不亚于古希腊。当然，两种天文学存在显著的差异，从方法上看，中国天文学家更擅长运用代数学工具来计算太阳、月亮、五大行星运动规律，而古希腊更擅长运用几何学、三角学来计算"七大行星"运动规律。

在以往的研究文献中，主流的观点似乎认为，中国古代天文学真正运用在历法制定上的比例比较小，大部分是用在占星术等为帝王政治服务的领域；而古希腊天文学主要是用来满足古希腊人探索宇宙奥秘的好奇心理。例如，吴国盛指出，虽然古希腊和古代中国都有发达的天文学理论，但各自的学科性质完全不同，古希腊天文学是科学，古代中国天文学是礼学。古希腊人认为天界是纯粹知识的恰当认识对象，古希腊天文学"拯救现象"意在揭示行星表面上的不规则运动背后的规律，本质上是行星方位天文学，是应用球面几何学。中国古代天文学并不以发现天上星辰运行规律为目标，也不相信存在这样的规律，而是十分注重了解天象、破解天意，为中国最高统治者的政治需要服务，为所有中国人的礼仪需要服务。虽然中国天文历法形成了自己独特的方法来推算日月行星方位，但古代中国天文本质上是天空博物学、星象解码学、政治占星术、日常伦理学,是中国传统礼文化的重要组成部分,但不是科学。[①]

科学哲学家、天文学家、科学史家江晓原、钮卫星也有类似看法,他们明确指出,中国古代天文学从来没有超出实用目的和服务对象(指皇家)之外的研究工作,缺乏纯粹为了科学目的而进行的研究和改革运动,几乎没有产生过具有现代科学精神意义的探索,对历法的精益求精也是基于实用目的,而不是出于科学的考虑。[②] 另外,中国古代历法所有推算方法都是用文字叙述形式表达出来,即使是非常复杂的二次差内插法计算,也是运用文字叙述方法,使得历法基本量仅仅与自身相适应,不具有普适性,导致许多方法的继承性很差,不能深入揭示天体运行的内在规律,历法改革只是在相同层次和难度上进行重复劳动而已。[③] 此外,江晓原还认为,中国传统天文学在很大程度上是为皇家占星学服务,具有明显的政治目的。

在中国与古希腊天文学比较研究中,吴国盛、江晓原等学者的杰出贡献无疑给人留下深刻的印象,也极具启发意义。但似乎也存在一些令人困惑的遗漏,导致对古希腊天文学的过高评价,同时低估了中国古代天文学的科学研究成分。

首先,在"拯救现象"的缘由与古希腊科学的兴起这一部分,我们发现,虽然柏拉图认为只有在解释了"七大行星"运动乱象之后,即研究透行星运动规律后,才能为历法制定提供可靠的天文学理论。但也不难看出,柏拉图及其同时代的学者的天文学研究假设也有宗教或迷信情结,比如行星做正圆运动的假设、宇宙的物质由几何体构成等。

其次,同样是天文学研究,无论是出于政治目的、宗教需求还是农业生产的需要,只要涉及历法研究,都必须认真、仔细地研究太阳、月亮、五大行星运行规律,否则无法把握规律,无法进行精确计算并制定准确的历法。

[①] 吴国盛:《科学与礼学:希腊与中国的天文学》,《北京大学学报(哲学社会科学版)》2015年第4期,第134—140页。
[②] 江晓原、钮卫星:《中国天学史》,上海人民出版社2005年版,第349—350页。
[③] 江晓原、钮卫星:《中国天学史》,上海人民出版社2005年版,第351页。

再次，由于日、月运动规律很难精准把握，特别是太阳运动，无法进行直接观测，往往需要以五大行星运动规律作为参照物进行验证。古希腊天文学家遵循柏拉图思想，把日月、五大行星看作一个整体加以研究，如果发现数理天文学模型与行星实际运动不符，表明模型存在缺陷，意味着关于日月运动的数据是不准确的，需要进一步完善模型再测算日月运动方位与轨迹。中国古代天文学家虽然没有刻意强调将日月五星看作一个整体，但也经常用五星运动来验证日月运动或历法是否存在误差。正如江晓原和钮卫星指出的，由于中国古代日月交食以及行星有关的天象的观测和记录是长期持续进行的，容易发现事先的推算与实际观测结果存在的误差，这意味着推算使用的方法、公式和参数需要改进，也表明历法存在误差，需要改进。[①] 改进的办法当然也只能从历法本身采用的方法、公式和参数上着手，具体是哪一个方面存在问题，还是三个方面都存在问题，需要经历艰辛的排查才有可能锁定问题。

最后，传统上认为通过五大行星的实测星象与推算不符的方法属于占星学领域，并非严格意义上的历法推算，因为严格意义上的历法只要推算日月运行数据、方位即可。这种观点是否精确，尚不好下断言，但是这种做法无疑是符合科学原理的。因为星象的推算公式与参数本身均来源于天文观测数据的归纳和总结，从观测数据到推算，再从观测数据到改进推算，如此循环往复，直至得到较为满意的结果，其工作模式与现代科学的工作模式是一脉相通的。[②] 从这个意义上看，中国利用五星星象验证历法准确性与柏拉图数理模型验证有着异曲同工之妙。

另外，对中国古代天文学模型问题，过去比较忽略，以为没有模型。实际上，中国古代天文学也有自己的模型，只不过没有放在十分突出的位置。因为历法制定或修订，必然涉及日月运动规律的计算，而任何计算离不开假设或模型假设。正如数学家、天文学家曲安京指出的，在中国古代数理天文学中，行星运动理论占据着相当重要的地位，是传统历

---

① 江晓原、钮卫星：《中国天学史》，上海人民出版社2005年版，第93页。
② 江晓原、钮卫星：《中国天学史》，上海人民出版社2005年版，第93页。

法的一个固定的组成部分。① 曲安京进一步指出，中国古代行星理论经历了三个关键阶段：在南北朝的张子信发现行星公转与太阳视运动的不均匀性之前（约公元 550 年），历法家算法所对应的模型，相当于假设地球与行星绕太阳做匀速圆周运动，这一阶段的行星理论简称为"双圆模型"；从刘悼的《皇极历》开始（公元 600 年），考虑对"双圆模型"的修正，历法家算法所对应的模型，相当于假设地球仍然以匀速圆周绕太阳运动，行星以椭圆轨道绕太阳旋转，这个阶段的行星理论为"一圆一椭"模型；唐代边冈的《崇玄历》中，历法家算法所对应的模型，相当于假设地球与行星均以椭圆绕太阳运动，标志着中国古代历法的行星理论的定型，可简称为"双椭模型"。

因此，如果完全排除中国古代天文学研究与历法制定工作中的科学研究过程或成分，似乎有严重低估中国古代天文学的科学成分并高估政治成分的嫌疑，同时高估了古希腊天文学研究中科学成分并低估了政治、宗教成分。

当然，虽然同样是制定或修订历法，天文学必须数学化，相关学科也相应地必须数学化，但古希腊科学奇迹还是有其自身的特色，那就是重视几何学的研究与应用，注重天文学模型的修订与完善。这一点可能与毕达哥拉斯学派推崇几何学有关，柏拉图曾经在毕达哥拉斯学派学习过，且非常推崇几何学在研究真实宇宙中的重要作用，而与天文学研究密切相关的自然科学的量化或数学化研究应该归功于历法修订的需要，做出这一结论的重要证据在于与天文学无关的其他更为广泛的自然科学领域（静力学除外）并没有出现数学化的任何迹象。

二 柏拉图哲学塑造了天文学研究的基本逻辑

柏拉图哲学核心观念塑造的天文学研究基本逻辑，就是通过几何方法来认识可知世界或理念世界。

柏拉图哲学的核心是理解或把握理念，只有把握理念，才能不受千变万化的可见世界的迷惑，这些变化的事物转瞬即逝，非常不可靠，唯

---

① 曲安京：《中国古代的行星运动理论》，《自然科学史研究》2006 年第 1 期，第 1—17 页。

有理念才是真正的实在。在柏拉图眼里，治国理政的理想人选毫无疑问是哲学家，而哲学家必须正确理解或把握理念，才能够从可感世界进入到理念世界，彻底摆脱可感世界的束缚或困扰，带领城邦实现正义与幸福。为此，柏拉图在《理想国》第七卷中提出著名的洞喻来解释他的哲学核心概念，即理念。他做了一个比喻：一些人从小就困在洞里，他们的脖子和手脚都被捆绑，不能走动，也无法转身过来，只能看到洞穴后壁。当身后远处火堆燃烧之后，囚徒会在洞穴后壁上看到自己以及身后到火堆之间各种事物的影子，这是囚徒唯一能看到的事物，他们以为影子就是真实的物体。如果他们背后有声音产生，他们会以为是洞壁上的影子发出的声音。假定有一个囚徒被解除禁锢并挣扎着走出洞口，第一次看到了真实的物体。当他返回洞穴向其他囚徒解释洞壁上看到的影子只是虚幻的事物，其他囚徒可能仍坚持认为，除了洞壁上的影子，世界上没有其他事物了，甚至还会嘲讽走出去的囚徒比之前变得更加愚蠢。①

柏拉图通过这个故事告诉我们，囚徒居住的地方就好比"可见世界"，能够用肉眼、耳朵等感官感觉得到，也称为"可感世界"，由于感官所感知的一切事物都是变幻不定的，因而是不真实的；与之对应的是"可知世界"，也称为"理念世界"，是理性认识的对象。"理念"不依赖于人的主观意识而独立存在，理念世界由永恒不变的事物组成。可见世界（可感世界）是可知世界（理念世界）的影子或摹本，可知世界则是原本或模型。普通人只能看到可见世界或可感世界，而哲学家则可以认识可知世界或理念世界。

吴国盛认为，柏拉图的哲学目的就是把握理念，理念先于一切感性经验，日常世界只是理念世界不完善的摹本，数学是通向理念世界的准备工具。② 既然理念先于一切感性经验，不需要外部经验作为前提条件，那人们又是如何理解或把握理念呢？柏拉图认为，理念是万事万物的本原，存在于人类的灵魂之中，人类要在自己的灵魂中发现理念。那人类要怎样做才能发现自己灵魂深处的理念呢？柏拉图认为，人的灵魂在进

---

① 《柏拉图全集》（第二卷），王晓朝译，人民出版社 2017 版，第 510—514 页。
② 吴国盛：《科学的历程》，湖南科学技术出版社 2018 年版，第 115—116 页。

入肉体前就具有理念知识，人类通过回忆就能够发现或唤醒理念。[1]

　　柏拉图通过苏格拉底与童奴对话的故事，表明一个从未学习过几何知识的孩子，仅仅在苏格拉底的诱导下，就能够从回忆中唤醒自己灵魂中蕴藏的数学知识，来证明人类灵魂深处的确蕴含了理念世界。[2] 柏拉图还认为，灵魂转世之后，可能会遗忘了理念，可以通过专门的思维训练或努力学习探索来重新发现理念世界或所有知识，他指出："当人回忆起某种知识的时候，用日常语言说，他学了一种知识的时候，那么没有理由说他不能发现其他所有知识，只要他持之以恒地探索，从不懈怠，因为探索和学习实际上不是别的，而只不过是回忆罢了。"[3]

　　因此，当柏拉图意识到古希腊社会迫切需要一个准确的历法或时间体系时，他特有的哲学观自然而然地将问题的症结引向以往天文学存在的弊端，即通过天文观测来认识宇宙和行星运动规律显然存在重大缺陷或弊端，用他的理念论来讲，天文观测看到的千变万化的宇宙形象以及行星运动现象，是可见世界或可感世界，这些并非宇宙的原本，仅仅是影子或摹本，并非真正的实在，不可能指示准确的时间运行规律，必须通过几何学研究来认识造物主制造摹本的原本，因此，柏拉图十分强调几何学在天文学研究中的决定性作用。

　　至于柏拉图应用几何学研究宇宙结构以及行星运动规律的倡议，是否受毕达哥拉斯学派哲学思想深刻影响，则存在极大的争议。一种观点认为，毕达哥拉斯学派认为数学是宇宙中万事万物的本原，数学属于理念世界的一部分，因此研究任何自然科学，包括宇宙论、天文学等，都需要从数学（几何学）出发。支持这种观点的学者通常还认为，毕达哥拉斯创建了神秘教派，其永生追求与宇宙奥秘探索的教义，后来成为柏拉图哲学及其学园的强大精神力量，推动以严格证明为特征的希腊数学的诞生，成为古希腊科学传统的源头。[4] 按照这种观点，柏拉图学园严格的几何学证明传统

---

[1]《柏拉图全集》（第二卷），王晓朝译，人民出版社 2017 版，第 490 页。
[2]《柏拉图全集》（第二卷），王晓朝译，人民出版社 2017 版，第 506—518 页。
[3]《柏拉图全集》（第二卷），王晓朝译，人民出版社 2017 版，第 507 页。
[4] 陈方正：《继承与叛逆：现代科学为何出现于西方》，生活·读书·新知三联书店 2022 年版，第 99 页。

的形成与演变以及数理天文学的思想源头来自毕达哥拉斯学派。但是，另一种观点则相反，认为数学并非理念本身，虽然"在诸多自然事物中，数学的对象更具有理念的色彩，"但数学"也还不是理念本身"。①

撇开柏拉图提倡运用几何学来研究宇宙论与行星天文学的思想渊源不谈，柏拉图"拯救现象"的研究纲领十分明确，即行星复杂多变的运动呈现出令人困惑的现象，可以运用匀速圆周运动的组合来解释行星不规则的视运动。② 于是，欧多克斯、卡普利斯等天文学家纷纷运用几何学构造天文学模型来模拟行星运动，以实现拯救现象。正如劳埃德所言："天文学家提出不同的模型，但他们的方法和目标是一致的：争论是围绕着不同的模型在拯救现象上的优劣进行的，但大家都假定某种几何学模型将解决天体运动问题。"③

值得注意的是，柏拉图洞喻理论或理念理论与古希腊文化或科学精神并无直接联系，但与他自身政治理想、抱负和个人经历的联系比较密切。因此，"拯救现象"倡议与毕达哥拉斯学派没有什么渊源或联系，主要是柏拉图自身的哲学创意，是据此提出科学研究纲领以及独特的科学研究思路。但是，运用几何学方法可能与毕达哥拉斯学派观念有一定关联。

第四节 古希腊科学发展历程与基本特征

古希腊的科学成就是人类历史上的伟大奇迹，具有深远的影响，它为近代科学革命提供了理论源头与指导思想。公元前3-2世纪，古希腊科学迅速发展，达到古代社会巅峰状态。

一 同心球模型验证与修订推动了数理天文学深入研究

欧多克斯响应柏拉图运用数学方法来研究天文学的建议，提出了同心球模型，模型基本假设是"地球居中不动，每个天体的运动都是由同

---

① 吴国盛：《科学的历程》，湖南科学技术出版社2018年版，第115页。
② 〔美〕戴维·林德伯格：《西方科学的起源》（第二版），张卜天译，湖南科学技术出版社2013年版，第97页。
③ 〔英〕G.E.R.劳埃德：《早期希腊科学——从泰勒斯到亚里士多德》，孙小淳译，上海科技教育出版社2015年版，第90页。

以地球为中心，但围绕不同轴向旋转的球面复合产生"①。按照同心球模型构想，每个天体都由一个天球带动沿着天球赤道运动，天球的轴的两端固定在第二个天球的某个轴向上，第二个天球的轴的两端固定在第三个天球上，依此类推形成27个嵌套的天球组成，每个天球都围绕地球中心做不同旋转，依此组合成各种复杂的运动来解释天体运动。②欧多克斯赋予每个天球不同的职能，每颗逆行的行星要运用4个旋转天球组合的系统进行解释：一个天球负责解释行星每日的运动，另一个天球负责解释周期性运动，其余两个天球负责解释反向运动。另外，其他天球被用来解释恒星、太阳和月亮的视运动。③

欧多克斯的同心球模型的价值并不在于模型本身的正确性，而是在天文学领域开辟了新的研究路径，指引天文学家寻找模型与实际天象的差别，利用实际天文观测资料来验证与修订天文学模型。

天文学家们很快就发现欧多克斯同心球模型至少存在三个方面问题：一是同心球模型推导出来的行星运行轨迹与实际观测结果存在明显冲突，如行星的留和逆行；二是同心球模型无法解释一年四季长度差异；三是无法解释月亮视直径与行星亮度的变化。④ 以下主要从同心球模型修改、球面运动、数理天文学研究与历法互动三个方面介绍古希腊数理天文学的发展历程。

（一）同心球模型的修订逻辑与历程

学者们从三个方面加以验证和修订：一是同心球模型的修改；二是宇宙中心的修改；三是本轮均轮模型的修改。

1. 沿着同心球模型基本思路的修订与优化

欧多克斯的学生波利马克斯指出："金星和火星的亮度随着时间有变化，月亮的视角大小也不一样，所以它们离地球的距离不可能是固

---

① 陈方正：《继承与叛逆：现代科学为何出现于西方》，生活·读书·新知三联书店2009年版，第174页。
② 吴国盛：《科学的历程》，湖南科学技术出版社2018年版，第117页。
③ 〔美〕詹姆斯·E.麦克莱伦第三、哈罗德·多恩：《世界科学技术通史》，王鸣阳、陈多雨译，上海科技教育出版社2020年版，第77页。
④ 〔英〕G.E.R.劳埃德：《早期希腊科学——从泰勒斯到亚里士多德》，孙小淳译，上海科技教育出版社2015年版，第84页。

定的。"① 这一问题实际上老早就被许多人意识到了，但波利马克斯重新提出来讨论，促使其学生卡里普斯沿着欧多克斯的思路为太阳增加了一个额外天球，并修改了天球的组合，使天球总数增加到 35 个；复杂的嵌套天球系统以不同速度和倾斜度旋转的天球在机械上运行机理问题显得更加突出，亚里士多德企图通过所谓的技术天文学来解决这一问题，把天球总数增加到 55 个。② 尽管同心球模型日益复杂，但依然无法很好地解决上述三大问题。

2. 从日心说逻辑来修订同心球模型

既然以地球为中心静止不动的同心球模型无法很好地解释宇宙天体运动，柏拉图最为信任的弟子之一、曾在柏拉图外出期间代理负责柏拉图学园管理的赫拉克利特，决定另辟蹊径解释天体运动。他明确指出，如果假设天体都保持静止不动，人们每天看到的天体圆周运动，实际上可以透过地球每天绕自己的轴线旋转一周来加以解释。③ 我们无法确切地知道赫拉克利特是在什么情况下提出这样前卫的观点，但他的观点被普遍认为是不可能的，理由是没有任何迹象表明大地在运动，更不用说在旋转了。④ 此外，他还提出水星和金星围绕太阳转动的观点，同样也没有引起重视。亚里士多德的地心说以及物理学解释很可能是针对赫拉克利德不完整日心说观点而形成的。后来，亚里斯塔克在天文观测过程中，将太阳作为宇宙的中心，五个行星皆绕太阳公转，地球同时有两种运动，即周日运动（地球每天自转一次）与周年运动（地球绕太阳旋转一周），这是希腊化时代最有创见的天文学理论，可惜的是，亚里斯塔克的理论遭受百般刁难并被学界抛弃。因为那个时候，亚里士多德的地心说以及物理学已经深入人心，牢牢占据统治地位，且亚里斯塔克的观点与人们观察到的现象完全不相吻合。⑤

---

① 陈方正：《继承与叛逆：现代科学为何出现于西方》，生活·读书·新知三联书店 2009 年版，第 177 页。
② 〔美〕詹姆斯·E. 麦克莱伦第三、哈罗德·多恩：《世界科学技术通史》，王鸣阳、陈多雨译，上海科技教育出版社 2020 年版，第 77—78 页。
③ 〔美〕詹姆斯·E. 麦克莱伦第三、哈罗德·多恩：《世界科学技术通史》，王鸣阳、陈多雨译，上海科技教育出版社 2020 年版，第 93 页。
④ 〔美〕詹姆斯·E. 麦克莱伦第三、哈罗德·多恩：《世界科学技术通史》，王鸣阳、陈多雨译，上海科技教育出版社 2020 年版，第 93 页。
⑤ 〔美〕詹姆斯·E. 麦克莱伦第三、哈罗德·多恩：《世界科学技术通史》，王鸣阳、陈多雨译，上海科技教育出版社 2020 年版，第 93—94 页。

3. 遵循地心说逻辑和拯救现象原则修订同心球模型得到本轮-均轮模型

同心球模型历经多次修改，仍然无法实现模型的理论推论与天文观测数据相吻合，同时日心说理论又被认为是十分荒谬的理论。于是，天文学家将同心球理论修订的基本思路归结为既要能够"拯救现象"，又可以保留地心说。在这种情况下，著名数学家阿波罗尼奥斯提出了本轮和均轮模型，来替换同心球模型。但遗憾的是，由于相关文献遗失，我们无法准确判断阿波罗尼奥斯对本轮-均轮模型的具体贡献。喜帕恰斯、托勒密推广了本轮-均轮模型的应用，可以较好地描述行星的运动，且与天文观测数据比较吻合。在本轮-均轮模型中，本轮是围绕一个点匀速运动而形成的圆周，该点位于一个围绕地球旋转的更大的圆周上，这个圆周即所谓的均轮。通过调整本轮与球轮的旋转速度，可以较好地解释行星逆行与亮度变化等现象。[1] 本轮模型还能够较为合理解释一年四季为什么长短不同。[2]

至此，本轮-均轮模型基本上较好地解决了欧多克斯同心球模型存在的三大问题。

（二）球面运动的探索：运用球面几何学解释天象

1. 球面几何学形成与发展

古希腊天文学也被称为球面几何学，这个名称的由来可能与毕达哥拉斯及其学派的宇宙模型有关，其模型为一个以地球为中心的五个球层组成的球体，最中心的是地球，然后是天空，第三个球层是和谐球，第四个是天界球层，第五个则是天火球层。但球面几何学的开创与发展，可能更多的是与欧多克斯的同心球模型密切相关，同心球模型响应柏拉图拯救现象的倡议而诞生，目的是透过行星表面上的不规则运动，寻找出行星背后真实的完美运行规律，因此，"希腊天文学本质上是行星方位天文学，是应用球面几何学"，本质上是一门关于"球

---

[1] 〔美〕托马斯·库恩：《哥白尼革命：西方思想发展中的行星天文学》，吴国盛、张东林、李立译，北京大学出版社 2003 年版，第 58—60 页。

[2] 〔美〕詹姆斯·E.麦克莱伦第三、哈罗德·多恩：《世界科学技术通史》，王鸣阳、陈多雨译，上海科技教育出版社 2020 年版，第 95 页。

面"的几何学。① 在欧多克斯同心球模型中，所有的天体都镶嵌在天球上并随天球运动，发现并解释天体不同的运动，是古希腊天文学的直接目标。只要仔细观察"七大行星"的视运动就不难发现，它们的运动似乎没有明显规律，在不同的季节，太阳在黄道上的运动速度是不一样的，月亮也是如此，其他五个行星不仅运动速度不均匀，而且运动方向经常改变，出现逆行。②

因此，要深入研究七大行星运动规律，首先必须系统认识球面的几何知识。奥托吕科斯开创性地讨论了球面几何学的基本概念、性质、推论。从基本概念上看，球面上的点的概念与平面几何相同，但线的概念指两点间最短的距离，即最短线，指大圆的弧。角的概念指两个大圆的夹角，球面三角形与平面三角形存在根本区别，前者三个内角和大于180度，后者等于180度，这意味着球面几何学与平面几何学存在重大区别。球面几何学的基本性质包括球面上"大圆"和"小圆"、对径点与非对径点、球面距离、球面角、球面二角形、球面三角形的基本性质以及相关定理与推论。奥托吕科斯先后创作了《论天体运动》和《论天体出没》两部数理天文学著作来讨论天体运动；欧几里得的《天象》也是运用球面几何学的一部数理天文学著作，虽然还不能提供天体位置的精确计算方法，但由于其写作风格浅显易懂，深受古罗马以及中古欧洲天文学界的欢迎。③

2. 天体测量学

柏拉图学园天文学家们虽然很早就从金星、火星等行星的亮度变化中推断不同行星与地球的距离存在差异，但他们实际上一时半会还不能准确地测算出具体距离。为了进一步完善数理天文学模型，有必要更加精确地测算不同天体与地球的距离。

在缪塞昂创立之初，阿里斯塔罗和提摩克里斯就开始尝试从观测的

---

① 吴国盛：《科学与礼学：希腊与中国的天文学》，《北京大学学报（哲学社会科学版）》2015年第4期，第134—140页。
② 吴国盛：《科学与礼学：希腊与中国的天文学》，《北京大学学报（哲学社会科学版）》2015年第4期，第134—140页。
③ 陈方正：《继承与叛逆：现代科学为何出现于西方》，生活·读书·新知三联书店2009年版，第207页。

天文数据来推断天球的大小以及它们与地球的距离，但一直没有取得显著的进展。直到亚里斯塔克通过创新数学方法、在天体测量学领域做出卓越的开创性贡献之后，才能够测量太阳、月亮与地球的距离以及相对大小，陈方正较为系统地介绍了该天体测量方法。[①] 虽然亚里斯塔克测算的具体结果与实际情况存在巨大的误差，但他创建的测量方法却是完全正确的；只是由于观测工具的局限，产生了很大的误差；他还准确地观测到并非日月星辰围绕地球转动，而是地球与星辰一起围绕太阳转动，他还正确地指出，恒星的周日运动是地球绕轴自转的结果。[②] 亚里斯塔克是一位极具智慧的伟大天文学家，无论是天文观测还是计算模型的构建，都显示出独特的巧妙构想，是古希腊理性精神的典范。

古希腊人很早就形成了大地是球形的信念。为了更好地比较不同位置的天文观测数据、验证或修订宇宙的几何模型，需要进一步了解地球的基本特征。在亚里斯塔克天体测量方法的影响下，天文学家、缪塞昂图书馆馆长埃拉托色尼在《论地球的测量》这一论文中利用夏至日正午时分太阳在两个同经度但不同纬度地点的高度推断出地球周长约4万公里，与现代测量值40024公里相差无几，他还测算了日月距离及大小；此外，他将地图的绘制与地球的经纬度结合起来，利用经纬度将地球划分成不同气候条件的区域。[③] 另外，他还测定了黄道与赤道的交角，绘制了当时世界上最为完整的地图。[④] 埃拉托色尼的杰出贡献对喜帕恰斯、托勒密的天文学研究具有深远、积极的影响。

3. 球面三角形

随着太阳、月亮等天体与地球的距离以及地球的大小得以测量，古希腊数理天文学模型也相应地从定性几何模型演变成定量几何模型。必须强调指出的是，这是由准确的历法或时间体系的修订的内在要求决定

[①] 陈方正：《继承与叛逆：现代科学为何出现于西方》，生活·读书·新知三联书店2009年版，第210—212页。

[②] 吴国盛：《科学的历程》，湖南科学技术出版社2018年版，第129页。

[③] 陈方正：《继承与叛逆：现代科学为何出现于西方》，生活·读书·新知三联书店2009年版，第213—214页。

[④] 陈方正：《继承与叛逆：现代科学为何出现于西方》，生活·读书·新知三联书店2009年版，第135页。

的。在这方面做出突出贡献的是天文学家喜帕恰斯。他遵循亚里斯塔克的方法，对太阳、月亮的大小、与地球的距离以及运动方面做了更加精密的研究，发现太阳距离地球过于遥远，以当时的观测技术条件无法测度太阳的视差。① 在此基础上，他成功地创建了球面三角形，解决了在球面上准确表示行星位置变化的难题，将天文学由定性几何模型转变成定量的数学描述，科学地解释了在同心球模型上行星亮度变化的原因。② 喜帕恰斯还运用球面三角学成功地估算出星辰升降的时间；此外，他还运用三角函数推导了有关定理，制定了较为精确的三角函数表，为后续研究者提供了极大便利。③

喜帕恰斯的创新预示了球面三角学在天文学研究领域应用的开始，方便其他天文学家进一步完善数理天文学模型，如果不运用球面三角学知识，则难以实现预期目标。例如，在喜帕恰斯之后，狄奥多西（约公元前 160～前 90）也对星辰出没和日夜的长短变化等问题十分感兴趣，但并没有取得预期目标。原因在于他的《论球面》主要探讨与天文学相关的球面几何学，并没有系统应用球面三角学来研究星辰出没和日夜长短变化。④ 为了更精确地优化数理天文学模型，曼尼劳斯（约公元 70～130）决定进一步创新球面三角学知识，他的《论球面》是世界上第一部系统阐述球面三角学的著作，其目的显然在于准确表示宇宙模型中天体在球面上的具体位置。曼尼劳斯球面三角学继承了喜帕恰斯弦表的做法，证明过程较为简洁且不失严谨，以天文学的实际应用为出发点与归宿，其实用性、严谨性与简洁性得到后人高度赞扬。曼尼劳斯的"球面三角学不但推理严谨，而且构思精妙，可以视为欧几里得平面几何学在球面上的再现……他的数学以天文学为依归，亦即注重实用，这是承接奥托吕科斯、喜帕恰斯、狄奥多西的传统而来"⑤。曼尼劳斯的球面三角

---

① 陈方正：《继承与叛逆：现代科学为何出现于西方》，生活·读书·新知三联书店 2009 年版，第 219 页。
② 吴国盛：《科学的历程》，湖南科学技术出版社 2018 年版，第 136 页。
③ 吴国盛：《科学的历程》，湖南科学技术出版社 2018 年版，第 136 页。
④ 陈方正：《继承与叛逆：现代科学为何出现于西方》，生活·读书·新知三联书店 2009 年版，第 227—228 页。
⑤ 陈方正：《继承与叛逆：现代科学为何出现于西方》，生活·读书·新知三联书店 2009 年版，第 259 页。

学是注重实用的典型，但并非唯一的例子，托勒密继承与发展了他的球面三角学，并最终完成《数学汇编13卷》（即《至大论》）这一天文学巨著。

球面三角学是天文学研究带动数学发展与创新的典型例子，如果不是数理天文学模型研究的需要，球面三角学可能不会在古希腊时代诞生。托勒密曾经明确指出，自己研究球面三角学，就是为了更好地研究天文学。托勒密应用球面三角学计算日夜长短、计算从地球上观测太阳在天空中运动的轨迹（即黄道），计算星辰出没和升降等天象，虽然计算过程颇为复杂，但是其精确度相当高。[1]

（三）数理天文学研究与历法研究的直接互动

古希腊天文学家素有根据周边古文明天文观测数据编制或修改历法的优良传统，数学家、天文学家欧多克斯以地球自转（反映了他对天球体系运转的误解）的周期为365天又6小时为基础，设计了一种以四年为循环的阳历，其中第一年为闰年，计366天，这比回归年略长，而比恒星年略短。[2] 欧多克斯的学生卡利普斯则将年的长度定为365.25日，并修改了默冬的置闰规则，制定了新的历法并于公元前330年在马其顿治下的希腊正式实施。[3] 喜帕恰斯制定了古希腊最为准确的回归年，长度为365.25-1/300天，即365.24667天，还发现了回归年总是短于恒星年，即"岁差现象"，这为历法制定奠定了坚实基础。

古希腊天文学研究比周边古文明晚得多，在柏拉图学园开始数理天文学研究之时，积累的天文观测数据资料还十分有限，如果古希腊人通过自身观测积累数据资料来验证、修订模型，势必导致数理天文学模型的修订、完善的过程十分漫长；而周边的古巴比伦、古埃及等古文明则拥有比较丰富的天文观测数据，但这些观测数据记载在不同时间体系上。借助周边古文明的观测数据，不得不面对不同古文明天文观测数据的换

---

[1] 陈方正：《继承与叛逆：现代科学为何出现于西方》，生活·读书·新知三联书店2009年版，第264—265页。

[2] 〔英〕利奥弗兰克·霍尔福德-斯特雷文斯：《时间的历史》，萧耐园译，外语教学与研究出版社2007年版，第171页。

[3] 陈方正：《继承与叛逆：现代科学为何出现于西方》，生活·读书·新知三联书店2009年版，第163页。

算难题，这些难题是由于时间体系（历法体系）的差异产生的。古希腊人最终选择了借鉴周边古文明天文观测数据来修订模型。这就要求他们解决不同国家时间体系差异造成的天文观测数据换算难题，显然，这对古希腊天文学家们提出更高要求，必须对不同历法体系进行更为深入的研究，要求将不同时期的各个历法时间记载的天体运行现象统一换算为同一个历法时间体系，在这一基础上验证、修改模型才有意义。

为了消除不同历法导致不同天文学家在同一时间的天文观测数据比较口径的差异，托勒密以埃及历法的年和月作为标准时间，然后将希腊阴历、儒略历下历代天文观测统一转化为埃及历法下相应时间的天文观测数据，日的长短以24小时的"均分时"方法固定下来[①]，以充分利用各种时间体系的天文观测数据来设计、修订、完善天体运行模型，这是托勒密的宇宙模型能够统治西方世界一千多年的重要原因之一。值得一提的是，不仅托勒密理论对历法制订或修订有重要参考价值，而且托勒密本人也是一个天文历法大师，否则无法将长达上千年的各种历法或时间体系的天文观测数据进行精确的换算。最终，托勒密在前人艰辛工作基础上，完成了柏拉图最初的天文学研究设想，创作了《数学汇编13篇》（《至大论》）。《数学汇编13篇》对历法制定与修订具有重要参考价值，曾被波斯、伊斯兰阿拉伯世界、西班牙、意大利等地作为制定或修订历法的最重要天文学理论依据，托勒密也因此常常被称为最伟大的历法大师。

二 古希腊科学辉煌成就解析

（一）托勒密天文学理论是历法修订的产物

从学术角度看，托勒密《至大论》虽然有一定的理论创新，但更多的是汇总与综合，因此，《至大论》是天文学发展历史上一次非常重要的整合。《至大论》的原名为《数学汇编13卷》，实际上是古代数理天

---

① 陈方正：《继承与叛逆：现代科学为何出现于西方》，生活·读书·新知三联书店2009年版，第267页。

文学汇编的简称,它有两个明确的目标:一是运用提出来的理论模型测算各种天象,二是阐明天体运行原理与规律。①其最终目的是为历法制定或修订提供一个可靠的天文学理论。

《至大论》有三个理论渊源:② 一是由奥托吕科斯、欧几里得等学者创立并发展起来的球面几何学;二是由亚里斯塔克和埃拉托色尼等创立并发展起来的天体测量学,强调从实际天文观测数据来计算天体大小与相互间距离;三是由喜帕恰斯创立的天体运行模型,借助独创的球面三角学,推动希腊数理天文学由定性阶段向定量阶段演进,继承并发扬了阿波罗尼奥斯创立的本轮-均轮体系。其中,喜帕恰斯的天文学说对托勒密天文学思想的影响最为深远。托勒密在《至大论》中大量引用喜帕恰斯的著作,一度被误解为抄袭喜帕恰斯的著作。

《至大论》无疑是人类天文学说理论发展历史上的一个非常重要的里程碑,在西方天文学领域占据了约1400年的统治地位,既是柏拉图"拯救现象"的产物,又是历法修订的产物。

但是,《至大论》的缺陷也十分明显,在整合数理天文学过程中,实际验证工作较为粗糙,对于观点相反的天文学理论如日心说与地心说,没有经过严格细致的科学甄别就做出了取舍,忽视了亚里斯塔克在天文学领域的重要理论观点。亚里斯塔克(约公元前310~前230)明确提出了"日心说",这一革命性的天文学思想观点的提出时间比我们熟悉的哥白尼的《天体运行论》整整早了1000多年,严格来说哥白尼只不过是继承和发展了亚里斯塔克的日心说。虽然亚里斯塔克的著作早已遗失,但阿基米德的《宇宙沙数》有明确记载:"他(亚里斯塔克)假设众恒星与日停留不动,地球依循圆周绕日而行,日在轨道中央,众星(所处)球面亦以日为中心。"此外,亚里斯塔克还提出,"恒星的周日运动,其实是地球绕轴自转的结果"③。因此,亚里斯塔克不仅提出地球绕日公转的观点,还提出了地球自转的观点,他实际

---

① 陈方正:《继承与叛逆:现代科学为何出现于西方》,生活·读书·新知三联书店2009年版,第261页。
② 陈方正:《继承与叛逆:现代科学为何出现于西方》,生活·读书·新知三联书店2009年版,第206—221页。
③ 吴国盛:《科学的历程》,湖南科学技术出版社2018年版,第129页。

上是有历史记载以来首位完整地明确提出日心地动说的真正伟大的天文学家。

《数学汇编 13 卷》汇集了包括亚里斯塔克的天体测量学的理论观点在内的广大古希腊天文学名家的各种思想观点，却偏偏排除了亚里斯塔克最宝贵的天体运行的思想观点，这的确令人深感遗憾。由于这一缺陷，西欧天文学家无法从《至大论》中获取儒略历修改的参考意见，最终引发了哥白尼革命。

当然，我们不能因为《至大论》存在致命缺陷而全面否定托勒密的科学贡献。毫无疑问的是，托勒密是一个杰出的科学家，整合了古代天文学各种伟大的理论创新，形成了完整的数理天文学模型，提出了解决行星问题的全套技巧，能够为所有天体运动提供完整、详尽和定量解释的系统的数理论著。其效果如此之好、方法如此之有力，以至于数百年之后，后继者依然能够在《至大论》基础上开发出依赖托勒密基本技术中多种多样的功能来解释行星运动问题①。最为重要的是，托勒密天文学理论常常被当作历法修订或修改的重要理论依据，他因此成为历史上最重要的历法专家。

（二）《几何原本》很可能是数理天文学研究的副产品

1. 《几何原本》演绎证明范式的起源及争议

《几何原本》是人类历史上最重要的数学著作。它提供的"纯数学"范式，以严密的公理、准确的定义、仔细陈述的定理和逻辑一致的证明，构建了人类数学史上第一个宏伟的演绎体系，成为支配西方数学发展的范式。②《几何原本》强调严密的公理和准确的定义，可能与亚里士多德的倡议有关，他强调科学的著作必须从定义和公理开始。③ 关于严格证明方法的起源，则有多种说法，其中两种说法较为流行：一是几何学中引入证明方法的是科学家泰勒斯，用来回答"为什么等腰三角形的两个

---

① 〔美〕托马斯·库恩：《哥白尼革命：西方思想发展中的行星天文学》，吴国盛、张东林、李立译，北京大学出版社 2003 年，第 70 页。
② 〔美〕维克多·J. 卡兹：《数学史通论》（第 2 版），李文林、邹建成、胥鸣伟等译，高等教育出版社 2004 年第 2 版，第 48 页。
③ 〔美〕维克多·J. 卡兹：《数学史通论》（第 2 版），李文林、邹建成、胥鸣伟等译，高等教育出版社 2004 年第 2 版，第 50 页。

底角相等""为什么圆的直径将圆二等分"[①] 等问题；二是源于希波克拉底（古希腊医学之父）、阿纳克萨哥拉等学者对三大数学难题（圆方同积、倍立方和三等分角）和不可公度比理论的探索。[②]

今天，我们无法确切地知道古希腊学者发展证明数学或演绎证明的具体理由。归纳、观察和实验是获得知识的重要源泉，但由此得到的知识正确与否存在疑问，证明数学或演绎证明可以在前提正确的情况下保证数学理论或工具或结论的绝对正确。因此，作为筛选真理或正确知识的必要手段的证明数学或演绎证明在需要时被采用。[③] 由此可以推测，至少在复杂数学问题的求解或数理理论或工具创新领域以及受到强烈或广泛质疑的场合，证明数学或演绎证明显得十分必要。

从这个意义上看，证明数学或演绎数学的起源或诞生倒未必是由不可公度比理论以及古希腊时期三大数学难题引发的，各种强烈质疑都有可能引发证明数学或演绎证明。因此，关于数学史上证明数学或演绎证明的起源，各种传说都有一定的道理。正因为这样，从泰勒斯起的每个学派，都曾经被某些权威认定为用演绎法整理过数学理论。但现有证据支持欧多克斯最早建立了数学上以明确公理为前提的演绎证明体系。[④] 这并不意味着其他的各种传说都是谣言，仅仅是其他的各种传说没有足够的证据，它们也许是真的，但却因历史久远而遗失了证据，当然，另一种可能是，其他传说根本不可能。

2. 奥托吕科斯开创了演绎证明大规模应用格局及原因

但是，可以肯定的是，直到奥托吕科斯（约公元前 360~前 290）的著作之前，证明数学或演绎证明并没有得到大规模应用或普遍应用，只有极少量应用的例子。这似乎意味着欧多克斯的演绎证明以及亚里士多

[①] 〔美〕霍华德·伊夫斯：《数学史概论》，欧阳绛译，哈尔滨工业大学出版社 2009 年版，第 73 页。

[②] 陈方正：《继承与叛逆：现代科学为何出现于西方》，生活·读书·新知三联书店 2009 年版，第 155—156 页。

[③] 〔美〕莫里斯·克莱因：《古今数学思想》（第一册），张理京、张锦炎、江泽涵译，上海科学技术出版社 2014 年版，第 38 页。

[④] 〔美〕莫里斯·克莱因：《古今数学思想》（第一册），张理京、张锦炎、江泽涵译，上海科学技术出版社 2014 年版，第 42 页。

德关于科学著作的倡议并没有我们想象中具有那么强大的影响力；从泰勒斯到奥托吕科斯数百年间，追求严格证明能够体现独特的古希腊科学精神的例子几乎屈指可数。这似乎与差不多同时代的中国数学情况相类似，尽管古代中国的数学知识发展速度相当快，演绎证明虽然已经诞生但很少应用。例如中国古代在初等几何领域也有严格求证的思想，汉赵君卿注《周髀算经》时就严格证明了勾股定理。①

然而，奥托吕科斯的数理天文学著作彻底改变了证明数学或演绎证明的应用格局，在《论天体运动》和《论天体出没》两部数理天文学著作中，他讨论了球面几何学并加以证明。实际上，奥托吕科斯是球面几何学理论的奠基者和开创者，并应用该理论来探索和解释"七大行星"运动规律；值得注意的是，奥托吕科斯在这两部著作中已经采用欧几里得后来在《几何原本》中证明与推理的范式。②还有，在欧几里得（约公元前330~前275）之前，奥托吕科斯的证明与推理范式得到了其他学者的模仿或采用③，就连欧几里得的数理天文学著作《天象》也沿用奥托吕科斯范式，将球面几何学应用于天文学研究，成为西欧广大学者追捧的理论，作为天文观测与研究的重要参考依据，在欧洲流行了一千多年。④

奥托吕科斯为什么要采用证明数学或演绎证明的方法来研究天体运动？包括欧几里得在内的其他学者为什么积极模仿奥托吕科斯的范式？我们知道，几何学知识最早来自人们生产生活的需要，每一个知识点都是长期使用过程中加以概括总结出来的。在几何知识被总结出来之前，人们可能经过了成千上万次的应用经历，每一次应用可能都是一次试错实验，对每个知识点可能存在的缺陷或误差或不足有着较为深刻的理解，同时，这些几何知识在日常生产生活中的实际应用中存在一些误差，人

---

① 郭金彬：《为什么14世纪后我国数学停滞了》，载《科学传统与文化——中国近代科学落后的原因》，陕西科学技术出版社1983年版，第242页。
② 陈方正：《继承与叛逆：现代科学为何出现于西方》，生活·读书·新知三联书店2009年版，第193、207页。
③ 〔美〕莫里斯·克莱因：《古今数学思想》（第一册），张理京、张锦炎、江泽涵译，上海科学技术出版社2014年版，第48页。
④ 陈方正：《继承与叛逆：现代科学为何出现于西方》，生活·读书·新知三联书店2009年版，第207页。

们通常也能够接受，例如，在分配土地时，由于土地形状不规则存在计算方面的一些误差，人们通常也不会太在意，因为如果一定要追求百分百准确，可能要付出很大的代价来测量并测算，而因此增加的好处却很小，这样得不偿失。

但是，当奥托吕科斯在验证与修订欧多克斯同心球模型时，他实际上开创了球面几何学。对奥托吕科斯而言，球面几何学的很多知识来源于自身的创新，此前并没有像传统几何学知识那样经过长期的试错积累，不知道自己创新的知识究竟是否准确可靠；同时，对同心球模型的修订与改善而言，要求使用的球面几何学知识必须100%准确可靠，否则修订与完善模型的工作没有任何意义。为此他必须保证球面几何学的性质、推理准确无误，于是大量采用欧多克斯等开创的演绎证明的方法。他的做法得到了天文学家们的赞赏与支持，这表明大家对这种方法存在共识，将未经实践的新创几何学知识应用于天文学研究之前，必须先证明新的几何知识是正确的。因此，包括欧几里得在内的其他学者开始借鉴奥托吕科斯的演绎证明范式，不断推进数理天文学研究。

以上观点实际上是基于常理的推测。另一种说法是柏拉图要求用证明的方法来研究天文学，因此出现了奥托吕科斯的演绎证明方法，但这种说法也存在一个疑问：为什么从欧多克斯到奥托吕科斯之间没有大量运用演绎证明方法？

3. 数理天文学研究很可能是《几何原本》演绎证明范式诞生的重要原因

从上述分析可以看出，《几何原本》的证明数学或演绎证明虽然有它自身特定的历史渊源。但我们不应忽视的是，引发证明数学或演绎证明的理由具有普遍性或一般性，在数学领域的知识受到强烈质疑时，就有可能导致证明数学或演绎证明的发生。

可见，即使没有欧多克斯等人创立演绎证明体系，其他学者也可能会根据实际需要创立证明数学或演绎证明。因此，真正促使证明数学或演绎证明得到普遍应用的很可能是数理天文学研究。

首先，柏拉图坚持从几何学角度去研究天文学，认为我们看到的美丽星辰画面仅仅是摹本,而不是原本,他指出:"装饰着天空的这些星辰,我们确实应当把它们视作最美丽、最精确的物体性的东西,但我们也必须承认它们离真实还差得很远"①。柏拉图认为,天文观测看到的画面仅仅是真实世界的摹本,必须运用几何学深入研究,才能够真正认识真实的宇宙。

但是,传统几何学起源于埃及的"土地测量",是可见世界经验的总结,是实用性色彩很强的几何学,而柏拉图认为,可见世界变幻莫测,是不真实的,基于不真实事物基础上的经验总结的传统几何学,其真实性与可靠性显然需要进一步验证。柏拉图还认为,几何学不是测量学问,而是具有严密逻辑的理论,几何学应该建立在严格的定义、公理基础上;几何学中重要的不是实际存在的圆和直线,而是圆和直线的永恒概念,即圆和直线的理念。②柏拉图相信,几何学"品性接近于理念世界之物",可以修建通往理念世界的天梯。③因此,根据柏拉图的哲学核心概念与思想,他提出对几何学知识进行证明然后再运用于天文学研究,是顺理成章的事情,因为证明数学或演绎证明可以在前提正确的情况下保证数学理论、工具、结论的绝对正确。事实上,柏拉图和亚里士多德都研究过证明的性质与条件。④

其次,欧几里得认为,几何学诞生于人类对浩瀚宇宙的困惑与描述欲望,他反对将几何学的诞生与实际应用联系起来的流行观点,其实质仍然是探索宇宙奥秘并为修订精确的时间体系奠定理论基础。一般而言,人们普遍认为,几何学诞生于古埃及的土地测量等实际应用,但欧几里得断然否定这种观点,"他坚信数学起源于实际应用的观点是不正确的,它更起源于人的精神困惑和对浩渺宇宙的描述欲望"。⑤作为天文学家的欧几里得,其撰写的《天象》深入浅出,深受近代以前的欧洲天文学界

---

① 《柏拉图全集》(第二卷),王晓朝译,人民出版社2017版,第530页。
② 梅荣照:《关于欧几里得的几何学》,《数学通报》1962年第1期,第35—38页。
③ 邹忌:《〈几何原本〉导读》,载〔古希腊〕欧几里得《几何原本》,邹忌编译,重庆出版社2014年版。
④ 〔英〕G. E. R. 劳埃德:《科学与数学》,载〔英〕F. L. 芬利主编《希腊的遗产》,张强、唐均等译,上海人民出版社2004年版,第284页。
⑤ 邹忌:《〈几何原本〉导读》,载〔古希腊〕欧几里得《几何原本》,邹忌编译,重庆出版社2014年版。

的欢迎。①《天象》是对柏拉图通过几何学来"拯救现象"倡议的积极响应，这从他应用球面几何学来解释星辰出没就可以看出来。显然，欧几里得希望通过几何学找到宇宙的空间结构与本质。

再次，欧几里得编写《几何原本》教材，并非基于实际应用价值动机。欧几里得鄙视几何学一般意义上的使用价值或实用价值，这是众所周知的事实。实际上，《几何原本》是欧几里得对柏拉图天文学研究倡议的积极响应的著作，"创造了人类认识宇宙空间和宇宙数量关系的源头，是人类历史上的一部科学杰作"。② 可能正是因为数理天文学课题的重要性，而数理天文学研究又是以几何学为工具，促使了欧几里得编写了《几何原本》一书以便于培育更多的人才，确保后续学者能够更好地奠定坚实的几何学基础，共同探索宇宙的本质，持续参与数理天文学研究，以更好地构建人类社会的时间体系或历法。

另值得注意的是，数理天文学成为柏拉图学园和亚历山大缪塞昂的最为重要的课题，众多学者长期持续推进，希腊创新的几何学内容几乎都与数理天文学直接或间接相关，这一方面直接推动了几何学的发展；另一方面，当一种新的几何学知识被创新出来之后，其知识的可靠性即使没有受到同行的质疑或强烈质疑，在应用于数理天文学研究之前，学者出于谨慎考虑，确保自身创新的知识准确无误也是人之常情，否则将导致后续研究全部作废；更何况，无论是柏拉图学园还是亚历山大的缪塞昂，都有强烈的辩论与质疑的良好科学研究风气。

鉴于以上分析，基本可以推断，古希腊几何学发展、壮大，直至结成硕果，在很大程度上源于天文学研究中的应用；严格证明方法的推广应用，与数理天文学的发展有着十分密切的联系。于是，欧几里得按照奥托吕科斯以及其他学者撰写数理天文学著作的风格，即以严密的公理、准确的定义、仔细陈述的定理和逻辑一致的证明，构建了《几何原本》体系。当然，《几何原本》并非仅有几何理论，还包括了大量的代数知

---

① 陈方正：《继承与叛逆：现代科学为何出现于西方》，生活·读书·新知三联书店 2009 年版，第 207 页。
② 邹忌：《〈几何原本〉导读》，载〔古希腊〕欧几里得《几何原本》，邹忌编译，重庆出版社 2014 年版。

识,许多当代学者认为以"数学原理"之类的名称或许比"几何原本"更贴切。但笔者认为,或许欧几里得并非没有意识到书名的"文不对题",他可能意在强调"几何"的重要性,突出书的价值在于服务数理天文学研究,因为彼时"几何"是柏拉图学园以及亚历山大里亚绝对的显学,是当时最重要的必修课程或知识体系,这从柏拉图学园门口挂着"不懂几何者不许入内"的警示语就可以看出端倪。

(三) 阿基米德的数理物理学可能是数理天文学研究的副产品

阿基米德的数量物理学主要包括杠杆原理与浮力原理。实际上,早在阿基米德之前,杠杆原理与浮力原理已经得到广泛应用。例如古代的杆秤、天平就是精确应用杠杆原理的典型例子。在中国,至少在公元前700年就已经出现各种形式的杆秤,在埃及,据说公元前1500年前就已经有各种天平。古代造船业则是精确应用浮力原理的例子,从独木舟开始,人类就已经朦胧地意识到浮力原理,到雅典时代,古希腊造船业已经相当发达,达到古代西方社会领先地位,而造船必须应用浮力原理。阿基米德的贡献在于用数学方法将杠杆原理与浮力原理以精确的数学形式明确地表达出来。这可能要间接地归功于希腊数理天文学研究热潮。

由于希腊数理天文学研究热潮的影响,阿基米德成长的环境中充满了数理天文学元素。阿基米德的父亲是一位天文学家,他自小就学习了大量天文学知识,这是他大量接触并学习几何学知识的重要原因;在跟随欧几里得的弟子柯农学习几何学过程中,也不可避免地接触天文学,因为那时的天文学家常常创建或采用新的几何方法来解决天文学研究中遇到的各种各样问题,甚至《几何原本》中不少内容也来源于数理天文学。[1] 中青年时期他与著名天文学家保持书信往来,自己也从天文学爱好者向天文学家转变,不仅制作过天象仪并用来解析天文现象,还撰写了《历法》《论天球之构造》等天文学相关著作。[2]

可见,阿基米德的杠杆原理与浮力原理的总结与数理天文学的发展有着极深的渊源。

---

[1] 吴国盛:《科学的历程》,湖南科学技术出版社2018年版,第130页。
[2] 陈方正:《继承与叛逆:现代科学为何出现于西方》,生活·读书·新知三联书店2009年版,第197—198页。

（四）数理地理学是数理天文学研究的副产品

迅速发展的数理天文学推动了以数学方法为基础的地理学研究。基于验证、修订数理天文学模型的需要，古希腊学者需要借助周边文明积累的天文观测数据，这些观测数据历时上千年，横跨上千公里，除了上文提及的需要将不同历法体系转换为同一历法时间体系的数据外，还必须将不同地点的观测数据转换为同一坐标体系的观测数据，以消除不同地点的天文观测数据产生的误差，提高数理天文学模型的精确度。这就要求天文学家必须掌握相应的地理学知识。

埃拉托色尼是西方数理地理学的创始人，他绘制了当时世界上最完整的地图，东边最远之处是锡兰，即今天南亚的斯里兰卡，西边最远之处则是英伦三岛，北边最远之处是中亚西部的里海，南边最远之处是非洲的埃塞俄比亚。[1] 埃拉托色尼在地理学和绘图学领域的杰出开创性工作，在亚历山大里亚得到很好的继承与发展，一直延续到托勒密时代，前后持续时间长达400年左右。[2] 喜帕恰斯、狄奥多西和博斯多尼乌等一众天文学家继承、发展了应用数学方法研究地理学的传统，并在此基础上进一步完善了数理地理学体系，共同推动了数理地理学的蓬勃发展。[3] 其中，喜帕恰斯的突出贡献尤其值得一提，他撰写了三卷本《埃拉托色尼地理学驳议》，纠正并补充了埃拉托色尼《地理学》中有关距离和方位的谬误与缺漏。[4] 地理学家马林诺思等强烈意识到，由于地球是一个庞大的球体，地球表面是一个弯曲的球面，要想仔细描绘地球表面，需要运用系统性方法将地球的位置在平面上重现，他创作的《世界地理图之修订》成为托勒密八卷本《地理学》最重要参考资料，马林诺思流传下来的地图中已经标明了经度和纬度，尽管还不是很成熟。[5]

---

[1] 吴国盛：《科学的历程》，湖南科学技术出版社2018年版，第135页。
[2] 〔美〕詹姆斯·E.麦克莱伦第三、哈罗德·多恩：《世界科学技术通史》，王鸣阳、陈多雨译，上海科技教育出版社2020年版，第92页。
[3] 陈方正：《继承与叛逆：现代科学为何出现于西方》，生活·读书·新知三联书店2009年版，第285页。
[4] 陈方正：《继承与叛逆：现代科学为何出现于西方》，生活·读书·新知三联书店2009年版，第221页。
[5] 陈方正：《继承与叛逆：现代科学为何出现于西方》，生活·读书·新知三联书店2009年版，第285—286页。

托勒密在前人的基础上，创建了经纬度地理坐标系统，进一步完善了天文地理学体系，成为西方数理地理学集大成者。经纬度在当今世界航运、军事等领域有着广泛应用，是一种利用三度空间的球面来界定地球上的空间球面坐标体系，从理论上讲，它能够十分便利地标示地球上的任意位置。显然，托勒密发明经纬度坐标与天文学和历法研究密切相关。他的《数学汇编13卷》引用的资料涉及古巴比伦、古希腊的大量天文观测数据，除了时间历程近千年之久，观测地点相距千公里之遥之外，天文观测原始数据也存在巨大差异，它们往往以大地坐标、赤道坐标或者星辰出没时间、位置为参照。这样，在不同坐标下记录的天文观测数据需要统一换算为同一坐标系下的数据，否则会导致较大的误差，甚至是严重错误。托勒密在《数学汇编13卷》中详细解释了如何运用球面三角学将任何其他坐标转变为天球坐标，或者在不同坐标系统之间如何转换。① 可见，数理天文学研究极大地推动了数理地理学的研究，是推动经纬度坐标发明的关键因素。

　　但由于历史条件限制，托勒密对地球大小的测算准确度较低，甚至不如埃拉托色尼，因此，托勒密对许多城市的地理坐标标示存在较大的误差。

　　总之，地理学与绘图学研究能够持续400年之久，可能是因为这是一项与准确历法密切相关的工作。如果这项研究与历法制定或修订无关，很难想象会持续如此之久。实际上，亚历山大里亚的各项研究，除了与天文历法相关的研究之外，还真没几项研究能够长期持续下来。

（五）几何光学是数理天文学研究的副产品

　　光学是天文观测的必然产物，同时也是天文学家必须掌握的自然科学知识和实用工具。古希腊天文学家非常注重光学研究，欧几里得以透视法为基础的光学著作《光学》，奠定了西方"透视法"的理论基础。所谓"透视法"，其实是"图形投影"手法，将真实世界里的三维物体

---

① 陈方正：《继承与叛逆：现代科学为何出现于西方》，生活·读书·新知三联书店2009年版，第266—267页。

投射到二维平面上，以帮助人们观看和理解三维物体，这种方法曾经在古罗马时期的庞贝古城的壁画当中得到应用，后来对文艺复兴时期的投影几何学或射影几何学产生了重要影响。虽然阿基米德以数学和力学的卓越成就而闻名于世，但实际上他也是一个颇为出色的天文学家，其科学研究更是深受天文学研究影响。阿基米德是西西里岛叙拉古城天文学家菲底亚斯的儿子，从小就系统学习了天文学知识，对天文学研究保持了长期兴趣，《反射光学》可能是他在天文观测过程中总结的光学理论，影响了赫伦等后人对光学理论的研究。赫伦的《反射光学》是几何光学的一部力作，他以几何方法证明，根据光线所经过途径必须为最短的原理，证明了光的入射角和反射角必然相等的定理。[1] 古希腊几何光学理论对伊斯兰阿拉伯光学研究、西欧近代科学革命中光学研究奠定了坚实基础。

（六）天体测量学是数理天文学研究的副产品

天体测量学由亚里斯塔克和埃拉托色尼等创立并发展起来，今天我们都知道，亚里斯塔克有"古代哥白尼"之美誉，实际上他在天文学领域的原始创新方面远远超过哥白尼；但在希腊化时代，亚里斯塔克却是默默无闻之辈，其卓越的天文学研究成果在当时几乎被无视，甚至被当作荒谬的笑料。然而幸运的是，他开创的天体测量学在当时就获得了高度认可与采用，他强调从实际观测数据来计算天体大小与相互间距离，测量出太阳、月亮与地球的距离及相对大小，以现在的观点看，亚里斯塔克的方法是完全正确的，但由于测量工具的局限性，其测量结果与实际情况误差较大，但在相对距离与相对大小的判断上，大体是正确的，他认识到太阳是比地球大很多的天体，日地距离是月地距离的 20 倍（实际是 346 倍）[2]，埃拉托色尼也是一位十分杰出的科学家，在数学、天文学、地理学和科学史等方面均有卓越贡献，被誉为古代世界仅次于亚里士多德的百科全书式的学者，在天文学上，他继承和发展了亚里斯塔克的天体测量学，测定了黄道与赤道的交角，并且较为准确地测定地球的大小，他计算的地球周长约合 4 万公里，与地球实际周长相差无几，这

---

[1] 陈方正：《继承与叛逆：现代科学为何出现于西方》，生活·读书·新知三联书店 2009 年版，第 289 页。

[2] 吴国盛：《科学的历程》，湖南科学技术出版社 2018 年版，第 128—129 页。

第四章　古希腊科学奇迹

的确是一个非常了不起的贡献。显然，天体测量学是数理天文学研究的副产品，并服务于数理天文学研究。

第五节　古希腊科学衰落的根本原因

一　以"拯救现象"为目标的数理天文学研究课题基本完成

历法修订需要天文学研究支撑，柏拉图提出用几何方法来研究行星运动规律的倡议得到欧多克斯等学者的积极响应，天文学研究路径从观测转到几何模型。但令人意外的是，这种转变不仅没有淘汰观测天文学研究思路，而且促进了两种研究思路的比较、竞争、辩论与相互借鉴、相互促进，更好地实现了柏拉图"拯救现象"的意图。

随着数理天文学的深入研究，客观上有力地带动了几何学、光学以及地理学等自然科学的研究与创新，其直接后果是促进了希腊科学在天文学、光学、地理学以及静力学领域率先实现了数学化。究其原因，可以发现是历法修订的需要而拉动天文学的数学化研究，进而对相关学科产生了需求，促使天文学家们进行光学、地理学的数学化研究，这些学科的创新与发展不断为数理天文学研究提供各种各样的理论工具，促进了数理天文学理论发展。

在某种程度上可以说，希腊化时代的科学奇迹是数理天文学研究路径的产物，也可以说，历法修订的需要要求数学方法在天文学领域的应用，最终天文学、光学、地理学领域的研究都成功地应用了数学工具，这提供了良好的示范效应，静力学可能是这种示范效应的产物。

从欧多克斯到喜帕恰斯，古希腊数理天文学模型的修订基本完成，这意味着柏拉图的设想基本实现了。正如郝刘祥指出的："希腊数学天文学的发展，是长达数个世纪的历史，如果要用一句话来概括这段历史，那就是：实现柏拉图所确立的天文学目标。"[①] 当柏拉图所确立的天文学目标实现了，也就是"拯救现象"的目的实现了，即天文学家们找到了

---

① 郝刘祥：《希腊哲学与科学之间的关系》，《科学文化评论》2007年第4期，第17—40页。

柏拉图眼中"七大行星"的运动规律，能够为历法修订或制定提供一个可靠的理论支持。

此后，希腊数理天文学的发展也就告一段落，天文学发展失去了方向而处于停滞状态，希腊的科学研究缺乏新的问题导向，这很可能是缪塞昂在成立之初的前两百年成果突出而随后四百年科学研究成果平淡的最重要原因。因为最初两百年恰好是数理天文学研究活跃时期，数理天文学从欧多克斯开始到喜帕恰斯完成天体运动模型，基本实现了柏拉图"拯救现象"目标。在喜帕恰斯之后，没有类似以"拯救现象"为目标的科学研究选题，无法形成科学研究的新动力。古希腊天文学模型的完善，更多的是涉及具体的复杂计算方法，科学层面的原创成果比较少。当托勒密汇总完成《数学汇编13篇》之后，亚历山大里亚的缪塞昂很难找到类似于数理天文学模型那样的研究主题来拉动自然科学进步。

二 古希腊学者的科学研究精神不够彻底

我们知道，古希腊人对宗教往往十分虔诚，正如阿里奥图所言，即使在古希腊科学发展的巅峰状态，希腊学者不仅没有我们设想中的秉持彻底理性主义，而且没有摆脱宗教、巫术的羁绊，甚至连柏拉图也强调履行宗教仪式的重要性。[①] 柏拉图还强调在遇到事情时要祈求神灵的帮助。他指出："在每件事情开始时总要求助于神，无论这件事情是大是小。"[②]

托勒密对亚里斯塔克天文学理论的轻视，直接导致了《至大论》存在致命缺陷，它的宇宙观与真实的宇宙世界刚好颠倒。因此，无论《至大论》模型构建看起来是多么完美，几何知识多么深厚，测量技术原理多么合理精确，还是托勒密在汇集百家之长的过程中的创造性发挥得多么完美，都无法消除模型的致命缺陷，这注定了《至大论》总有一天被淘汰的命运。

在很多文献中，学者们都十分赞赏古希腊的理性主义与科学研究精

---

① 〔美〕安东尼·M. 阿里奥图：《西方科学史》，鲁旭东、张敦敏、刘钢、赵培杰译，商务印书馆2011年版，第44—48页。
② 《柏拉图全集》（第二卷），王晓朝译，人民出版社2017年版，第279页。

神。实际上，古希腊的理性主义与科学研究精神既不彻底，也不完美，而是存在明显的缺陷：一是科学研究盲目服从宗教理念的倾向；二是盲目服从经验理论的倾向。

（一）希腊科学研究盲目服从宗教理念的倾向

从理性角度看，宗教意识与科学理性历来是希腊社会生活不可或缺的两个组成部分，即使在古希腊科学理性与科学理论发展的鼎盛时期，也是如此。科学史家阿里奥图指出："彻底的理性主义的人是一种抽象概念，在科学史上是根本不存在的。早期希腊哲学家中发生的变化是对理智的强调，这种强调并没有排除巫术，也没有排除在希腊社会中具有权威地位的祭拜仪式和秘密宗教仪式。"[1] 阿里奥图的观点或许过于绝对化，但是，古希腊的宗教意识、神秘主义一直是社会强大的存在，这也是客观事实。"在整个古希腊的哲学史中，诸神仍然制约着城邦的生活。诸城市的各种典礼仪式、秘密宗教仪式以及拜祭惯例等的支配地位，一直延续到基督时代。即使最伟大的哲学家之一的柏拉图也把对诸神的信仰当作对国家应尽的一种义务。"[2] 当然，这并不意味着宗教因素始终都是科学研究的负面因素，在某些情况下，宗教因素也可能促进科学研究，例如柏拉图提出"拯救现象"的背后有着明显的宗教动因，但是，如果学者们将科学研究的前提建立在未经证明的宗教理念基础上，就会给科学事业带来意想不到的风险。

托勒密与亚里士多德、亚里斯塔克相隔至少300年，在物理学上似乎还停留在亚里士多德时代，托勒密排斥亚里斯塔克的依据大体是亚里士多德的相关物理学知识，这暴露了古希腊天文科学甚至整个科学的缺陷，古希腊的科学领域的理性、自由探索以及科学批判精神并非像西方学者所宣称的那么完美，实际上并不彻底。

（二）盲目服从经验倾向

从科学研究精神角度看，古希腊（包括希腊古典时代与希腊化时

---

[1] 〔美〕安东尼·M.阿里奥图：《西方科学史》，鲁旭东、张敦敏、刘钢、赵培杰译，商务印书馆2011年版，第48页。

[2] 〔美〕安东尼·M.阿里奥图：《西方科学史》，鲁旭东、张敦敏、刘钢、赵培杰译，商务印书馆2011年版，第44页。

代）学者的科学研究精神并不彻底。科学研究从一些假设开始固然没问题，但是，一旦理论推理的结论与实际情况不相符，就应该对理论假设进行反思或检讨，修正与实际情况不相符的假设，然后再继续深入研究，但纵观古希腊学者在数理天文学研究，科学精神贯彻得并不彻底。柏拉图将行星运行轨道设定为正圆形，古希腊学者接受这一假设，并把这一假设当作事实来处理，即使发现了与正圆形相矛盾的观测现象，也没有引起足够的重视，导致数理天文学的发展严重偏离了客观事实。例如，赫拉克利特是柏拉图的最主要弟子之一，曾在柏拉图外出期间代理负责柏拉图学园的管理，他在解决同心球体系所面临的困难时，特别是为解释行星亮度变化问题时提出了地球围绕自身轴心自我旋转，水星和金星围绕太阳转动的观点，这是西方世界最早的不完整的日心说，富有创意。遗憾的是，赫拉克利特的观点没有引起重视。随后，亚里斯塔克在天文观测过程中，发现利用地球自转和围绕太阳公转能够更好地解释天象，提出了较为完整的日心说，即恒星和太阳固定不动，五个行星以及地球皆绕太阳公转，同时地球还绕自身轴心旋转，这是希腊化时代最有创见的天文学理论，可惜的是，亚里斯塔克的理论遭受百般刁难并被学界抛弃。[①] 此外，古希腊学者根据天文观测数据，还提出行星运动的轨迹是椭圆形状而不是正圆，但也被忽视了。[②] 日心体系是古希腊天文学从同心球体系到偏心轮体系的过渡环节。[③]提出行星运动的椭圆轨道的猜测也大约发生在这一时期。后来的托勒密通常被称为古希腊最伟大的科学家之一，是古希腊数理天文学的集大成者，但他不仅坚持了错误的偏心轮体系，在没有严谨验证的情况下，轻率地对日心说做出了全面否定，还对地动说做出了严厉的批判。

显然，托勒密对日心说的全面否定，是缺乏科学甄别程序和主观武断的后果。实际上，托勒密对亚里斯塔克等学者日心说的全盘否定，集中反映了古希腊科学精神固有的缺陷，是古希腊科学界长期存在以宗教

[①] 郝刘祥：《希腊化时代科学与技术之间的互动》，《科学文化评论》2014 年第 1 期，第 25—39 页。

[②] 何平、夏茜：《李约瑟难题再求解》，上海书店出版社 2016 年版，第 109 页。

[③] 郝刘祥：《希腊化时代科学与技术之间的互动》，《科学文化评论》2014 年第 1 期，第 25—39 页。

信念、经验为科学研究固有前提的弊端，这种弊端严重影响了托勒密。

托勒密认为，亚里斯塔克、赫拉克利特和毕达哥拉斯学派的假设或许在理论上是合适的，但实际上是非常荒谬的。在《至大论》中，托勒密在论证地球的球形和宇宙中心位置时指出："某些思想家……编造出了一个他们认为更容易接受的图式，并且他们认为没有什么证据可以反驳他们，如果他们这样论证的话：天不动但地球绕一个相同的轴自西向东旋转，差不多每天完成一周……然而，这些人忘记了，当然，就星空的表现而言，对这一理论也许不会有什么异议……但是根据影响我们自身以及我们上空的东西的（地上的）条件来判断，那这样一个假说肯定被看成太荒谬了……（如果地球）在如此短的时间内完成如此巨大的回转而再度回到相同的位置……那么并不真的立在地球上的每一样事物必定会看起来做一种与地球相反的运动，以及任何飞着的或可能被抛出的东西，决不会被见到向东运动，因为地球总会先它们一着，阻止它们的向东运动，如此一来，其他所有的东西都会看上去向西后退，向地球遗留在它后面的那些部分后退。"[①] 显然，托勒密批判日心地动说的理论依据来自亚里士多德的物理学理论，这些理论基本上源于生活经验，并没有严格的科学论证，但基于亚里士多德的威望以及日常生活经验，通常被认为是不证自明的真理。这显然是古希腊科学精神的一个严重缺陷。另外，天体运动的正圆轨迹则是柏拉图基于宗教信念做出的假设，却被当作客观事实而很少遭受质疑，这也是科学家非常不应该有的态度。

从柏拉图、欧多克斯到喜帕恰斯、托勒密等伟大学者有多次机会纠正数理天文学模型的致命缺陷。只要对地动说、日心说或行星运动椭圆轨道观等任何一个环节，以严谨的科学态度与彻底的理性主义来对待，古希腊的数理天文学就不会终结在偏心轮体系上，而应该在数理天文学领域持续研究下去，这样，古希腊科学就会取得更加辉煌的成就，甚至有可能取得近代科学革命那样伟大的成就。

从这个意义上看，古希腊科学衰落与其自身理性主义以及科学研究精神的缺陷存在密切关系。当然，这种缺陷并没有完全排斥他们完成一

[①] 〔美〕托马斯·库恩：《哥白尼革命：西方思想发展中的行星天文学》，吴国盛、张东林、李立译，北京大学出版社 2003 年版，第 84—85 页。

个较为精确的时间体系或历法的任务。托勒密通常被当作伟大的天文历法专家，伊斯兰阿拉伯世界、西欧社会学习《至大论》的目的，通常也是历法修订。

三　古希腊科学理论的局限性导致其无法直接服务生产

亚里士多德及其之前时代的科学理论在具体应用领域存在极大局限性。亚里士多德并非不屑于应用科学理论来解决生产实践中的具体问题，实际上，他并不太了解科学理论的具体应用价值。笔者并没有贬低这位伟大学者的意图，因为并非所有的科学理论都可以直接或者间接应用于生产实践。

不同领域的科学理论有不同的作用，如神经系统的科学理论、空间科学理论、化学理论等，它们分属不同领域，只能在特定领域起作用。古希腊的科学奇迹主要表现在数理天文学及其工具理论（包括数学、物理学），主要是解决时空领域的问题，可以应用于历法制定、占星学等，不适合用于当时的具体生产实践。在绝大多数情况下，科学理论应用于实践并非都是简单易行的事情；相反地，在很多情况下，科学理论的应用涉及非常复杂的环节与难题。李醒民正确地总结提出，科学只有以技术为中介，经过复杂的转化链条，才有可能转变成生产力——这是一个有目共睹的事实。[1] 显然，这是李醒民针对现代社会科学与生产力之间的关系归纳总结出来的观点，但这一观点同样适用于古代社会。另外，值得注意的是，科学知识的应用，往往需要相应制度创新的配合。如果没有相应的制度创新的配合，科学研究只能停留在少数好奇的科学天才和知识精英的内部活动，无法转化成技术以推动经济发展。[2] 因此，即使亚里士多德热心于科学理论的应用价值研究，也未必能取得理想的成果，看看他举的泰勒斯运用天文学知识一举发财致富的例子，就不难发现他其实难以找到其他更有说服力的例子来证明哲学与科学知识的实用价值。实际上，亚里士多德关于泰勒斯运用天文学取得经营绩效的例子

---

[1]　李醒民：《中国现代科学思潮》，科学出版社 2004 年版，第 5 页。
[2]　康第：《明朝白银、海洋贸易与制度内卷：解析李约瑟之谜》，重庆出版集团、重庆出版社 2018 年版，第 34 页。

是一个小概率事件，缺乏说服力，也难以获得受众的认可或共鸣。[①] 与其说这是一个哲学科学知识学以致用或致富的例子，不如说它是一个神话传说更为准确。笔者认为，这个例子要么在流传过程中被不断神化，要么它本身就是虚构的，难以用实验或经验进行模仿。当今的天文学理论与实践知识远比泰勒斯时代丰富，天文学家也难以断定具体某个区域下一年度哪种农作物收成的准确变化。

事实上，这个例子恰恰反映了古代科学家的窘境或矛盾心态，一方面，他们认为哲学科学知识很重要，希望能够被更多的人认可与接受并传承下去，另一方面，他们确实又找不到有足够说服力的理由，只好从自身内心深处的快乐与满足来说服人们努力学习与探索哲学科学知识。但问题是，不同的人有不同的偏好，不可能所有人都偏好科学并给科学知识以最高的心理评价，人类历史表明，人们的偏好总是多元化的。实际上，亚里士多德的窘境并非个案，其他古希腊学者如欧几里得等也有类似的遭遇。希腊化时代的科学，除了少量可以直接应用之外，大多数也面临亚里士多德曾经遇到的尴尬。即使被普遍认为有实用特征的近代科学，也遭遇过类似的窘境。近代科学革命历程中，科学家们曾经迫切希望科学知识帮助社会生产进步来体现科学理论以及自身存在的价值，英国皇家学会的诸多会员曾经不遗余力地寻求过科学理论的生产应用价值，但最后却十分尴尬地承认事实，他们无法对工匠们的劳动提供任何帮助[②]，这一徒劳无功的历史事实表明，科学的应用并非易事，相反地，它往往是一个复杂的历程，需要投入大量人力、物力进一步开发，才能真正发挥作用。

---

① 萨顿质疑这个故事的真实性，他不喜欢一个哲学家获得财富只是为了证明他有能力这样做的观点，这种观点似乎有点荒谬而且不坦诚。他认为古希腊哲人并非超凡脱俗的圣人，而是讲究实际的聪明人。亚里士多德的故事描绘了泰勒斯的欲望但没有描绘他的慷慨，因此故事的真实性值得怀疑。萨顿认为，如果亚里士多德将泰勒斯描绘成一位喜欢钱的哲学家，并在积累大量钱财之后慷慨地捐助他的国家和人民，泰勒斯利用天文学知识赚钱的故事可能更让人信服。参见〔美〕乔治·萨顿《希腊黄金时代的古代科学》，鲁旭东译，大象出版社2010年版，第216页。
② 〔美〕乔伊斯·阿普尔比：《无情的革命——资本主义的历史》，宋非译，社会科学文献出版社2014年版，第148页。

四 宗教与科学的冲突并非解释古希腊科学衰退的关键变量

在希腊化时期，欧几里得的《几何原本》、阿基米德的杠杆原理和浮力原理、托勒密的《至大论》是古代世界在几何学、力学和天文学领域的杰出贡献，这表明，古希腊科学发展已达到巅峰状态。[①] 此外，哲学、政治学、植物学、动物学、医学、工程学等领域也取得了一定进展。但是此后，古希腊科学处于逐步衰落状态。究其原因，宗教与科学的冲突在一定程度上构成了科学研究的阻碍，但这不是古希腊科学衰退的关键。

在古代社会的许多地方，科学的发展经常受到宗教压制，宗教经常以神灵的启示来解答困惑，或者以神灵的启示压制科学的质疑，从而削弱科学发展的动力。例如，亚里斯塔克最早提出日心说理论，被"诬陷为不敬神，并遭到斯多葛派克雷安德的斥责"[②]。同时，"托勒密抵制亚里斯塔克的观点，恢复了地球在宇宙中心的特权地位"[③]。另有观点认为，导致科技放缓的是古希腊本土宗教造成的。科学史家丹皮尔指出："从公元前2世纪起，人们的宗教意识就深化了，在基督教兴起以前，他们的需要大半是靠祭仪宗教来满足的。占星术、巫术和宗教可以吸引所有的人，但是，哲学和科学却只能吸引少数的人。"[④]

但是，宗教并非反对一切科学领域，这一例子或许可以在一定程度上解释宗教压制了日心说的研究，但古希腊科学领域远不止天文学，其他科学领域为什么也没有进展呢？

历史学家还提出了很有说服力的观点，认为在希腊化时代晚期，各种各样的宗教派别极其活跃，它们或多或少地具有反智识倾向，极大地削弱了古代科学传统的权威性以及在人们心中的重要性；同时，宗教神学与传统科学在智识与精神上形成了相互竞争，吸引了大量信徒，其中，最成功的教派是从犹太教演化而来的新教派基督教。这些教派及其活动

---

① 吴国盛：《科学的历程》，湖南科学技术出版社2018年版，第38页。
② 〔英〕罗素：《宗教与科学》，徐奕春、林国夫译，商务印书馆2010年，第8页。
③ 〔英〕罗素：《宗教与科学》，徐奕春、林国夫译，商务印书馆2010年，第9页。
④ 〔英〕W.C.丹皮尔：《科学史》，李珩译，中国人民大学出版社2010年版，第55页。

严重削弱了科学研究动力。① 也有观点认为，基督教压制了希腊的学术研究，重要例子是基督徒用十分残暴的手段杀害了希帕蒂娅。②

但这些观点并非无懈可击。毛丹、江晓原认为："古代科学衰落的直接原因似乎比较明显。3世纪社会危机损害学术繁荣的基础；此后得势直至成为罗马帝国国教的基督教则排斥自由学术。但这不能解释1-2世纪科学进展远不如（公元）前3~前2世纪显著：早在社会环境不利之前，科学的步伐就已放缓。"③显然，毛丹、江晓原正确地指出了希腊科学衰落或发展步伐放缓的现象并非完全是由基督教造成的，至少可以说基督教并非关键因素。

总之，古希腊科学奇迹是由于历法修订的社会需求在运用新方法情况下拉动了数理天文学研究，而数理天文学研究拉动希腊化时代科学进步，其动力机制在所研究课题预期目标基本完成之后就自行消失了。

缪塞昂在后400年时间里未能续写前200年的辉煌，最重要的原因是学者们竟然无法提出一个具有广泛共识的科研选题，白白浪费了难得的宝贵科研条件。一些学者根据自身偏好选择的课题，缺乏凝聚共识的因素，无法长期持续下去，往往随着学者生命逝去而中断，根本无法取得重大进展。因为许多科研课题都需要一代代学者从不同角度、运用不同方法对科研课题进行持续不断的探索才能取得成功。因此，缺乏社会广泛共识的课题，终究只能反映个别学者的偏好，难以得到延续，即使偶尔有一些比较突出的进展，也只能是昙花一现。

从这个意义上看，古希腊科学衰退不是一个非常准确的描述，准确的表述应该是古希腊科学的发展回归古代社会正常发展状态。在没有外部需求因素刺激情况下，古希腊科学的发展是科学爱好者根据自身偏好进行的科学探索活动，是零星的、分散的，科学研究缺乏长期可持续性，往往需要漫长的时间才偶尔有一定进展。

---

① 〔美〕詹姆斯·E.麦克莱伦第三、哈罗德·多恩：《世界科学技术通史》，王鸣阳、陈多雨译，上海科技教育出版社2020年版，第107页。
② 孔国平：《希帕蒂娅——人类历史上最早的女科学家》，《自然辩证法通讯》1996年（第18卷）第5期，第58—66页。
③ 毛丹、江晓原：《希腊化科学衰落过程中的学术共同体及其消亡》，《自然辩证法通讯》2015年（第37卷）第3期，第60—64页。

第五章　伊斯兰阿拉伯科学奇迹

　　随着世界范围内科学史研究不断深入，人们惊讶地发现，古代伊斯兰世界的科学成就并非传统习惯上所认为的可以忽略不计，而是古代人类科学发展历程中的一颗璀璨明珠，其科学实践的规模与深度足以令人震惊。或许它无法与古希腊辉煌的科学成就相媲美，但平心而论，伊斯兰世界的科学成就足以构成古代科学一个独特的丰碑。伊斯兰世界的科学由阿拉伯人、波斯人和土耳其人共同铸就，它有两个鲜明特征：一是伊斯兰世界科学成果以阿拉伯文呈现出来，科学交流共同语言是阿拉伯语；二是伊斯兰教是产生和培育新科学传统的中心。[①] 因此本书使用"伊斯兰阿拉伯科学"这一术语。

　　在工业革命之前，人类五千年的文明历程中产生的辉煌科学图景屈指可数。伊斯兰世界的辉煌科学成就，与伊斯兰社会对精确的时间体系的强烈需求密切相关。除了农业、航海、商贸对准确历法或时间体系的传统需求之外，伊斯兰世界各国基于宗教产生了对精确时间体系的共同需求，它们都不约而同地赞助天文学研究，即使王朝更替也没能破坏学者在天文学领域研究主题的延续与传承。正因为这一点，众多学者在王朝或宫廷资助之下，能够集中精力聚焦天文学系列科学研究选题，坚持不懈地朝着预期目标共同努力，并拉动了与天文学研究相关的数学、光学领域研究，最终导致伊斯兰世界科学事业硕果累累，成为人类科学发展历史上一颗璀璨明珠。

[①] 〔荷〕H. 弗洛伊德·科恩：《科学革命的编史学研究》，张卜天译，湖南科学技术出版社2012年版，第500页。

第一节　伊斯兰阿拉伯科学的辉煌成就

一　伊斯兰世界在数学领域的杰出成就

在数学领域，伊斯兰世界对印度计算技术与希腊数学遗产进行了卓有成效的结合，不仅为代数学开辟了新的道路[1]，而且有效地促进了几何学的发展。[2]

1. 代数学领域的成就

伊斯兰世界在数学领域的最杰出成就是阿尔·花剌子模创作的《复原和化简的科学》，此书分为三大部分，第一部分是关于一次、二次方程的解法，这一部分被翻译成拉丁文，广泛流行于欧洲大陆；该书第二部分是实用测量学，第三部分是用代数方法解决家庭遗产分配问题。[3] 花剌子模被誉为"代数学之父"的重要原因在于《复原和简化的科学》撇开长度、重量、体积、面积等具体度量单位，提出了"数"与"计算程序"的抽象概念，初步确立了线性方程的运算方式与程序，其创造的许多名称一直沿用到今天，如求根、移项、消项、平方、平方根等。[4] 如果说欧几里得开创了几何学作为数学独立分支学科的地位，那么开创代数作为数学独立分支学科地位的学者就是花剌子模。[5]

埃及数学家卡米勒是继花剌子模（780~850）之后另一位伊斯兰世界的著名数学家，他运用代数方法重新证明了《几何原本》的一些命题，并给出数值的例子；他善于运用代数规则处理各种形式的二次方程，包括各种更为复杂的恒等式与各种复杂问题的求解，例如对不尽根的处理。[6]

---

[1] Sabra, A. L., "Science, Islamic", *Dictionary of the Middle Ages*, ed. J. R. Strayer, vol. 11, New York: Scribner's, 1988: 86.
[2] 〔荷〕H. 弗洛伊德·科恩：《科学革命的编史学研究》，张卜天译，湖南科学技术出版社 2012 年版，第 502 页。
[3] 吴国盛：《科学的历程》，湖南科学技术出版社 2018 年版，第 168 页。
[4] 陈方正：《继承与叛逆：现代科学为何出现于西方》，生活·读书·新知三联书店 2009 年版，第 327 页。
[5] 吴军：《全球科技通史》，中信出版集团 2019 年版，第 117 页。
[6] 〔美〕维克多·J. 卡兹：《数学史通论》（第 2 版），李文林、邹建成、胥鸣伟等译，高等教育出版社 2004 年版，第 198 页。

在公元1000年左右，卡拉吉在巴格达工作多年并撰写了大量数学著作，他以系统地研究幂次代数为开端，明确定义 X^n（$n=1, 2, 3, \cdots\cdots$）并提出单项式的四则运算，在此基础上进一步定义多项式并提出多项式加减乘除运算，例如多项式除以单项式的运算；他还运用算术运算方法处理无理量并取得了较大的成功，在求解二项展开系数领域也取得了较大成功；此外，卡拉吉还归纳总结了许多级数求和公式。[1]

奥马·海亚姆出生于伊朗，弱冠之年远赴中亚枢纽城市撒马尔罕潜心学术钻研，著有《论代数问题的证明》。数年之后被朝廷任命为历法改进小组领头人，从此转向天文学和历法工作，历时近二十年。海亚姆在代数领域的贡献主要在于三次方程式的系统研究，它始于某些几何问题的研究引发，如"求直角三角形的斜边等于一边与直角顶点至斜边高之和""三次方程可以转化为两条圆锥曲线相交点来解决"，在系统解决三次方程求解问题的基础上，海亚姆明确提出代数和几何仅仅是表面上存在差异，两者实际上存在密切联系，代数实际上可以理解为已经证明的几何事实；显然，海亚姆的三次方程已经具有解析几何的初步思想。[2] 海亚姆的方法得到了萨拉夫·丁·图西的改进，他将三次方程分成不同类型，并对每一种类型分别求解，此外，他还在三次方程的极值问题求解上取得了较大的进展。[3]

卡西是花剌子模之后在西欧享有盛名的伊斯兰世界的代数学家、天文学家，1427年他撰写的五卷本《算式示要》，分别讨论了整数、分数、天文计算、平面以及立体测度、一元一次、二次方程以及二元方程的求解；这本著作突出贡献包括十进制（很可能源于中国）分数，即小数思想以及任意整数开任意次方等思想方法对西欧的韦达、斯蒂文产生了重要影响。[4]

---

[1] 陈方正：《继承与叛逆：现代科学为何出现于西方》，生活·读书·新知三联书店2009年版，第327页。

[2] 陈方正：《继承与叛逆：现代科学为何出现于西方》，生活·读书·新知三联书店2009年版，第328—329页。

[3] 〔美〕维克多·J. 卡兹：《数学史通论》（第2版），李文林、邹建成、胥鸣伟等译，高等教育出版社2004年第2版，第200页。

[4] 陈方正：《继承与叛逆：现代科学为何出现于西方》，生活·读书·新知三联书店2009年版，第363页。

此外，伊斯兰世界的数学家塞毛艾勒、伊本·库拉、伊本·班纳等在代数领域也做出重要贡献。

2. 三角学领域的成就

伊斯兰世界三角学理论源自古希腊和古印度。古希腊的喜帕恰斯在一个固定圆内通过计算给定度数的圆弧求出对应的弦长，制作了世界上第一份弦表，这是最原始的三角函数，即弦函数。托勒密继承了喜帕恰斯的思路，计算了间隔 $0.5°$、从 $0.5°$ 到 $180°$ 的弦表，还发现了能在任意两个已知结果之间的插值方法，但是托勒密计算方法十分复杂。印度人在古希腊三角学基础上进一步提出正弦函数，优化了三角函数计算方法。伊斯兰世界的数学家在此基础上对三角学做出了十分杰出的贡献，不仅有效拓展了三角函数的内容，而且极大地简化了计算方法。著名数学家、天文学家花剌子模最早系统阐述了三角函数表，制订了正弦函数和余弦函数的三角函数表[1]，三角学在阿拉伯数学中占有十分重要的地位，它的产生和发展与天文学研究有着十分密切的关系。许多世纪里一直为东西方广泛使用[2]，例如西欧航海时代，许多天文学家和航海家经常用三角学来计算航线纬度、经度位置以及距离等。

阿尔巴塔尼运用类似于正切函数的公式来描述直角三角形两个非斜边关系，其方法虽比托勒密有一定改进，但仍然显得比较粗糙。[3] 阿布瓦法为三角学做出了极为重要贡献，他明确定义了正切函数、正割函数、余割函数，并且精心编制了相当精确的正弦函数表与正切函数表。[4] 曼苏尔（970~1036）发现并证明了正弦定理，即任意一个三角形每一个角的正弦与对边长度的比值都相等；他还拓展了三角函数来解决球面三角学问题；为曼尼劳斯的《球面论》作详细评注。[5] 著名学者比鲁尼是一

---

[1] 吴军：《全球科技通史》，中信出版集团 2019 年版，第 118 页。

[2] 〔美〕斯塔夫里阿诺斯：《全球通史：1500 年以前的世界》，吴象婴、梁赤民译，上海社会科学院出版社 1999 年版，第 364 页。

[3] 〔美〕维克多·J. 卡兹：《数学史通论》（第 2 版），李文林、邹建成、胥鸣伟等译，高等教育出版社 2004 年版，第 216—217 页。

[4] 陈方正：《继承与叛逆：现代科学为何出现于西方》，生活·读书·新知三联书店 2009 年版，第 332 页。

[5] 陈方正：《继承与叛逆：现代科学为何出现于西方》，生活·读书·新知三联书店 2009 年版，第 336 页。

位著名的天文学家、数学家与哲学家,他对三角函数之间的各种复杂关系做了系统论证,并列举了许多例子加以进一步阐述。①

阿法拉(约1100~1160)的著作《大汇编纠误》中涉及大量三角学知识,成为拉哲蒙坦那《三角学》的主要来源,这一本书成为欧洲人学习三角学知识的经典教科书。②

纳西尔图西(1201~1274)准确清晰地描述了平面正弦定理,提出利用二项定理求解任意高次方根的方法,继承阿布瓦法、曼苏尔、比鲁尼等学者的思路、方法继续完善三角学,③ 他创作了《论四边形》,使得三角学彻底脱离天文学成为数学的独立分支,这部著作对于三角学在欧洲的发展具有决定性影响。④

马格列比(1220~1283)擅长三角学,以论述曼尼劳斯定理以及精确计算 $sin1°$ 而知名,这是编制正弦数表的基础。⑤

卡西(1380~1429)从三倍角公式 $sin3a = 3sina - 4sin^3 a$ 出发,令 $a = 1°$ 并设 $x = sin1°$,由此将上式转化为 $sin3° = 3x - x^3$,这样,卡西将三角函数转化为高次方程并给出了求解方法,最终给出了 $sin1°$ 的精确值为 0.017 452 406 437 283 571;由于三角正弦表的精度主要依赖于 $sin1°$ 的计算精度,卡西改进 $sin1°$ 算法具有重要的理论与实践意义。⑥

总之,阿拉伯人在古希腊"弦表"的基础上创造了新的三角量,如正割、余割,在详细阐述各个三角量的性质和相互联系基础上,阐述了平面三角形和球面三角形的全部解法,并编制了一系列的三角函数表,让三角学成为天文学的重要工具,同时让三角学成为数学的独

---

① 〔美〕维克多·J.卡兹:《数学史通论》(第2版),李文林、邹建成、胥鸣伟等译,高等教育出版社2004年版,第217页。
② 陈方正:《继承与叛逆:现代科学为何出现于西方》,生活·读书·新知三联书店2009年版,第352页。
③ 陈方正:《继承与叛逆:现代科学为何出现于西方》,生活·读书·新知三联书店2009年版,第356页。
④ 纪志刚:《阿拉伯的科学》,载江晓原《科学史十五讲》,北京大学出版社2006年版,第114页。
⑤ 陈方正:《继承与叛逆:现代科学为何出现于西方》,生活·读书·新知三联书店2009年版,第357—358页。
⑥ 〔美〕维克多·J.卡兹:《数学史通论》(第2版),李文林、邹建成、胥鸣伟等译,高等教育出版社2004年版,第221页。

立分支。①

3. 几何学领域的贡献

伊斯兰世界的数学家们还对几何学做出了重要贡献。在实用几何学领域，花剌子模搜集整理并汇编了初级测量学规则与方法，并测算了Π的近似值，但没有取得突出贡献，在计算三角学面积领域，他发现了独特的算法；在平行共设问题上，伊斯兰世界的学者们希望有所改进，伊本·海亚姆在《对欧几里得原本中前提的评注》中，试图重新修订欧几里得的平行理论，并给出了自己的证明；奥玛·海亚姆也对平行公设问题感兴趣，在《关于欧几里得书中有疑问的公设的评注》中，他从两条收敛的直线相交出发，对欧几里得的第五共设的八个命题进行了证明；纳西尔·丁·图西在批判、借鉴前辈工作基础上，撰写了《抹去平行线方面疑点的讨论》中，对欧几里得的第五共设做出了证明。②

伊斯兰数学家伊本·巴格达蒂对不可公度性问题做出杰出贡献，克服了亚里士多德、欧几里得将数和量人为割裂的缺陷；他在《论可公度和不可公度》中，试图将无理量使用过的运算规则和《几何原本》的主要原理协调一致，向世人展现这些数值计算方法比欧几里得的几何模式更加简单，无论是"有理量"，还是"无理量"，都可以用相同的方式在本质上表达为"数"，"无理量"并非罕见、稀奇的现象，而是普遍的、常见的现象，在任意两个有理量之间存在无穷多个无理量；伊本·巴格达蒂的著作表明了伊斯兰世界的数学家充分理解了古希腊数学家将数和量分开的意图，又打破了数和量分割带来的不必要的束缚，开创了数和量计算的新纪元，在计算中大量使用"无理数"成为合理的事情。③

伊斯兰世界的数学家还试图在立体体积的计算领域超越古希腊学者。塔比·伊本·库拉证明了一条抛物线旋转形成的立体体积的计算方法，但证明过程十分冗长而复杂；大约75年后，阿布·萨赫勒·库西简化了

---

① 纪志刚：《阿拉伯的科学》，载江晓原《科学史十五讲》，北京大学出版社2006年版，第114页。

② 〔美〕维克多·J. 卡兹：《数学史通论》（第2版），李文林、邹建成、胥鸣伟等译，高等教育出版社2004年版，第212—214页。

③ 〔美〕维克多·J. 卡兹：《数学史通论》（第2版），李文林、邹建成、胥鸣伟等译，高等教育出版社2004年版，第214—215页。

塔比的方法,随后,伊本·海萨姆(又译为伊本·阿尔·哈曾,965-1040)提出了一般情形下抛物体体积计算与证明方法。①

马格列比(1220-1283)对古希腊几何名著《几何原本》《圆锥曲线》以及《论球面》都著有评述。②

卡西于1424年完成了《圆周论》,计算了圆周率π小数点后面16位数,其精确度首次超过了千年之前中国祖冲之父子在《缀术》中计算出来的结果,即 3.1415926<π<3.1415927,他运用的方法有其独创性:首先证明 $\sin(45°+a/2)=[(1+\sin a)/2]^{1/2}$;然后再运用这一定理找到效率比前人高得多的求多边形长度的递归方程式,再通过反复开方28次,最终得到精确的π值。③

二 伊斯兰世界天文学领域杰出成就

长期以来,西方科学史学者有意或无意地忽略掉阿拉伯人在天文学领域的杰出成就与突出贡献,实际上,这可能是欧洲中心论思潮泛滥的结果。但是,要想真正理解哥白尼革命,就必须了解伊斯兰世界天文学家的杰出贡献以及他们对托勒密天文学体系的批判与修改。

1. 对托勒密天文学说的继承与发展

伊斯兰世界天文学兴起于阿拔斯王朝,初始受印度、波斯天文学影响比较深,当然,严格说来,彼时波斯、印度的天文学都曾经深受托勒密天文学说的影响。当托勒密的《数学汇编13卷》被译成阿拉伯文之后,令一众伊斯兰学者深感震惊与佩服,认为那是伟大之至的天文学著作,于是将译名改为《至大论》。尽管如此,一开始《至大论》的研究思路与方法并没有占据绝对主流的地位,这可能与《至大论》的数学方法非常繁复有关,因此,著名数学家、天文学家花剌子模的天文学研究虽然也受到托勒密天文学说的影响,但主要还是继承了印度天文学传统。

---

① 〔美〕维克多·J.卡兹:《数学史通论》(第2版),李文林、邹建成、胥鸣伟等译,高等教育出版社2004年版,第215页。
② 陈方正:《继承与叛逆:现代科学为何出现于西方》,生活·读书·新知三联书店2009年版,第358页。
③ 陈方正:《继承与叛逆:现代科学为何出现于西方》,生活·读书·新知三联书店2009年版,第363页。

第五章 伊斯兰阿拉伯科学奇迹

当花剌子模经过数十年天文观测积累之后，准备编制阿拉伯世界第一个天文表时，他并没有完全按照托勒密理论体系进行编制，而是综合汲取了印度、波斯和古希腊在天文历法的成功经验，编制了《花剌子模天文历表》，随后100多年，这一历表流行于整个伊斯兰世界。

法尔甘尼（活跃于860年前后）意识到《至大论》过于深奥难懂，决定撰写一部应用数学较少、适合教学和一般学者需要的《至大论》简洁版，命名为《天文学原理》，此书后来被译为拉丁文并流行于欧洲大陆。[1]

真正将托勒密《至大论》思路、方法发扬光大的是伊斯兰世界最伟大的科学家阿尔巴塔尼（850-929），也是世界上最伟大的天文学家之一。他甘于平凡生活，不为名利牵绊，没有被当时世界上最繁华的都市巴格达所吸引，终身留在叙利亚西北角的安提俄和北方的拉卡进行天文观测，认真研究《至大论》，并乐此不疲，最终完成了共57章的巨著《天体运行》；他率先运用正弦表计算天文观测数据，为天文学引进一种新的数学计算法，引领了球面三角学的创新与完善运动。[2] 1116年《天体运行》被译为拉丁文，并于1537年印刷出版。遗憾的是，《天体运行》的巨大理论价值与应用价值曾经很长时间被无视，直到15、16世纪欧洲兴起天文学研究热潮时，其巨大价值才被哥白尼等学者重新挖掘；哥白尼在《天体运行论》中大量引用该著作，提到阿尔巴塔尼的名字不下23次，随后，第谷、开普勒、伽利略等伟大科学家也经常引用这部著作观点与方法。[3] 阿尔巴塔尼还发现了太阳远地点是变化的，修订了托勒密认为太阳远地点是固定的观点；古希腊著名天文学家喜帕恰斯最早测出了太阳远地点坐标值，托勒密误以为太阳远地点是固定不变的，并据此推算日环食不会发生，阿尔巴塔尼通过观测发现，太阳远地点离喜帕恰斯所测算的位置已增大了近17°，从而推算太阳远地点为每66年进

---

[1] 陈方正：《继承与叛逆：现代科学为何出现于西方》，生活·读书·新知三联书店2009年版，第331页。

[2] 陈方正：《继承与叛逆：现代科学为何出现于西方》，生活·读书·新知三联书店2009年版，第331页。

[3] 纪志刚：《阿拉伯的科学》，载江晓原《科学史十五讲》，北京大学出版社2006年版，第117页。

动 1°，他还论证了日环食发生的可能性。另外，阿尔巴塔尼还测算了黄道平面与赤道平面的交角为 23°35′，与现代测算的精确值 23°26′相差无几。阿尔巴塔尼发现春分点对于地球近日点的相对移动，推断其位置的移动是缓慢的，将托勒密所确定的位置做了改动；阿尔巴塔尼计算的回归年的长度非常准确，为 365 日 5 小时 48 分 24 秒，700 年后成为格里高利教皇改革儒略历的基本依据[1]，改革后的历法为格里高利历，即今天世界通用的公历。

尤努斯（950~1009）是埃及天文学家，他基本遵循托勒密研究思路与方法，975~1009 年一直坚持天文观测，是古代社会最为杰出的月球研究学者之一，他准确观测记录了 30 次月食和 40 次行星相合现象。19 世纪美国天文学家纽克姆发现尤努斯的观测数据非常精确，可以用于月球加速度研究；他编制的《赫肯姆天文数表》不仅包括多种历法（伊斯兰历、古叙利亚历、波斯历以及古埃及人使用的科普特历）之间相互转换表，而且含有月球运行数表。[2]

伊本·阿尔·哈曾或许是对《至大论》的研究最为透彻的伊斯兰世界的杰出天文学家，对托勒密思路、方法以及理论体系缺陷都有十分深入、全面的理解，为帮助读者理解托勒密天文学中天文数表的计算方法，他认真撰写了《至大论》评论，对推广《至大论》的思路、方法起了重要作用。[3]

比鲁尼（973~1043）是一位才华横溢的学者，其研究涉及数学、医学、天文学、地理学等多个领域，他在天文学领域的贡献集中体现在《天文典》，这是一部堪称中世纪天文学百科全书的巨著，涵盖了球面天文、月食、行星运动、计时学等内容。另外，值得一提的是，比鲁尼还发现了岁差与太阳进动之间的区别，在《天文典》中，他从理论上对岁差与太阳远地点做了详细的区分，此外，书中还附有精确的三角函数表。

纳西尔图西（1201~1274）对《至大论》以及亚里斯塔克、阿波罗

---

[1] 吴国盛：《科学的历程》，湖南科学技术出版社 2018 年版，第 169 页。
[2] 陈方正：《继承与叛逆：现代科学为何出现于西方》，生活·读书·新知三联书店 2009 年版，第 334 页。
[3] 陈方正：《继承与叛逆：现代科学为何出现于西方》，生活·读书·新知三联书店 2009 年版，第 350 页。

尼奥斯等天文学的著作做了详细评述，主持编写了《伊尔汗数表》。① 可惜的是，作为托勒密体系的重要研究者与批评者，他似乎忽略了亚里斯塔克日心地动说。

撒马尔罕学院集体编纂了《古尔干数表》，这是一部集天文学理论、观测数据、计算结果为一体的杰出天文学著作，包括三个方面重要内容：一是根据天文台长期实际观测数据编制的原创星表，包含了多达 992 颗恒星，是自喜帕恰斯、托勒密以来恒星数量最多的一部伊斯兰世界的原创星表；二是运用三次方程求近似解的方法获取 $\sin 1°$ 的精确值 0.017452406437283571，将三角函数表的值精确到小数点后面 8 位，正弦与正切函数更是每隔 1′给出；三是给出了日月行星有关的精准数据，与现代测定的相关数值差异很小。②

此外，伊斯兰天文学家们还在星盘原理、制作领域做出了积极贡献。天文学家库西（940~1000）撰写了《星盘构造》，创建投影法对大地坐标和赤道坐标系统进行变换，用来定位和预测太阳、月亮和行星在空中位置，确定本地时间与经纬度等。③

2. 对托勒密天文学的批判与改进

在研习托勒密天文学说两三百年之后，伊斯兰世界天文学家们已经充分意识到《至大论》固然是一部伟大的著作，但其理论体系并非完美无缺，而是存在各种各样大大小小的一系列缺陷，于是，哈曾、比鲁尼等开始深刻反思托勒密天文学说，并试图进一步修改、完善托勒密天文学说。

伊本·阿尔·哈曾发现，依据托勒密天文学理论计算出来的结果与实际观测根本不会吻合，存在大量错误，也就是说，托勒密天文学说根本无法有效地解释宇宙现象，在多次反复验证托勒密方法与思路之后，他以不容置疑的语气准确地下了断言，即托勒密的行星运动模型是错误

---

① 陈方正：《继承与叛逆：现代科学为何出现于西方》，生活·读书·新知三联书店 2009 年版，第 355—356 页。

② 陈方正：《继承与叛逆：现代科学为何出现于西方》，生活·读书·新知三联书店 2009 年版，第 361 页。

③ 陈方正：《继承与叛逆：现代科学为何出现于西方》，生活·读书·新知三联书店 2009 年版，第 332 页。

的，正确的或真实的宇宙模型还有待人类进一步深入探索。这无疑是一个伟大发现，对后续学者研究托勒密天文学说具有重要的启发意义。正如胡弗指出："伊本·阿尔·哈曾（965~1040）写了三篇讨论托勒密伟大著作的专文，在文章中他质疑了托勒密天文学体系的方法及其有效性。在其中的一篇评论中，伊本·阿尔·哈曾大展其才地全面分析了托勒密模型并推理得出结论：'《至大论》所描述的行星运动模型是错误的，而正确的运动模型还有待发现'。"[①] 他指出，托勒密体系运用"曲轴本轮系统"违背了"天体运动为匀速圆周运动的组合"的根本原理，因此是无法接受的，这埋下了颠覆托勒密体系的种子，对包括哥白尼在内的众多天文学家产生了重大影响。事实上，正是匀速圆周运动难以拟合天体运动实际状态，托勒密才不得不创造"曲轴本轮体系"来拟合天体运动。因此，笔者倒觉得，与其说是托勒密的方法违反了人们亘古以来根深蒂固的观念引起质疑，倒不如说大量实际天文观测数据与按照托勒密理论计算的结果不吻合，促使哈曾质疑托勒密的方法出现错误，这一点对后续天文学家的影响可能更加深远，也更加直接，因为这是天文学发展的最基本原则，即理论计算的结果与实际观测数据相吻合。

与伊本·阿尔·哈曾同时代的另一位著名天文学家比鲁尼也对托勒密宇宙模型产生质疑，他认为托勒密关于地球是静止的，居于宇宙中心的观点以及太阳围绕地球旋转的论断是可疑的，他还进一步指出，真实的情况是地球是自转的，这一点他比较确信，他也提出地球围绕太阳运转的观点，虽然他倾向于相信这一点，但仍然觉得不太确定。[②] 他在写给著名医学家、天文爱好者阿维森纳的信中，提出地球绕太阳旋转的观点，还推测行星运行轨道是椭圆的，但语气上明显比较弱，存在猜测的成分。[③] 这反映了比鲁尼对天文现象天才般的敏锐直觉，他关于行星的实际运行轨道是椭圆的猜想，比开普勒等学者提出类似观点整整早了五六百年。

---

① 〔美〕托比·胡弗：《近代科学为什么诞生在西方》，周程、于霞译，北京大学出版社2010年版，第54页。
② 吴军：《全球科技通史》，中信出版集团2019年版，第118页。
③ 纪志刚：《阿拉伯的科学》，载江晓原《科学史十五讲》，北京大学出版社2006年版，第118页。

值得一提的是伊斯兰世界的一部纠正托勒密天文学说的原创性著作，即天文学家阿法拉（约 1100~1160）创作，但却未命名的九卷本著作，后人称之为《大汇编纠误》，这一杰出著作对欧洲天文学界产生广泛影响。阿法拉在书中提出，水星、金星与其他行星一样，都是在太阳"以上"，而并非如托勒密在《至大论》中所言的在太阳"之下"，此书应用阿布瓦法的三角学提出多条球面三角形定理，对托勒密《至大论》中的疏漏之处做了系统纠正。[1]

伊本·阿尔·哈曾对托勒密宇宙模型的客观评价，在伊斯兰-阿拉伯世界产生了深远影响，11世纪末中亚地区天文学以及12世纪早期西班牙南部的阿拉伯天文学的发展，都深受这一论断的影响。否定与反思托勒密宇宙观的思潮在伊斯兰-阿拉伯世界的流行，最终导致阿拉伯天文学思想发生了深刻且重大的变化。

在伊本·阿尔·哈曾逝世之后的一个世纪里，阿拉伯思想家独立地领导了被誉为"反叛托勒密天文学"的运动，阿拉伯天文学思想的变化足以说明托勒密体系在当时已被放弃，至少是部分放弃。当然，阿拉伯天文学家试图发展出替代托勒密体系的新天文学体系的努力，并没有取得完全成功。

如果说伊本·阿尔·哈曾是提出批判托勒天文学思想的第一人，那么纳西尔图西（1201~1274）则可以说是带领伊斯兰世界天文学家在托勒密体系之外重新寻找起点的开拓者。[2] 纳西尔图西根据哈曾的观点，集中批判了托勒密放弃了所有天体运动都应该由匀速圆周运动构成的基本原理，构建新的天体运动模型，新模型的天体运动既能够满足匀速圆周运动组合的基本原则，又能够产生类似于托勒密"曲轴本轮模型"的基本效应，甚至更为完美的效应。图西构建新模型的成果被称为图西双轮机制，对后世学者产生极大的影响。[3]

库图阿丁（1236~1311）是图西的得意门生，也是才华横溢的天文

---

[1] 陈方正：《继承与叛逆：现代科学为何出现于西方》，生活·读书·新知三联书店 2009 年版，第 352 页。

[2] 陈方正：《继承与叛逆：现代科学为何出现于西方》，生活·读书·新知三联书店 2009 年版，第 355 页。

[3] 陈方正：《继承与叛逆：现代科学为何出现于西方》，生活·读书·新知三联书店 2009 年版，第 355 页。

学家、数学家、哲学家和医学家，在图西指导下，他成为编纂《伊尔汗数表》的核心人物，沿用"图西双轮"机制构建月球、水星等多个天体运行模型。①

卡玛阿丁（1260~1320）是库图阿丁的学生，但库图阿丁却没有让卡玛阿丁继承批判托勒密天文学体系的研究路线，而是让他转向光学研究，让他评注哈曾的《光学汇编》。② 或许是库图阿丁在批判托勒密体系领域遇到障碍，或许是他认为这一问题的研究基本完成。

沙提尔（1304~1375）是马拉盖学派的又一位杰出天文学家，其天文学研究深受图西、库图阿丁、乌尔狄、马格列比等学者的影响，他宣称自己的天文学研究目的就是为了进一步补充、完善他们的理论。在《新天文手册》《正确行星理论之总结研究》中，他以图西双轮机制为基础构建了新的天体运行模型，并详细列举了模型的基本参数以及据此计算得出的日、月、五星等天体运行数据。③ 对此，著名科学史家托比·胡弗对沙提尔著作给出了非常高的评价。他指出，沙提尔成功地研究出了数学上等价于哥白尼模型与托勒密模型的新数理天文学模型。这些天文学家属于马拉盖学派，尽管他们并没有完成新的日心结构的突破，但他们的确研究出更加令人满意的数理天文学模型，因此，从某种意义上看，"哥白尼应该被看作，即使不是最后一个，也必然是马拉盖学派最著名的追随者。"④ 20世纪60年代，美国学者肯尼迪研究发现，哥白尼《天体运行论》中的模型、结构、参数、图解都与沙提尔相同，都采用了图西双轮机制，唯一的差异在于，哥白尼不再以地球为宇宙中心，而是以太阳为宇宙中心；因此，肯尼迪推断，哥白尼实际上十分熟悉沙提尔著作。⑤

---

① 陈方正：《继承与叛逆：现代科学为何出现于西方》，生活·读书·新知三联书店2009年版，第356页。

② 陈方正：《继承与叛逆：现代科学为何出现于西方》，生活·读书·新知三联书店2009年版，第357页。

③ 陈方正：《继承与叛逆：现代科学为何出现于西方》，生活·读书·新知三联书店2009年版，第359页。

④ 〔美〕托比·胡弗：《近代科学为什么诞生在西方》，周程、于霞译，北京大学出版社2010年，第54—55页。

⑤ 陈方正：《继承与叛逆：现代科学为何出现于西方》，生活·读书·新知三联书店2009年版，第359页。

此外，阿拉伯著名天文学家阿尔·比特拉几的《天文学原理》试图发展新数学模型来改革托勒密体系，但没有取得成功，此后，其他阿拉伯天文学家没有动力继续尝试取代托勒密体系的理论创新。① 此外，阿拉伯天文学家曾致力于改革托勒密行星体系，或者另称为地心模型，改革的复杂程序中包含了用来解释理论与观察之间差异的数学模型和天文学推理。② 但终究无法创造出完全脱离托勒密体系的新天文学模型。

但遗憾的是，伊斯兰世界天文学家们并没有继续前进，止步于巅峰状态，没有真正揭示出宇宙或太阳系的真实状态，但伊斯兰天文学家对托勒密体系的批判与修改为哥白尼革命奠定坚实的理论基础，这是毫无疑问的历史事实，对托勒密体系的彻底批判最终由哥白尼、开普勒、伽利略以及牛顿等杰出学者完成。

三 伊斯兰世界光学领域的杰出成就

伊斯兰阿拉伯天文学对近代科学革命中天文学研究有巨大的影响，同样地，其光学研成果十分丰硕，对西欧光学研究产生了重大影响。

阿尔·哈曾年轻时曾在出生地从政且颇有地位，但因为厌恶教派纷争而转向哲学和科学研究，以哲学、科学研究为乐。他潜心学术研究、著作将近百种之多，可谓著作等身，但他最杰出的成就主要在天文学、物理学，被誉为继阿基米德之后又一个伟大的物理学家。特别值得一提的是，阿尔·哈曾七卷本的《光学汇编》，绝对可以称得上光学发展史上的一个里程碑。阿尔·哈曾的光学研究，虽然是对托勒密等希腊学者传统的继承，但显然青出于蓝而胜于蓝，其大量结果和推断是通过实验与独立思考所得，许多结论都非常接近现代物理学。③

阿尔·哈曾在光学领域的重大贡献主要体现在以下方面：（1）光的性质，无论光源是太阳光、火光抑或反射光，其性质都一样；（2）光线

---

① 〔美〕托比·胡弗：《近代科学为什么诞生在西方》，周程、于霞译，北京大学出版社2010年版，第54页。
② 〔美〕托比·胡弗：《近代科学为什么诞生在西方》，周程、于霞译，北京大学出版社2010年版，第54页。
③ 陈方正：《继承与叛逆：现代科学为何出现于西方》，生活·读书·新知三联书店2009年版，第340—341页。

直线传播规律,直到遇到障碍;(3)景物通过针孔进入黑室成像原理①;(4)人眼视觉原理,在阿尔·哈曾之前,包括欧几里得、托勒密等著名学者都认为,人能看见东西是因为从人眼睛里发射出的光线经过物体又反射回来了;但阿尔哈曾纠正了这种错误,指出人的眼睛并不发射光线,所有的光线都来自太阳,人之所以能看见物体,是因为物体反射了太阳光,这是光学史上一次重大观念变革②;(5)透镜成像原理,在《光学汇编》中,阿尔·哈曾在研究透镜成像原理过程中发现透镜的曲面是造成光线折射的原因,澄清了组成透镜的物质特殊魔力的错误观念;(6)光的折射、反射,他广泛研究了光在各种情形中的折射和反射现象,特别探讨了大气中的光学现象,还讨论了月亮如何反射太阳光的物体③;(7)光的传播速度的差异,指出光在不同介质中具有不同传播速度。此外,他还对明暗、颜色、形状、运动、质地、视错觉等问题进行了大量研究。

《光学汇编》对伊斯兰世界的光学研究具有重要的引领作用,也对西欧社会产生了重大影响。当它在12世纪被译为拉丁文之后,迅速征服了西欧学者,牛津大学大名鼎鼎的罗吉尔·培根等学者的光学著作都是以《光学汇编》为主要资料与思想来源的④,开普勒则直接继承了阿尔·哈曾在光学方面的研究工作。⑤

卡玛阿丁是阿尔·哈曾之后的另一位知名光学研究者,他受库图阿丁指导,对阿尔·哈曾的《光学汇编》进行评注和修订。彩虹的成因是卡玛阿丁光学研究的最大的亮点,他指出彩虹产生的原理在于,阳光在悬浮空气中的微细水滴里面经过两次折射和一次内部全反射而形成,他曾经以球形瓶做实验来验证自己的观点。⑥

---

① 〔美〕托比·胡弗:《近代科学为什么诞生在西方》,周程、于霞译,北京大学出版社 2010 年版,第 341 页。
② 吴国盛:《科学的历程》,湖南科学技术出版社 2018 年版,第 169—170 页。
③ 吴国盛:《科学的历程》,湖南科学技术出版社 2018 年版,第 170 页。
④ 陈方正:《继承与叛逆:现代科学为何出现于西方》,生活·读书·新知三联书店 2009 年版,第 340—341 页。
⑤ 吴国盛:《科学的历程》,湖南科学技术出版社 2018 年版,第 170 页。
⑥ 陈方正:《继承与叛逆:现代科学为何出现于西方》,生活·读书·新知三联书店 2009 年版,第 357 页。

四 伊斯兰世界地理学领域的杰出成就

花剌子模认真研究了托勒密《地理学》，纠正了托勒密对世界上主要城市的地理位置标注错误之外，撰写了《地球形状》一书，书中列出了 2402 个地点的经纬度，其中关于中东地区的描述比托勒密更为准确，[①]他还绘制了一幅世界地图，对地球地形地貌进行了描述，其创造的地理概念成为现代地理学的基础。[②] 但花剌子模对地球估计过大，他测算的地球周长是 6.4 万公里，是地球实际周长 4 万公里的 1.6 倍。[③]

比鲁尼（973~1048）虽然多次遭遇大的变故和流离困厄，却能够始终以科学研究为乐，始终坚持天文学观测，治学不辍，毕生著述竟然有 143 种之多，有五六百万字，在数学、天文、物理等许多方面都有重要建树。在地理研究中，比鲁尼意识到托勒密对地球半径的估计偏小，于是重新测算了地球半径；比鲁尼的方法简洁明了，但实际效果却令人惊叹，他通过海边山峰观测海平面的俯角来测算地球半径，最终得出地球半径为 6339.6 公里，与现代测算相比，误差仅为千分之五，这对他的地理位置经纬度测算产生了积极的作用；他详细测算并记录了 600 多个地点的经纬度，其准确度都高于托勒密。[④]

五 伊斯兰世界化学领域的杰出成就

美国著名的东方学家希提（Philip K. Hitti，1886~?）曾高度评价伊斯兰世界对实验科学思想的贡献。他说："阿拉伯人在研究化学和其他自然科学中推广了客观实验的方法。对希腊人模糊的思辨来说，这是一个决定性的改革"。[⑤] 阿拉伯帝国在化学领域做出了杰出的贡献，在科学史上，阿拉伯炼金术是化学史上极为重要的一段，正是它为近代化学奠定

[①] 陈方正：《继承与叛逆：现代科学为何出现于西方》，生活·读书·新知三联书店 2009 年版，第 340—341 页。
[②] 吴军：《全球科技通史》，中信出版集团 2019 年版，第 118 页。
[③] 吴国盛：《科学的历程》，湖南科学技术出版社 2018 年版，第 168 页。
[④] 陈方正：《继承与叛逆：现代科学为何出现于西方》，生活·读书·新知三联书店 2009 年版，第 334—335 页。
[⑤] 周放：《伊斯兰文化与近代实验科学》，《自然辩证法研究》2008 年第 3 期，第 103—106 页。

了基础。西文中许多化学名词都来自阿拉伯文，如碱（alkali）、酒精（alcohol）、糖（sugar）等。① 阿拉伯人发明和改良了许多实验设备（如蒸馏设备）和实验方法，蒸馏、升华、过滤和结晶等方法；成功地提炼了纯酒精、苏打、硝酸、硫酸、盐酸、硝酸银和硝酸钾等化学物质；著名化学家贾比尔通过科学实验发现了很多化学物质并记录了相应的制作方法以及金属的冶炼方法。②

伊斯兰世界的学者还建立了基于量化实验的科学研究，他们通过广泛的实验修正了过去基于经验的不准确的主观结论；在基于量化实验中，阿拉伯科学家阿勒·哈尼兹还认识到空气具有重量，甚至因此提出了空气浮力理论。③ 阿勒·哈尼兹还进一步指出，大气的密度随高度的变化而变化，离地面越近密度越大，在不同高度称量时，物体重量也会发生变化，另外，他还以路程与时间之比给出了速度概念。④

随着贾比尔等学者的著作被译成拉丁文，伊斯兰世界的化学知识也传播到欧洲大陆，对欧洲近代化学产生了积极的巨大的影响。

罗吉尔·培根（Roger Bacon，1214～1292）与弗朗西斯科·培根（Francis Bacon，1561～1626）两位哲学家均大力提倡实验精神，罗吉尔·培根大力提倡依靠实验来理解自然科学、医药、炼金术和天上地下的一切事物，这种大胆怀疑的科学精神在当时很难被理解与接受⑤；弗朗西斯科·培根提出强调科学家们要从观察、实验到分析结果的一整套研究方法，特别强调实验对科学发现的重要性⑥；但鲜为人知的是，他们关于实验精神的思想来源于阿拉伯文献，确切地说是来源于阿拉伯炼金术文献。⑦ 罗吉尔·培根和弗朗西斯科·培根都十分热衷于阿拉伯炼

---

① 吴国盛：《科学的历程》，湖南科学技术出版社2018年版，第165—166页。
② 吴军：《全球科技通史》，中信出版集团2019年版，第119页。
③ 吴军：《全球科技通史》，中信出版集团2019年版，第119—120页。
④ 王学力：《论中世纪伊斯兰世界的科学》，《四川师范学院学报（哲学社会科学版）》1992年第5期，第142—146页。
⑤ 吴国盛：《科学的历程》，湖南科学技术出版社2018年版，第217页。
⑥ 何平、夏茜：《李约瑟难题再求解》，上海书店出版社2016年版，第143页。
⑦ 周放：《伊斯兰文化与近代实验科学》，《自然辩证法研究》2008年第3期，第103—106页。

金术研究，深切体会到炼金术中蕴藏了大量有用的科学技术知识[①]，而伊斯兰世界最早提倡实验思想与方法的就是炼金术士，弗朗西斯科·培根甚至呼吁将炼金术的发现公之于世[②]；因此，两位培根关于实验的思想观点来自伊斯兰炼金术文献也就不足为奇了。

不仅如此，伊斯兰世界还一度发展了化学工业，生产出苏打、明矾、硫酸铁、硝酸盐以及其他适用于工业，尤其是纺织业的盐剂。[③]

此外，在物理学领域，比鲁尼在《论物体的密度》一书中，展现了他利用自制的精巧天平的测算8种金属、15种矿石以及6种液体的比重的方法。

第二节　伊斯兰阿拉伯科学发展的动力

一　农业生产对准确历法或时间体系的需求拉动科学发展

伊斯兰阿拉伯核心区域位于今天我们所称的肥沃新月地区，区域内拥有幼发拉底河、底格里斯河和约旦河，灌溉水源丰富、降水较多，土地肥沃，适合农业生产。古希腊将幼发拉底河和底格里斯河区域称为美索不达米亚，意为"两河之间的土地"，这块土地上曾经诞生了大量古文明，包括大名鼎鼎的苏美尔文明、古巴比伦文明，另外还有阿卡德文明、亚述文明、赫梯文明等。

肥沃新月地区是人类历史上最早的农业诞生地之一，曾经建立了历史上最早的石制日晷来服务农业生产。历史上，苏美尔文明、古巴比伦文明在天文、历法领域取得了辉煌成就，是古希腊学习的重要对象。从某种意义上讲，古希腊天文、历法的辉煌成就建立在苏美尔、古巴比伦天文、历法基础上。人类历史上最早的天文表就是美索不达米亚在公元前311年编制的"日月运行表"[④]，对历法编制与修订奠定了坚实的基

[①] 〔美〕希提：《阿拉伯通史》（上册），商务印书馆1995年版，第429、427页。
[②] 〔美〕艾伦·G. 狄博斯：《文艺复兴时期的人与自然》，复旦大学出版社2000年版，第121页。
[③] 〔美〕斯塔夫里阿诺斯：《全球通史：1500年以前的世界》，吴象婴、梁赤民译，上海社会科学院出版社1999年版，第366页。
[④] 吴国盛：《科学的历程》，湖南科学技术出版社2018年版，第68页。

础，有利于农业生产。因此，在世界上最早的农业发源地的肥沃新月地区，农业生产一直是经济的重要组成部分。

在阿拉伯帝国建立过程中，肥沃新月地区的农业起了重要作用。当阿拉伯帝国占领了美索不达米亚和埃及冲积平原时，阿拉伯农民对原有农业系统进行了一番类似农业革命的改造，重建并扩大了灌溉系统、延长了农作物种植期，把更加多样化的植物种类引入地中海地区的生态系统，种植了许多新的农作物，包括稻谷、甘蔗、棉花、瓜类、柑橘类水果等，其结果是明显增加了农作物产量，有力地支持了前所未有的人口增长，促进城市化水平提高，建于公元762年的巴格达城市迅速崛起，到930年左右，人口达110万，成为当时世界上最大的城市，经济实力雄厚，巴格达王朝成为当时世界上最强盛的帝国之一。①

显然，发达的农业需要准确的历法或时间体系。这一需求的满足与伊斯兰巴格达王朝对天文、历法研究的支持是分不开的。虽然巴格达王朝大力支持天文学及相关科学研究还有其他目的，但不能否认，服务农业生产是最主要的目的之一，这一点往往被以往的文献所忽略。

二 伊斯兰世界对时间体系的特殊需求拉动科学发展

（一）精确的历法需求

伊斯兰历是严格的阴历，一年分为12个朔望月，累计354天，比回归年（太阳年）短11天。由于阴历没有考虑地球环绕太阳公转因素，一年四季的变化在阴历上没有固定的时间，无法指导农业生产；在伊斯兰教出现以前，中东地区各国采用每隔几年设置一个闰月，以保持朔望月与太阳年保持相对稳固关系，能够反映一年四季以及各种节气变化。伊斯兰教放弃置闰的方法，理由是置闰会使斋月和其他月份混淆起来，这就导致每个月份的开始与结束，以及一年十二个朔望月中的各种节气，都要用新月初见来校准。②

---

① 〔美〕詹姆斯·E.麦克莱伦第三、哈罗德·多恩：《世界科学技术通史》，王鸣阳、陈多雨译，上海科技教育出版社2020年版，第119页。
② David A. King：《科学服务于宗教伊斯兰教的案例》，席泽宗译，载《科学对社会的影响》1991年第3期，第54—70页。

用新月初见来校准时间与节气似乎是一件简单的事情，只要保持天文观测就可以实现，但问题在于，历法需要提前预报每个月新月初见的具体准确时间，这就需要天文学家们通过一系列精准观测数据，并根据一定的天文学理论依据进行精确的计算，以尽可能地准确预报未来一个时期的新月初见日期。①

实际上，确定某一天能否看见月亮是一个复杂的数学问题，它不仅涉及太阳和月亮相对位置以及它们相对于地平线的位置，而且还要关注西方地平线的能见度，例如是否有云、雾、晚霞遮蔽。在一般情况下，新月将于一个朔望月开始的某一黄昏日落以后在西方被看见，保证新月初见所需要的条件可由观测决定，但需要把这些确定的条件加以公式化以进行计算，这对当时的伊斯兰世界的天文学家提出了严峻挑战。②

以花剌子模为首的早期穆斯林天文学家们沿用印度新月视见的条件，通过计算发现，太阳和月亮在当地地平线上降落的时间差必须至少维持在48分钟，否则无法看到新月。于是，花剌子模根据这一发现，结合新月初见具体条件，通过计算编制了巴格达区域沿黄道计算的日月最小距离表以及全年的新月初见时间。③ 显然，花剌子模编制的新月初见对伊斯兰历的调整产生了积极作用，但在准确度方面还有待进一步提高。随后，著名天文学家阿尔巴塔尼历尽艰辛，创作了《萨比历数书》（即上文提及的长达57章的《天体运行》），这个译名更符合著作原意。由于《萨比历数书》对托勒密《至大论》理论错误做了许多修正，更新了许多天文观测数据，采用更成熟的三角函数方法，特别是精确测算出太阳回归年长度，对伊斯兰历的校准做出了积极贡献。后来，穆斯林天文学家们修改了新月初见决定条件，包括日月间的视角距离、日月从地平线上降落的时间差、月亮的视速度，每年编订的历书提供了每月初观测新月的可能性。另外，伊斯兰天文学家们还编制了高度精确的天文表以方

---

① David A. King：《科学服务于宗教伊斯兰教的案例》，席泽宗译，载《科学对社会的影响》1991年第3期，第54—70页。
② David A. King：《科学服务于宗教伊斯兰教的案例》，席泽宗译，载《科学对社会的影响》1991年第3期，第54—70页。
③ David A. King：《科学服务于宗教伊斯兰教的案例》，席泽宗译，载《科学对社会的影响》1991年第3期，第54—70页。

便计算。①

(二) 精确的祈祷方向

伊斯兰世界源于宗教信仰对祈祷方向的严格要求对科学发展提出了切实需求，要求科学家们动用科学手段精准确定"吉布拉"方向，这拉动了数学、数理地理学、数理天文学与光学等领域的科学探索活动。②

在某地精准确定吉布拉是一个典型的数理天文学问题，必须通过测量地理坐标、采用三角学或几何学计算；伊斯兰天文学家一开始继承了托勒密希腊数理地理学以及标有经纬度的地理位置表，在9世纪早期就尽量精确地测量了麦加和巴格达的坐标，计算了巴格达的吉布拉值。③随后，花刺子模发现托勒密将地球的半径与周长估计得过小，于是重新做了计算。但遗憾的是，花刺子模对地球半径与周长估计值严重偏大。为了准确测量不同地方的吉布拉值，著名科学家比鲁尼不得不重新精确地测算了地球的半径为6339.6公里，与现代测算值比较，误差仅千分之五，在此基础上，他进一步测算了中东、中亚地区600多个地点的经纬度，为各地吉布拉值的测算奠定了良好基础。④

天文学家们不厌其烦地改进三角函数、优化计算公式，以经纬度与麦加每相差一度列出吉布拉值并编制成表格，这种表首先出现在巴格达，随后逐步扩散到伊斯兰世界各地，到14世纪以前，每个主要城市基布拉的正确数值都已计算出来。⑤

(三) 对精确祈祷时间的需求

伊斯兰世界形成了日落、黄昏、拂晓、正午、下午五次祈祷制度。最初，祈祷的时间，白天由观测日影的长度来决定，黄昏和黎明由观测

---

① David A. King：《科学服务于宗教伊斯兰教的案例》，席泽宗译，载《科学对社会的影响》1991年第3期，第54—70页。
② 艾哈迈德·达拉勒：《伊斯兰历史上的科学与宗教》，马睿智译，载《北大中东研究》2015年第1期，第215—226页。
③ David A. King：《科学服务于宗教伊斯兰教的案例》，席泽宗译，载《科学对社会的影响》1991年第3期，第54—70页。
④ 陈方正：《继承与叛逆：现代科学为何出现于西方》，生活·读书·新知三联书店2009年版，第334—335页。
⑤ David A. King：《科学服务于宗教伊斯兰教的案例》，席泽宗译，载《科学对社会的影响》1991年第3期，第54—70页。

曙幕光现象来决定；要追求更加精确的祈祷时间，就需要球面天文学中复杂的数学程序，包括研究和天球的视周日行动有关的问题。① 伊斯兰教每天 5 次祈祷时间的校准与预报，对科学提出了需求。②

著名学者吴国盛在《时间的观念》中指出，能够为社会提供准确的计时体系的行为往往能够展示王朝的威严和能力。③ 或许是出于展示王朝威严的需要，阿拔斯王朝率先向臣民提供了精确的祈祷时刻表。要确定祈祷开始的精确时刻，必须系统地研究和天球的视周日行动有关的问题，还必须解决球面天文学中复杂的数学计算，花剌子模通过大量复杂计算率先制订了第一份比较精确的祈祷时刻表。9 世纪或 10 世纪，天文学家们编纂了更加精确的天文表。④

此后，祈祷遵循精确的时刻逐渐成为一种习惯并在伊斯兰世界形成潮流，大约 12、13 世纪，伊斯兰世界出现了专门的计时需求，在确定麦加的准确方向基础上，进一步对准确计算以及预报祈祷时间等提出要求。⑤ 相应地，伊斯兰世界的职业天文学家们不仅校准祈祷的时间，还制造仪器、撰写球面天文学著作和给学生讲课，培养专门的计时员；13 世纪，天文学家们在开罗编制了新的历表，公开出版了约 200 页的校准祈祷时刻的历表大全；后来，大马士革、突尼斯、塔伊兹、耶路撒冷、马拉干、麦加、埃迪尔内和伊斯坦布尔等城市也都编制了校准祈祷时刻的历表。当然，这类校准祈祷时刻的天文表必须和星盘和象限仪等天文仪器一起使用。⑥

三 宗教需求是维系伊斯兰科学在不同王朝中延续的纽带

伊斯兰世界科学事业兴旺发达，主要集中在天文学、数学、地理学

---

① David A. King：《科学服务于宗教伊斯兰教的案例》，席泽宗译，载《科学对社会的影响》1991 年第 3 期，第 54—70 页。
② David A. King：《科学服务于宗教伊斯兰教的案例》，席泽宗译，载《科学对社会的影响》1991 年第 3 期，第 54—70 页。
③ 吴国盛：《时间的观念》，商务印书馆 2019 年版，第 19 页。
④ David A. King：《科学服务于宗教伊斯兰教的案例》，席泽宗译，载《科学对社会的影响》，NO.159，第 54—70 页。
⑤ 艾哈迈德·达拉勒：《伊斯兰历史上的科学与宗教》，马睿智译，载《北大中东研究》2015 年第 1 期，第 215—226 页。
⑥ 艾哈迈德·达拉勒：《伊斯兰历史上的科学与宗教》，马睿智译，载《北大中东研究》2015 年第 1 期，第 215—226 页。

和光学等领域,这是政府财政大力支持历法修订以及宗教需求共同推动的结果。

据记载,阿拉伯帝国鼎盛时期,领土横跨欧亚非三大洲,经济繁荣、财力雄厚、文化教育事业欣欣向荣,为科学事业的发展创造了良好氛围。国家建立了大量学术机构有效地推动了科学事业的发展。阿拉伯帝国境内有名为"马德拉萨"的专门学术机构,由有声望的学者主持,招收学生,聚众讲学。世俗的科学就是在这些传授较高学问的机构中找到了栖身之所,在13世纪,仅在巴格达就有30多所这一类学馆,每一所都有自己的图书馆。到1500年,大马士革有150多所学馆。10世纪,开罗也有一所"智慧宫",藏有图书约200万册,其中约18000册属于科学书籍。[1] 另外,巴格达政府首脑哈里发麦蒙模仿亚历山大建立了"智慧宫",下设天文台、图书馆、翻译处,聘请大批学者和专家参与收集、整理、翻译和研究古希腊的著作。[2] 如果没有政府财政大力支持,这种大规模的翻译活动是难以想象的,翻译员受命从多种语言中翻译古希腊学术著作,包括希腊语、波斯语、叙利亚语的古希腊科学著作,也从梵文翻译印度的数学和医学著作。其中,欧几里得的《几何原本》大约于公元800年译成阿拉伯文,托勒密的《天文学大成》于公元827年被译成阿拉伯文,得名《至大论》。大翻译运动使阿拉伯人很快掌握了当时世界上最先进的科学知识,为进一步的科学研究奠定了良好基础。[3] 这样,古希腊有关自然哲学、数学和医学的全部文献几乎都被翻译成了阿拉伯文。

(一) 阿拔斯王朝提供精确的计时体系服务

在阿拔斯王朝之前,穆斯林的宗教活动对精确性的需求并没有那么明确,例如在确定祈祷时刻方面,大体上通过观测决定,在阴雨天,无法观测月亮活动,只能通过宗教人士决定祈祷时刻,至于准确性,宗教

---

[1] 纪志刚:《阿拉伯的科学》,载江晓原《科学史十五讲》,北京大学出版社2006年版,第111页。

[2] 纪志刚:《阿拉伯的科学》,载江晓原《科学史十五讲》,北京大学出版社2006年版,第114页。

[3] 吴国盛:《科学的历程》,湖南科学技术出版社2018年版,第163页。

组织、寺庙和信徒们也没有那么在意；关于祈祷方向，虽然伊斯兰教法有明确规定，但在执行过程中，由于缺乏有关精确计算的知识，清真寺以及祈祷墙的朝向只是大体朝向麦加的克尔白，甚至出现不少清真寺及祈祷墙严重偏离麦加克尔白的现象，尤其是那些远离麦加的区域，例如中亚地区、埃及、土耳其、波斯地区等，清真寺以及祈祷墙的朝向更是难以准确朝向克尔白。这种情况在阿拔斯王朝得到了彻底改变。

阿拔斯王朝可能为了彰显自身的实力与威严，也可能想在文化领域加强臣民的认同感与归顺感，热衷于为穆斯林提供精确的计时体系服务，这些文化服务的确获得了穆斯林的认同。花剌子模编制了巴格达区域沿黄道计算的全年新月初见时间，提供巴格达的吉布拉值、祈祷时刻表。随后，巴格达的天文学家们编纂了能够提供更加精确时刻的天文表。

在阿拔斯王朝解体之后，伊斯兰世界的其他王朝不甘示弱，纷纷在解决穆斯林信仰中的数理天文学问题上加以效仿，争相为穆斯林提供精确计时服务，以展现王朝的威严与实力。阿拔斯王朝提供的精确计时服务产生的示范效应，促使各个王朝争相四处延揽人才，极大地推动了以计时学为核心的科学研究，似乎穆斯林科学事业十分兴旺发达，呈现多中心扩散而此起彼伏的盛况，其实质是解决穆斯林信仰中数理天文学问题的地方化。因为每一个地方的地理坐标存在差异，用其他国家的天文表计算，计时学数据可能存在较大的误差。给所在国的穆斯林信徒提供更加精确的服务，既可以展现王朝的威严与实力，又可以收拢穆斯林人心，增强穆斯林的归属感与臣服感，这对任何一个王朝来说都是一举多得的事情。

当然，每一个王国在提供穆斯林信仰的精确服务过程中，可能伴随着天文学、数学、光学、数理地理学的不同程度的创新与拓展。例如，数理天文学模型的修改与完善、天文表计算更精细、球面三角学和三角函数表更精确、数理地理学中算法的改进、地理坐标的精确改进等。

（二）宗教需求是伊斯兰世界赞助科学研究长期化的重要原因

尽管伊斯兰世界曾经饱受战火灾难的洗礼，但自阿拔斯王朝推动大翻译运动，开始赞助科学研究活动之后，伊斯兰世界的科学研究出现了长期延续的历史现象，前后跨度长达700年左右，经历阿拔斯王朝、布伊德王朝、塞尔柱王朝、安德鲁斯王朝、伊尔汗王朝、帖木儿王朝等，只要战火一停息，这些王朝就开始赞助科学研究活动，推动了数理天文学及其相关科学的发展。

（三）宫廷偏爱占星学是赞助天文学研究的另一重要原因

另外，伊斯兰世界不同王朝支持天文学研究，可能还有占星术方面的考量。占星术是伊斯兰世界最为流行的世俗"科学"，宫廷里也特别偏爱占星术，甚至制定并实施一整套规章制度来考核占星家的等级、职责与俸禄。①

四 对宇宙真相的偏好与好奇心推动伊斯兰科学研究

虽然伊斯兰科学研究以计时学为核心，科学研究动力主要来源于解决穆斯林信仰中的特殊需求，但我们不能因此完全否认伊斯兰科学研究中的另一种动力，即学者们好奇心理推动的科学研究。在完成伊斯兰王朝交代的核心任务之外，在闲暇时间里，伊斯兰科学家显然也会受好奇心驱使进行重要的科学探索。例如，阿尔·哈曾的不少研究是基于好奇心理驱使而不是计时学的需要，他在《对托勒密之质疑》一书中，明确指出《至大论》的"曲轴本轮体系"违背了"天体运动为均匀圆周运动的组合"的根本原理，是不能接受的缺陷。② 这个断言是建立在他发现依据托勒密理论计算结果与实际天文观测数据存在系统性矛盾的基础上。此后，受哈曾观点的启发，纳西尔图西创建了"图西双轮机制"，沙提尔则在"图西双轮机制"基础上创建了自己的宇宙运行模型等，这些重大科学创新都离不开好奇心理的驱动。另外，伊斯兰著名科学家比鲁尼的科学研究也经常受好奇心理驱动，提出不少极具创新性的观点，如关于地球运动的观点、行星运行椭圆轨迹的观点等。

但总的来说，伊斯兰阿拉伯科学的驱动力主要来自宗教信仰的数理天文学方面的需求，以及为解决数理天文学问题而衍生出来的其他科学

---

① 〔美〕詹姆斯·E. 麦克莱伦第三、哈罗德·多恩：《世界科学技术通史》，王鸣阳、陈多雨译，上海科技教育出版社2020年版，第125页。
② 陈方正：《继承与叛逆：现代科学为何出现于西方》，生活·读书·新知三联书店2009年版，第349—350页。

研究需求。单纯的好奇心并没有将伊斯兰阿拉伯科学推向新高峰，这或许与伊斯兰阿拉伯学者的任务和职责密切相关，他们无法自由选择研究课题。正如比鲁尼指出，科学研究不宜过于冒险、分散时间精力，应该将科学研究集中在讨论古代文明国民所曾讨论过的东西，并加以进一步完善。[①] 比鲁尼这里所讲的分散时间精力可能与自身职责与任务密切相关，认为应该将时间花费在历法修订等相关问题上。

第三节 伊斯兰阿拉伯科学衰落之谜新解释

一 伊斯兰阿拉伯科学衰落之谜的由来

这里探讨的伊斯兰阿拉伯科学主要包括天文学、数学、地理学和光学，不涉及炼金术与医学，因为二者的兴起与衰落原因已经十分清楚，这里不再赘述。历史上伊斯兰阿拉伯科学辉煌成就，堪称工业革命前人类科学发展历程中的璀璨明珠。当人们进一步了解了历史上伊斯兰世界科学活动的规模、深度、广度之后，深刻意识到伊斯兰科学堪称世界科学发展史上一个奇迹，其中，特别引人注目的是，伊斯兰天文学对宇宙问题的研究方法、内容构成了哥白尼革命的重要方法与内容，这更加引发了学者们的好奇心理，情不自禁地产生了一系列疑问：类似于哥白尼革命的突破为什么没有在伊斯兰世界发生？伊斯兰世界为什么没有发生近代科学革命？这或许反映了学者们对伊斯兰科学的美好期许与善良愿望。

但遗憾的是，伊斯兰阿拉伯世界不仅没有发生类似哥白尼革命或近代科学革命那样的科学突破，而且科学事业没能传承下去，更令人扼腕叹息的是，伊斯兰科学事业不仅辉煌不再，而且严重落后于世界前沿，在近代以及现代社会，很难想象历史上的伊斯兰科学曾经一度遥遥领先，延续时间长达数百年之久，是当时全世界科学事业独一无二的中心。

显然，历史上伊斯兰阿拉伯科学辉煌成就与其近现代的平淡无奇构

---

① 张晓丹：《试论伊斯兰科学的兴衰及其历史贡献》，《西亚非洲》1992年第6期，第49—56页。

成了科学史上的强烈反差,让许多学者深感困惑。

许多学者反复追问与思索:伊斯兰世界为什么没有发生近代科学革命?显然这是一个十分令人感兴趣的问题。尽管如此,由于对这些问题的回答超出了历史经验领域,多年来,科学史学者尽量回避这一类选题,他们尽量避免"为什么没有""为什么不"这一类问题。[①] 长期研究伊斯兰世界科学发展史的著名学者萨卜拉也赞同这种说法,他认为真正值得研究的问题是阿拉伯或伊斯兰世界科学为什么衰落。

由此,伊斯兰阿拉伯科学衰落问题成为一个颇具吸引力的常盛不衰的历史谜题,迄今为止,解释伊斯兰科学衰落谜题的文献,虽然还没有达到汗牛充栋的程度,但数量也颇为可观。纵观伊斯兰科学事业衰落谜题的各种解释,不难发现涉及的角度相当丰富,可谓五花八门,既有从科学与宗教的冲突、战争、文化、经济等不同角度的解析,也有从同一角度(如科学与宗教冲突)不同层面不断深入解析。遗憾的是,虽然每一种新解释出现之时总是给人耳目一新、颇有道理的印象,但通常在很短时间内都会遇到有力的质疑,似乎每一种解释都无法符合理论推论与历史实际情况相一致的原则,也就是说,现有的解释都没能真正揭开伊斯兰科学事业从辉煌到衰落的历史谜题。

笔者认为,导致伊斯兰阿拉伯科学衰落的历史谜题迟迟无法揭开的原因在于,科学史以及科学哲学研究文献常常在伊斯兰阿拉伯科学事业衰落问题上过多关注经济社会环境、宗教对科学的压制或限制、战争等因素,但忽视了对伊斯兰科学的性质、自身发展的内在逻辑与特点以及直接动力等方面的深入挖掘,从而无法合理解析这一历史谜题。

下面将在对现有解释伊斯兰科学衰落的主要观点进行剖析基础上,指出现有解释均存在一定合理性,但也存在着理论逻辑推论与历史事实相矛盾的地方,指出导致这种缺陷的深层原因。随后,在简要系统分析伊斯兰阿拉伯科学发展的动力与基本特点的基础上,深入分析伊斯兰阿拉伯科学研究动力形成与消失的原因,最终提出伊斯兰阿拉伯科学衰落的原因与实质。

[①] 〔荷〕H. 弗洛伊德·科恩:《科学革命的编史学研究》,张卜天译,湖南科学技术出版社 2012 年版,第 505 页。

二 伊斯兰阿拉伯科学衰落的现有解释及其缺陷

(一) 伊斯兰阿拉伯科学衰落的现有解释

1. 宗教与科学的冲突是伊斯兰阿拉伯科学衰落的罪魁祸首

在众多分析伊斯兰科学衰落的文献中,艾德瓦德、冯·格鲁内鲍姆、萨耶勒和桑德斯、萨卜拉等学者都出奇一致地认为,正统的伊斯兰宗教信仰拥护者们严重抑制了一度辉煌的伊斯兰科学发展步伐,是伊斯兰世界科学衰落的罪魁祸首。[1] 这些观点深刻地影响了伊斯兰科学衰落问题的研究取向。但他们对于"正统的伊斯兰宗教信仰拥护者们窒息科学发展"的具体原因的认识上存在一定分歧。

(1) 艾德瓦德的主要观点

最早系统地提出伊斯兰教正统信仰对于科学发展造成重大危害的观点是著名东方学者艾德瓦德。早在1879年,他在《比鲁尼年代表》序言中大胆地明确指出,10世纪是伊斯兰精神的历史转折点,11世纪,伊斯兰教正统信仰的建立封锁了从前独立研究的道路,并明确指出,伊斯兰科学衰退应该归咎于正统信仰派艾什耳里和安萨里对科学研究的打压;如果没有伊斯兰正统信仰切断了科学独立研究的路径,那么伊斯兰世界很可能诞生像伽利略、开普勒、牛顿等一样的伟大科学家,并暗示伊斯兰阿拉伯将在伟大科学家引领下发生近代科学革命。[2]

(2) 冯·格鲁内鲍姆的主要观点

冯·格鲁内鲍姆认为,伊斯兰教主导价值将神灵启示和先知传统所获取的知识置于非常重要的地位,它们为信徒的生活指明了目标与方向,至于科学知识,除了能够明显服务于宗教合理性需求,诸如制订精确的历法、计算祈祷方向的数学、天文学与光学知识等,其他的科学知识在伊斯兰文明中并没有坚实的根基。不仅如此,科学一直没有摆脱不虔敬的嫌疑,在伊斯兰教正统拥护者眼里,不虔敬近似地等同于宗教上的无

---

[1] 〔荷〕H. 弗洛伊德·科恩:《科学革命的编史学研究》,张卜天译,湖南科学技术出版社2012年版,第506页。
[2] 张晓丹:《试论伊斯兰科学的兴衰及其历史贡献》,《西亚非洲》1992年第6期,第49—56页。

理。这直接导致伊斯兰科学经常受到质疑与排斥,处于社会文化的边缘地位,外来科学甚至被看作一种危险的消遣,科学活动有时会被视为不正当活动而遭受各种阻挠或打压;在这种抑制科学研究活动的气氛长期熏陶之下,导致了科学家们缺乏从事科学研究的激励,他们有时甚至对自己从事的工作的适当性与正当性也不免心存疑虑,在受到胁迫时,这种自我疑虑容易让科学家放弃科学事业。①

(3) 萨耶勒的主要观点

萨耶勒认为,在公元1000年前后,伊斯兰世界科学研究事业的黄金时代已经结束,导致这种局面的重要原因在于阿拉伯艾什尔里、波斯加扎利等神学家对科学事业的强力压制;萨耶勒赞同艾德瓦德的观点,他认为,倘若没有这些压制,阿拉伯人当中也许会出现伽利略、开普勒和牛顿那样的伟大科学家,并推动伊斯兰世界发生类似于近代欧洲科学革命那样的伟大历史事件。②

萨耶勒还指出,必须让科学与神学进行调和,才能让伊斯兰世界的科学获得发展空间。他做出这样断言的理由是:一是如果没有神学的允许,科学几乎没有自由发展的空间;二是伊斯兰教士是社会上最有学识的闲暇阶层,有利于从事科学研究。因此,如果在伊斯兰世界实现科学与神学的调和,或许伊斯兰科学事业也可能像基督教的欧洲一样,获得长足发展。因为基督教的欧洲,正是通过科学与神学的调和,让科学成为宗教的婢女而获得了发展;然而在伊斯兰世界却不存在科学与神学的调和,因此科学受到神学的压制与排斥而无法实现自由发展,最终,科学事业的衰落无法避免。③

(4) 桑德斯的主要观点

桑德斯认为,伊斯兰世界的科学衰落的起点大约在11世纪,衰落大

---

① Grunebaum, G. E. von. *Islam: Eassays in the Nature and Growth of a Cultural Tradition*. London: Routledge, 1969.
② Saylli, A. "The Causes of the Decline of Scientific Work in Isliam." In idem, *The Observatory in Isliam and Its Place in the General History of the Observatory*, appendix II. Ankara, 1960: 408-412.
③ Saylli, A. "The Causes of the Decline of Scientific Work in Isliam." In idem, *The Observatory in Isliam and Its Place in the General History of the Observatory*, appendix II. Ankara, 1960: 415-420.

约完成于公元 1300 年。做出这一论断的主要依据是伊斯兰教正统派拥护者在 11 世纪获得了主导地位,并把对正统派有威胁的伊斯玛仪派定性为异端,同时把哲学定性为异端的孪生罪恶;桑德斯认为,伊斯兰教正统派系列打压行为塑造了科学衰落的外部环境,不利于科学研究事业的发展;桑德斯进一步明确指出,正如科学革命所暗示的那样,打破单一的信仰体系对科学研究极为有利,而信仰体系的高度统一将对科学事业产生抑制;至于伊斯兰科学衰落的完成,则是因为 1300 年蛮族入侵造成经济严重衰退,导致伊斯兰世界的社会环境严重恶化,像阿拔斯王朝时代的自由、宽容与开放的社会环境已不再有,取而代之的是狭隘、僵化和封闭,世俗知识的发展被慢慢扼杀。[1]

(5) 萨卜拉的主要观点

萨卜拉认为,伊斯兰世界科学研究活动大约开始于公元 8 世纪中叶并持续到 10 世纪,其标志性特征是以巴格达为中心的如火如荼的翻译运动,在随后几个世纪,公共图书馆、从事高等学问的伊斯兰学校、天文台等,都在一定程度上培育了科学;而伊斯兰教对科学的特殊需求,如对解决祈祷方向、计时等问题的研究,拉动了天文学、数学、光学、天文观测等科学的发展。随着阿拔斯王朝的衰落与终结,伊斯兰世界出现了不同政治权力中心和王朝崛起,更多的独立王朝宫廷效仿阿拔斯宫廷赞助科学研究活动;于是,科学资助变得分散化,导致伊斯兰世界的学术中心不断增多,科学活动为宗教服务的传统得以持续。但是,到了 1500 年左右,伊斯兰世界的科学出现了明显的衰落,其标志性特征是有前途的科学研究选题后继乏人、几乎所有的科学活动销声匿迹。[2]

萨卜拉进一步指出,伊斯兰科学辉煌历程给人留下令人震撼的印象,但问题的关键不在于伊斯兰科学家的努力为什么没有导致"科学革命",这也许是一个无意义的问题,真正有价值的问题在于伊斯兰科

---

[1] Saunders, J. J. "The Problem of Islamic Decadence." *Journal of World History* 7, 1963: 701-720.

[2] Sabra, A. L. "Science, Islamic." *Dictionary of the Middle Ages*, ed. J. R. Strayer, vol. 11, New York: Scribner's, 1988: 81-87.

学家在最初几个世纪取得辉煌成就之后,他们的工作为何会衰落并最终停止发展?[1]

萨卜拉认为,伊斯兰世界科学的衰落原因在于宗教信仰与科学活动的冲突的不可调和,正统宗教信徒们窒息了一度繁荣的科学。

(6) 伊斯兰文明由多元走向一元化,抑制了科学发展空间

这种观点认为,伊斯兰世界的科学繁荣和衰退与伊斯兰世界的文明结构相对应,伊斯兰文明的初始阶段是多元化的,后来逐渐地演变为一元化,抑制了科学发展空间;伊斯兰文明作为一种殖民势力,在其控制的边缘地区一开始是多元文明融合发展,包括了波斯的、印度的、阿拉伯的、希腊的、中国的以及犹太的、非洲的文化与宗教;随着时间推移,伊斯兰世界在文化上变得越来越排外,在宗教上强硬地推行伊斯兰化,导致伊斯兰文明的科学研究日益萎缩。[2]

2. 关于伊斯兰阿拉伯科学衰落的其他解释

(1) 伊斯兰阿拉伯帝国统治瓦解说

在考察伊斯兰阿拉伯科学发展历程中,张晓丹认为,阿拉伯科学发展状况与伊斯兰帝国统治状况密切相关。他发现阿拉伯科学是随着伊斯兰帝国的瓦解而衰落的。由于阿拉伯帝国在较短时间内占据了极为广阔的领土,阿拉伯人自身较为缺乏帝国治理经验,无法有效调和教派纷争与冲突,特别是逊尼派与什叶派的对峙对伊斯兰教的统一造成极大的障碍,同时,伊斯兰阿拉伯领土范围内神秘主义与理性主义的矛盾冲突,严重削弱国家治理基础,导致伊斯兰阿拉伯无法有效融合具有不同宗教信仰的各民族,形成一个强大牢固的政治联合体,导致社会经济停滞、政权旁落,科学事业严重衰退。[3]

(2) 战争摧毁了伊斯兰阿拉伯科学事业

虽然鼎盛时期伊斯兰阿拉伯帝国实力雄厚,威震四方,但随着帝国

---

[1] Sabra, A. I. "Science, Islamic." *Dictionary of the Middle Ages*, ed. J. R. Strayer, vol. 11, New York: Scribner's, 1988: 81-87.
[2] 〔美〕詹姆斯·E. 麦克莱伦第三、哈罗德·多恩:《世界科学技术通史》,王鸣阳、陈多雨译,上海科技教育出版社 2020 年版,第 131 页。
[3] 张晓丹:《试论伊斯兰科学的兴衰及其历史贡献》,《西亚非洲》1992 年第 6 期,第 49—56 页。

实力的衰退，它逐渐面临腹背受敌的困境，伊斯兰世界的西部地区，自11世纪开始不断受到基督教世界的挑战，遭受西方国家"十字军"的袭扰与战争威胁，1085年阿拉伯帝国的托莱多被攻占，1248年塞维利亚被攻占，1492年西班牙全境被攻占；与此同时，阿拉伯帝国的东边则面临崛起的蒙古帝国的侵扰与不断蚕食，1258年巴格达被占领，1402年大马士革被占领，这一系列战争导致阿拉伯帝国陷入持久的战乱与动荡，对科学事业造成极大的困扰。① 许多学者认为，战争对伊斯兰世界造成了极大毁坏，导致阿拉伯帝国经济崩溃，伊斯兰社会文化崩溃，是伊斯兰科学衰退的重要因素。②

（3）政教合一阻碍了伊斯兰阿拉伯科学事业

伊斯兰阿拉伯帝国是历史上典型的政教合一的庞大帝国，宗教法律是国家法律体制的基础。尽管哈里发王朝支持科学研究，庇护科学研究免受宗教干预，但是政教合一体制下的社会文化氛围容易滋生狂热的宗教兴趣，支配着许多学者花费大量精力去研究教律学、教义学、经注学和圣训学，最终导致伊斯兰阿拉伯科学的发展严重偏离了近代科学发展的轨道。③

（4）高等教育体制缺陷导致伊斯兰阿拉伯科学严重衰退

在伊斯兰阿拉伯帝国广袤的领土范围内，伊斯兰保守派控制了培养教士、法官、行政人才的伊斯兰学院，成为排斥、压制希腊哲学与科学的堡垒；早期欧洲大学的性质与伊斯兰高校相类似，发生了宗教与学术的多次冲突，包括禁止讲授亚里士多德哲学、主教乃至教皇企图控制大学等事件，但冲突的结果是大学在教学与研究上得以保持独立；这是西欧能够发生科学革命的重要原因，但是，伊斯兰学院从始至终并没有发生类似西欧大学的变革，学院的发展仍然掌控在伊斯兰保守派的控制之下，成为伊斯兰科学未能进一步发展并最终走向衰落

---

① 张晓丹：《试论伊斯兰科学的兴衰及其历史贡献》，《西亚非洲》1992年第6期，第49—56页。

② 〔美〕詹姆斯·E.麦克莱伦第三、哈罗德·多恩：《世界科学技术通史》，王鸣阳、陈多雨译，上海科技教育出版社2020年版，第131页。

③ 张晓丹：《试论伊斯兰科学的兴衰及其历史贡献》，《西亚非洲》1992年第6期，第49—56页。

的重要原因。①

(5) 宗教势力阻挠、内部派系斗争与城邦战争的综合作用

美国学者戴维·林德伯格在《西方科学的起源》中总结了阿拉伯科学衰落的三大原因：一是伊斯兰保守宗教势力对科学研究事业的阻挠日益增强；二是阿拉伯帝国内部伊斯兰宗派斗争加剧；三是阿拉伯帝国内部城邦之间的战争。② 这些因素共同导致了伊斯兰世界科学的衰落。

(二) 现有解释存在的缺陷分析

1. 现有解释严重高估了宗教的干预与压制对科学研究的负面作用

尽管艾德瓦德、冯·格鲁内鲍姆、萨耶勒、桑德斯、萨卜拉等学者在宗教与科学之间的具体冲突上的表述略有差异，但他们基本认为宗教因素是导致伊斯兰世界科学走向衰落的深层原因，他们的观点在世界范围内相当流行。单一宗教信仰会严重束缚或窒息科学研究的流行观点，经不起仔细推敲。中国历史上没有单一的宗教信仰体系，而是长期推行宗教信仰自由，西欧曾经是天主教主导的单一信仰社会，但爆发了哥白尼革命以及伽利略在天体物理领域的重大创新。由此可见，将一个社会是否实行单一宗教信仰体系与科学研究繁荣与否相联系的观点或结论并不那么可靠。

伊斯兰世界科学繁荣的最直接、最重要原因，甚至也可以说是最为关键的原因是特殊的宗教需求拉动了科学的发展。诚然，伊斯兰世界的宗教组织或教士与科学之间的确存在偶然的、个别的冲突，但没有任何可靠证据表明两者之间存在系统性的冲突；他们的观点有意无意地忽略了一个关键问题，即为什么在伊斯兰世界早期，宗教与科学的冲突并没有窒息伊斯兰科学的发展与繁荣，却在后期窒息了伊斯兰科学研究的活力。

实际上，在伊斯兰世界，科学研究环境并没有那么恶劣，即使在所谓伊斯兰正统派占据绝对控制地位的 11 世纪之后，科学研究仍然得到穆

---

① 陈方正：《继承与叛逆：现代科学为何出现于西方》，生活·读书·新知三联书店 2009 年版，第 365—369 页。
② 纪志刚：《阿拉伯科学》，载江晓原《科学史十五讲》，北京大学出版社 2006 年版，第 124 页。

斯林宗教信仰需求支撑，以计时学为中心的相关科学研究环境并没有遭受明显破坏，甚至在不少区域，科学研究环境比以前还更好。历史资料显示，12、13世纪之后，许多清真寺都设有专职的计时员，这些人员从事的天文学、数学、光学等科学领域的研究，既与本职工作息息相关，也不会与伊斯兰宗教教义产生直接的严重冲突，他们没有像基督教世界那样，面临教义支持的宇宙论与天文学揭示的宇宙真相产生严重冲突的事件，宗教组织没有明确的动机去系统打压天文学、数学、光学等科学领域的研究。因此，11世纪正统教派占据控制地位之后，伊斯兰世界的科学发展，仍然引人注目，例如，对哥白尼《天体运行论》贡献非常大的伊斯兰学者图西、沙提尔，分别是13世纪中后期、14世纪在天文学领域做出卓越的理论创新，他们同时代的马拉盖学派的其他学者同样也有大量杰出的科学成果；15世纪撒马尔罕以卡西为代表的许多学者在天文学、数学领域的大量杰出成就，同样不容忽视，这样的科学研究盛况与丰硕的成果很难让人联想到11世纪之后伊斯兰科学在衰落的结论或观点。

正如著名科学史家萨顿教授质疑的，虽然10世纪是伊斯兰阿拉伯科学事业的一个转折点，但将伊斯兰世界科学发展的停顿归咎于伊斯兰教正统观的阻碍，是令人难以置信的观点，无论任何人都无力阻止一个民族才华的自然生长。[1] 实际上，我们发现，伊斯兰科学最辉煌时代，恰恰是在伊斯兰化的中心地区，伊斯兰教在经济生活中起着绝对主导作用的时代，即"伊斯兰科学在其鼎盛时期恰好常常是在最伊斯兰化的中心地区（如巴格达）最为发达"[2]。

2. 现有解释侧重伊斯兰科学发展的阻力分析，却忽视了动力分析

诚然，宗教与科学的冲突、对科学的打压、战争以及外部环境的恶化等，的确对伊斯兰学者的科学研究造成一定的困扰，构成了某种意义上科学研究的阻力，但现有解释显然夸大了科学研究阻力的负面作用，

---

[1] 张晓丹：《试论伊斯兰科学的兴衰及其历史贡献》，《西亚非洲》1992年第6期，第49—56页。
[2] 〔美〕詹姆斯·E.麦克莱伦第三、哈罗德·多恩：《世界科学技术通史》，王鸣阳、陈多雨译，上海科技教育出版社2020年版，第131页。

似乎这些阻力消失了，伊斯兰世界科学研究的动力就会自动恢复或充满活力。显然，这种观点的逻辑是不成立的，也与历史事实不相符。

现有解释忽略了一个关键因素，即学者从事科学探索的动力。科学研究的动力虽然会受到包括宗教打压在内的各种阻力的影响，但科学研究动力的源泉基本与阻碍科学研究的力量没有直接的联系。纵观科学发展的历史，科学研究的动力有三个来源。一是纯粹的偏好与好奇心理，对某种科学具有强烈偏好和持久的好奇心理往往是推动科学研究或探索的内在动力，往往以科学成果为最大报酬与最大乐趣，即所谓的"为求知而求知"的独立科学探索精神，其科学行为表现为自我欣赏，自娱自乐。拥有这种科学精神的学者往往特立独行，外人往往很难理解这种科学精神，但无论在历史上，还是在现实中，这种学者虽然数量十分稀少，但的确存在，如古希腊的泰勒斯、明代的王文素等。二是社会需求带来的激励效应，学者在响应社会需求进行科学探索，其优秀研究成果往往备受瞩目，得到他人（包括同行）欣赏，由此可能带来相应的荣誉、收入或其他激励，如阿基米德、阿尔巴塔尼、伽利略、牛顿等。三是为商业用途而进行的科学研究，主要为了物质利益，这是人类科学发展历史上最为常见的现象，科学工作者从事科学研究受利益驱动。

历史上，科学家或学者从事科学研究的动力无非来源于以上三种动力源泉之一，或来自三种动力源泉的某种组合。从伊斯兰世界宗教与科学冲突的历史角度看，宗教的阻力并没有明显地损害科学研究的动力源泉。

3. 高估了战争对科学研究的破坏，忽视了战后科学研究的复苏

桑德斯等学者认为战争导致伊斯兰世界科学衰落。值得注意的是，战争的结果导致西班牙由基督教文化主导，基督教中没有类似的对以计时学为核心的科学研究的具体需求，在那里，伊斯兰科学研究的基本动力的确丧失殆尽，但社会对天文、历法的基本需求依然存在。

蒙古帝国占领伊斯兰世界东部地区之后，的确在一定程度上对伊斯兰帝国的经济文化造成相当大的破坏，但很快就恢复了伊斯兰文化与组织机构，战争虽然对伊斯兰世界的文化与宗教造成了巨大的创伤，但科学却在一定程度上恢复了，甚至一度相当辉煌。蒙古帝国不仅没有排斥

伊斯兰世界的宗教信仰与文化，而且几乎全面接受了伊斯兰教信仰与文化，在随后几个世纪里，新建立的几个有影响的汗国，甚至以伊斯兰教为国教，模仿阿拔斯王朝大量聘请天文学家、数学家，建立天文台从事科学研究，编纂天文表，客观上推动了数理天文学及其相关科学研究与发展。

因此，蒙古的入侵并没有从根本上否定伊斯兰科学的研究与发展，相反地，新建立的帝国在某种程度上继承了伊斯兰科学传统，延续了伊斯兰科学活动。例如，在蒙古帝国辖下的伊尔汗王国，著名天文学家图西领导的马拉盖学派的库图阿丁、卡玛阿丁、马格列比、沙普尔等，不仅在历法制订上取得丰硕成果，而且在天体运行模型上取得重大成果，后来被哥白尼吸收进《天体运行论》。此外，马拉盖学派还在三角学、光学等领域取得一系列重大成果，其辉煌的科学事业则持续了近半个世纪。① 值得注意的是，伊尔汗王国的马拉盖学派并非伊斯兰世界在科学领域的最后辉煌，15世纪，卡西领导的撒马尔罕学派在天文学与数学领域做出了重要贡献，对欧洲的天文学、数学产生了重大影响。②

4. 高估了帝国统治瓦解对科学研究的冲击与破坏

虽然阿拔斯王朝瓦解，导致伊斯兰世界产生了不同政治权力中心或不同王国，但这些独立的王国宫廷依然效仿阿拔斯王朝赞助以计时学为中心的科学研究，因此，帝国的稳定与分裂，对伊斯兰科学造成暂时的冲击以及赞助科学研究的主体发生变化，对伊斯兰科学研究成果并没有构成明显的持续冲击。另外，帝国的稳定的确有利于为科学发展提供一个稳定的环境，但仅仅有稳定的环境，不足以构成促进科学发展的关键因素，因为人类历史上有许多王朝稳定繁荣，但几乎没有促成科学研究繁荣的实例。

5. 高估了伊斯兰教育体制对科学研究的负面影响

宗教保守派并没有在学术和教育机构中强烈阻挠以计时学为核心的

---

① 陈方正：《继承与叛逆：现代科学为何出现于西方》，生活·读书·新知三联书店2009年版，第352—358页。

② 陈方正：《继承与叛逆：现代科学为何出现于西方》，生活·读书·新知三联书店2009年版，第360—364页。

科学研究的动机与行为，清真寺中还设置了计时员专职职位。在许多情况下，以计时学为中心的天文学、三角学、光学与数理地理学等科学研究，并没有受到系统性的管制或打压，而是在较为宽松的环境中得以自由发展。

三 伊斯兰阿拉伯科学发展的特点与动力

围绕计时学，伊斯兰世界的天文学不断得以发展。早期的天文学受印度、波斯传统的影响比较大，例如花剌子模在计时学领域的贡献就是一个典型例子。随着大翻译运动的开展，古希腊托勒密的《至大论》逐步成为伊斯兰世界天文学的理论基础。为进一步解决穆斯林信仰的数理天文学问题，许多学者以《至大论》的理论为基础编纂天文表，这些天文表可以帮助计算日出日落、月相、月亮角运动、预报日蚀月食、从地球观测的星辰位置、黄道十二宫位置、星座位置等。

简言之，伊斯兰世界的天文学家基本上追随古希腊数理天文学研究路径，对托勒密体系错误做了大量有意义的修正，并在数理天文学、数学、光学以及数理地理学等领域做出了大量的创新贡献。

伊斯兰世界各个王朝赞助科学研究的重要目的之一是从事计时学的研究，以解决穆斯林信仰中的数理天文学问题，具体地讲，包括历法校准、吉布拉值、礼拜时间、新月初见等数理天文学问题。

1. 伊斯兰历的校准对伊斯兰科学提出需求

在伊斯兰世界，天文学家们常常利用新月初见来校准伊斯兰历。确定某一天能否看见月亮是一个复杂的数学问题，这对当时伊斯兰世界的天文学家提出了严峻挑战。[①]

2. 准确的祈祷方向对伊斯兰科学提出需求

祈祷方向对科学发展提出了切实需求，要求科学家们动用科学手段精准确定方向，这拉动了数学、数理地理学、数理天文学与光学等领域的科学探索活动。[②]

[①] David A. King：《科学服务于宗教伊斯兰教的案例》，席泽宗译，载《科学对社会的影响》1991 年第 3 期，第 54—70 页。

[②] 艾哈迈德·达拉勒：《伊斯兰历史上的科学与宗教》，马睿智译，载《北大中东研究》2015 年第 1 期，第 215—226 页。

3. 准确的祈祷时刻对伊斯兰科学提出需求

伊斯兰教每天5次祈祷时间的校准与预报，对科学研究提出了需求。[①]

四 伊斯兰阿拉伯科学衰落的新解释

现代人回顾历史上科学发展历程时，常常受一种伤感的情绪影响，甚至被伤感情绪支配。他们对古代科学辉煌片段给予特别高评价，对辉煌科学没能持续感到特别惋惜，希望找出导致科学繁荣不再的原因。

实际上，在古代社会，科学事业的繁荣往往是一个异常现象或偶然现象，是由特定社会需求引发的暂时性繁荣现象，当特定需求得到满足之后，科学研究的动力也就消失了。具体到伊斯兰科学，当宗教信仰的数理天文学问题基本解决，并且解决方法得到不断优化，已经达到古代社会的高点，相关数理天文学的发展也就告一段落。此后，伊斯兰世界没有对天文学及其相关科学产生新的明确需求，无法推动科学研究进一步发展，伊斯兰科学研究回归古代社会正常状态，显得平淡无奇。因此，关于伊斯兰科学衰落的新解释可以简要归纳如下。

（一）从动力而非阻力的角度理解科学奇迹的产生与消退

宗教宽容与否对科学研究的确有一定影响，但不宜高估宗教因素对科学研究的促进作用或抑制作用，除非宗教有意愿且有能力禁止科学研究，否则宗教与科学的偶尔冲突，不会构成科学衰落与否的关键因素。

我们应该更加关注科学研究的动因，宗教与科学的冲突并没有在根本上破坏科学研究的动力，宗教的阻力并没有明显地清除科学研究的动力源泉，但伊斯兰科学研究的动力大幅度衰退是一个历史事实，其原因是我们揭开伊斯兰科学衰落之谜的关键。

（二）以计时学为核心的伊斯兰阿拉伯科学研究课题已经圆满完成

计时学在伊斯兰世界具有广泛或普遍吸引力，获得伊斯兰世界许多王朝的长期支持与赞助。伊斯兰世界各国对精确时间体系和吉布拉值有

[①] David A. King：《科学服务于宗教伊斯兰教的案例》，席泽宗译，载《科学对社会的影响》1991年第3期，第54—70页。

共同需求，它们都不约而同地赞助数理天文学研究，即使王朝更替也没能破坏天文学领域研究主题的延续与传承。正因为如此，众多学者在王朝或宫廷资助之下，能够集中精力聚焦以天文学为中心的科学研究选题，坚持不懈地朝着预期目标共同努力，拉动了与天文学研究相关的数学、光学、数理地理学等领域研究。从结果来看，伊斯兰世界以计时学为核心的科学研究基本实现了预期目标，即比较完美地解决了穆斯林信仰中的数理天文学问题。

围绕计时学问题的研究，科学家们分别在数学、数理天文学、数理地理学、光学等领域取得辉煌成就；当计时学基本问题得以解决之后，人们可以直接运用相关成果来解决穆斯林信仰中遇到的数理天文学问题，计时学也就丧失了拉动科学研究与发展的动力。在这些科学领域，伊斯兰学者已经前进了很远。

当伊斯兰世界对精确的时间体系和吉布拉值的需求基本得到满足之后，伊斯兰世界新的天文学研究变得既缺乏社会需求的支撑，也难以找到有价值的研究课题，这样，伊斯兰世界的学者们缺乏共同的科学研究主题，无法凝聚社会财力、物力与人力资源，难以持之以恒地对某个项目或系列项目发起科研攻坚。

（三）伊斯兰阿拉伯世界科学衰落的实质是回归常态化

除了计时学引发数理天文学、数学、光学以及数理地理学研究之外，伊斯兰世界的学者并没有其他突出的科学贡献，他们在继承保存了古希腊的科学知识并有一定程度的发展之后，将大量时间花在古籍的考证、勘误、增补注解、诠释上，但总体上并未出现科学革命的征兆或迹象。[①]

当代学者常常为伊斯兰科学未能百尺竿头更进一步感到十分惋惜，这反映了学者们对伊斯兰阿拉伯科学的过高期待。实际上，伊斯兰科学很难产生类似于近代科学革命的突破，因为近代科学革命有一系列偶然的社会因素促使西欧学者们选择了验证太阳系的构成情况，而伊斯兰世界并不具备类似的条件。虽然比鲁尼曾经发现或推测太阳系天体运动真

---

① 张晓丹：《试论伊斯兰科学的兴衰及其历史贡献》，《西亚非洲》1992年第6期，第49—56页。

实情况，类似于西欧近代科学革命中哥白尼、开普勒的发现，即地球自转并围绕太阳公转，行星绕日作椭圆运动。但发现问题并不必然导致提出问题进行科学研究。这可能与比鲁尼相对保守的思想有关，他曾经表示应该只讨论古代文明国民曾经讨论过的东西，并加以完善；这种保守研究方式，显然无法在科学上取得突破性进展。①

同样地，其他伊斯兰学者对比鲁尼的科学发现或推测，也没有足够的重视，没有推进相应的研究，更谈不上实现突破。例如，比鲁尼之后，著名天文学家纳西尔图西（1201~1274），对《至大论》、亚里斯塔克、阿波罗尼奥斯等天文学著作了详细评述，主持编写了《伊尔汗数表》。②可惜的是，作为托勒密体系的重要研究者与批评者，他似乎忽略了亚里斯塔克日心地动说，也忽略了比鲁尼的重要科学发现或推测。

因此，计时学之后，伊斯兰世界找不到既对大量学者具有广泛的吸引力，又能够赢得各王朝慷慨赞助的科学研究课题，科学事业的发展也就失去了动力。伊斯兰世界的科学研究回到古代社会常见的状态，每个时代仅有少量学者对各自感兴趣的问题进行孤独的探索，很难遇到知音。此后，伊斯兰世界科学探索活动呈现出零星、分散、多元的特征，反映了学者个体的偏好与科研兴趣，这样的研究选题往往缺乏社会广泛共识，难以持续，无法取得突出的成果，即使偶尔有一些比较突出的进展，也只能是昙花一现，因此，伊斯兰世界的许多科学选题因缺乏广泛共识往往无疾而终。这是古代社会科学探索活动常见的现象。

这是由古代科学缺乏大规模应用价值的性质决定的，是正常的社会历史现象。这样，在同一个时代，同一个地域范围内，不同的学者或学者群体之间很难产生共同的兴趣爱好，持续地对某个主题展开不懈攻坚，因此难以产生突出的科学成果或贡献。

从这个意义上看，伊斯兰科学事业的衰落只不过是古代科学研究回

---

① 张晓丹：《试论伊斯兰科学的兴衰及其历史贡献》，《西亚非洲》1992年第6期，第49—56页。

② 陈方正：《继承与叛逆：现代科学为何出现于西方》，生活·读书·新知三联书店2009年版，第355—356页。

归正常状态而已,这种状态在古代社会各个地区或国家普遍存在,即社会上只有少数学者对各自感兴趣的科学问题进行孜孜以求的探索,很多时候是一种自娱自乐的行为,学者以科学成果自身作为报酬与最大的乐趣,当然,如果偶尔能够得到同行或社会的赞赏,那就是惊喜了。

第六章　近代科学革命若干问题解析

第一节　关于近代科学革命动力的
不同观点的评析

公元200~1400年，欧洲的科学没有出现任何重大进展，在罗马帝国崩溃后长达几个世纪的蛮族征服过程中，很多公元2世纪以前的重要数学和科学成果都丢失了或者被遗忘了。[①]实际上，直到15世纪之前，欧洲在自然科学领域并没有任何突出的贡献，也没有任何明显迹象预示欧洲将会爆发所谓的科学革命。无论是政府，还是教会，都没有足够的激励来赞助自然科学研究。但是，当哥白尼日心说颠覆西欧传统宇宙观，天文学意外地成为欧洲世俗与宗教冲突的武器或工具时，天文学、力学、数学与光学以意想不到的方式实现了巨大的突破，它们似乎在一夜之间获得了充沛的动力而蓬勃发展，产生了令人为之惊叹的科学革命。科学革命这一专业术语由亚历山大·柯瓦雷在20世纪30年代创造。科学革命，也称为欧洲近代科学革命或近代科学革命，是人类历史上具有划时代意义的重大历史事件，同时也是一个引人入胜的历史谜题。理解科学革命的动力，不仅是正确理解西方世界兴起的前提与基础，也是正确解释李约瑟之谜的前提与基础，具有重要的理论与实践意义。关于欧洲近代科学革命的动力主要有以下观点。

[①] 〔美〕杰克·戈德斯通：《为什么是欧洲：世界视角下的西方崛起（1500~1850）》，关永强译，浙江大学出版社2010年版，第165页。

一 科学革命是欧洲特定历史背景下的特殊产物

英国著名科学史学者丹皮尔在其影响深远的《科学史》(1929)一书中,将16—17世纪西欧科学的重大进展归功于文艺复兴运动、宗教改革运动、航海、科学家好奇心、求知欲望以及科学研究机构的创立等因素。[①] 丹皮尔的观点对后来的科学史研究产生了重要且深远的影响,直到今天仍然是研究科学革命原因的重要基础。例如,英国著名物理学家贝尔纳在1954年出版的著作中指出,许多科学观念的改变汇总合成一场科学革命,而造成革命的因素是文艺复兴、宗教改革、航海、远距离贸易以及战争与新科学互动的结果。[②]美国著名科学史家普林西比教授将16至17世纪的科学革命归因为人文主义的兴起、活字印刷术的发明、地理大发现和基督教改革运动。[③] 或许科学革命的发生与这些宏大的重要历史背景有一定的联系,但我们仍然可以发现,这种说法仅仅提供了一些模糊不清、似是而非的背景,读者无法从中把握科学革命的真正动力。

笔者认为,将科学革命归因于文艺复兴、宗教改革、航海、地理大发现、科学家的好奇心、战争与新科学互动等一系列复杂因素,本身就意味着我们实际上并没有真正理解科学革命究竟是怎么产生的,又是受什么因素影响而扩散的,其演化的基本逻辑究竟是什么?也就是说,关于近代科学革命,对我们而言,仍然是一个待解之谜。

二 经济革命是科学革命的动力

以斯塔夫里阿诺斯为代表的历史学派主流观点认为,欧洲科学革命在很大程度上应该归功于同时发生的经济革命。近代初期,欧洲各国之间的贸易随着远东、东印度群岛、非洲和南北美洲的新的海外市场的开拓而出现大幅度增长。远洋贸易拉动了对造船和航海业的巨大需求。为

[①] 〔英〕W.C. 丹皮尔:《科学史》,李珩译,中国人民大学出版社2010年版,第111—192页。
[②] 〔英〕约翰·德斯蒙德·贝尔纳:《历史上的科学:科学革命与工业革命》,伍况甫、彭家礼译,科学出版社2015年版,第285—287页。
[③] 〔美〕劳伦斯·普林西比:《科学革命》,张卜天译,译林出版社2013年版,第1—2页。

了制造罗盘、地图和仪器，需要新的、有才智的、数学上受过训练的工匠。航海学校在葡萄牙、西班牙、荷兰和法国相继应运而生，天文学由于其明显的实用价值而得到更多的关注与研究。因此，近代科学最主要的进步集中在与地理学和航海术密切相关的天文学领域。[1] 笔者认为，将以上理由作为科学革命的原因是经不起推敲的。正如戈德斯通指出，虽然航海船只的制造是一项复杂的技术，但只要将哥伦布航行美洲的船只与郑和指挥的中国远航舰队的船只进行比较，就不难发现中国在这个领域的明显压倒性优势；哥伦布船队的旗舰"圣玛丽亚号"长20米，郑和的旗舰长135米，两者的技术差距一目了然。郑和的帆船从中国北部出发一直航行到了非洲沿海并顺利返航，其航程远远超过了哥伦布从西班牙到北美洲的航程，并且比后者早了约80年。至于在航海用的罗盘、地图和仪器等方面的制造上，中国也大大领先西欧各国，但中国的大规模航海活动并没有带动天文学革命。[2] 由此观之，历史学派关于科学革命原因的分析是缺乏说服力的，天文学革命以及天文学革命引起的其他自然科学革命另有其他原因。

另外，关于海上船只确定经度的难题，会促使学者深入研究相关问题，包括天文学理论问题，但这不是引发近代科学革命的关键因素。科学革命的中心问题涉及太阳系问题的证实，而海上船只确定经度则最终通过制作精密的时钟以及利用天文观测数据制定精度足以确定经度的月球表。

三 将科学革命归因于历史上宗教与科学的冲突

将科学革命归因于历史上宗教和科学的冲突是一个由来已久且备受争议的观点。最早系统论述科学与基督教的历史冲突关系的当属约翰·威廉·德雷珀的《宗教与科学冲突史》（1874）和安德鲁·杰克森·怀特的《基督教世界中神学与科学交战史》（1896），[3] 他们分别在自己的

---

[1] 〔美〕斯塔夫里阿诺斯：《全球通史：1500年以前的世界》，吴象婴、梁赤民译，上海社会科学院出版社1999年版，第249—252页。
[2] 〔美〕杰克·戈德斯通：《为什么是欧洲：世界视角下的西方崛起（1500~1850）》，关永强译，浙江大学出版社2010年版，第33—35页。
[3] 〔英〕阿利斯特·E. 麦克格拉思：《科学与宗教引论》，王毅、魏颖译，上海世纪出版集团、上海人民出版社2015年版，第50页。

著作中阐述了神学家与科学家关于神学与科学之间的长期冲突及其演化过程，这两部著作也成为科学与宗教"冲突论"的经典著作。英国著名学者罗素认为宗教与科学的冲突推动科学革命，这种解释一经提出就引起了广泛争议，不仅受到宗教界人士的严厉批判，认为罗素对宗教存在偏见，也受到科学史界的广泛质疑。罗素的观点虽然有一定的道理，而且得到大量科学与宗教冲突的历史事实的支持，但仔细分析，不难发现罗素观点也存在以下疑问难以令人信服：既然宗教与科学存在长期冲突，为何此前科学与宗教的冲突没有引发科学革命？或者说科学革命为何偏偏发生在16—17世纪而不是其他历史时期？如果宗教压制了科学研究，那么科学研究的突破为何没有发生在宗教与科学冲突不激烈的地方？或者发生在宗教势力薄弱的地方？但科学革命恰恰发生在宗教势力庞大的西欧地区。对此，吴忠提出，单纯采用宗教与科学"冲突说"很难解释清楚科学革命的原因。他指出："近代科学的突然诞生是否具有历史联系？为什么许多杰出的近代科学家如开普勒、波义耳、牛顿可以同时也是虔诚的宗教徒甚至出于宗教的目的而研究科学？为什么近代科学没有诞生在宗教势力较薄弱或宗教与科学的冲突不那么激烈的地方如中国或阿拉伯世界？"① 由此，我们必须再追问两个问题：科学与宗教的冲突是近代科学革命的必要条件还是历史的偶然？宗教的压制是科学研究的助力、阻力还是动力？

另外，也有观点认为，近代科学革命时期，宗教与科学并没有矛盾，相反，是宗教促进了科学革命，例如，吴国盛指出："宗教在近代早期实际上对科学是起着一种客观上的促进作用，但它没有想到科学一旦做大之后，就会客观上排斥宗教。"② 两者的矛盾实际上是18世纪才出现的。或许用宗教与科学的冲突来表达两者之间的矛盾关系不太适合，实际上，即使两者存在矛盾，科学家或科学共同体也都尽量小心翼翼地避免与宗教爆发冲突，至少从主观角度看如此，许多严肃的文献均记载了16—17世纪宗教对科学家或科学共同体的排斥、打压，甚至是无情的迫害与摧

---

① 吴忠：《西方历史上的科学与宗教》，《自然辩证法通讯》1986年第6期，第28—36页。
② 吴国盛：《近代科学的起源》，http://www.sohu.com/a/247585490_472886。

残。当然，同时也必须承认，自然科学发展历程中揭示的某些客观规律与宗教理念、价值观确实存在冲突。

尽管宗教与科学在某些问题上的确存在不一致，甚至是大相径庭的看法，乃至在同一个问题上的看法存在尖锐的冲突，但是，我们应该明白的是，历史上几乎没有科学家是单纯为了反对宗教教义或宗教组织而进行科学研究，这表明，科学研究的动力并非来源于科学与宗教两者之间的冲突。但是，我们也必须注意另外一种可能性，即宗教与科学在某些领域的冲突导致某些科研选题足够吸引人，从而成为科学共同体或科学家共同的选题，其研究结论可能与教会秉持的观点相反，由此造成一种误解，认为科学研究的动力来源于科学与宗教的冲突。

因此，对科学家感兴趣的科研选题带来的动力和宗教与科学冲突带来动力进行比较是有益的事情。严格来说，科学与宗教几乎在所有领域，包括各种动物学、植物学、气象领域等，都存在不同观点或看法，但两者之间并没有引起强烈冲突或激发科学研究热情。可见，宗教与科学对某些事物的看法存在分歧，并非激发科研动力的充分条件，能够引起科学家强烈兴趣的主题才是诱发科学研究的动因。

四　教会颂扬上帝的需要激励了科学革命

外史论者长期秉持一种观点，即科学发展有其自身的内在逻辑与规律，但无法解释科学发展的非连续性与不均衡性，历史上某些时期科学发展的速度非常快，其他时期的发展速度则非常缓慢。的确，外部事件可能影响科学发展的历史进程。部分学者据此认为，16—17世纪，西欧社会产生了一种需要科学理论来赞颂上帝的思潮，这种思潮是科学革命的终极动力。这似乎令人难以置信，却得到不少学者的赞同。美国著名科学史家默顿认为，新教伦理促进了科学发展，鼓励人们通过科学研究颂扬上帝的伟大。他指出："我们所说的新教伦理既是占主导地位的价值的直接表现，又是新动力的一个独立源泉。它不仅引导人们走上特定的活动轨道，而且施加出经久的压力使人们忠贞不渝地献身于这种活动。它的苦行禁欲的教规为科学研究建立起一个广阔的基础，使这种研究有了尊严、变得高尚、成为神圣不可侵犯。如果说在此之前科学家已经发现，寻求真理本身就是报酬，那么他此时便有了进一步的根据去发扬对这一事业的无私的热忱。"① 默顿还在其成名作《十七世纪英格兰的科学、技术与社会》中大量列举当时著名学者通过赞颂上帝获得科学研究动力的例子。他指出："约翰·威尔金斯宣称，关于自然的实验研究，是促使人们崇拜上帝的一种最有效的手段。弗朗西斯·威鲁比也许是当时最杰出的动物学家，他由于过分谦虚而认为他的著作不值得出版，只是当雷一再坚持说发表这些著作是赞赏上帝的一种方法，才说服了威鲁比同意出版他的著作。而雷本人为那些通过研究上帝的杰作的作品去赞颂上帝的人们歌功颂德的文章，则受到高度欢迎，以致在大约二十年里就出版了五个版本。"② 英国著名学者麦克格拉斯也大体认为，新教伦理鼓励通过科学研究来发现上帝、赞颂上帝。吴忠也支持默顿的观点，他指出："科学发展的动力也不仅仅来自单纯的求知，求知可以是科学家个人的动机，但从整个社会上看，科学的发展绝非纯属个人的事情，社会需要、功利目的常常是科学发展的更强大的动力。"③ 他通过引用默顿的研究成果，认为是新教伦理促进了科学发展，鼓励人们去赞颂上帝，颂扬上帝的伟大，而研究与认识自然是赞颂上帝的重要途径。④ 吴国盛也认为近代科学革命的动力在于通过科学研究颂扬上帝、赞美上帝。⑤

另外值得一提的是，默顿对新教伦理对科学革命的激励作用的认识显然受到韦伯观点的影响。他指出："许多研究业已证明，新教的精神气质对资本主义具有一种刺激的作用。既然科学和技术在近代资本主义文化中发挥着如此重大的作用，那么科学与清教主义之间也很有可能存在着类似的实质性联系。马克斯·韦伯的确曾附带性提到存在这样一种联

---

① 〔美〕罗伯特·金·默顿：《十七世纪英格兰的科学、技术与社会》，范岱年、吴忠、蒋效东译，商务印书馆2000年版，第120页。
② 〔美〕罗伯特·金·默顿：《十七世纪英格兰的科学、技术与社会》，范岱年、吴忠、蒋效东译，商务印书馆2000年版，第126—127页。
③ 吴忠：《西方历史上的科学与宗教》，《自然辩证法通讯》1986年第6期，第28—36页。
④ 吴忠：《西方历史上的科学与宗教》，《自然辩证法通讯》1986年第6期，第28—36页。
⑤ 吴国盛：《近代科学的起源》，http://www.sohu.com/a/247585490_472886。

系的可能性。"① 虽然默顿从韦伯关于资本主义与新教的关系的论述中获得了灵感,但他显然忽略了韦伯的论述仅仅是一个未经实证的假说,并且韦伯的相关论据经常受到质疑。

虽然不能排除部分自然科学家同时也是非常虔诚的信徒,他们渴望用自然科学的研究与发现来赞颂上帝,这种渴望可能会带来自然科学研究的动力,但是,虔诚的信徒任何时代都有,没有足够的证据支持16—17世纪的自然科学家在宗教信仰上特别虔诚,特别渴望通过自然科学研究来颂扬上帝,以此获取自然科学研究的动力特别强,以至于推动了所谓的科学革命。

更何况,所谓的虔诚的新教徒未必都是真实的。例如,通常认为牛顿是虔诚的新教徒,但实际上牛顿并非新教徒。1942年,牛顿300周年诞辰之际,著名经济学家凯恩斯撰写了《牛顿其人》,揭示了牛顿长期秘密进行炼金术活动及其秘而不宣的异教信仰,他不是所谓的虔诚的新教信徒,并指出牛顿不是人们想象中的一位理想主义者,而是最后一个魔术师。② 著名科学史学者贝尔纳也指出,牛顿在剑桥大学研究过旁门左道的阿里乌斯派神学,因怀疑三位一体说而不肯接受圣职的任命。实际上,牛顿坚信"三位一体的教义不仅是错误的,而且还是一场由公元4世纪的恶人编造的骗局",③ 但牛顿担心公开自己对新教教义的真实看法会遭到迫害,因此小心翼翼地隐瞒自己的神学观点。④ 因此,牛顿实际上是阿里乌斯派信徒而不是新教徒,这点应该确信无疑了。

另外,说牛顿对自然科学的研究是在"颂扬上帝"理念感召下进行的,显然过于牵强,不符合历史事实。牛顿提出的自然神论并非为了颂扬上帝,正如古川安指出的,自然神论将宗教置于理性之光的照耀下来看待,按照牛顿的说法,上帝在创造世界并赋予它自然法则之后仍然存

---

① 〔美〕罗伯特·金·默顿:《十七世纪英格兰的科学、技术与社会》,范岱年、吴忠、蒋效东译,商务印书馆2000年版,第97—95页。
② 转引自何平、夏茜《李约瑟难题再求解》,上海书店出版社2016年版,第137页。
③ Richard S. Westfall. "The Scientific Revolution Reasserted", in Margaret J. Osler: Rethinking the Scientific Revolution, 2000: 41—55.
④ 杨俊杰:《科学革命与现代科学的起源》译者序,载〔英〕约翰·亨利《科学革命与现代科学的起源》,杨俊杰译,北京大学出版社2013年版,前言第10页。

在于世界中，履行着支配和监督它的职责。①

牛顿的自然神论的确很有名，但并非为了颂扬上帝，在某种程度上还可能有损上帝的"威名"。

正如莱布尼茨指出的，牛顿的世界观意味着上帝的计划是不完善的。在莱布尼茨看来，上帝的计划是完美的，上帝仅存在于天地创造的过程中，而创造后的世界已不再受到它的干涉，只是遵循着自然法则运行。②科学史家雅各布认为，牛顿主义的世界观在英国光荣革命之后，在国教会的广教派的政治议论中被频繁引用。这指的是，作为少数派的广教派与反对在光荣革命中驱逐詹姆士二世的英国国教会的主流派相对抗，通过运用牛顿的上帝时常介入说否定了上帝一开始就将权力交出的王权神授说，以保卫革命后的社会秩序。广教派对牛顿科学的赞扬也出于上述政治目的。③ 显然，牛顿自然神论打击了国教会的形象与势力，有利于科学脱离宗教的干预。

总之，颂扬上帝推动了科学革命的观点，看起来似乎挺有道理，似乎也能找到一定的证据。但这种观点和证据之间很难找出因果关系，无法解释为何一定要在天文学以及与天文学研究密切相关的数学、物理学、光学等领域，而不是在其他领域来颂扬上帝的伟大；同时，也无法解释为什么一定要在16—17世纪通过天文学、物理学、数学、光学来颂扬上帝的伟大，而不是在其他时间段通过天文学、物理学、数学、光学来颂扬上帝的伟大。显然，颂扬上帝的需要推动了欧洲近代科学革命的观点，也没有弄清楚科学革命的基本逻辑与目标。

五　航海、贸易与战争共同推动了科学革命

在16—17世纪，欧洲内部国家间政治、经济、宗教信仰等领域均出现了深层次矛盾，同时，西欧国家出现了航海贸易以及在海外大肆建设

---

① 〔日〕古川安：《科学的社会史》，杨舰、梁波译，科学出版社2011年版，第57页。
② 转引自〔日〕古川安《科学的社会史》，杨舰、梁波译，科学出版社2011年版，第57页。
③ 转引自〔日〕古川安《科学的社会史》，杨舰、梁波译，科学出版社2011年版，第57页。

第六章　近代科学革命若干问题解析

殖民地的热潮，以最大限度地攫取经济利益，导致西欧国家争夺贸易与殖民地利益的冲突日益严重，出现了严重的不可调和矛盾，最终导致国家之间频繁爆发战争。因此，长期以来，一直存在航海、贸易与战争共同推动了科学革命的观点。正如文一教授认为："近代科学是热兵器战争的产物。正是欧洲'国家竞争体系'下基于火药-火炮的残酷而激烈的国家生存竞争，和赢得军备竞赛的巨大压力与社会需求，才导致了欧洲'科学革命'的爆发。"[①]

的确，战争期间，各方敌对势力对子弹、炮弹的弹道轨迹和射程的研究，确实一度刺激了数学与力学的发展。[②] 而远程贸易与航海确实对天文学理论提出需求，但将科学革命的动力归结为贸易、航海与战争，显然不符合历史事实。实际上，贸易、航海与战争等同样的事情在明朝也发生过，但并没有引起科学革命。明朝著名科学家徐光启、李之藻等在引进西洋火器生产技术时，也引进了相关数理知识、实验与理论指导书籍，并在此基础上有所创新。火器专家赵国桢对西洋最好的武器在射程、射击精度、火药安装、发射装置、流程等方面进行了有效改进就是最好的例证。16—17世纪世界各国对西欧火器技术的引进和消化，中国是最为成功的国家；一直到17世纪中叶，中国与西欧一同成为世界上火器技术进步最大的两个地区，也成为世界上其他国家或地区获取先进火器技术的主要来源地。[③] 至于贸易与航海，前文已经述及，不足以引发科学革命。因此，欧洲的贸易与航海、战争及相关行动不足以催生科学革命。

虽然我们的确不能否认战争对科学技术提出需求，形成推动科技进步的强大力量，似乎对科学革命爆发能够产生足够的动力。但是，如果我们仔细梳理科学革命的内容，不难发现16～17世纪科学革命的内容集中在以天文学为核心，以及与天文学研究紧密相关的数学、物理学、光

---

① 文一：《科学革命的密码：枪炮、战争与西方崛起之谜》，东方出版中心2021年版，第343页。
② 〔英〕斯科特：《数学史》，侯德润、张兰译，中国人民大学出版社2010年版，第125页。
③ 李伯重：《火枪与账簿：早期经济全球化时代的中国与东亚世界》，生活·读书·新知三联书店2017年版，第148—167页。

学等领域,这些科学领域的颠覆性突破,不仅与战争对科学的需求没有直接或密切的联系,甚至可以说连间接的联系也基本没有。因此,航海、贸易与战争并非推动近代科学革命的关键因素。

六 诺思认为科学革命与新教改革有关

作为著名的制度经济学家与诺奖获得者,诺思深知用来解释技术创新与变迁的社会激励理论,无法合理解释科学发展的动力问题。正如诺思指出的:"发展纯理论并不需要与其导致的实际发明有同样的激励。历史上,纯科学知识与人类使用的技术之间总是存在某个差距……仅仅在过去的100年,对持续的技术变化来说,基础知识的进步才成为必要。"[1] 换言之,用解释技术变迁的激励理论来解释纯科学理论的发展激励并不合适。在社会没有对纯理论的科学知识产生常态化日常需求之前,科学知识发展的动力究竟是什么,诺思并没有给出合理的系统解释,只是笼统地提出那个时代科学发展的一个关键因素,即"科学知识的发展肯定与教廷减少对关于人类与自然环境关系的思想的垄断有关。新教改革是后来发生这一变化的先兆"。[2] 在此,诺思似乎认为,新教减少了对自然科学研究的干预是产生科学革命的前提条件,而天主教则垄断或禁锢了科学研究的思想。

显然,诺思认为天主教反对自然科学研究是导致中世纪科学研究落后的重要原因,但这与历史事实并不吻合。在中世纪,既没有可靠证据表明天主教系统性压制自然科学研究,也没有可靠证据表明天主教有这样做的动力来源。但是,1651年,耶稣会制定并实施《高等教育条例》,希望通过禁止宣扬地球自转运动的任何学说、禁止探讨违背了人们普遍接受的亚里士多德的物理学解释等,维护"教义的稳定性和一致性"。该条例得到了天主教会的支持,印刷、出版并广泛传播该条例的行为,引起了世界各地每一所教会机构每一位教师的重视。到18世纪时,该条

---

[1] 〔美〕道格拉斯·C.诺思:《经济史中的结构与变迁》,陈郁、罗华平等译,上海三联书店、上海人民出版社1994年版,第185页。

[2] 〔美〕道格拉斯·C.诺思:《经济史中的结构与变迁》,陈郁、罗华平等译,上海三联书店、上海人民出版社1994年版,第193页。

例仍在执行,仍对耶稣会会士的教学起着基本性的指导作用。这对伽利略物理学、哥白尼天文学等自然科学领域的研究造成重大灾难。[1]

教会以及耶稣会之所以下达这一类禁令,是因为当时天文学、物理学与数学研究严重冲击天主教教义,导致教会秉持的宇宙观受到强烈冲击,严重威胁到教会在精神领域的统治地位。这直接导致意大利丧失了近代科学革命中心的地位。

因此,仅仅在1651年之后,天主教及其附属耶稣会对自然科学研究的若干研究选题明确禁止,此前并没有大规模压制科学研究的行为。而在1651年之前,科学革命早已发生,因此诺思的观点并不能很好地解释科学革命。

七 科学建制的激励

在科学研究领域,科学的建制常常被作为科学进入成年的标志。科学建制在近代科学革命初期的出现,如意大利自然秘密研究会、林琴学院、齐曼托学院、英国皇家学会、法国巴黎科学院、柏林科学院等机构的出现,意味着科学建制的形成,即科学活动的组织化与科研机构的建立,的确对推动近代科学革命活动形成了积极作用;但不少科学建制存在的时间实际上很短。例如,林琴学院存在了27年,齐曼托学院仅仅存在10年就消亡了[2],然而,科学研究并没有随着科学共同体的解散而消失。同时,下面的例子可作为反证。在牛顿完成《自然哲学的数学原理》后,即使英国皇家学会还存在,但科学研究近乎处于停滞状态。这些事实似乎对科学建制激励科学研究、推动科学革命的观点并不能提供支持。另外,从历史角度看,科学共同体的形成往往是在科学研究主题发酵之后才成立的,如林琴学院、齐曼托学院、英国皇家学会等,这似乎也不支持科学建制激励科学研究、推动科学革命的观点。因此,科学建制对近代科学革命的作用似乎还有进一步探讨的必要,不宜无限度高估科学建制的积极作用。

---

[1] 〔美〕阿米尔·亚历山大:《无穷小:一个危险的数学理论如何塑造了现代世界》,凌波译,化学工业出版社2019年版,第144—145页。
[2] 〔日〕古川安:《科学的社会史》,杨舰、梁波译,科学出版社2011年版,第38页。

可见，科学建制虽然能够给科学研究行为带来一定的激励，促进科学研究活动趋向活跃，但显然无法解释16~17世纪科学共同体围绕天文学及相关学科展开研究的真正原因，或者说，无法解释为什么近代科学革命要以天文学研究为中心，而不是以其他内容为中心，这才是解释近代科学革命之谜的关键所在。

八　近代科学革命是技术发展的衍生物

随着工艺学日益增长的重要性，以及16~17世纪资产阶级的不断壮大，一些科学家开始思考从阿基米德时代就一直被忽略的科学理论怎么应用于社会生产实践的问题，简而言之就是科学实用性问题。由此形成了近代科学是16~17世纪技术发展的衍生物的观点。

虽然技术发展的确会对科学产生一定的需求，从而推动科学发展的步伐。但从近代科学革命涉及的主要内容或核心内容来看，16~17世纪的技术发展与科学革命几乎是两条平行线，两者基本没有交集。正如柯瓦雷指出的，这种理论忽视了两个重要的历史事实：一是对纯数学理论的长期兴趣导致了希腊科学再发现；二是天文学研究具有压倒一切的重要性从而形成独立的发展，主要是由对宇宙结构的纯理论兴趣所推动的。[①]

说18~19世纪科学的突破性进展或第二次科学革命是技术发展的衍生物，这样的观点基本合适，但将近代科学革命当成16~17世纪技术发展的衍生物的观点显然不太合适，与历史事实基本无法吻合。例如，在近代科学革命历程中，英国科学家曾经迫切希望科学理论知识能够帮助社会生产进步以体现自身价值，英国皇家学会的诸多会员曾经不遗余力地寻求科学理论的生产应用，但最后不得不承认，他们无法对工匠们的劳动提供任何帮助。[②] 在近代科学革命中，这一例子并非特例。

[①] 〔法〕亚历山大·柯瓦雷：《牛顿研究》，张卜天译，北京大学出版社2003年版，第19—20页。

[②] 〔美〕乔伊斯·阿普尔比：《无情的革命——资本主义的历史》，宋非译，社会科学文献出版社2014年版，第148页。

总之，现有解释近代科学革命之谜的理论或思路，虽然有一定的道理，也有一些证据，但都存在各种缺陷，无法实现理论逻辑推论与历史事实相吻合，因此，仍然需要对近代科学革命进行系统深入的研究，才能真正合理的解释近代科学革命之谜。

第二节　近代科学革命发生时间与判定标准的争议

一　近代科学革命发生时间的争议

近代科学究竟是怎样产生的？1940年柯瓦雷出版了《伽利略研究》一书，当他在书中创造了"科学革命"一词来描绘西欧近代科学发展的历史图景时，或许并没有预料到这一专业术语会引起多么大的反响。科学革命从此成为整个社会关注的中心话题之一，许多学者为之倾注了大量时间和热情，尤其是科学技术史领域的学者，围绕这个主题撰写了大量著作。1954年，著名科学史学家霍尔以《科学革命，1500～1800：近代科学态度的形成》为题出版专著，使"科学革命"一词影响力大增。[①]随后，著名科学史学家贝尔纳、科恩、默顿等人都对科学革命的内涵及相关主题进行系统、深入的探讨，柯瓦雷本人也继续在这一领域深耕。一系列研究成果为科学革命内涵与理念的广泛传播奠定了坚实的基础。

但科学革命一词之所以成为一个全球范围内流行的术语，离不开政治因素在背后的推波助澜，甚至可以说政治是更为关键的因素。第二次世界大战结束之后，全球范围内控诉、谴责殖民主义的历史罪恶、残暴行为的运动和革命此起彼伏，西方国家内部也开始兴起反思殖民主义"原罪"的运动。残暴的殖民"原罪"是西方文明皇冠上抹不掉的极不光彩的污点，掌控政权的西方精英们迫切需要一个冠冕堂皇的理由来冲刷在道德上令人蒙羞的负面形象。近代科学革命主题的提出，为西方精英们洗刷污点提供了一个绝佳工具，他们几乎不约而同地追捧并大力宣

[①] 刘美惠：《论柯瓦雷与夏平科学编史学思想之分歧》，《长江师范学院学报》2016年第6期，第51—55页。

扬近代欧洲科学革命及其对近代欧洲社会经济发展的巨大作用。一方面，西方社会开始大量赞助近代科学革命相关主题研究，形成了一批具有欧洲中心论色彩的研究文献，它们有意或无意地忽视了其他地方的科学理论与实践对近代欧洲科学革命的贡献，片面强调乃至包装近代欧洲科学革命独特的社会文化因素；另一方面，在科学革命一词的内涵与外延以及所谓的科学革命历史贡献都还没弄清楚的情况下，西方社会就开始大肆宣扬科学革命的历史功绩，其中不乏严重夸大之词。

但就舆论引导与宣传结果看，西方社会的精英阶层无疑非常好地实现了他们的既定目标。当前，在世界范围内，不仅西方社会的国民普遍接受了科学革命是西方国家崛起的重要原因，而且世界上绝大多数国家，包括历史上饱受西方国家殖民统治遭受巨大痛苦与伤害的国家，似乎也忘记了血腥的西方殖民历史；甚至开始主动拥抱西方文化价值观点。当提起西方社会时，殖民主义的罪恶形象正远离人们的视野或思维，不再是人们关注的主题，取而代之的是历史上西方国家如何通过科学革命实现历史性的跨越，将今天西方国家的富裕、幸福与历史上的科学革命紧密联系在一起。由此，西方国家的形象大为改观，这不能不说是西方社会形象宣传上的一个奇迹。

但是，在学界关于科学革命或近代科学革命，仍然是一个充满争议的问题。历史上，究竟是否存在普遍意义上的科学革命，科学革命的内涵或涉及的学科领域与内容，以及科学革命的起止时间等相关问题，都充满了争议。

首先，科学革命究竟是否发生过？长期以来，柯瓦雷与夏平的观点一直针锋相对。柯瓦雷认为，16~17世纪西欧社会存在波澜壮阔的科学革命浪潮，他的代表作《伽利略研究》《从封闭世界到无限宇宙》《牛顿研究》向世人展示了近代科学的诞生、成长与完成的历史图景。柯瓦雷认为，科学革命的核心是科学观念的革命，他指出："17世纪的科学革命无疑正是这样一场嬗变……它是一场深刻的思想转变，近代物理学既是它的表现，又是它的成果。"[1] 17世纪科学革命的目标是建立一个可以

---

[1] 〔法〕亚历山大·柯瓦雷：《伽利略研究》，刘胜利译，北京大学出版社2008年版，第2页。

精确测量宇宙的理论体系,他指出:"粉碎一个'或多或少'的世界,一个充满着物质和可感知觉的世界,一个沉醉于日常生活的世界;取而代之的则是一个精确的、可以被准确度量并且被严格决定了的(阿基米德式的)宇宙。"[1] 但夏平明确地提出了反对意见,认为历史上不存在柯瓦雷所谓的科学革命。他指出:"根本就不存在唯一确定的科学革命",[2]"恰恰相反,而是存在着致力于理解、解释和控制自然的大量不同的文化实践,它们有着各自不同的特征,也经历着各自不同的变革模式。我们现在更加怀疑'科学方法'——一套获取科学知识的连贯的、普遍的、有效的方法——这种事物的存在,更不相信它起源于17世纪并从那时起就被毫无疑问地传给了我们的说法。"[3] 夏平认为,科学革命这一提法并不能准确描述17世纪科学活动的目的和价值,仅仅是现代人按照自己的观点来描绘科学活动,因此他指出,"我们有理由说,17世纪的绝大多数人从未听说过我们的科学先驱,或许他们所接受的关于自然界的信念也与我们所选择的先驱大为不同。"[4]

其次,近代科学革命究竟何时发生,何时结束?对此,一直众说纷纭,缺乏普遍共识。近代科学革命起止时间界定的背后是关于科学革命的内涵或科学革命涉及的学科领域以及科学革命的实质等问题,长期以来一直存在较大的争议。正如霍普金斯大学科学技术史与化学系教授劳伦斯·普林西比指出的:"科学革命——大约从1500~1700年——是科学史上讨论最多的、最重要的时期。如果问10位科学史家科学革命的实质、时间段和影响是什么,你可能会得到15种回答。"[5] 这种观点或许有夸张之嫌,但基本反映出关于科学革命起止时间的认识存在明显差异。美国当代著名科学史学家席文也有类似看法,认为科学革命一词存在许多不同的理

---

[1] 〔法〕亚历山大·柯瓦雷:《牛顿研究》,张卜天译,北京大学出版社2003年版,第2—3页。
[2] 〔美〕史蒂文·夏平:《科学革命——批判性的综合》,徐国强、袁江洋、孙小淳译,上海科技教育出版社2004年版,第1页。
[3] 〔美〕史蒂文·夏平:《科学革命——批判性的综合》,徐国强、袁江洋、孙小淳译,上海科技教育出版社2004年版,第3页。
[4] 〔美〕史蒂文·夏平:《科学革命——批判性的综合》,徐国强、袁江洋、孙小淳译,上海科技教育出版社2004年版,第7页。
[5] 〔美〕劳伦斯·普林西比:《科学革命》,张卜天译,译林出版社2013年,第II页。

解，缺乏统一的认识。为避免误解，一些科学史学家甚至已经拒绝使用"科学革命"一词。① 导致这一状况的主要原因可以从两个方面加以理解。

一是学者对近代科学革命内涵的理解随着研究的深入而发生变化。随着学者对科学革命的认识不断深化，相应地对科学革命起止时间的界定也发生了变化。例如，科学革命一词创造者柯瓦雷，对"科学革命"发生的领域的理解经历了一个不断深化与修正的过程。1940年之前，柯瓦雷的科学革命概念特指伽利略和笛卡儿将自然科学几何化的历史现象。随后，柯瓦雷认为科学革命应该包括哥白尼的数理天文学研究成果，紧接着，柯瓦雷进一步将哥白尼的《天体运行论》（或译作《天球运行论》）当作近代科学革命的开端。当他在1950年开始了牛顿研究之后，继续扩展了科学革命的学科领域与时间界限，认为牛顿的科学研究成果是科学革命的重要内容。最后，柯瓦雷将科学革命概念的时间和学科领域进一步扩展，包括了历史学家习惯上所谓的"17世纪科学革命"的几乎所有内容。② 1962年和1963年，霍尔夫妇以《近代科学的兴起》（*The Rise of Modern Science*）为总题出版了两卷著作，分别为《科学的文艺复兴，1450~1630》《从伽利略到牛顿，1630~1720》，1983年霍尔又出版了《科学中的革命：1500~1750》。③ 可见，随着研究的深入，霍尔对科学革命起止时间的看法发生了明显的变化。

进入21世纪，科学史家们仍然未能对科学革命的起止时间与内涵达成共识。彼得·迪尔于2001年出版了《科学革命：欧洲知识及其抱负，1500~1700》将近代科学革命起止时间界定为1500~1700年；弗洛里斯·科恩（Floris Cohen）在2010年出版的著作《近代科学如何产生：四种文明，一次17世纪的突破》中提出，"科学革命由六次紧密关联的

---

① 席文：《为什么科学革命没有在中国发生——是否没有发生》，刘龙光译，张黎补译，载刘钝、王扬宗编《中国科学与科学革命：李约瑟难题及其相关问题研究论著选》，辽宁教育出版社2002年版，第514页。

② 〔荷〕H. 弗洛里斯·科恩：《科学革命的编史学研究》，张卜天译，湖南科学技术出版社2012年版，第106—107页。

③ 张卜天：《科学革命起止时间背后的编史学观念》，《科学文化评论》2013年第4期，第29—38页。

革命性转变构成。其中三次几乎同时发生在 1600 年-1645 年，接下来两次发生在大约 1660-1685 年，最后一次（由牛顿完成）发生在大约 1685 年-1700 年"。① 劳伦斯·普林西比在 2011 年出版的《科学革命》中，将科学革命的起止时间界定为大约 1500～1700 年，将科学革命的内容界定为从哥白尼到牛顿的一系列天文学、物理学以及医学的重大进展。

二是学者们对科学革命的目的和结果的认识存在差异。按照柯瓦雷的认识，科学革命的目的是用一种新的宇宙观替代旧的宇宙观，正如他指出："它开始于 1543 年哥白尼的《天球运行论》，结束于 1687 年牛顿的《自然哲学的数学原理》。它极大地推进了人类的知识和能力，彻底改变了人类对生活和世界的看法；因此，它构成了一个明确的分水岭，一边是古代和中世纪，另一边则是我们所处的尚未命名和归类的时期。"② 显然，柯瓦雷认为《天体运行论》打破了中世纪陈旧、错误的宇宙观，而牛顿的《自然哲学的数学原理》则证明了哥白尼日心说是正确的，因此，他将科学革命的起止时间界定为 1543～1687 年。席文等学者则认为近代科学不同于传统科学，传统科学存在大量定性的理论或经验，而近代科学则是以数学为工具的精确科学或精密科学，他指出："从伽利略到拉普拉斯之间向精密科学转化的时期及其在 1800 年以前的广泛影响。这是科学史学者们目前使用的几个定义中的一个。"③ 显然，席文将科学革命看成传统科学向现代科学的蜕变过程，传统科学是亚里士多德式的自然科学，而近代科学则是阿基米德式的自然科学，之所以将科学革命开始的时间定在伽利略时代，是因为伽利略最早将数学引入物理学并开创了精确测量变量之间关系的新科学时代，其以数学工具设计可控实验的方法成为近代科学家争相模仿的对象。之所以将科学革命结束的时间界定为拉普拉斯时代的 1800 年，可能是由于他认为是拉普拉斯完成

---

① 〔荷〕H. 弗洛里斯·科恩：《科学革命的编史学研究》，张卜天译，湖南科学技术出版社 2012 版，第 674 页。
② 转引自张卜天《科学革命起止时间背后的编史学观念》，《科学文化评论》2013 年第 4 期，第 29—38 页。
③ 席文：《为什么科学革命没有在中国发生——是否没有发生》，刘龙光译，张黎补译，载刘钝、王扬宗编《中国科学与科学革命：李约瑟难题及其相关问题研究论著选》，辽宁教育出版社 2002 年版，第 514 页。

了精密科学的建立，其标志可能是拉普拉斯完成了天体力学。

因此，将科学革命的结束时间定在拉普拉斯时代也有一定的道理。我们知道，牛顿仅仅从观念上和力学理论上解释了哥白尼宇宙理论的正确性，万有引力定律仅仅解释了行星运动的轨道问题，并没有解决太阳系内所有的力学问题。正如吴国盛指出的，牛顿只考虑了两个天体在引力作用下的运动轨道问题，即所谓的二体问题，例如，太阳与地球、太阳与木星、太阳与土星等的引力与运动轨道问题。但是，太阳系内有许多行星，除了太阳与行星之间相互吸引外，行星之间也存在引力问题，也就是说，太阳系内多个天体之间的相互作用，会导致行星的运动发生更加复杂的变化。显然，这一关键细节对太阳系的稳定运行十分重要，是一个亟须解决的理论问题，但牛顿并没有给出明确答案。显然，只考虑二体情况，必定不能对天体的实际运行情况做出完全合理的解释。[1] 在牛顿《原理》出版之后，学者们在牛顿的万有引力定律的指引下，开始思考太阳系运动的稳定性问题，最终拉普拉斯完成了《天体力学》巨著。但严格来说，拉普拉斯的《天体力学》1799 年仅仅出版了前两卷。如果要以拉普拉斯完成论证太阳系的稳定性作为科学革命结束的时间，那科学革命结束的时间要推迟到 1825 年，因为拉普拉斯《天体力学》第五卷于该年出版。《天体力学》汇集了自牛顿以来的天体力学方面的全部成就，被誉为那个时代的《至大论》，拉普拉斯也因此被称为法国的牛顿。拉普拉斯最著名的成果是证明太阳系的稳定性。他深知仅仅有万有引力定律还无法保证太阳系的稳定，所以牛顿认为上帝还有必要干预太阳系以保持太阳系的稳定、精确运行，但拉普拉斯克服了牛顿理论的缺陷。他天才般地证明了太阳系在一个相当长时期内可以自行保持现有格局的稳定，无须上帝之手的干预。因此，当拿破仑问拉普拉斯，为何他的书中没有提到上帝时，拉普拉斯自豪地回答说："陛下，我不需要那个假设。"[2]

柯瓦雷对科学革命的认识随研究深入而发生变化并相应地修正科学革命概念的内涵与外延，这反映了柯瓦雷对科学革命概念的被动变化。

---

[1] 吴国盛：《科学的历程》，湖南科学技术出版社 2018 年版，第 354 页。
[2] 转引自吴国盛《科学的历程》，湖南科学技术出版社 2018 年版，第 355 页。

席文则主动提出科学革命的定义应该是可以变化的且必须是变化的，他认为科学革命的内涵与外延必须根据研究目的的变化而进行相应的调整。席文认为，在历史的长河中，任何一个定义都只能是暂时的，科学革命的定义也不能例外，而每一个定义在汇成历史的长河时又各有其自身的功绩；尽管科学革命有多种含义，但从编史学的角度看，没有任何一个定义使用起来比科学革命更为方便，因此大家还是乐于使用科学革命一词。[①] 席文对科学革命的定义的辩证观点固然有一定的积极意义，但也给我们带来了困惑。科学革命定义的变化在反映近代科学活动的历史现象的不同侧面时，是否会影响我们对近代科学革命的实质的探索？这才是问题的关键。只有真正探索清楚科学革命的实质，我们才能真正理解科学革命的历史意义以及它对当代世界各国发展科学研究事业的启示。基于此，科学革命起止时间和内涵的精准确定，应该与近代科学革命的实质紧密地联系起来，对科学史学者关于科学革命实质的不同归纳进行比较分析，从中揭示科学革命的真正实质。

前述分析表明，柯瓦雷从宇宙观的改变来揭示科学革命的目的和意图，实际上隐晦地提示了科学革命的缘由；席文运用传统科学向现代科学转变来揭示科学革命表现出来的历史现象或图景，但进一步深入挖掘，不难发现，近代科学之所以采用精密科学的形式，是因为它需要证明新的宇宙观比旧的宇宙观更加科学合理。因此，从这个意义上看，柯瓦雷与席文的观点并无本质区别，事实上，新的宇宙观需要所谓的精密科学来加以证明。

二 近代欧洲科学革命判定标准的争议

科学革命的起止时间与涉及的学科领域之所以难以达成共识，在很大程度上，是因为不同的科学史学家对科学革命历程的理解存在差异，因此将哪些人物与事件标定为科学革命的开端或完成也存在差异。例如，科学革命开始于何时的问题，与科学史家有关科学史的连续与断裂以及

[①] 席文：《为什么科学革命没有在中国发生——是否没有发生》，刘龙光译，张藜补译，载刘钝、王扬宗编《中国科学与科学革命：李约瑟难题及其相关问题研究论著选》，辽宁教育出版社2002年版，第514页。

对科学革命原因的理解是息息相关的。① 这实际上反映了学界对科学革命的评判标准存在巨大差异。实际上，不少学者简单地将科学活动等同于科学革命，如将冲力理论的诞生当作科学革命的开始，这实际上是十分荒谬的。诚然，冲力理论对伽利略研究物理学有重要的启发或为伽利略物理学奠定了重要理论基础，但冲力理论本身仅仅是对亚里士多德抛物理论的一次修正，本身并无革命的意图或目的，也达不到革命性突破的标准。因此，简要讨论判断科学革命发生的标准显得十分必要。

16~17世纪，是欧洲社会从蒙昧状态向科学状态过渡的伟大时代。这个时代社会背景的一大特征是世俗社会对教会的横征暴敛与穷奢极欲的行为十分厌恶，甚至极度不满与仇恨，对教会极力维护的意识形态十分反感。崇尚自由的学者对教会言行做了大量严厉批判，大量普通教徒或底层教徒（农民或农奴为主体）对取消赎罪券、什一税的渴望是显而易见的，希望颠覆教会的形象与权力，有助于实现他们心中的期待。一时间，批判教会的声音与抗议活动此起彼伏。在这种社会背景下，天文学领域的新发现无意中戳穿了宗教神学精心编织的宇宙观与社会等级秩序观等领域的谎言，对教会形象与意识形态产生了巨大的负面冲击。教会为维护自身利益而努力维护旧的宇宙观与社会等级秩序，不惜严厉打击一切可能损害教会旧的宇宙观与社会等级秩序的言行，甚至不惜以残忍的方式处死威胁旧的宇宙观与社会等级秩序的所谓的异端分子。

哥白尼天文学革命涉及宇宙观问题，而宇宙观又与教会维护社会等级秩序密切相关。在这种复杂的社会背景中，各种因素共同将天文学推上社会显学的位置。新天文学的出现对教会维护的意识形态领域的巨大冲击以及教会对旧天文学的极力维护，引发了人们对宗教学说描述的漏洞百出的宇宙形象背后的真实状态充满了好奇心，这推动了围绕天文学革命展开的证实或证伪的科学活动。而天文学的深入研究需要数学、力学与光学等作为必要工具。按照哥白尼的说法，天文学得到了几乎所有数学分支的支持，包括算术、几何、光学、测地学、力学。② 于是，在

---

① 〔荷〕H. 弗洛里斯·科恩：《科学革命的编史学研究》，张卜天译，湖南科学技术出版社2012年版，第638页。
② 〔波兰〕哥白尼：《天球运行论》，张卜天译，商务印书馆2021年版，第3页。

16~17世纪，天文学研究的深入展开，极大地拉动了数学、力学与光学等学科的突破性进展。

16~17世纪，虽然西欧各国在天文学、数学、力学、光学、化学、动物学、植物学等自然科学领域取得了大小不一的进展，但将这些科学的进展统一称为科学革命并不合适。自然科学理论知识体系的一般性发展与革命性变化具有显著区别。判定某个自然科学领域发生革命性变化应该满足一定的条件，至少应包括以下方面。一是该学科领域的进展具有颠覆性特征，推翻了传统理论的核心观点或对传统理论重要观点做出重要补充或修正，如哥白尼《天体运行论》提出的日心说颠覆了托勒密的地心说，对欧洲社会的宇宙观产生了颠覆性影响；又如伽利略的地动抛物理论解释了垂直落下物体的位置为何不会因为地球在旋转而落在后面。二是大量学者围绕某学科的革命性突破领域进行持续的开拓或补充与完善，或进行解释、论证与辩护，从而带动该学科或相关学科取得重大发展。例如，大量学者在天文学领域围绕哥白尼的日心说展开系统的证实或证伪研究，带动了数学、力学、光学等学科的快速发展；反之，力学、数学、光学等自然科学的进展也最终被用于宇宙观的论证与解释上；天文学、数学、力学、光学等领域的重大进展还影响了实验科学、观测科学等领域的发展。三是在该学科领域不断出现新的有影响力的科学研究成果，包括大量的论文与著作，如17世纪在天文学、力学、数学、光学等领域的重大创新层出不穷、连绵不断，那个时代的著名学者，如哥白尼、开普勒、伽利略、笛卡尔、惠更斯、帕斯卡、托里拆利、沃利斯、哈雷、牛顿等，几乎都在相关领域做出了突出贡献。四是从组织形式看，形成了一系列科学共同体。它们有鲜明的共同研究主题与良好的交流机制，通过交流与相互批判共同推动研究目标的实现。五是这些自然科学领域的研究与传统的亚里士多德式的科学最大的区别在于传统科学基于经验总结与逻辑演绎基础上的定性理论，而新科学主要是以数学为工具的精密科学，强调定量研究。六是从哥白尼革命开始到牛顿自然哲学原理的出版，基本上树立了一个新的宇宙观，尽管这个新宇宙观并没有在欧洲大陆取得绝对优势地位，但的确在以新教为主体的英国获取了压倒性的胜利，替代了旧的宇宙观。根据上述条件可以推测，近代科学革命主要发生在天文学、数学、力学与光学领域；17世纪西欧化学、生物学的进展属于一般性发展，不是革命性的变化。化学革命时代真正到来是在18世纪下半叶，在1770~1850年，包括植物学、动物学在内的生物学革命，是19世纪下半叶，在1850~1914年。[①]

综合以上分析，如果不考虑科学以外的因素，则柯瓦雷将近代时期新宇宙观的出现到新宇宙的数学证明的结束界定为近代科学革命的判定标准的核心内容，比较符合历史事实。从内容上看，《天体运行论》实际上颠覆了西欧社会传统的宇宙观，是新宇宙观的开始；从目的或任务上看，《天体运行论》是古希腊"拯救现象"的继续，意在揭示行星运动的规律，牛顿《自然哲学的数学原理》则证明了行星运动规律。如果拯救现象的最终目标是为历法修订提供可靠的天文学理论的话，经验丰富的天文学家或历法家可以根据《天体运行论》与《自然哲学的数学原理》，通过精心的天文观测，编制出一个精确度高的星表，为历法制定或修订奠定坚实的基础。

但是，由于柯瓦雷基本上从科学思想史或观念史出发来提出近代科学革命的判定标准，缺乏时代背景的社会历史叙述，我们无法了解这些所谓的科学革命事件究竟是怎么发生的。具体一点讲，柯瓦雷主要从天文学理论发展与完善的需要来总结天文学理论发展路径与动力，但无法解释为什么此前漫长时间里天文学家们不做这些研究，偏偏在这一特定时间范围内努力研究解决这些问题来完善理论？也就是说，柯瓦雷的分析无法确切地解释近代科学革命为什么偏偏发生在1500~1700年的西欧大地上，而不是其他时间其他地点。因此，有必要从社会需求角度进一步梳理欧洲天文学研究热潮的原动力。这样，无论是从新宇宙观出现到新宇宙观证明的角度，还是从"拯救现象"的新思路到新宇宙观证明的角度，都可以作为判定近代科学革命完整、可行、简便的标准，以便有效反映近代科学革命的全貌。

---

① 〔美〕斯塔夫里阿诺斯：《全球通史：1500年以前的世界》，吴象婴、梁赤民译，上海社会科学院出版社1999年版，第258—271页。

第三节 从时间体系修订角度理解近代科学革命

一 近代科学革命起源的背景

在所谓的科学革命时代,究竟是什么因素激励了哥白尼、开普勒、伽利略、牛顿掀起这样一场人类世界观的革命呢?诺思在《经济史中的结构与变迁》中提出了许多学者共同的疑问,究竟"谁鼓励了这些人?存在着何种发展新知识的激励?"[①]显然,诺思看待问题具有独特、敏锐的洞察力,一下子抓住近代科学革命之谜的核心问题,并一针见血地指出,近代科学革命谜题的解释缺乏一个逻辑清晰的动力机制阐述,如果能够揭示科学革命的动力问题,笼罩在近代科学革命进程中的迷雾就会自然而然地烟消云散。

近代科学革命归根结底是由科学家群体前赴后继、持续进行科学探索的结果,如果无法清晰地、准确地解释这些科学家行为动机与结果,自然也就无法合理解释近代科学革命这一历史谜题。因此,我们不仅要从科学自身发展逻辑角度来探索近代科学革命谜题,而且应该系统考察哥白尼、伽利略、开普勒、笛卡尔以及牛顿等重要科学家究竟受什么因素激励开展相关科学课题探索,理解了这些激励因素也就理解了近代科学革命的动力问题,理解了近代科学革命的动力问题,也就理解了近代科学革命演变的历程,近代科学革命的谜团也就迎刃而解。

从诺思的观点出发,要想深入理解科学革命的动力,首先应该了解科学革命的内容,以及各个内容之间存在的联系,然后再分析科学家们究竟受什么因素激励从事这些内容的研究。

按照这种思路来梳理近代科学革命的动因或动力,我们很快发现,近代科学革命始于西欧社会对儒略历修订的需求。近代科学革命始于哥白尼革命,哥白尼革命的原因与古希腊科学奇迹、伊斯兰阿拉伯科学奇迹发生的原因相似,即对准确的历法修订或时间体系的需求拉动了天文

[①] 〔美〕道格拉斯·C.诺思:《经济史中的结构与变迁》,陈郁、罗华平等译,上海三联书店、上海人民出版社1994年版,第193页。

学研究，进而带动了与天文学研究密切相关的学科的研究。在儒略历修订筹备过程中，西欧学者系统深入研究天文学，兴起了天文学研究热潮，为哥白尼创作《天体运行论》塑造了良好的外部环境。孤立地看待儒略历修订推动天文学研究热潮，进而引发天文学研究重大进展，这或许会产生令人诧异的感觉，但如果我们以更长远的眼光考察人类对更加精确时间体系或历法的追求而拉动科学发展，可以发现哥白尼革命并非孤例，古希腊、阿拉伯的科学巅峰状态，都与追求精确的时间体系或历法而引发天文学研究热潮密切相关。

二 近代科学革命的两个阶段

从欧洲社会对时间体系或儒略历修订需求引发天文学研究，以及天文学研究引发欧洲社会对宇宙真相的验证的角度，可以将近代科学革命分为两个阶段。科学革命第一阶段在《天体运行论》出版前后，旨在对天体运行规律进行系统深入分析，找出宇宙的真相，即"拯救现象"背后七大行星的空间秩序，为儒略历的修订提供天文学理论参考依据，因此哥白尼革命实际上是天文学革命，革命的目的是寻找更准确的计时体系或历法的理论依据；近代科学革命第二阶段主要任务是验证两种尖锐对立的宇宙观，这是儒略历修订的天文学理论依据的争议以及社会强烈的好奇心理共同推动的产物。由于基督教的分裂，天主教推动儒略历修订时，新教试图独立进行儒略历修订而自行研究天文学理论，梅斯特林和开普勒是其中的主要科学家；同时，哥白尼天文学体系被布鲁诺广泛宣扬，并通过人文学者的作品传遍西欧大陆，导致两种尖锐对立宇宙观成为整个西欧大陆热议的问题，引发了验证两种尖锐对立宇宙观的科学研究浪潮，从而推动科学革命逐步深化，第谷、开普勒、伽利略是其中的主要科学家。

因此，近代科学革命的实质实际上可以归结为哥白尼响应儒略历修订的需求在天文学理论领域的重大创新以及西欧学者从物理学角度验证两种宇宙观的科学研究，引发了近代力学、数学、光学的突破性进展，最终形成了近代天文学、数学、力学与光学理论体系。这些理论体系的核心内容实际上构成了解释时空关系的理论，因此，近代科学革命实上是构建了一个完整的经典时空理论体系。

三 近代科学革命起源的基本逻辑

（一）儒略历混乱促使教会做出修订历法决定

早在8世纪，西欧社会已经明显意识到儒略历的一年比实际的一年略长，给日常生产生活带来不少困扰，如信徒宗教节日节期出现错误，农业生产季节出现错位。此后，儒略历的误差越来越大，对社会造成的困扰也越来越大，导致宗教历法的节日、生日、纪念日与农业生产节气陷入混乱。13世纪，英国著名哲学家罗吉尔·培根深刻意识到历法修订的迫切必要性，但他也深刻预见到儒略历修订难度可能远远超过了通常的想象。实际上，西欧社会对儒略历修订问题极为关注，许多天文学家都参与了研究，但没有得到任何想要的结论。无奈之下，培根只好反复建议基督教会出面主持历法修订。

实际上，基督教会一直都非常重视宗教节日日期的准确性问题，在公元325年的尼西亚会议上将儒略历定为教历就是最重要的证据之一；基督教编制教会年历表，指导各地教堂、修道院等分支机构准时举办庆祝活动也是重要证据。此外，基督教会要求各分支机构在同一个时间节点举办复活节等节日庆祝活动，也表明基督教会重视准确的历法或时间体系。

面对罗吉尔·培根等人的建议与呼吁，基督教会并没有第一时间做出积极表态。直到1414年，基督教会议才终于决定着手推进儒略历修订。从康斯坦茨会议（1414~1418）开始，历次教会会议都试图解决这个问题，但都没有实现预期目标。[①] 造成这种尴尬局面的一个重要原因在于当时占统治地位的天文学说，即托勒密地心说，对儒略历存在的严重缺陷无法提供有效修改意见。

（二）对准确历法或时间体系的社会需求推动了天文学研究热情

1414年开始的历次宗教会议均召集天文学家讨论儒略历修改，这直

---

① 〔美〕阿米尔·亚历山大：《无穷小：一个危险的数学理论如何塑造了现代世界》，凌波译，化学工业出版社2019年版，第56页。

接推动了欧洲天文学研究进入新一轮高潮,德国维也纳大学一批杰出天文学家脱颖而出,波尔巴赫(1423~1461)和拉哲蒙坦那(1436~1476)等人因为杰出的贡献而在西欧社会声名鹊起。波尔巴赫曾经深入研究《至大论》,熟知伊斯兰学者对《至大论》的各种改进,自1454年起,他开始公开讲授行星理论,其讲稿因清晰、严谨、条理分明和应用大量详细图解而声名大振,并被众多同行广为抄传;但从学术创新角度看,波尔巴赫的讲稿内容并没有实质性创新,仅仅是对传统天文学理论的精华做了整理与归纳;1472年,波尔巴赫的讲稿以《新行星理论》为名出版,迅速取代了康帕纳斯的《行星理论》,获得了极大成功,据统计,《新行星理论》在随后180年间竟然出人意料地再版了56次之多,并被译成法、意、希伯来等多种语言。① 从这些数字中可以管中窥豹,不难发现1472~1652年欧洲天文学学习与研究的空前盛况。

(三) 哥白尼创作《天体运行论》基本逻辑是为历法修订提供理论依据

哥白尼认为,已有的天文观察和理论还不能允许设计一个真正合适的历法,因此大胆建议推迟儒略历修订。哥白尼创作《天体运行论》的直接目的是为儒略历修订提供理论指导。关于这一点,哥白尼至少三次明明白白地提到自己在从事天文学和历法研究,且天文学研究的目的是制定或修订历法。可惜的是,学界普遍忽略了这一点。

哥白尼第一次提交历法修订的书面建议是在1516年,当年弗桑布隆的保罗主教在《历法修订纲要》中,提到哥白尼专门就历法修订提供书面意见,核心思想是"年和月的长度以及太阳和月亮的运动测定得还不够精确",建议暂缓修订儒略历,这在哥白尼致保罗三世教皇的信中可以得到验证。②

哥白尼第二次提到他研究天文学是为了历法修订,同样在致保罗三世教皇的信中讲得明明白白的,他指出:"天文学是为天文学家而写的。如果我没有弄错,那么在天文学家看来,我的辛勤劳动也会为陛下所主持的教廷做出贡献。"哥白尼在这里郑重其事地向教皇保罗三世汇报自己

---

① 陈方正:《继承与叛逆:现代科学为何出现于西方》,生活·读书·新知三联书店2009年版,第488页。
② 〔波兰〕哥白尼:《天球运行论》,张卜天译,商务印书馆2021年版,第569页注释。

天文学研究成果对教廷的贡献究竟是什么呢？哥白尼紧接着继续指出，拉特兰会议考虑了修订历法的问题。显然，哥白尼这里讲的是他的天文学理论能够对修改历法做出贡献。随后，哥白尼简要介绍了他研究历法修改的来龙去脉。

应该说，学界普遍注意到了哥白尼两次提到自己研究天文学以及历法修订问题，但遗憾的是，当提到哥白尼创作《天体运行论》的直接目的时，却常常忽略了直接目的是为历法修订提供天文学理论依据或理论参考。学界似乎普遍喜欢将哥白尼创作《天体运行论》当作古希腊行星天文学研究的继续，当作对宇宙探索好奇心驱使的结果，抑或航海与地理大发现的产物。

造成这一结果的原因可能是学界普遍忽视了哥白尼第三次提到研究天文学或创作《天体运行论》的目的。在《天体运行论》第一卷引言中，哥白尼还专门提到自己研究天文学的目的是修订历法，并且指出天文学研究的主要目的就是为了历法制定或修订。① 在此强调指出，这很可能是一个重大发现，基于笔者全面、深入解析柏拉图提出"拯救现象"倡议意图基础上的重要发现，这绝不仅仅是一个单纯的重要证据，而是涉及西方古代社会天文学研究逻辑和动力问题的重要证据。关于这一点的详细解读，笔者将在下一章"哥白尼革命的真相"进行详细阐述。

四　近代科学革命深化的基本逻辑演化

（一）新教抗议格里高利历导致天文学研究继续

1582年教皇决定实施新历法，将1582年10月4日的翌日改为10月15日，这不是最精确的改正，却是最方便、最容易实施的改革。② 新历法即格里高利历，以意大利物理学家、天文学家利尤斯（又译为阿洛伊修斯里利乌斯）根据《阿方索天文表》计算的太阳回归年长度365天5小时49分16秒为基础修订。③ 另一种说法是根据《普鲁士星表》计算

---

① 〔波兰〕哥白尼：《天球运行论》，张卜天译，商务印书馆2021年版，第4页。
② 〔英〕莱奥弗兰克·霍尔福德-斯特雷文斯：《时间简史》，萧耐园译，外语教学与研究出版社2013年版，第181页。
③ 〔加拿大〕丹·福尔克：《探索时间之谜：时间的科学和历史》，严丽娟译，海南出版社2016年版，第41页。

的太阳回归年。但在实施过程中,新教强烈拒绝新历法,理由五花八门:一是新历法改变了古老习俗、搅乱了农村传统的年节和关于天气的谚语;① 一名充满怨恨的神学家说教皇格里高利是反对基督的罗马人,新历法是"特洛伊木马",用来欺瞒真正的基督徒在错误的时间、错误的宗教节日敬拜神灵;② 许多人认为新历法让他们的生命失去了11天,还有人要求得到失去 11 天的工资,新历法还引发伦敦和布里斯托街头骚乱,致使一些人死亡。③

天文学家们对新历法也存在不同的看法。梅斯特林是强烈反对格里高利历的代表性人物之一,据说他因为多次批判新历法而在意大利成为家喻户晓的名人,教会学者认为梅斯特林"不考虑一切科学论证而撰文抨击历法改革,从此被天主教学者视为顽固不化的异教徒"。④

(二) 布鲁诺引发的宇宙观争论

在 16~17 世纪之交的风雨飘摇时期,一方面,各种宗教改革运动如火如荼,另一方面,教会与世俗社会的冲突依然此起彼伏,教会的奢侈风气以及教士阶层的贪腐习气早已是世俗社会憎恨的对象。在这种背景下,布鲁诺对哥白尼《天体运行论》的大力宣扬,利用哥白尼日心地动说与《圣经》创世说不同的观点来反对或攻击天主教会,能够有效地削弱教会的形象与合法性。

布鲁诺作为一个天才般的演说家,将哥白尼《天体运行论》核心思想观点积极地传播到欧洲各地。⑤ 1576 年布鲁诺逃离修道院,1583 年流亡到伦敦,随后在伦敦度过比较安静的时光并创作了《论原因、本原和

---

① 〔英〕莱奥弗兰克·霍尔福德-斯特雷文斯:《时间简史》,萧耐园译,外语教学与研究出版社 2013 年版,第 182 页。
② 〔加拿大〕丹·福尔克:《探索时间之谜:时间的科学和历史》,严丽娟译,海南出版社 2016 年版,第 43 页。
③ 〔英〕彼得·柯文尼、罗杰·海菲尔德:《时间之箭》,江涛、向守平译,湖南科学技术出版社 2008 年版,第 27 页。
④ 〔德〕托马斯·德·帕多瓦:《宇宙的奥秘:开普勒、伽利略与度量天空》,盛世同译,社会科学文献出版社 2020 年版,第 316 页。
⑤ 〔英〕彼得·柯文尼、罗杰·海菲尔德:《时间之箭》,江涛、向守平译,湖南科学技术出版社 2008 年版,第 33 页。

太一》以及《论无限、宇宙与众世界》，进一步发展了哥白尼的宇宙学说。① 布鲁诺宣扬日心地动说以及无限宇宙思想，让教会深感不安与愤怒。于是，教会派人到处抓捕他，都被布鲁诺逃脱，最终布鲁诺因被人出卖而被捕并被处以火刑。

但是，布鲁诺的行为无意中导致验证哥白尼天文学体系成为具有吸引力的科学研究选题。我们都知道，在古代社会，科学组织十分松散，与社会很少有联系，几乎不存在得到社会支持的思想和物质基础。② 在这种情况下，学者或科学家要想提出一个有价值的科研问题，其难度之大远远超出我们的想象，因为正如爱因斯坦所言，提出一个问题往往比解决一个问题更重要。贝尔纳赞成爱因斯坦的观点，进一步指出，提出课题比解决课题更困难。历史上的古希腊文明、伊斯兰阿拉伯文明，正是由于无法提出恰当的新的科学研究问题而逐步陨落。

科学研究始于问题的提出，科学问题意识是科学研究的起点与关键步骤。布鲁诺事件导致两种对立的宇宙观成为整个西欧社会关注和私下讨论的焦点，极大地激发了社会好奇心理，无形中对西欧社会提出了一个极具吸引力的科研课题，即如何确定哪一种宇宙观是真实的？

（三）近代科学革命逻辑的演化：从探索精确的时间体系到验证两种对立的宇宙观

布鲁诺事件的不断发酵，引发了学术界对宇宙真相的强烈的、浓厚的兴趣，让《天体运行论》成为最令人瞩目的天文学作品，极大地提升了验证哥白尼宇宙观的社会价值。开普勒、伽利略等人本来深信哥白尼天文学体系是正确的，他们既有的科学发现或研究成果是建立在哥白尼天文学体系基础之上的。为了捍卫科学研究的荣誉，也为了揭开宇宙的真实面目，他们率先展开了对哥白尼天文学体系的验证。此前，西欧社会虽然对哥白尼提供的宇宙图景有些许兴趣或疑问，但不足以引发科学探索。关于这一点，将在"近代科学革命深化的原因与动力源泉"这一

---

① 吴国盛：《科学的历程》，湖南科学技术出版社 2018 年版，第 243 页。
② 〔美〕詹姆斯·E·麦克莱伦第三、哈罗德·多恩：《世界科学技术通史》，王鸣阳、陈多雨译，上海科技教育出版社 2020 年版，第 107 页。

章进行详细分析。但布鲁诺事件让哥白尼的宇宙图景成为激发科学前进的富有价值的新问题，正如科学哲学学者波普尔强调的，"科学只能从问题开始"，科学创新源自提出新的问题，而产生原创性理论的问题有着特定的环境，[①] 布鲁诺事件实际上为欧洲学者创造了揭秘宇宙奥秘的研究环境。

随着开普勒、伽利略的卓越工作开辟了验证哥白尼天文学体系的科学研究路径，他们在解决一些问题时，又发现了新问题，又有其他学者发现了开普勒、伽利略研究中存在的问题或缺陷并加以研究与克服，于是，西欧科学家整体走上了一条不断深化研究主题的科学研究道路，这个主题就是验证哥白尼和托勒密宇宙观的物理实在性，在这个过程中展现了研究追随问题不断前进的特点，正如波普尔指出的："科学设想为从问题到问题的不断进步——从问题到愈来愈深刻的问题"[②]，在开普勒、伽利略之后，笛卡尔、惠更斯、伽桑狄、梅森、罗贝瓦尔、沃利斯、波雷里等纷纷加入验证哥白尼天文学体系正确性的研究队伍，带动了数学、力学、光学等科学领域的发展。

在前人科学探索丰富成果的基础上，牛顿完成了哥白尼天文学体系或哥白尼-开普勒天文学体系的证明，科学革命得以完成，最终科学成果体现在天文学、数学（微积分、解析几何、对数、数列）、力学或动力学、光学（近代几何光学、物理光学）等多个领域。

五 近代科学革命起止时间

从时间体系或儒略历修订需求角度考察，近代科学革命可以分为两个阶段，且两个阶段的目标和动力逻辑十分清晰，这为界定近代科学革命起止时间提供了良好的参照体系。这样界定的近代科学革命起止时间基本涵盖了柯瓦雷划分的起止时间。实际上，此前学界对近代科学革命起止时间也越来越趋向于涵盖柯瓦雷划分的起止时间。尽管此前学界对近代欧洲科学革命起止时间的评判标准存在差异，缺乏统一、公认的判

---

① Karl Popper. *Stanford Encyclopedia of Philosophy*, Stanford: Stanford University Press, 2017.
② 〔英〕卡尔·波普尔：《猜想与反驳：科学知识的增长》，傅季重等译，上海译文出版社1986年版，第318页。

定标准,但随着研究的深入,越来越多的科学史著作倾向于将科学革命起止时间界定为一个大概的时间区域,即大约 1500~1700 年。例如美国科技史教授劳伦斯·普林西比的《科学革命》,就采用大约 1500~1700 年作为近代科学革命时间,彼得·迪尔也将科学革命起止时间大约限定为 1500~1700 年,托马斯·库恩将哥白尼革命作为近代科学革命的起点。还有,大约 1500~1700 年恰好是西欧社会宗教宇宙观向科学宇宙观转变时期,它涵盖了柯瓦雷关于科学革命对西欧社会世界观的改变时期;正如柯瓦雷指出的,科学革命有明确时间界限,开始于 1543 年哥白尼的《天体运行论》,结束于 1687 年牛顿的《自然哲学的数学原理》。[①]

当将时间体系修订与科学革命起止时间联系起来考虑时,我们发现,归根结底,近代科学革命的实质是天文学革命,这样,我们就能够较清晰地界定科学革命的起止时间大约是 1500~1700 年。同时,科学革命有明显的中心与主题,即以天文学革命为中心,天文学成为西欧社会的显学,是整个社会关心的对象,其主题是探索人类所处宇宙的真相并验证宇宙真相,所用理论工具是力学、光学与数学理论,辅之以必要的天文观测与实验手段。

从某种意义上看,这是古希腊行星天文学理论的继续。当年柏拉图提出"拯救现象"倡议之后,古希腊天文学家就开始运用几何学来研究行星天文学,希望弄清楚宇宙"七大行星"在天空中的相对位置与运行规律,因此库恩把哥白尼《天体运行论》称为西方思想发展中的行星天文学。在哥白尼之后,开普勒、伽利略发起了验证哥白尼天文学体系真实性的研究浪潮取得了一系列卓越的科学成果;牛顿在哥白尼、开普勒和伽利略等伟大科学家研究的基础上,运用几何学证明了天体运行秩序,首次向世人揭示了宇宙的真实面目。

1700 年之后,天文学不再是西欧社会的显学,也不再是自然科学研究领域的重点。之所以未直接采用柯瓦雷的精确时间,而是运用一个大概的时间范围,主要是考虑哥白尼确立日心地动说以及将其学说在同行与亲友间的传播时间远远早于 1543 年《天体运行论》的发表,大约在

[①] 张卜天:《科学革命起止时间背后的编史学观念》,《科学文化评论》2013 年第 4 期,第 29—38 页。

1509年前后哥白尼日心地动说相关观点就已经在小范围内传播，同时，牛顿《自然哲学的数学原理》虽于1687年出版，但其理论观点的传播需要一定的时间。综合以上理由，笔者认为将大约1500~1700年界定为科学革命发生的时间，是比较妥当的，这也可以为近代科学革命主题的研究提供便利。

第七章　哥白尼革命的真相

哥白尼革命是西欧科学发展史上伟大的转折点，也是世界科学史上重要里程碑。长期以来，哥白尼革命一直是科学技术哲学领域的重要研究对象，但对于哥白尼革命的原因究竟是什么，迄今为止仍然没有取得共识，这意味着我们实际上并没有清楚地了解哥白尼创作《天体运行论》的真实意图。哥白尼革命的原因或动力是科学史上非常重要的问题，是正确理解人类科学发展的原因或动力的重要切入点，是正确理解近代科学革命的原因或动力的前提与基础，也是正确解析李约瑟难题的前提与基础。从这个意义上看，对哥白尼革命的原因采取模糊的策略，必将导致整个西欧近代科学史研究出现混乱现象。这也是近代科学革命之所以成为历史谜题的重要原因所在。因此，揭秘哥白尼革命的原因或动力，具有重要的理论与现实意义。在哥白尼革命传统解释基础上，本章引入西欧社会历法或时间体系的修订来解释哥白尼创作《天体运行论》的目标和动力。

第一节　哥白尼革命原因的传统解释

关于哥白尼革命或哥白尼创作《天体运行论》的原因，科学史、科学哲学领域的学者做了大量研究，归纳起来，主要有五种解释。

一　航海活动与地理大发现是推动哥白尼革命的主要原因

流行的观点将远洋航行与地理大发现作为推动《天体运行论》诞生的关键原因，这是关于哥白尼革命的原因的最为流行解释。按照这种解释，哥白尼革命发生的诱因是西欧的航海探险活动。1415 年，葡萄牙亨利王子开始派遣小舰队沿非洲西海岸寻找黄金，经过三十多年的努力，在塞内加尔河口建立据点，这是欧洲第一个海外殖民地。1492年，在西班牙女王赞助下，哥伦布发现了新大陆，随后西班牙在美洲建立了庞大的海外殖民帝国。① 15世纪后期，土耳其人垄断了东方贸易，西欧开始寻找替代红海航线的印度洋商业贸易新途径。② 航海探险以及航海大发现对天文学产生了实际需求。当时航海家既依据相关天文学知识制订实际航线，又注重根据航行实践经验修订航线，还热衷于将天文学工具改造成易于使用的东西，航海家尤其对后两者更加重视。正如科学家、科学史家贝尔纳所指出的，"意大利人和德国人改进了天文学在航海术上的应用，并首创一种运动，把天文表做得足够准确和简单，使水手都会用，更把地图弄成可在其上绘制航线的式样"③。贝尔纳此处所说的意大利人应该是指哥伦布，他是意大利热那亚人，熟知天文学、地理学与航海知识，善于将复杂的天文知识运用到航海技术领域；这里的德国人则是两位专业的天文学家，即波尔巴赫和拉哲蒙坦那，他们曾经借助阿拉伯三角学，在托勒密体系基础上大幅度修改阿方索天文表，对航海提供了重要帮助。④

科学哲学学者库恩也赞同航海探险活动对天文学理论研究提出新需求的观点。他指出，1492年，哥伦布发现美洲新大陆的地理大发现，将此前的一系列航海探险活动推向了高潮，并且为新的系列航海探险活动奠定了基础。成功的航海探险活动要求改进海上航行制图与航海技术，这在一定程度上取决于天文学的进展。⑤

的确，航海活动需要天文学理论知识的支持与帮助，改进海上航行制图与航海技术，涉及如何确定经度问题，这是一个令广大航海家和天

---

① 陈方正：《继承与叛逆：现代科学为何出现于西方》，生活·读书·新知三联书店2009年版，第475页。
② 〔英〕约翰·德斯蒙德·贝尔纳：《历史上的科学：科学革命与工业革命》，伍况甫、彭家礼译，科学出版社2015年版，第306—307页。
③ 〔英〕约翰·德斯蒙德·贝尔纳：《历史上的科学：科学革命与工业革命》，伍况甫、彭家礼译，科学出版社2015年版，第306页。
④ 〔英〕约翰·德斯蒙德·贝尔纳：《历史上的科学：科学革命与工业革命》，伍况甫、彭家礼译，科学出版社2015年版，第306页。
⑤ 〔美〕托马斯·库恩：《哥白尼革命——西方思想发展中的行星天文学》，吴国盛、张东林、李立译，北京大学出版社2003年版，第123页。

文学家长期头痛的难题。正如数学家卡兹指出的:"海上航行的主要问题是如何测定在任何给定时刻船的纬度和经度。首先纬度并不难确定……15世纪的航海家就已经拥有了一年中任何一天的精确赤纬表,因此他们只需观测出太阳在正午的高度。"① 但是,航海家和天文学家对海上船只的经度测算则面临许多障碍,需要天文学理论给出答案。正如贝尔纳指出,天文学家之所以要发现太阳系运动规律的更迫切原因在于远洋航行需要的天文表,比用于占星预测的要准确得多和严格得多;准确测算远洋航行中任意位置的经度,需要博学的天文学家和有经验的海员花费数十年甚至数百年时间。②

一系列航海活动与地理大发现对天文学理论提出了新课题,科学史家霍伊卡据此大胆断言,航海大发现以及航海运动,为科学革命奠定了坚实的基础,是触发科学革命的前提条件。③ 按照霍伊卡的观点,不难推出他实际上将哥白尼革命归功于航海大发现以及航海运动的观点。

航海大发现和航海运动推动哥白尼革命的观点,不仅在国际上相当流行,而且在国内也受到普遍赞同。由苏宜编著的《天文学新概论》是国内颇具影响力的天文学教科书,基本赞同这种流行观点,认为哥白尼在天文学上的贡献主要是为航海提供服务。他指出:"如果说中国、希腊和古阿拉伯人创造的天文学成就是人类发展的第一次辉煌,它是以农业社会生产发展的需要为其动力,那么开始于欧洲文艺复兴时期,以哥白尼、开普勒、牛顿为代表的人类天文学发展的第二次辉煌,则是伴随着工业社会生产方式的萌芽和发展而产生的。掠夺殖民地、人口三角贸易这些原始资本积累过程使航海技术空前发达,而航海是离不开天文的。"④ 应该说,这一观点在国内具有相当高的接受度,说是国内主流观点也不为过。

---

① 〔美〕维克多·J. 卡兹:《简明数学史(第三卷):早期近代数学》,董晓波、孙翠娟、孙岚等译,机械工业出版社2016年版,第525—526页。
② 〔英〕约翰·德斯蒙德·贝尔纳:《历史上的科学:科学革命与工业革命》,伍况甫、彭家礼译,科学出版社2015年版,第365页。
③ 〔荷〕H. 弗洛里斯·科恩:《科学革命的编史学研究》,张卜天译,湖南科学技术出版社2012年版,第466页。
④ 苏宜:《天文学新概论》,科学出版社2009年版,第3—4页。

吴国盛也基本赞同航海事业对更加精确的天文表的需求是推动哥白尼革命的关键因素,他在《科学的历程》中指出:"到了哥白尼时代,由于航海事业的大发展,对于精确的天文历表的需要变得日益迫切。但是,用以编制历表的托勒密理论越来越烦琐。人们开始关注天文学理论的变革。哥白尼也正是在这个紧要关头提出了自己的革命性理论。"①

但拉维茨对这一类观点提出明确质疑,他认为,哥白尼天文学理论对于航海经度问题的解决基本上没什么用。② 言下之意是航海活动和地理大发现并非哥白尼革命的原因。拉维茨的观点与历史事实并非完全吻合。实际上,虽然哥白尼理论无法直接确定经度,但可以在一定条件下在经度确定上发挥间接作用,天文学家可以根据《天体运行论》提供的计算方法并结合天象观测来制定新的天文表,并在此基础上计算经度,能够在一定程度上提高准确度。例如,1551 年莱茵霍尔德编制了《普鲁士星表》,据此测算经度的准确度要高于依据托勒密体系计算的结果,但这对远洋航海的作用的确十分有限,并没有从根本上解决航海的经度难题。

但是,哥白尼理论让天文学家和航海家发现可以用时钟来解决经度的测算,为解决航海经度难题提供了新思路。据记载,哥白尼理论核心思想的传播远远早于《天体运行论》正式出版的 1543 年,大约在 1514 年就开始在天文学家群体中传播。大约从 1522 年起,人们已经认识到经度问题可能通过精确的计时问题来解决。③ 尽管哥白尼革命的地动观点还没有得到普遍承认,但部分天文学家和航海家已开始利用地球自转一周是 24 小时以及地球自转一周相当于经度变化 360 度,推出地球每小时自转相当于 15 度。④ 尽管如此,对经度的测定仍然十分困难。从理论上讲,15 度经度相当于 1 小时,如果知道两地经度之差,那么也就知道了

---

① 吴国盛:《科学的历程》,湖南科学技术出版社 2018 年版,第 237 页。
② 拉维茨:《哥白尼革命》,刘钝、仲海亮、孙承晟、袁江洋译,转引自刘钝、王扬宗编《中国科学与科学革命:李约瑟难题及其相关问题研究论著选》,辽宁教育出版社 2002 年版,第 791 页。
③ 〔荷〕H. 弗洛里斯·科恩:《科学革命的编史学研究》,张卜天译,湖南科学技术出版社 2012 年版,第 457 页。
④ 吴国盛:《科学的历程》,湖南科学技术出版社 2018 年版,第 228 页。

两地的时差。因此，如果在一个经度已知的地点用时钟设定时间，并且能够确定在这个时钟上另一个地点正午时分所显示的时间，那么两地的时差就能确定这个地点的经度。[①] 但是，海上航行风高浪急，颠簸严重，一般的时钟无法在这种环境下保持精确计时，经常导致较大的计时误差。

因此，尽管从理论上讲，哥白尼理论可以从以上两方面对航海经度确定难题的最终解决提供有效帮助。但实际上，在哥白尼理论正式提出之后的一百多年中，海上航行的经度难题一直没有得到有效解决，其中关键原因在于迟迟未能实现时钟抗海上风浪颠簸的技术。

另外，还有以下重要证据不利于航海活动与地理大发现推动哥白尼创作《天体运行论》的观点。一是哥白尼自身从来没有说过自己的理论是为航海以及地理大发现服务的；二是从《天体运行论》的内容结构上看，它遵循柏拉图"拯救现象"倡议，是古希腊行星天文学的延续，并没有因应航海活动和地理大发现而做的任何专题研究；三是无论欧洲是否有航海活动与地理大发现，只要修订历法，《天体运行论》就应该按照古希腊创立的研究风格，对"七大行星"运动进行系统研究。因此，综合以上理由，航海活动和地理大发现是推动哥白尼革命的主要原因的观点并没有得到证实。

二 托勒密体系有缺陷是导致哥白尼革命的关键

今天我们都知道以地球为宇宙的中心的托勒密体系与真实的宇宙图景刚好相反，因此按照他提供的计算方法所得的结果与实际天象并不吻合，许多天文学家认为托勒密模型存在明显的缺陷，这是推动哥白尼革命的关键因素。的确，许多科学史家都认为是托勒密体系的缺陷引导了哥白尼革命，正如丹皮尔指出的，天文学家们从几何学角度考察托勒密体系，发现喜帕恰斯和托勒密的地心说在均轮和本轮体系上存在明显过度复杂的缺陷，这促使哥白尼仔细研究他能够找到的一切自然哲学著作[②]，既包括

[①] 〔美〕维克多·J. 卡兹：《简明数学史（第三卷）：早期近代数学》，董晓波、孙翠娟、孙岚等译，机械工业出版社 2016 年版，第 526 页。

[②] 〔英〕W. C. 丹皮尔：《科学史》，李珩译，中国人民大学出版社 2010 年版，第 123—124 页。

亚里斯塔克、赫拉克利特等古希腊哲学家的著作，也包括阿尔巴塔尼、图西、沙提尔等伊斯兰阿拉伯天文学家的著作。显然，哥白尼并没有排斥与托勒密体系不同的天文学理论，这表明他希望从更多的天文学著作中发现托勒密宇宙模型缺陷的线索，而不是在托勒密体系上进行简单的修补。

科学哲学家库恩也认为，哥白尼发现，托勒密体系的缺陷与一些尚未解决的问题密切相关。他指出："《天球运行论》正是为解决在哥白尼看来托勒密及其继承者尚未解决的那些行星问题而著。"[①] 究竟是哪些尚未解决的问题呢？主要是指根据托勒密体系计算的结果与实际天象并不吻合的问题。同时，在哥白尼看来，托勒密体系的改良者们也没有从根本上解决这一问题。库恩继续指出："哥白尼所知的'托勒密体系'没有一个能给出完全符合良好的肉眼的观测数据。它们并不比托勒密的结果差，却也好不了多少。"[②] 为此，哥白尼希望通过模型创新来解决行星运动计算的结果与实际天象不吻合的问题。库恩进一步指出："哥白尼只是在数理行星天文学中而不是在宇宙论或哲学中发现了异常，并且促使他推动地球的只是对数理天文学的改革……哥白尼革命本质上不是在计算行星位置的数学技巧方面的一场革命，但它的起点就是如此。在认识到需要新技巧和发展新技巧方面，哥白尼为这场以自己的名字命名的革命做出了唯一的原创性贡献。"[③] 不知库恩这里讲的计算技巧开始的地方指的是什么？此外，哥白尼革命的本质究竟是什么呢？库恩为何不关注哥白尼不在宇宙论领域进行改革？哥白尼革命是古希腊行星天文学理论的继续完善，还是行星天文学理论研究范式的更改？库恩并没有明确指出来。

但是从内容上看，哥白尼革命应该涉及了宇宙论，因为他将亚里斯塔克日心说与托勒密模型整合在一起，既是对古希腊行星天文学理论内容的重新整合，又是对整个宇宙观的重新整合，显然改变了宇宙论。但

[①] 〔美〕托马斯·库恩：《哥白尼革命——西方思想发展中的行星天文学》，吴国盛、张东林、李立译，北京大学出版社2003年版，第134页。

[②] 〔美〕托马斯·库恩：《哥白尼革命——西方思想发展中的行星天文学》，吴国盛、张东林、李立译，北京大学出版社2003年版，第138页。

[③] 〔美〕托马斯·库恩：《哥白尼革命——西方思想发展中的行星天文学》，吴国盛、张东林、李立译，北京大学出版社2003年版，第141页。

值得注意的是，哥白尼显然在尽可能地避免提及亚里斯塔克。例如，他在《天体运行论》中收录的致教皇的信中未提到亚里斯塔克，但"在一份早期手稿中哥白尼甚至提到了亚里斯塔克，此人的日心宇宙模型与哥白尼的极为相像"[1]。这或许是因为亚里斯塔克的名字与日心说紧密联系在一起的缘故，哥白尼担心自己的理论与地心说形成直接冲撞，冒犯教皇与教会在宇宙学领域的权威形象，所以刻意隐瞒亚里斯塔克的名字，就像他在信中刻意避免提及太阳是宇宙中心一样，仅仅提及地动说。

董天夫也认为，哥白尼之所以创作《天体运行论》，是因为在他看来，托勒密体系用一整套复杂的本轮、偏心轮和对称点来说明行星的运动不符合上帝的旨意，托勒密埋没了上帝的智慧，从而导致计算的结果与实际天象不符合，需要通过简化模型的设计来纠正缺陷。[2]

从托勒密体系存在缺陷角度来解释哥白尼革命的原因，存在难以解释的几个疑点：哥白尼能否依赖自身努力发现托勒密模型存在的缺陷？答案显然是否定的。因为要发现并判断托勒密体系或宇宙模型存在缺陷需要相当复杂的过程，短时间内往往难以完成。一般而言，判断宇宙模型是否存在缺陷，首先要从模型计算结果与实际天象不一致开始谈起，从理论上讲，一个符合真实宇宙场景的模型，其计算结果应该与已经出现的天象吻合，还能够准确预报即将发生的天象，这需要时间来验证。如果根据模型计算的结果与实际天象出现较大的偏差，可能存在以下问题：一是天文观测方法或工具的缺陷导致的误差；二是计算方法存在缺陷，导致误差太大；三是数学计算工具或理论存在缺陷，导致误差太大；四是宇宙模型存在缺陷。因此，当模型计算的结果与实际天象存在不一致或产生较大偏差时，由于宇宙模型设计就是建立在猜想基础上，不能直接验证，只能通过检验天文观测方法、工具以及计算理论、工具或方法是否存在误差来排查，只有将这些可能存在的错误因素全部排除之后，才能确定宇宙模型存在的误差，然后在此基础上进一步改进，而不是一发现计

---

[1] 〔美〕托马斯·库恩：《哥白尼革命——西方思想发展中的行星天文学》，吴国盛、张东林、李立译，北京大学出版社2003年版，第141页。

[2] 董天夫：《哥白尼：科学发现与宗教信仰》，《自然辩证法通讯》1989年第5期，第50—57页。

算结果与实际天象不吻合就立即动手修改宇宙模型。因此很难想象,当哥白尼在写《天体运行论》时是依据自身观测数据来发现托勒密模型缺陷。

从这个意义上看,很难说哥白尼创作《天体运行论》的直接原因是托勒密体系的缺陷。哥白尼自己在致教皇的信中也提到写作《天体运行论》的直接原因是已有的天文学理论在太阳与月亮运动规律的认识上存在很大的偏差,以至于回归年无法准确测定,他指出:"只是由于认识到天文学家们对天球运动的研究结果不一致,这才促使我考虑另一套体系。首先,他们对太阳和月球运动的认识就很不可靠,以致他们甚至对回归年都不能确定和测出一个固定的长度。"①

另外,哥白尼后来在致教皇的信中继续指出:"还有对五个行星,他们(指天文学家,引者注)在测定其运动时使用的不是同样的原理、假设以及对视旋转和视运动的解释。有些人只用同心圆,而另外一些人却用偏心圆和本轮,尽管如此都没有完全达到他们的目标。虽然那些相信同心圆的人已经证明,用同心圆能够叠加出某些非均匀的运动,然而他们用这个方法不能得到任何颠扑不破的、与观测现象完全相符的结果。在另一方面,那些设想出偏心圆的人通过适当的计算,似乎已经在很大程度上解决了视运动的问题。可是这时他们引用了许多与均匀运动的基本原则显然抵触的概念。他们也不能从偏心圆得出或推断最主要之点,即宇宙的结构及其各部分的真实的对称性。"② 显然,哥白尼在此批判的两种错误研究方法或原则,很可能是建立在其他天文学家研究文献的基础上。因为这些内容在哥白尼写《天体运行论》概要时已经出现,已经是日心说基本框架的主要内容。如果他仅仅依靠自身的天文观测数据,显然还无法断定行星视运动存在的问题,这倒不是说判断行星视运动与模型计算结果不一致的难度大到哥白尼无法解决,而是在时间上根本来不及,他写《天体运行论》概要距离他师从诺瓦拉学习天文观测还不到10年时间,缺乏专业的天文观测工具且没有足够的时间从事天文观测。

因此,哥白尼是在托勒密天文学体系经多次修改仍然无法准确解释天象、无法为历法修改提供有效参考意见的前提下,才转向整合地心说

---

① 〔波兰〕哥白尼:《天体运行论》,叶式辉译,陕西人民出版社2001年版,第3页。
② 〔波兰〕哥白尼:《天体运行论》,叶式辉译,陕西人民出版社2001年版,第3页。

与日心说两大宇宙体系,以形成新的宇宙体系。这实际上否定了哥白尼是因为发现托勒密体系的缺陷才转向写作《天体运行论》的观点。实际上,对这些缺陷,伊斯兰阿拉伯学者以及中世纪欧洲本土学者也相当熟悉。

三 历法改革是引发哥白尼革命的关键

大约从11世纪开始,甚至可能更早的时候,西欧各国越来越明显地感受到儒略历不准确带来的麻烦,宗教节日和农业生产都会受到明显的影响。例如,确定复活节的日期并没有想象中那么简单,历法的混乱让复活节日期的确定成了一种严峻挑战。① 由于复活节并非在一个固定日期举行,需要根据月亮的周期和春分点的日期共同确定,这实际上意味着复活节的确定需要由阳历和阴历共同确定。进一步讲,要想准确确定复活节的日期,必须精确掌握太阳和月亮运行规律。另外,农业生产也面临类似的问题,儒略历的累积缺陷让农民难以预先安排农事,不知该如何按照季节生产。为了消除儒略历错误,必须深入研究行星天文学。

因此,认为儒略历危机导致的历法修订需求对欧洲天文学的发展起了十分重要的推动作用,是哥白尼革命发生的重要历史环境。正如托马斯·库恩指出的:"历法改革的鼓动对文艺时期的天文学实践有着更为直接和戏剧化影响,因为历法研究使得天文学家直接面对现有计算技术的不足。儒略历所累积下来的错误在此前更早就被意识到了,并且历法改革的计划在13世纪或更早就已经被提出。"②

英国科学史家和科学社会学家拉维茨指出,哥白尼的理论对于航海经度问题的解决基本上没什么用,但对于历法改革却有很大作用。就历法修改而言,可以用地球的轴在大体呈圆锥曲线的路径上做一种很慢的运动导致的"春分点的岁差"来作为依据。③ 但拉维茨也指出,虽然哥

---

① 〔美〕詹姆斯·E.麦克莱伦第三、哈罗德·多恩:《世界科学技术通史》,王鸣阳、陈多雨译,上海科技教育出版社2020年版,第240页。

② 〔美〕托马斯·库恩:《哥白尼革命——西方思想发展中的行星天文学》,吴国盛、张东林、李立译,北京大学出版社2020年版,第158—159页。

③ 拉维茨:《哥白尼革命》,刘钝、仲海亮、孙承晟、袁江洋译,转引自刘钝、王扬宗编《中国科学与科学革命:李约瑟难题及其相关问题研究论著选》,辽宁教育出版社2002年版,第791页。

白尼理论对历法改革有很大作用，但格里高利历并没有依据哥白尼理论进行修订，他指出："后来人们常说是哥白尼为今天还在使用的格里高利历奠定了基础，但这种说法是相当可疑的"。①

但库恩却认为这种说法有一定道理。在《天体运行论》前言的结尾处，哥白尼明确提出，新理论可能会带来一种新的历法。1582年开始施行的格里高利历，实际上是以哥白尼的诸多计算为基础的。②倘若因此认为库恩赞同哥白尼在历法修订上做出了决定性或关键性贡献，那我们就误解了库恩的本意。在《科学革命的结构》中，库恩特别指出："哥白尼宣称他已经解决了日历年长度这个困扰人的老问题"，随后库恩马上严肃地指出："但是，仅宣称能够解决引起危机的问题往往并不够，也并非总能这么正当地宣称。事实上，哥白尼的理论并不比托勒密的更精确，也没有直接导致任何历法上的改进。"③《天体运行论》正式出版后，莱茵霍尔德根据哥白尼《天体运行论》提供的简化计算方法，制订了《普鲁士天文表》，一度受到追捧。第谷在观察土星和木星的重叠现象时曾经发现，根据哥白尼天文学理论编制的新行星表比根据托勒密理论编制的旧行星表准确得多，新表预测的偏差只有几天（另一种说法是偏差只有1天④），而旧表预测的偏差则长达一个月⑤。《普鲁士天文表》是格里高利历的重要基础，从这个意义上看，格里高利历间接利用了哥白尼理论。

虽然不少学者都认为，历法修订促进了哥白尼创作《天体运行论》，但以上观点仍然存在模糊之处或前后矛盾的地方。这意味着大家对哥白尼创作背景与动机的认识还存在较大的分歧。但哥白尼很可能为修订历法而创作《天体运行论》，下文将对此进行详细分析。

---

① 拉维茨：《哥白尼革命》，刘钝、仲海亮、孙承晟、袁江洋译，转引自刘钝、王扬宗编《中国科学与科学革命：李约瑟难题及其相关问题研究论著选》，辽宁教育出版社2002年版，第792页。
② 〔美〕托马斯·库恩：《哥白尼革命——西方思想发展中的行星天文学》，吴国盛、张东林、李立译，北京大学出版社2003年版，第123—124页。
③ 〔美〕托马斯·库恩：《科学革命的结构》（第四版），金吾伦、胡新和译，北京大学出版社2003年版，第128—129页。
④ 杜昇云、崔振华、苗永宽、肖耐园：《中国古代天文学的转轨与近代天文学》，中国科学技术出版社2013年版，第50页。
⑤ 何平、夏茜：《李约瑟难题再求解》，上海书店出版社2016年版，第103页。

四 哥白尼创作《天体运行论》是为星占学提供更好的天文学理论工具

韦斯特曼在其长篇巨著《哥白尼问题：占星预言、怀疑主义与天体秩序》中指出：哥白尼创作《天体运行论》的主要目的是为占星学提供更可靠的天文学理论。韦斯特曼认为，哥白尼创作的动机可能源于1496年他刚抵达博洛尼亚时，受皮科批判占星学的行为影响。当时皮科批判占星学的书刚出版，并在当时以及随后很长一段时间引起了热烈的反响，许多人卷入了相关议题的辩论。应该说，皮科对占星学的批判，是当时欧洲最为重要的文化事件之一，直到多年之后，人们仍然没有忘记皮科对占星学的批判产生的深远影响。但哥白尼是否对皮科的批判做出了反应，实际上没有任何可靠证据，但韦斯特曼依然认为："哥白尼自此以后考虑的一个主要问题，就是要回应皮科对行星秩序的质疑和否定，只不过这一点几乎不被人所觉察。"①

坦率地讲，这是一个十分令人震惊的结论，完全不同于哥白尼在历史上的传统形象。更令人惊讶的是，韦斯特曼居然在没有找到哥白尼创作《天体运行论》与占星学之间存在密切联系的直接证据甚至连间接证据都没有的情况下得出这种耸人听闻的结论。在历时23年的研究中，支撑韦斯特曼得出惊人结论的理由主要有三条。第一，在哥白尼生活的时代，占星学及占星活动十分活跃，尤其是15世纪末16世纪初，占星学尤其盛行，当时天文学著作出版数量迅速增长，其中绝大部分涉及占星学和占星术，哥白尼选择关注行星秩序问题，实际上是隐秘地在行星序列问题与占星预测之间建立联系，"哥白尼重新建立行星秩序，就很有可能是一个虽未明示却计划已久的举动"。② 第二，哥白尼与诺瓦拉交往十分密切，诺瓦拉是当时著名的天文学家，但并非库恩和其他学者宣称的新柏拉图主义者，而是当时活跃的占星家，与博洛尼亚活跃的占星家交

---

① 〔美〕罗伯特·S. 韦斯特曼：《哥白尼问题：占星预言、怀疑主义与天体秩序》（上），霍文利、蔡玉斌译，广西师范大学出版社2020年版，第23页。

② 〔美〕罗伯特·S. 韦斯特曼：《哥白尼问题：占星预言、怀疑主义与天体秩序》（上），霍文利、蔡玉斌译，广西师范大学出版社2020年版，第2—5页。

往密切，哥白尼很可能受占星学和占星术影响。① 第三，据哥白尼学生雷蒂库斯的记载，哥白尼长达数年居住在诺瓦拉家中，向诺瓦拉学习天文观测，并从旁协助，熟悉诺瓦拉的思想观点。②

严格说来，韦斯特曼的三大证据无法得出哥白尼创作《天体运行论》主要是为占星学提供天文学理论的结论，他的结论既没有可靠证据支撑，甚至也没有建立在严格的逻辑推理上，而是建立在猜测的基础上，因此，在笔者看来，韦斯特曼的结论成立的可能性几乎不存在。

实际上，韦斯特曼自己也承认，尽管有人怀疑过哥白尼与占星学、占星术没有任何牵连不太符合他所处那个时代的现实，但"在是否涉及占星学这个问题上，无论是在他的传记中，还是在科学革命史著作中，哥白尼看上去非常干净，跟它没有任何牵连"。查尔斯·韦伯斯特、基思·哈奇森等学者也都承认，找不到任何能够把哥白尼和占星学联系起来的证据。③ 韦斯特曼还指出："哥白尼现存的所有作品，对行星的占星效力都只字不提。"④ 韦斯特曼还指出，哥白尼"没有绘制过一幅天宫图（用于算命，引者注），没有发布过一部预言，甚至没有撰写过一篇占星学赞美诗"，而这些行为"在当时是相当普遍的"，呈现出哥白尼"与占星学完全绝缘"的形象。⑤

既然哥白尼的所有著作都没有谈及占星学，那就基本可以断定他无意探讨占星学。正如著名的哥白尼研究学者爱德华·罗森所言，在哥白尼生活的时代，上至权贵，下至社会底层，大部分人都相信占星术，但哥白尼是一个例外。他指出："卜测吉凶的占星术绝对不曾得到过哥白尼的支持。从这个意义上讲，哥白尼明显地区别于布拉赫、伽利略和开普

---

① 〔美〕罗伯特·S. 韦斯特曼：《哥白尼问题：占星预言、怀疑主义与天体秩序》（上），霍文利、蔡玉斌译，广西师范大学出版社 2020 年版，第 23 页。
② 〔美〕罗伯特·S. 韦斯特曼：《哥白尼问题：占星预言、怀疑主义与天体秩序》（上），霍文利、蔡玉斌译，广西师范大学出版社 2020 年版，第 182 页。
③ 〔美〕罗伯特·S. 韦斯特曼：《哥白尼问题：占星预言、怀疑主义与天体秩序》（上），霍文利、蔡玉斌译，广西师范大学出版社 2020 年版，第 56—57 页。
④ 〔美〕罗伯特·S. 韦斯特曼：《哥白尼问题：占星预言、怀疑主义与天体秩序》（上），霍文利、蔡玉斌译，广西师范大学出版社 2020 年版，第 5—6 页。
⑤ 〔美〕罗伯特·S. 韦斯特曼：《哥白尼问题：占星预言、怀疑主义与天体秩序》（上），霍文利、蔡玉斌译，广西师范大学出版社 2020 年版，第 225 页。

勒，我们姑且就提这几个声望卓著的天文学家吧。他们相信占星术，而且还因为这样那样的原因身体力行。哥白尼和他的学生雷蒂库斯之间的对比尤其彻底，无论是在《天球运行论》中，还是在其他任何已经得到确证的哥白尼作品中，我们都找不到一丝一毫的迹象能表明他相信占星术。相反，雷蒂库斯可是有痴迷占星术的坏名声。"① 从逻辑上看，与其猜测哥白尼受皮科影响而开始创作《天体运行论》，不如说皮科对占星学的批判让哥白尼彻底摆脱了当时社会浓郁的占星学氛围，从而专心致志地从事天文学理论研究，为历法制订提供一套可靠的天文学理论。哥白尼创作《天体运行论》为历法修订提供理论支持，并非笔者臆测，哥白尼本人至少两次明确提及创作的目的是历法修订，关于这一点下文将详细论述。

实际上，天文学真正的用途在于确定历法或所谓的计时术，占星术或占星学用途根本不需要建立在超越历法应用基础上的天文学理论。通俗一点讲，以历法制定或修订为目的的天文学理论研究，足够占星术或占星学使用，占星术或占星学几乎不需要在此基础上继续研究古希腊传统以来的行星天文学。那种认为哥白尼花费数十年时间创作《天体运行论》的目的是给占星学提供可靠的天文学理论的观点十分可疑，在逻辑上很难讲得通。这是因为，首先，即使精确的行星天文学能够预测各种天象，也仅仅是使潜在客户相信占星术或占星学的一种手段，并非唯一手段。其次，占星术或占星学是一种谋生职业，为了让人相信占星术或占星学是准确可靠的，花费几十年时间潜心研究，在经济上是不划算的。再次，从历史角度看，历史上占星术或占星学主要是发展一套说辞让人们相信占星的威力，而不是主要依靠精确度来赢得信赖。再次，托勒密作为天文历法与占星学权威，曾经明确指出过两者的区别，即前者追求精确的数量关系，后者主要探讨人间事务。最后，哥白尼在《天体运行论》第一卷引言中，对天文学极尽赞美之词，而对占星术，只是提及这个名词，此外再无任何评论，从中不难看出哥白尼对占星术的冷淡态度。

---

① 〔美〕罗伯特·S. 韦斯特曼：《哥白尼问题：占星预言、怀疑主义与天体秩序》（上），霍文利、蔡玉斌译，广西师范大学出版社 2020 年版，第 56—57 页。

五　哥白尼出于对美好事业的憧憬而献身天文研究

天文学家叶式辉认为，哥白尼把天文学看作值得追求的美好事业，从而献身天文学研究并创作《天体运行论》。叶式辉认为，哥白尼在《天体运行论》第一卷引言中阐述了自己对天文科学的赞美和热爱，他指出："必须用最强烈的感情和极度的热忱来促进对最美好的、最值得了解的事物的研究。"这一事物就是天文学。哥白尼接着谈论了天文学的研究目的，他指出："一切高尚学术的目的都是诱导人们的心灵戒除邪恶，并把它引向更美好的事物，天文学能够更充分地完成这一使命。"[①]叶式辉认为，哥白尼由此在前人天文学研究基础上继续前进，"继往开来，寻求真理，这正是他毕生追求的目标，也是他撰写本书的初衷"[②]。显然，叶式辉认为，哥白尼因为喜欢天文学，将天文学当作最值得研究的课题，以至于在好奇心理驱动下持之以恒地探索天文领域的真理。这种观点基本符合哥白尼在科学史上的伟大形象，但与上述四种原因相比，缺陷是没有分析社会环境因素对哥白尼行为产生影响，这似乎与当时实际情况有所不符。实际上，如果叶式辉教授继续往下解读，可能就会发现哥白尼的目的是通过天文学理论研究，为修订历法提供可靠的理论依据，也能看到哥白尼借助柏拉图对天文学作用的赞赏来表明自己的心迹。遗憾的是叶式辉教授就此止步了。

第二节　欧洲社会对历法修订的需求激励了天文学研究

一　儒略历缺陷对欧洲社会的负面影响

从短期看，儒略历的误差并不十分严重，它一年的长度为 365.25 天[③]，

[①] 叶式辉：《天体运行论》第一卷导读，载哥白尼《天体运行论》，叶式辉译，陕西人民出版社 2001 年版，第 7 页。
[②] 叶式辉：《天体运行论》第一卷导读，载哥白尼《天体运行论》，叶式辉译，陕西人民出版社 2001 年版，第 7 页。
[③] 〔英〕彼得·柯文尼、罗杰·海菲尔德：《时间之箭》，江涛、向守平译，湖南科学技术出版社 2008 年版，第 27 页。

精确的太阳回归年为 365.2422 日，即 365 天 5 小时 48 分 46 秒，比实际的太阳回归年长 0.0078 天，① 这一数值可换算成大约 11.232 分钟或 11 分 14 秒②，平均每天大约变长了 1.8463 秒，这是一个十分细微的差异，人们几乎觉察不到如此微小的计时差异。但是，如果从较长的时间周期角度看，儒略历大约每隔 128 年比实际时间长 1 天。在一千多年后，儒略历这个当初看起来似乎是一个微小的误差导致复活节大幅度提前。同时，用来计算满月发生的阴历也存在类似的问题，即每 310 年相差 1 天的时间，到了 16 世纪，满月发生的时间比儒略历预报出来的日期晚了 4 天。③

实际上，欧洲社会很早就察觉到儒略历不准确的问题，在实践中也采取一些原始手段来纠正这一问题，如观测阳光影子的变化等来校正时间，但这仅仅是治标不治本的做法，未能从总体上消除儒略历比实际太阳回归年略长的问题。到了 13 世纪之前，欧洲人已非常明显地察觉到儒略历时间长度比实际的一年略长，实行 1000 多年的儒略历积累的时间误差已经严重扰乱了社会生产生活、政治经济活动以及宗教庆祝活动，导致宗教历法的节日、圣徒纪念日与农业生产节气陷入一片混乱，正如英国哲学家罗吉尔·培根一针见血地指出的："现在的历法令智者无可奈何，令天文学家望而生畏，并受数学家愚弄嘲笑。"④ 培根这段话透露出许多天文学家和数学家关心历法修订问题但束手无策的尴尬局面。这表明，在培根讲这段话之前，欧洲许多学者已经为历法修订做出了巨大努力，至少断断续续地为天文、历法做了大量研究，也翻译了大量的阿拉伯天文学文献与古希腊文献，但十分令人遗憾的是，这一切努力没有取得任何明显成效，这实际上反映了儒略历修订的难度之高已经远超预期。事实上，这也是意料之中的事情，因为年度误差本来就很小，要找出这

---

① 吴国盛：《科学的历程》，湖南科学技术出版社 2018 年版，第 145 页。
② 〔美〕托马斯·库恩：《哥白尼革命——西方思想发展中的行星天文学》，吴国盛、张东林、李立译，北京大学出版社 2020 年版，第 14 页。
③ 〔美〕阿米尔·亚历山大：《无穷小：一个危险的数学理论如何塑造了现代世界》，凌波译，化学工业出版社 2019 年版，第 55 页。
④ 〔美〕阿米尔·亚历山大：《无穷小：一个危险的数学理论如何塑造了现代世界》，凌波译，化学工业出版社 2019 年版，第 55 页。

一微小误差背后的原因，需要在天文学理论研究上做出极大的努力，同时需要大量精确的天文观测数据对理论模型做出验证与修订。

（一）儒略历缺陷对农业生产的负面影响

在任何时代、任何国家，准确的时间、季节对农业生产都是至关重要的事情，尤其是播种环节，更是农业生产过程中最为重要的环节，适时播种是农业丰收的前提条件。此外，农业生产过程中的锄草、松土、浇灌、施肥也需要参照准确的时间节点或季节。

但遗憾的是，在中世纪的欧洲，儒略历的不准确给农民带来很大的困扰，例如在11世纪中期，西欧采用的儒略历比正常时间大约晚了6天，这对农业生产而言，显然是一个不能忽视的重大障碍，尤其是那个时代的农民，根本不知道儒略历所指示的时间是晚了多少还是早了多少。这很容易造成播种环节错过最佳时机，导致农业歉收。天文考古学者冯时教授指出，"一年中真正适合播种和收获的时间非常有限，有时甚至只有短短几天"[1]。从古代中国农业生产经验看，适时播种对农业丰收是至关重要的环节，因为无论是早播种、还是晚播种，都会降低农业收成；但如果无法适时播种，那早播种比晚播种相对而言对产量的负面影响要小一些。[2] 假设11世纪之后的欧洲农民严格按照儒略历指示的季节或时间节点进行农业生产，将导致严重的晚播种，必然导致农业生产歉收。

因此，儒略历滞后于真实时间、季节，对农业生产的负面影响肯定存在。当然，要想精确评估儒略历负面冲击导致的具体损失，还需要进一步深入研究。但中国与西欧在农业产量上的差距可以给我们带来一些直观的感受，据统计，在公元1400年之前，在除西北欧之外的欧洲大陆上，种植业的产量与种子的比值都比较低，为3∶1或4∶1，这种情况一直持续到19世纪，而中国人早在公元1100年左右就已经实现产量与种子的比例提升到10∶1。[3] 长期以来，西欧粮食产量偏低，固然受多种因素影响，但无法适时播种显然是最重要原因之一。

---

[1] 冯时：《观象授时与文明的诞生》，《南方文物》2016年第1期，第1—6页。
[2] 宋湛庆：《我国古代的播种技术》，《中国农史》，1985年第1期，第24—34页。
[3] 〔美〕赫尔曼·M. 施瓦茨：《国家与市场》，徐佳译，江苏人民出版社2008年版，第61、112页。

(二) 儒略历缺陷对宗教体系的负面影响

由于中世纪天主教会的财产收入严重依赖什一税，农业是什一税的重要来源，因此，天主教会的正常运转也与农业收成状况息息相关。因此，农民根据节气进行农业生产，不仅对农民自身是关系切身利益的大事，也是关系天主教会切身利益的大事，但儒略历却无法提供精确的时间体系。

除了什一税之外，宗教体系对准确的历法或时间体系的迫切需求往往超过我们普通人的体会。宗教人士特别是虔诚的宗教人士往往十分强调准时履行宗教义务，以表达虔诚的敬意。早在古希腊，哲学家柏拉图曾经多次强调准时敬神的重要性，他指出，安排好日期、在恰当的时间点表达对神灵的敬意，"使城邦保持活力和警醒，使诸神得享荣耀"。[1] 实际上，整个古希腊的历史中，各个城邦的各种典礼仪式、秘密宗教仪式以及祭拜惯例在社会中占据了明显的支配地位[2]，各个宗教组织往往拥有自己的历法或教历，强调按照各自的时间节点举行宗教仪式，这种习俗或习惯一直延续到基督教时代。在伊斯兰世界，虔诚的教徒不仅非常强调准时，而且强调准确的礼拜方向，为了准时履行各种宗教仪式，伊斯兰各个王国往往拥有伊斯兰教历，强调准时礼拜的习惯至今已经持续一千多年。实际上，许多宗教都有自己的教历，伊斯兰教历为伊斯兰历或希吉来历，犹太教历为希伯来历或犹太历，佛教也有自己的历法，以佛陀涅槃那一时刻为起始时间，泰国、柬埔寨、老挝等国采用，道教也有自己的历法，为道历，以我国夏历为基准，用六十甲子纪年。

基督教在发展演变过程中，节日和节期逐渐增多，节日、节期在时间安排上的特殊性，促使教会非常重视自身时间体系建设，教会甚至为此编制出适宜宗教活动的时间表，这意味着教会需要一个准确的历法或时间体系。[3] 因此，早在公元325年的尼西亚会议上，教会就专门讨论了

---

[1] 《柏拉图全集》（第三卷），王晓朝译，人民出版社2017年版，第567页。
[2] 〔美〕安东尼·M. 阿里奥托：《西方科学史》，鲁旭东等译，商务印书馆2011年版，第44页。
[3] 康志杰：《基督教的礼仪节日》，宗教文化出版社2000年版，第127页。

历法问题，罗马教皇将儒略历定为教历①，以方便宗教活动的时间安排。

与古希腊各类宗教以及伊斯兰教一样，基督教也十分重视宗教仪式的准时性，形成了以教历为基础编制基督教教会年历表的惯例。根据基督教周年节令编订的教历，通常被称为"基督教年历表"或"教会瞻礼单"，以方便教会举办宗教仪式，充分展示教会尊严、实力和形象，吸引信徒，提高教会凝聚力。一旦发现年历表存在缺陷，教会或宗教人士就会加以修正，例如，叙利亚修士狄奥尼修斯对教会年历表的修订就是一个重要例子，他根据《圣经》推断基督诞生日期，并编订了公元532年至626年的教会年历表，得到教皇的赞赏并被广泛采用，其中的复活节日期查定表在各地广为流传。此后，基督纪元成为编订教会年历表的重要基础。②

基督教会节令日期分为固定与不固定两种。日期固定的节令大多数以圣诞节的日期为基准，日期不固定的各节令大多以复活节为基准，复活节为每年春分月圆后的第一个星期天。③ 不固定日期的节日的确定实际上对历法提出很高要求，只有以准确的历法或时间体系为基础，才能够编制准确的基督教年历表，满足教会准时举办庆祝节日活动的需求，满足虔诚信徒履行礼仪的需求。准确测定复活节日期不仅需要准确预报春分这个时间节点，还要准确预报月相变化规律，这就要求教会不仅能够精确计算太阳运动轨迹及其位置变动，而且能精确计算月亮运动轨迹及其位置变动，只有这样才能准确预报春分之后首次月圆之夜的时间节点。

由于其他不固定日期的节日基本以复活节日期为基准，如果复活节日期弄错了，则其他节日也就陷入混乱了。更麻烦的问题在于，其他不固定日期的节日与复活节存在类似的特点，虽然节日日期不固定，但节日日期在星期几是固定的，且与复活节相距的时间也是固定的，例如复活节前的星期五为耶稣受难节，复活节前一个星期天为棕枝主日或圣枝主日，是基督教圣周开始的标志；复活节之后40天为基督教耶稣升天

---

① 吴国盛：《科学的历程》，湖南科学技术出版社2018年版，第145页。
② 康志杰：《基督教的礼仪节日》，宗教文化出版社2000年版，第126页。
③ 康志杰：《基督教的礼仪节日》，宗教文化出版社2000年版，第127—128页。

节,且必须是星期四,复活节之后 50 天为基督教圣灵降临节,必须为星期天,这些节日的安排主要考虑的因素是便于教会举办庆祝纪念活动。①

另外,为了向信徒展示教会的威严与强大实力,教会要求基督教世界所有教派在同一个时间节点隆重举办节日庆祝活动。但儒略历不够精确,不同教派、教堂临时校准的时间节点不一致,导致节日庆祝活动举办时间参差不齐,因此,准确预报复活节日期尤为重要。一旦各地确定的复活节日期不一致,将导致基督教一系列宗教节日庆祝活动陷入混乱,这将导致一向强调准时履行宗教仪式的教会陷入极其尴尬的局面,这就是罗吉尔·培根所说的历法不准确带来令人十分尴尬混乱的局面。教会举办隆重庆祝活动是其宣教活动的重要组成部分,任何意识形态活动都希望影响的对象能够对宣传活动举办主体产生信赖、崇敬乃至于自动服从的情感,教会也是如此,它希望通过统一的、声势浩大的节日庆祝活动向广大信徒施加影响,希望信徒能够对教会产生向往、崇敬、虔诚、信赖的情感,增强对教会的归属感与忠诚度。

实际上,在宗教改革之前,教会通常认为自己是信仰领域的绝对权威,是基督徒与上帝之间的中间人,是替代上帝向人类传道的使者,而上帝又是无所不能的,主宰了人类社会一切,基督徒只能在上帝保佑以及教会庇护之下谋求幸福生活。但是,如果教会连复活节以及一系列非固定的节日日期都无法准确预报,怎能让广大基督徒信奉上述说辞?怎能让基督徒坚持信奉教会?怎能让基督徒自愿缴纳什一税?基督徒或许会怀疑教会没有能力与无所不能的上帝沟通,或许怀疑上帝并非无所不能,从而与教会离心离德,乃至放弃信仰。显然,这一切都不是教会希望看到的。

此外,除了准确的节日日期之外,教会还非常需要每天可靠的报时。中世纪的欧洲大地上修建了大量教堂与修道院,修士每天最重要的活动就是按时祷告,每天祷告分为晨祷、午祷和晚祷,祈祷时刻由专门人员公布,修士必须严格执行。② 到了 13 世纪,全新的时间测量工具出现了,

---

① 康志杰:《基督教的礼仪节日》,宗教文化出版社 2000 年版,第 127—128 页。
② 〔美〕亚当·弗兰克:《关于时间:大爆炸暮光中的宇宙学和文化》,谢懿译,科学出版社 2015 年版,第 59 页。

欧洲出现了机械钟,其关键发明——擒纵器很可能来自中国,甚至机械钟的发明也可能源自中国壮观的水钟,机械钟取代了专门人员宣布祈祷时刻的工作,在特定时间节点敲钟。[①] 俄国社会学家古列维奇指出:"在中世纪,教会是社会时间的女主人。正是牧师决定了整个计时方法……因而正是牧师在封建社会确立和协调着整个时间进程,从而控制了它的节律。一切想使时间摆脱他们控制的企图都遭到了强有力的反击……对社会时间所实行的全面控制导致人们屈从于主导的社会和意识形态体系。对于个人来说,时间不是他个人的,时间不属于他,而属于一种更高的、处于支配地位的势力。这解释了为什么在中世纪,对统治阶级的反抗常常呈现出一种抗议教会对时间控制的形式。"[②] 这进一步证实了基督教会对准确时间体系或历法问题的重视,因为它要借助时间体系来控制或支配社会生产生活的方方面面。

(三) 儒略历缺陷对欧洲王国的负面影响

对于欧洲王国而言,准确的历法或时间体系绝不仅仅展现在我们通常认为的当权者的威严与力量上,这种威严与力量通常表现为"时间就是权力,这对于一切文化形态而言都是正确的。谁控制了时间体系、时间的象征和对时间的解释,谁就控制了社会生活。中国古代皇家对天文和历法的垄断,就显示了这一真理。对欧洲中世纪而言,这一点亦十分明显"[③]。实际上,对于欧洲王国而言,准确的历法或时间体系还体现在国家财政收支平衡、社会稳定与国家安全上。一旦历法或时间体系出现混乱,轻则严重损害欧洲各王国的威严与权力形象,重则导致农业收成下降,损坏社会稳定基础,破坏国家财政收支平衡的基础,进而危及国家的安全与生存。

要理解儒略历对欧洲王国的负面影响,首先,需要理解精确的时间体系对欧洲城镇的日常生产生活的重要性。欧洲城镇对时间管理的历史

[①] 〔加拿大〕丹·福尔克:《探索时间之谜:时间的科学和历史》,严丽娟译,海南出版社 2016 年版,第 52—53 页。
[②] 转引自路易·加迪《文化与时间》,郑乐平、胡建平译,浙江人民出版社 1988 年版,第 330—331 页。
[③] 吴国盛:《时间的观念》,商务印书馆 2019 年版,第 120 页。

比我们想象的要早得多，例如，早在13、14世纪，欧洲许多城镇用钟声来确保各行业准时行动。据记载，城镇用不同组合的钟声或者不同间隔的钟声来作为各行业开工的信号，分别提醒剪羊毛工人、木匠、兵器制造工开始工作和结束工作；另外，城镇还利用钟声来提醒集市开市与闭市的时间，提醒司法机关开庭与公开宣判的时间；这一切都表明时间以及准时对城市政治、经济生活的重要性。① 其次，要理解准确的历法或时间体系对欧洲各国农业生产至关重要，因为"耕种、收获只有在一年中适当的时候才能保证丰收"②。再次，需要理解精确的时间体系对商贸活动的重要性。中世纪后期欧洲商贸活动一度十分活跃，为商业贸易活动提供准确的时间以便利交易、防止商贸纠纷也是欧洲各个王国必须考虑的事情。

因此，存在严重缺陷的儒略历对欧洲各个王国而言，存在不容低估的负面影响。

二 欧洲社会对历法修订需求激励了天文学研究

正是因为时间体系对任何一个社会的政府、教会、行会以及个人具有极端重要性，同时，在中世纪天主教会具有凌驾于西欧各个王国之上的实力与地位，这是罗马帝国分裂之后形成的态势。因此，当西欧时间体系或历法出现了问题，人们自然而然地希望教会能够担负历法修订重任。据记载，早在13世纪之前，欧洲社会各界已经发现儒略历存在的缺陷与弊端，也做了大量研究，但仍然没有发现问题症结所在，也无法提出正确的修订意见，因此，罗吉尔·培根才失望地指出"现在的历法令智者无可奈何，令天文学家望而生畏，并受数学家愚弄嘲笑"③。他希望教会来主持历法修订。实际上，针对西欧社会历法或时间体系混乱问题，天主教会、王国以及大学都做出了自身的努力，各自以不同方式来探索历法修订问题，客观上拉动了天文学研究。

---

① 〔美〕亚当·弗兰克：《关于时间：大爆炸暮光中的宇宙学和文化》，谢懿译，科学出版社2015年版，第73页。
② 吴国盛：《科学的历程》，湖南科学技术出版社2018年，第62页。
③ 〔美〕阿米尔·亚历山大：《无穷小：一个危险的数学理论如何塑造了现代世界》，凌波译，化学工业出版社2019年版，第55页。

(一) 教会对儒略历的修订需求激励了天文学研究

1. 教会对儒略历修订的早期努力

严格说来,儒略历缺陷原本与基督教会复活节时间的准确性问题没有直接联系。传统上,基督教各分支教派有的使用犹太历,有的按照埃及学者的忠告来选择适当的日子,可能还要使用其他历法(如被废除的罗马历法,一种古老的太阴历或月亮历)来确定复活节日期,这必然导致各教派的复活节日期不一致。随着基督教的逐步发展壮大,教会越来越重视意识形态领域的建设,日益重视把复活节的庆祝活动作为宣扬教义的重要平台,认为欧洲各地的复活节应该作为最重要节日在同一时间予以隆重庆祝。这就要求基督教使用统一的历法以确定复活节日期,改革之前各基督教分支使用不同历法的传统做法。于是,公元325年基督教会召开尼科西亚大会,决定以儒略历为统一教历,并确定每年春分之后首次月圆之夜后的第一个星期天为复活节。如果春分后首次月圆之夜刚好是星期天,则复活节要顺延到下一个星期天。[1] 这样,基督教会就不必通过咨询埃及亚历山大港的天文学家和耶路撒冷的祭司来确定复活节日期。同时,基督教会希望复活节不会跟犹太教逾越节冲撞,即两个节日不要落在同一天的目标基本实现了,但所有基督徒在同一天庆祝复活节似乎一直是一个奢望,并没有完全实现。[2]

尽管如此,教会仍然热衷于预报复活节日期,将这项工作当作一项重要的神圣任务来完成。但问题是,儒略历不是一个精确的历法,难以保证所有基督徒在同一天庆祝复活节,或许这是儒略历最大的失败。应该说,无法准确预报复活节这一基督教非常重要的节日,是儒略历的一个由来已久的缺陷[3],教会以及欧洲知识分子对这个问题还是比较熟悉的,今天我们知道主要原因在于儒略历的回归年长度比实际的太阳回归年长了11分14秒,当然当时欧洲天文学家并不确切地掌握这一点。儒

---

[1] 〔加拿大〕丹·福尔克:《探索时间之谜:时间的科学和历史》,严丽娟译,海南出版社2016年版,第39—40页。

[2] 〔加拿大〕丹·福尔克:《探索时间之谜:时间的科学和历史》,严丽娟译,海南出版社2016年版,第39—40页。

[3] 〔美〕亚当·弗兰克:《关于时间::大爆炸暮光中的宇宙学和文化》,谢懿译,科学出版社2015年版,第61页。

略历的这种误差在短期内不影响复活节日期的确定,但在长期内将导致复活节日期的预报误差越来越大。

为解决儒略历以及基于儒略历制定的基督教年历表预报复活节日期不准确的困扰,天主教会不得不采取一些简单而务实的措施来纠正预报误差,具体做法是:教会将分布在罗马、米兰、佛罗伦萨和波隆纳等地的数十所大小教堂兼作简易的天文观测站,特地在教堂墙壁或天花板上开孔,好让阳光在地板上投射出南北走向的"子午线",用来测算冬至、夏至和春分、秋分的日期,以帮助计算复活节日期。这一历史事实反映了天主教会对精确天文学和计时工作的积极支持的态度,也反映了天主教会对准确时间体系的迫切需求,还反映了教会对复活节以及以复活节日期为基准的一系列宗教节日庆祝活动的高度重视。① 但是,这一古老的办法并不具备太多的预报准确日期的功能,只能将就使用,对节日节庆筹备工作起到了一定作用。

为彻底解决儒略历缺陷,基督教向伊斯兰教学习,也开始鼓励人们学习天文学与几何学,试图借助托勒密以及伊斯兰阿拉伯天文学成果,探索解决儒略历或时间体系的缺陷问题。早在10世纪中叶,将几何学和天文学著作从阿拉伯文译成拉丁文的行动已经在圣玛丽修道院展开了。② 显然,这一翻译行动与儒略历缺陷以及准确预报复活节时间密切相关。公元999年,曾经留学伊斯兰世界、熟知伊斯兰世界的数学和天文学的法国教士热尔贝当选教皇,在位期间,他大力推动基督教世界的广大教士、学者与伊斯兰世界进行深入的科学交流,其中与历法相关的天文学、几何学等领域是交流的重点。他本人不仅热衷于"数学四艺"研究并获得很高的声望,而且偏爱天文学研究,他对数学科学的理解远超同时代的欧洲人,在与朋友的通信中屡屡提到数学、天文学。他还指导朋友和同事解决算术、几何等学术问题。此外,他本人还亲自讲授天文学,积极推广天球模型的使用,亲自讲解如何制作天文学模型。③ 显然,热尔贝的行为不能简单地看成个

---

① 〔加拿大〕丹·福尔克:《探索时间之谜:时间的科学和历史》,严丽娟译,海南出版社2016年版,第40页。
② 〔美〕爱德华·格兰特:《近代科学在中世纪的基础》,张卜天译,商务印书馆2020年版,第37页。
③ 〔美〕戴维·林德伯格:《西方科学的起源》(第二版),张卜天译,湖南科学技术出版社2013年版,第217—221页。

人对科学的兴趣爱好，实际上，他推动数学四艺研究以及与朋友、同事屡屡提及天文学、数学都表明，他对伊斯兰阿拉伯天文学有着持久、浓厚的兴趣，这足以表明他在研究与历法修订相关的事情，因为在那个时代，天文学最主要的用途是制定或修订历法。事实上，按照哥白尼观点，不仅是那个时代，从柏拉图到哥白尼时代，天文学最主要的用途就是制定、修订历法或时间体系[①]。例如，托勒密因为《至大论》被广泛称赞为"伟大的历法大师"，伊斯兰世界、西欧社会翻译《至大论》都与历法或时间体系的修订事宜密切相关。遗憾的是，这一点常常被忽略了。

虽然儒略历在短期内误差并不大，但长期累积的误差并不小，这导致一个巨大的难题。如何认识太阳回归年长度微小错误的原因绝不是一件轻而易举的事情，它需要精湛的天文学理论与实际天文观测的良好配合，常常让天文学家甚至是一流的天文学家也束手无策。

这很可能是促使西欧学者们从外部寻找天文学文献与实际方法的重要原因。科学史家林德伯格认为西欧翻译运动始于宽泛意义上的实用目的，10世纪是医学和天文学[②]。天文学显然与当时西欧农业生产与季节的确定以及复活节、其他宗教节日等的确定有十分密切关系。考虑到学者们领会与掌握天文学理论需要时间，当他们发现天文学理论知识不足以解决修订历法或时间体系问题时，就会进一步寻找更多的天文学文献。

因此，1125~1200年出现了翻译高潮，主要涉及科学和哲学著作，几乎没有涉及人文科学与纯文学，其中天文学、几何学、代数学、物理学等是重点，特别是《天文学大成》《几何原本》《代数》《三兄弟几何学》[③]，这显然都与历法修订密切相关。值得一提的是，促使学者不辞辛劳奔波千里从事翻译的一个重要外部条件是教会在西班牙创立了托莱多翻译学院，为天文学等科学知识的翻译提供了各种便利。[④] 其中《天文

---

① 〔波兰〕哥白尼：《天体运行论》，叶式辉译，陕西人民出版社2001年版，第11页。
② 〔美〕戴维·林德伯格：《西方科学的起源》（第二版），张卜天译，湖南科学技术出版社2013年版，第238页。
③ 〔美〕爱德华·格兰特：《近代科学在中世纪的基础》，张卜天译，商务印书馆2020年版，第39页。
④ 谷佳维：《托莱多翻译学院：中世纪文化交流的枢纽》，《外国问题研究》2020年第3期，第74—85页。

学大成》的翻译颇有传奇色彩，据说杰拉德正是因为寻找托勒密《天文学大成》而不辞辛劳，从意大利北部来到西班牙，当他在托莱多找到《天文学大成》的手抄本时便留下来学习阿拉伯语并最终将其翻译成拉丁文。随后因为觉得基督教世界天文学知识太过于贫乏，决定继续翻译天文学及相关著作①，因此他还翻译了另外11部天文学著作，以及欧几里得的《几何原本》和花剌子模《代数》等17部数学和光学著作、14部逻辑学和自然哲学著作，还有24部医学著作。②撇开24部医学著作的实用性不谈，杰拉德的翻译实际上可以看作围绕天文学或历法而展开的，因为无论是古希腊天文学著作还是伊斯兰阿拉伯天文学著作，基本是以几何理论书写的，逻辑学、数学是学习天文学理论的前提条件，光学是天文观测的必备理论。这足以表明当时西欧社会是多么需要能够解决历法或时间体系缺陷问题的天文学知识。

另外，虽然我们无法断定杰拉德长途跋涉是受教会指派还是受社会需求激励而自愿前往，但考虑到当时意大利迫切需要天文学知识来修订儒略历或教会年历表，杰拉德此行很可能与历法或教会年历表修订有比较密切的联系。

因此，教会对儒略历缺陷的关注与行动，远比我们通常认为的16世纪早得多，甚至也比库恩提及的13世纪的时间早得多。正因为如此，当西欧社会备受儒略历不准确问题困扰时，罗吉尔·培根才会把解决儒略历修订问题的目光投向教会，希望作为"神圣生活节律的守护者"的教会，能够尽快着手解决问题。③罗吉尔·培根或许不是最有造诣的天文学家，但他多次劝教会重视天文学研究，因为"天文学对于确立宗教历法至关重要"④。这进一步证明了在当时社会中，天文学之所以重要，是因为它对修订历法的重要作用。

---

① 〔美〕爱德华·格兰特：《近代科学在中世纪的基础》，张卜天译，商务印书馆2020年版，第39页。
② 〔美〕戴维·林德伯格：《西方科学的起源》（第二版），张卜天译，湖南科学技术出版社2013年版，第237—238页。
③ 〔美〕阿米尔·亚历山大：《无穷小：一个危险的数学理论如何塑造了现代世界》，凌波译，化学工业出版社2019年版，第55—56页。
④ 〔美〕戴维·林德伯格：《西方科学的起源》（第二版），张卜天译，湖南科学技术出版社2013年版，第259页。

此外，教会还在大学里开设天文学课程以培养人才。天文学人才得到大力培养与重视，也是教会重视历法或时间体系修订的重要证据。正如林德伯格指出的："天文学得到了着力培养，或是作为计时术和确定宗教历法的手段，或是作为占星术活动（常与医学相联系）的理论基础。"大学天文学课程有时是古希腊和伊斯兰阿拉伯世界的著作，有时是自编新书，大学培养了一批极有造诣的天文学家。[①] 在此，林德伯格认为天文学有两种可能用途或目的，容易引起误会，以为占星学或占星术会推动天文学研究。实际上，天文学真正主要的用途在于确定历法或所谓的计时术，占星术或占星学用途根本不需要天文学理论研究。通俗一点讲，以历法制定或修订为目的的已有天文学理论研究，足够占星术或占星学使用，占星术或占星学几乎不需要在此基础上继续研究古希腊以来的行星天文学。

2. 教皇多次组织召开天文学家大会商讨儒略历改革

早在12~13世纪，西欧社会已经深刻意识到儒略历存在明显缺陷，修订儒略历势在必行，反映在天文学研究领域，西欧学者早已不满足于粗浅的天文学理论，而是直接开始研习《至大论》等高深天文学理论。至少在1175年时，《至大论》在西欧至少已经有两种译本，这不仅反映了西欧天文学家对托勒密天文学的浓厚兴趣，而且高等院校学者在研习托勒密《至大论》，并通过天文观测来验证托勒密天文学模型。[②] 到了15世纪，儒略历导致的时间混乱越来越让人难以忍受，在多方呼吁之下，天主教会终于下定决心主持儒略历改革。从康斯坦茨会议（1414~1418年）开始，教皇多次召集教会内外知名天文学家就儒略历修订一事进行商议，但儒略历修订的难度远超教会的预估，天文学家在很长时间内都无法提出有效的修订方案。

事实上，当时欧洲天文学家普遍对托勒密体系缺乏系统深入的研究，无法对历法修改提出一个可靠、稳妥的修订办法，这导致儒略历修订一事一拖再拖，呈现出长期议而不决的尴尬局面。但是，教会主持修订历

[①] 〔美〕戴维·林德伯格：《西方科学的起源》（第二版），张卜天译，湖南科学技术出版社2013年版，第243页。

[②] 〔美〕詹姆斯·E.麦克莱伦第三、哈罗德·多恩：《世界科学技术通史》，王鸣阳、陈多雨译，上海科技教育出版社2020年版，第216页。

法仍然在欧洲社会引发巨大反响,也得到天文学家们的广泛响应,有效激励了欧洲社会天文学研究热情与天文学家的成长。康斯坦茨会议之后大约四五十年,欧洲终于出现了一批杰出天文学家,他们大多受邀参与教皇主持的天文学家大会并被要求提供专业意见。

才华横溢的波尔巴赫(又译为柏巴赫,1423~1461)是维也纳大学一位非常著名的天文学家,熟悉托勒密天文学体系以及伊斯兰学者对托勒密体系的相关修改,曾经因在天文学领域的突出贡献而被教皇邀请去改良历法。[①] 1475年教皇塞克斯都四世再次推动历法改革,并邀请了维也纳大学另一位著名天文学家拉哲蒙坦那(1436~1476,通常又译为雷乔蒙塔努斯,这其实是他的笔名,真名为约翰·米勒[②])等天文学家参加,可惜拉哲蒙坦那到达罗马不久就不幸英年早逝,历法改革也没有取得成效。[③]

进入16世纪,第五届拉特兰会议(1512~1517年)尚在举行之际,教皇利奥十世宣布他已经"和最伟大的神学及天文学专家磋商过",他"劝告并鼓励他们考虑如何补救并适当修正"已经陷入紊乱状态的历法。教皇补充说,"(专家们)有的写信、有的口头告诉我,他们已经认真思考了我的指令"。但是这些书面或口头讨论都没有产生有效的、适当的修订历法的办法,于是利奥十世进一步发出广泛的呼吁,寻求历法改革稳妥方案。1514年7月21日,教皇利奥十世在给神圣罗马帝国皇帝的信件中,吁请他"对于在你的帝国管辖下所有的神学家和天文学家,你应当命令其中每一位声誉卓著的人来参加这次神圣的拉特兰会议……但若有人由于某种合法原因不能赴会,请陛下指令他们……把精心撰写的意见书寄给我"。仅仅三天之后,他就把一份印好的通知发给政府首脑和各大学校长。在1515年6月1日和1516年7月8日,他又重复了这一要求。佛桑布朗的主教密德耳堡的保罗(1445~1553)提交了致利奥十世的报

---

① 〔英〕约翰·德斯蒙德·贝尔纳:《历史上的科学:科学革命与工业革命》,伍况甫、彭家礼译,科学出版社2015年版,第310页。
② 〔英〕利奥弗兰克·霍尔福德-斯特雷文斯:《时间的历史》,萧耐园译,外语教学与研究出版社2007年版,第180页。
③ 〔美〕詹姆斯·E.麦克莱伦第三、哈罗德·多恩:《世界科学技术通史》,王鸣阳、陈多雨译,上海科技教育出版社2020年版,第240页。

告，内容为教皇倡议改正流行历书的缺陷所取得的结果。在名为《第二次历法改正补充材料》（1516年）的报告中，密德耳堡的主教把哥白尼列入书面建议的名单中，而不在赴不朽城（即罗马）的旅行者之列。哥白尼撰写了专业意见，建议教皇推迟历法改革，理由是传统天文学理论体系存在的许多严重缺陷还没有得到解决。但遗憾的是，哥白尼所写的材料今天已经无法找到。虽然书面建议原稿已经找不到了，但提交书面建议的记录仍然保存下来。[①]

虽然利奥十世将历法改革的任务寄希望于当时的欧洲政府首脑和大学，没有得到期待中的热烈回应[②]，但这客观上推动了欧洲大学深入研究天文学的热情。利奥十世似乎非常期待历法改革能够在任期内取得突破性进展，因此，在1514年、1515年、1516年连续三年推动历法改革，但其努力还没有取得任何进展的情况下，1517年发生了路德发动的影响深远的宗教改革运动，并迅速波及西欧各国，这打断了教皇主导的历法改革计划。路德虽然承认历法存在缺陷，需要加以修订，但明确反对教皇主导历法改革，认为教皇无权改革恺撒确立的历法，历法改革不是教会的事务，而是各基督教公国大公事务，为避免混乱，各公国应该一起推动历法改革，如果各公国不能一起推动历法改革，干脆就不要改革历法，以避免各自行动带来混乱，尤其要避免定期集市日期的混乱。[③] 但路德并没有提出各公国集体行动的有效机制或建议，既然改革历法是各公国大公的事务，那自然不关新教教会的事情，新教自然无须牵头历法改革事务。

（二）欧洲王国对儒略历的修订需求激励了天文学研究

儒略历问题早就引起欧洲各王国的注意，因为历法或时间体系对农业社会的生产生活至关重要。各王国当然清楚地知道准确的历法或时间体系的重要性。由于历法或时间体系具有明显的公共品特点，修订历法

---

① 陈方正：《继承与叛逆：现代科学为何出现于西方》，生活·读书·新知三联书店2009年版，第505—506页。
② 〔英〕利奥弗兰克·霍尔福德-斯特雷文斯：《时间的历史》，萧耐园译，外语教学与研究出版社2007年版，第180页。
③ 〔英〕利奥弗兰克·霍尔福德-斯特雷文斯：《时间的历史》，萧耐园译，外语教学与研究出版社2007年版，第180—181页。

又是一项非常专业且非常艰辛的工作，需要耗费大量金钱，如编纂《阿方索星表》至少花费了1吨的黄金，因此并非所有王国都有能力且乐于提供这种公共品，只有一些实力雄厚的王国才有足够的财力与物力推动相关工作。许多小国往往喜欢搭便车，希望由别的国家或教会主持修订历法。这是导致欧洲各个王国在历法修订问题上裹足不前的重要原因之一。

尽管如此，在中世纪，仍然有一些实力较为雄厚的王国在历法修订问题上做出了积极的贡献。法兰克王国的卡洛林王朝是西欧颇有实力的大国，早在公元768年查理曼继承了法兰克王国之后，就开始关注天文学，学会了用计算来研究星体运动规律。查理曼大帝还大力推动天文学研究。查理曼大帝此举既有宗教目的，也有世俗目的。从宗教目的看，法兰克王国修道院每天强制性的祈祷仪式和其他集体活动需要由计时来确定，历法问题需要由精确的计算来解决，而历法本身可以用来确定复活节和其他宗教节日的恰当日期，教会通常要求基督教世界在同一天庆祝这些节日。为了办好庆祝活动，节日日期需要预先确定，以做出适当的准备。① 从世俗目的看，政治军事活动、农业生产、集市交易、商贸活动等都需要一个准确的时间体系，以免与宗教节日冲突。因此，基于历法和计时的需要，卡洛林王朝在宇宙论和天文学领域做了一些研究，主要集中在黄道，行星的驻点逆行，行星维度的变化，太阳、月亮、水星、金星在空间中的排列顺序以及运动轨道等内容。② 显然，上述天文学研究不足以为修订儒略历提供理论支持。

虽然儒略历在短期内误差并不大，但长期累积的误差并不小，这导致一个巨大的难题，认识如此微小的错误的原因并非易事。在11世纪中期，西欧采用的儒略历比正常时间大约晚了6天，这对农业生产而言，显然是一个不能忽视的重大障碍，同时，复活节时间也大约晚了6天，以复活节为基准的其他非固定时间节点的节日也晚了6天，这的确会对

----

① 〔美〕戴维·林德伯格：《西方科学的起源》（第二版），张卜天译，湖南科学技术出版社2013年版，第213—215页。
② 〔美〕戴维·林德伯格：《西方科学的起源》（第二版），张卜天译，湖南科学技术出版社2013年版，第215—216页。

社会正常的生产生活造成极大的困扰。因此,当10~11世纪基督教世界重获西班牙之后,他们最感兴趣的天文学宝藏是星盘以及使用星盘的数学知识,希望能够从中获取伊斯兰世界先进的历法知识。但他们很快就意识到自身的天文学知识体系在处理历法上的不足,开始从定性研究转向了定量研究。① 这也是历法修订的内在要求。这解释了欧洲大翻译运动的缘由。西欧学者接触了伊斯兰世界的天文仪器和天文数据之后,逐渐发现伊斯兰天文表所附的说明不足以解释清楚有关天文数据计算问题,于是转向天文学理论寻求答案。1137年加法尼关于托勒密天文学的基础手册被译成了《天文学入门》,受到西欧社会欢迎;到了12世纪下半叶,更多的天文学著作被译成拉丁文,托勒密的《至大论》分别从希腊文、阿拉伯文译成拉丁文,到了12世纪末,最重要的天文学著作已被译成拉丁文。这些天文学著作在大学中不断传播,部分大学教师编写了天文学教材,如《天球论》《行星理论》②,通过开设天文学课程和培养天文学人才,为西欧社会历法修订做出了积极贡献。

因此,基督教世界对准确历法的需求是客观存在的历史事实。阿方索十世是继查理曼大帝之后,又一个热衷于历法修订的欧洲国王。早在13世纪,富有才华和热心资助学术的阿方索十世就大力资助和鼓励天文学翻译和创作,为了修订《托莱多星表》,聘请了大量阿拉伯天文学家以及部分基督徒天文学家共同编制了《阿方索星表》。③ 于13世纪下半叶编制而成的《阿方索星表》,是探索儒略历修订的一次艰辛的尝试,前后耗时二十年,虽然最终仍然没有能够解决儒略历的缺陷,却是西欧本土天文学发展史上具有重要意义的成果,对欧洲社会产生了深远的影响。④《阿方索星表》对欧洲本土天文学研究起了很大推动作用,成为欧洲本土天文学研究的一个标志性成果。

---

① 〔美〕戴维·林德伯格:《西方科学的起源》(第二版),张卜天译,湖南科学技术出版社2013年版,第289页。

② 〔美〕戴维·林德伯格:《西方科学的起源》(第二版),张卜天译,湖南科学技术出版社2013年版,第293—295页。

③ 陈方正:《继承与叛逆:现代科学为何出现于西方》,生活·读书·新知三联书店2022年版,第329—330页。

④ 〔美〕詹姆斯·E.麦克莱伦第三、哈罗德·多恩:《世界科学技术通史》,王鸣阳、陈多雨译,上海科技教育出版社2020年版,第216页。

匈牙利国王也曾经关注过历法修订问题。作为匈牙利国王的上宾与占星顾问，拉哲蒙坦纳在国王身边工作了四年，从事天文观测和编制星表，他曾经向匈牙利国王坦白，以当时西欧天文学家的知识和能力，尚无法准确计算行星的运行，这意味着按照当时天文学知识无法制定准确的历法，也无法修订儒略历的错误。①

值得一提的是，中世纪占星术比较活跃，特别是战争或社会动荡期间，占星术活动更是泛滥成灾，但总体上看，占星术对天文学研究的影响或许有一些，但不宜估计过高。从大翻译运动的早期译著来看，大部分都是天文学著作，很少涉及占星术。如果他们迫切需要占星术知识，应该优先翻译托勒密的《占星四书》，而不是《天文学大成》。另外，占星术中常常存在神秘的色彩、主观的意志或想法，不需要太高的确定性，正如托勒密在《占星四书》中指出的，占星术的预言无法与天文学证明的确定性相比。② 伊斯兰世界当权者曾经对天文学和占星术进行了区分，要求天文学研究天体运动规律，占星术则要搞清楚上天对人世的影响。③

（三）大学对天文学研究的推动

为了更准确地修订历法，需要更好地理解天体运动，西欧一些大学开始设置天文学课程，培养了一批在天文学领域颇有造诣的学者，巴黎大学的布里丹和奥雷姆就是其中的佼佼者，他们比较前卫地探讨了地球运动的可能性。布里丹在《论天地问难》中通过论证指出："所有天文现象都可以简单地用地球自旋来解释，而这不会抵触任何观测事实。"④ 他还指出，天文学家观测到的天体运动是相对运动而非绝对运动，最后却从物理学角度，以竖直向上射出的箭回落到出发点来论证"我们可以

---

① 陈方正：《继承与叛逆：现代科学为何出现于西方》，生活·读书·新知三联书店 2022 年版，第 329—330 页。
② 〔美〕戴维·林德伯格：《西方科学的起源》（第二版），张卜天译，湖南科学技术出版社 2013 年版，第 301 页。
③ 〔美〕詹姆斯·E. 麦克莱伦第三、哈罗德·多恩：《世界科学技术通史》，王鸣阳、陈多雨译，上海科技教育出版社 2020 年版，第 125 页。
④ 陈方正：《继承与叛逆：现代科学为何出现于西方》，生活·读书·新知三联书店 2022 年版，第 437 页。

确信地球是静止不动的"的结论。① 奥雷姆对地球运动做了更深入的研究，他从相对运动的理念出发，认为"布里丹之箭"的论证存在缺陷，理由是箭在竖直上升以及下降阶段均参与了地球旋转的水平运动，因此箭回落出发点是正常的，并不能否定地球做旋转运动。他还以运动的船上乘客沿着船桅向下伸出手去为例，他观察到手在做直线运动，竖直向上或向下射出的箭也会发生同样的情况。因此，他认为地球实际上是运动的。但令人惊讶的是，他最后又否定了自己的观点，接受了地球静止不动的传统观点②，以至于库恩认为奥雷姆并不相信地球是旋转的："奥雷姆并不相信地球旋转，至少他是这么说的。"③ 或许布里丹、奥雷姆受到某些阻力或有顾虑，他们最终没有直接反对传统的地球不动观念，这或许反映了学者对复杂的天体运动研究进程的反复性，他们对自己的观点并没有十足把握，基于谨慎原则，转而接受地球静止的传统观点。

到了15世纪，维也纳大学终于出现了一批具有很高造诣的天文学家。建立维也纳大学天文学传统的格蒙登（1380/1384—1442）在维也纳大学任教三十余年，除了讲解《论球面》《行星理论》之外，他还做天文观测，编制历书、星表，但值得注意的是，他对占星学持反对态度。④ 格蒙登之后，维也纳大学出现了另一位著名天文学家——才华横溢的波尔巴赫，讲授的行星理论广受欢迎；他多次详细观测月食，编制月食及行星运动历表。⑤ 由于波尔巴赫熟知托勒密《天文学大成》及其改进体系，对历法有相当程度的了解，因此曾经被教皇专门邀请去改良历法。⑥

---

① 〔美〕戴维·林德伯格：《西方科学的起源》（第二版），张卜天译，湖南科学技术出版社2013年版，第312页。
② 〔美〕戴维·林德伯格：《西方科学的起源》（第二版），张卜天译，湖南科学技术出版社2013年版，第312—314页。
③ 〔美〕托马斯·库恩：《哥白尼革命——西方思想发展中的行星天文学》，吴国盛、张东林、李立译，北京大学出版社2003年版，第145页。
④ 陈方正：《继承与叛逆：现代科学为何出现于西方》，生活·读书·新知三联书店2022年版，第456页。
⑤ 陈方正：《继承与叛逆：现代科学为何出现于西方》，生活·读书·新知三联书店2022年版，第456—457页。
⑥ 〔英〕约翰·德斯蒙德·贝尔纳：《历史上的科学：科学革命与工业革命》，伍况甫、彭家礼译，科学出版社2015年版，第310页。

波尔巴赫英年早逝，享年 38 岁，其未完成的事业由他的杰出弟子拉哲蒙坦那继承和发展。拉哲蒙坦那享年也不长，是当时维也纳大学最杰出的天文学家，可能也是当时西欧最优秀的天文学家，其编写的是《星历》准确度较高，被当时西欧航海家和大学天文学系广泛采用。1475 年教皇塞克斯都四世再次推动历法改革，专门邀请了拉哲蒙坦那参加，可惜壮志未酬身先死。①

除了巴黎大学、维也纳大学，博洛尼亚大学、帕多瓦大学、维滕堡大学等在天文学领域也有不少杰出学者，如诺瓦拉、莱茵霍尔德等，他们也在深入研究天文学和历法。

简而言之，在基督教世界，儒略历缺陷是一个大麻烦，整个社会都迫切希望这一问题能够早日得到解决，但是迟迟找不到切入点。

第三节 《天体运行论》为儒略历修订提供合适的理论依据

一 《天体运行论》与儒略历修订的因果关系

哥白尼创作《天体运行论》与儒略历修订存在明显的因果关系，儒略历修订对天文学理论知识产生的需求是他创作的直接动力。1506 年，哥白尼回到波兰后，开始了《天体运行论》创作。1509 年，哥白尼将日心说的概要抄赠朋友们传阅，1514 年开始，哥白尼陆续向外界散发一些日心说的纲要性材料。②

首先，应该明确的是，《天体运行论》诞生的直接动力是为儒略历的修订提供理论支持与指导，这一点哥白尼在致教皇保罗三世的信中讲得十分明确。他指出："就天文学家看来我的著作对教廷也会做出一定的贡献，而教廷目前是在陛下的主持之下。不久前在利奥十世治下，在拉特兰会议上讨论了教会历书的修改问题。当时这件事悬而未决，这仅仅

---

① 〔美〕詹姆斯·E. 麦克莱伦第三、哈罗德·多恩：《世界科学技术通史》，王鸣阳、陈多雨译，上海科技教育出版社 2020 年版，第 240 页。
② 吴国盛：《科学的历程》，湖南科学技术出版社 2018 年版，第 237—238 页。

是因为年和月的长度以及太阳和月亮的运动测定得还不够精确。从那个时候开始,在当时主持改历事务的佛桑布朗地区最杰出的保罗主教的倡导之下,我把注意力转向这些课题的更精密的研究。但是在这方面我取得了什么成就,我特别提请教皇陛下以及其他所有的有学识的天文学家来鉴定。"① 在这里,哥白尼直接讲明了写作与出版《天体运行论》的缘由以及该书对教廷修订历法的作用,即对太阳和月亮的运动做更加精确的观测和研究,以便更加精确地测定年和月的长度。

其次,哥白尼研究天文学直接受儒略历修订影响。天主教会修订历法是一件社会大事件,教廷多次召集天文学家讨论修订意见或方案,召开了有组织的、牵涉面极广、隆重的会议。这些会议中都没有产生稳妥的、有效的历法修订方案,迫使教皇利奥十世进一步发出诚恳的广泛呼吁,希望征求各种可行的历法修订方案。据记载,哥白尼在撰写的专业意见中明确建议教皇推迟历法改革,理由是传统天文学理论体系存在许多严重缺陷,难以实现满意的修改方案。② 这一记载澄清了哥白尼亲自到罗马协助教皇利奥十世修订历法的误传。但是,哥白尼明确提出儒略历修订需要新的天文学理论体系,并极力建议教皇推迟儒略历修订,这一建议似乎得到了教皇的采纳。托马斯·库恩指出:"他(哥白尼)倾向并极力主张历法改革应推迟,因为他感到现有的天文观察和理论还不能允许设计一个真正合适的历法……历法改革要求天文学理论革新。"③

最后,哥白尼具体阐述了创作新天文学体系与历法修订的关系。面对西欧社会对儒略历修订的迫切愿望,哥白尼提出推迟历法改革的大胆建议是需要足够的底气与勇气的。如果联系哥白尼一生谦让、谨慎的处事方式以及科学探索精神,哥白尼大胆建议背后的依据——他感到现有的天文观察和理论还不能允许设计一个真正合适的历法——就更加令人好奇。因为历法修订涉及的天文学理论、观测数据的评估以及复杂的

---

① 〔波兰〕哥白尼:《天体运行论》,叶式辉译,陕西人民出版社2001年版,原序第6页。
② 陈方正:《继承与叛逆:现代科学为何出现于西方》,生活·读书·新知三联书店2009年版,第505—506页。
③ 〔美〕托马斯·库恩:《哥白尼革命——西方思想发展中的行星天文学》,吴国盛、张东林、李立译,北京大学出版社2003年版,第123—124页。

天文学计算，绝不是短时间之内可以轻易完成的，因此哥白尼在接受教皇邀请参加教廷拉特兰会议之前，一定已经仔细、系统评估过已有的天文学理论和观测数据存在的缺陷，否则他绝不会轻易否决天主教会的历法修订议程。

哥白尼究竟在什么时候完成了以上判断呢？这是一个有趣且重要的问题。其实，哥白尼在致教皇的信中做了一定解释。他指出，传统天文学理论存在的巨大缺陷之一，是把地球当作宇宙的中心且假设地球静止不动，这是完全错误的，如果在天文学理论上不对这个错误或缺陷进行改正，历法的计算与修订就无法保证是准确的，因此，哥白尼讨论地动说，他指出："我不打算向陛下隐瞒，只是由于认识到天文学家们对天球运动的研究结果不一致，这才促使我考虑另一套体系。首先，他们对太阳和月球运动的认识就很不可靠，以致他们甚至对回归年都不能确定和测出一个固定的长度。其次，不仅是对这些天体，还有对五个行星，他们在测定其运动时使用的不是同样的原理、假设以及对视旋转和视运动的解释……然而他们用这个方法不能得到任何颠扑不破的、与观测现象完全相符的结果……与此相反，他们的做法正像一位画家，从不同地方临摹手、脚、头和人体其他部位，尽管都可能画得非常好，但不能代表一个人体。这是因为这些片段彼此完全不协调，把它们拼凑在一起就成为一个怪物，而不是一个人。因此我们发现，那些人采用偏心圆论证的过程，或者叫作'方法'，要不是遗漏了某些重要的东西，或者就是塞进了一些外来的、毫不相干的东西。如果他们遵循正确的原则，这种情况对他们就不会出现。如果他们所采用的假设并不是错误的，由他们的假设得出的每个结果都无疑会得到证实。即使我现在所说的也许是含混难解的，它将来在适当的场合终归会变得比较清楚。"①

这个解释足以证明哥白尼提交给拉特兰会议的书面建议是一个深思熟虑的建议，而不是一时心血来潮的随口建议。哥白尼指出，天文学家们对天体运动规律的认识存在相互矛盾的地方，无法确知谁的结论是正确的，以至于连回归年的长度都无法准确测算。尽管天文学家们采用不

---

① 〔波兰〕哥白尼：《天体运行论》，叶式辉译，陕西人民出版社2001年版，第2—3页。

同的原理、假设修订天文学模型，试图准确解释天象，但从结果来看显然没有实现预期的目标。更糟糕的是，众多天文学家对托勒密体系的多次不同的修订，不仅仍然没能有效修正传统天文学所遗留的缺陷，反而让传统天文学成为一个七拼八凑的"怪物"。①这是促使哥白尼放弃对传统托勒密体系的修改、迈向天文学新理论体系的一个重要原因。

既然托勒密地心说体系历经伊斯兰阿拉伯天文学家以及西欧本土天文学家多次修改仍然无法"拯救现象"，哥白尼决定另辟蹊径，尝试从古希腊日心地动说角度来"拯救现象"。哥白尼从古希腊天文学家关于地球运动的描述以及基于地动思想对天象的合理解释出发，认为可以尝试从地球静止不动转向地球运动的角度来构建新天文学体系。他指出："我不辞辛苦重读了我所能得到的一切哲学家的著作，看看在各天球运动方面有没有跟数学学派不同的假说……发现了海西塔斯逼真地描写过地球的运动……毕达哥拉斯学派的伊克范图斯也认为地球在运动，但不是直线运动而是像车轮绕着轴转一样绕它的中心从西向东旋转。"② 哥白尼考虑地球的运动的思想来源与古希腊天文学经典密切相关，他认为天文学研究不应该囿于某一传统理论，而应该勇于跳离传统理论樊笼，勇于尝试从新的角度研究天体运行规律，这实际上否定了托勒密传统理论体系，但他说得非常委婉，尽量轻描淡写地提出自己坚持的新观点，尽量避免直接批判托勒密体系，以免给教会、教皇造成难堪，他指出："虽然这种看法（指地动说，引者注）似乎很荒唐，但前人既可随意想象圆周运动来解释星空现象，那么我更可以尝试一下是否假定地球有某种运动能比假定天球旋转得到更好的解释。"③在《天体运行论》正文中，哥白尼从相对运动出发对此做进一步解释，他指出："为什么我们不承认看起来是天穹的周日旋转，实际上是地球旋转的反应呢？"④ 这种情况犹如"我们离开港口向前航行，陆地和城市悄悄退向后方"⑤。哥白尼用船与

---

① 〔波兰〕哥白尼：《天体运行论》，叶式辉译，陕西人民出版社 2001 年版，原序第 25—26 页。
② 〔波兰〕哥白尼：《天体运行论》，叶式辉译，陕西人民出版社 2001 年版，原序第 4 页。
③ 〔波兰〕哥白尼：《天体运行论》，叶式辉译，陕西人民出版社 2001 年版，原序第 4 页。
④ 〔波兰〕哥白尼：《天体运行论》，叶式辉译，陕西人民出版社 2001 年版，第 25 页。
⑤ 〔波兰〕哥白尼：《天体运行论》，叶式辉译，陕西人民出版社 2001 年版，第 25 页。

陆地的相对运动的简明易懂的例子解释了天体相对运动规律，同理，他进一步解释了地球的运动会产生整个宇宙在旋转的印象。①

哥白尼进一步解释道："假定地球具有我在本书后面所赋予的那些运动，我经过长期、认真的研究终于发现：如果把其他行星的运动与地球的轨道运行联系在一起，并按每颗行星的运转来计算，那么不仅可以对所有的行星和球体得出它们的观测现象，还可以使它们的顺序和大小以及苍穹本身全都联系在一起，以致不能移动某一部分的任何东西而不在其他部分和整个宇宙中引起混乱。"② 显然，哥白尼认为，在假定地球运动前提下，将行星的运动与地球的轨道运行联系在一起，可以更加合理地解释各种天象，将整个宇宙视为一个和谐的整体。这是迈向认识宇宙真相的重要一步。紧接着，哥白尼继续指出，任何天文学理论或计算方法得出的结论，都应该与实际观测到的天象相符。他指出，"任何颠扑不破的、与观测现象完全相符的结果"③ 的标准，是判定天文学理论、模型或方法正确的唯一准则。按照这一准则，哥白尼认为应该接受古希腊天文学家关于地球运动的观点，当然也可以在古希腊天文学理论启发与观测数据验证之下，合理地接受太阳是宇宙中心的理念，并开始构建他的以太阳为宇宙中心的天文学体系。但是，哥白尼深知地球是宇宙的中心是一个根深蒂固的看法，为避免刺激教会以及教皇的神经，他小心翼翼地避免在序言中提及太阳是宇宙的中心。

我们看到，哥白尼在致教皇的信即《天体运行论》的原序中很小心地避开了亚里斯塔克关于太阳是宇宙的中心的观点，含糊但坚定地提出了地球与其他行星围绕太阳旋转的观点，即所谓的日心说。实际上，哥白尼在序言中避免使用太阳是宇宙的中心这样敏感的字眼，应该是深思熟虑的结果，而不是不小心遗漏，因为这是《天体运行论》核心观点，是不可能遗漏的，应该是为了避免与教会关于地球是宇宙的中心这一核心观点直接冲突。当然，在正文中，哥白尼还是明确地指出了太阳是宇宙的中心，他指出："如果这从一种太阳运动转换为地球运动，而认为太阳静止不动，

---

① 〔波兰〕哥白尼：《天体运行论》，叶式辉译，陕西人民出版社2001年版，第25—26页。
② 〔波兰〕哥白尼：《天体运行论》，叶式辉译，陕西人民出版社2001年版，原序第5页。
③ 〔波兰〕哥白尼：《天体运行论》，叶式辉译，陕西人民出版社2001年版，原序第3页。

则黄道各宫和恒星都会以相同方式在早晨和晚上显现出东升西落。还有，行星的留、逆行以及重新顺行都可认为不是行星的运动，而是通过行星运行所表现出来的地球运动。最后，我们认识到太阳是宇宙的中心。"①

哥白尼对新的天文学体系，即《天体运行论》非常有信心，他坚信"精明的和有真才实学的天文学家"经过深入检验和思考会赞同他的观点。② 天文学的发展历程证明了他的预见是科学合理的，的确得到了许多天文学家的赞同，只不过经历的时间比他预想的要漫长得多，过程也更加复杂得多。

值得一提的是，许多文献提到利奥十世请求哥白尼为历法改革提供帮助③，这一说法最早源自伽利略。但是现存资料否定了伽利略所说的"利奥十世主持的拉特兰会议着手修正教会历时，哥白尼应召由德国最偏僻地区去罗马参加改历工作"。由于伽利略的崇高威望，这一错误说法经常出现。还有与他有关的错误，即认为1582年的格里高利历是"在哥白尼学说的指导下修订的"。④《天体运行论》序言的结尾处提出，他的新理论可能会带来一种新的历法。1582年开始实行的格里高利历，实际上是以哥白尼工作的诸多计算为基础的。⑤ 当然，到底哥白尼理论对历法修改起了多大作用，实际上很难具体衡量。⑥

---

① 〔波兰〕哥白尼：《天体运行论》，叶式辉译，陕西人民出版社2001年版，第28—29页。
② 〔波兰〕哥白尼：《天体运行论》，叶式辉译，陕西人民出版社2001年版，原序第5页。
③ 〔美〕安东尼·M.阿里奥图：《西方科学史》，鲁旭东、张敦敏、刘钢、赵培杰译，商务印书馆2011年版，第285页。
④ 〔波兰〕哥白尼：《天体运行论》，叶式辉译，陕西人民出版社2001年版，第505—506页。
⑤ 〔美〕托马斯·库恩：《哥白尼革命——西方思想发展中的行星天文学》，吴国盛、张东林、李立译，北京大学出版社2003年版，第123—124页。
⑥ 由于库恩的影响力，这一观点流行较广，但真实性仍然存疑，因为主持历法改革的克拉维斯明确反对哥白尼《天体运行论》。格里高利历回归年长度以什么标准测算，目前还没有统一的权威说法。对格里高利历回归年长度来源存在四种猜测：一是阿尔巴塔尼计算的回归年长度为365日5小时48分24秒（参见吴国盛《科学的历程》，湖南科学技术出版社2018年版，第169页）；二是《阿方索星表》计算的回归年长度为365日5小时49分钟16秒（参见〔加拿大〕丹·福尔克《探索时间之谜：时间的科学和历史》，严丽娟译，海南出版社2016年版，第41页）；三是《普鲁士星表》计算的回归年长度为365.2425日，这一数据与郭守敬通过精确的天文观测和计算所确定的回归年的长度一样，但郭守敬得出这一数值的时间是1280年，比格里高利历早了大约300年。当前国际社会通用的公历即格里高利历，回归年长度是365.2425日；四是猜测格里高利历回归年数据来自《授时历》，但缺乏证据。

第七章　哥白尼革命的真相

哥白尼在《天体运行论》序言中，再次强调了创作的目的与意图，他通过柏拉图关于天文学的精辟评价来表达自己对天文学这门科学的评价。在中世纪的欧洲，柏拉图是一位深受学界赞赏乃至崇拜的哲学家。在这里，哥白尼实际上提出了柏拉图以来天文学研究的动力逻辑，那就是为历法制定或修订提供可靠的天文学理论。引用柏拉图的话是为了加强说服力，这可能与当时欧洲社会流行占星术有关，哥白尼要避免别人误认为自己在从事占星学研究。正如哥白尼明确指出的："柏拉图曾经深刻地认识到，这门技艺（指天文学，引者注）能够赋予广大民众以极大的裨益和美感（更不要说对个人的无尽益处）。他曾在《法律篇》（Laws）第七卷中指出，这门学科（指天文学）之所以需要研究，主要是因为它可以把时间划分成年月日，使国家保持对节日和祭祀的警醒和关注。"① 显然，天文学能够把时间划分为年月日，指的是天文学对制定历法的作用，而历法或时间体系对治国理政的作用是极其重要的。实际上，在工业革命之前的人类社会，天文学研究的主要目的就是为历法制定或修订提供理论参考。这一点几乎为现代学者长期忽略，这可能是一个思维盲区，因为现代学者理解的天文学概念与工业革命之前的天文学的概念具有天壤之别。现代学者理解的天文学，通常与研究宇宙奥秘的自然科学联系起来，正如孙义燧院士所言："天文学是研究宇宙间天体及其系统的科学。它研究天体的位置、运动、物理状态以及它们的结构和演化。由于所研究的对象在时空尺度上的广延性、物理条件上的多样性和复杂性，天文学永远是人类认识自然和改造自然的一门重要的基础学科。"② 但在工业革命之前的社会，天文学理论的主要内容基本上是关于日月、五大行星运动规律的描述，是为历法制定或修订的服务的，虽然历法制定或修订主要依赖对日月运行规律的把握，但把握日月运行规律难度往往较大，通常用五大行星来校准天文学模型，这在古代中国、古希腊、近代西欧并没有本质区别。

---

① 〔波兰〕哥白尼：《天球运行论》，张卜天译，商务印书馆2021年版，第4页。
② 孙义燧：《天文学新概论序一》，载苏宜《天文学新概论》（第四版），科学出版社2009年版。

二　哥白尼对天文学作用的定位

哥白尼认为天文学是非常有价值、有意义的一种学术。他指出天文学"毫无疑义地是一切学术的顶峰和最值得让一个自由人去从事的研究"①。理由是天文学能够给广大民众带来不计其数的好处和美感。为什么天文学能够给广大民众带来那么多的好处与美感呢？哥白尼从实用主义出发，明确指出这是因为天文学能够确立时间体系。库恩认为，哥白尼是一位托勒密主义者以及新柏拉图主义者。这种评价有一定道理，但不够准确。实际上，哥白尼是一位实用主义者，他研究天文学的目的非常明确，就是为儒略历修订提供一套可靠的理论依据。

实际上，在哥白尼眼里，天文学的主要作用就是制定历法。哥白尼指出，柏拉图认为，天文学与历法之间主要是因果关系，因为天文学主要是为了把时间划分为像年和月这样的组合，即天文学主要用作历法的制定或建立时间体系，"确定年月日之间的关系便是历法的主要内容"②。另外，柏拉图还强调了天文学、历法对国家的重要作用。柏拉图认为，节日和祭祀对国家安全与稳定十分重要，而精确的时间体系能够让国家准时举办节日和祭祀仪式，对维护国家提倡的价值观念或意识形态、凝聚民众心力、维护国家长治久安等具有重要作用，国家成员分为统治者（哲学家）、辅助者（军人）和生产者三个等级，他们履行各自的职责离不开精确的时间体系。关于历法或时间体系对国家的重要作用的观点并非柏拉图独有。实际上，历史上几乎所有国家都十分重视历法或时间体系的重要作用。

哥白尼把天文学、历法或时间体系的修订当成自己的神圣使命，看作自己对社会、对民众、对上帝应尽的职责。面对路德、梅兰希顿、加尔文等新教领袖将自己当作狂妄无知的占星术士，哥白尼显然十分恼火，作为一个谦卑、严谨且淡泊名利的学者与教士，他十分坚定地驳斥了新教领袖批判自己的荒谬观点，同时隐晦地指出新教领袖不学无术，是不合格、不称职的神职人员。他引用柏拉图的权威观点，指出天文学是一

---

① 〔波兰〕哥白尼：《天体运行论》，叶式辉译，陕西人民出版社2001年版，第10页。
② 吴国盛：《科学的历程》，湖南科学技术出版社2018年版，第62页。

切学术的基础,也是一名教士的基本知识素养。哥白尼进一步指出:"柏拉图认为,任何人如果否认天文学对高深学术任一分支的必要性,这都是愚蠢的想法。照他看来,任何人缺乏关于太阳、月亮和其他天体的必不可少的知识,都很难成为或被人称作神职人员。"① 哥白尼这段话的思想来源于柏拉图晚年著作《法律篇》,柏拉图指出:"如果受神激励的人……分不清昼夜,不知日月星辰的轨道,那么这样的人还能算是人吗?所以,若有人以为这些知识对想要'知道'一切学问中最高尚的知识的人来说并非不可或缺的,那么这种想法极端愚蠢。"② 在这里,哥白尼在为自己从事天文学研究的动机进行辩解的同时,还认为自己作为一个教士,是受神激励的人,应该具备天文学知识,才能够更好地履行神圣职责,教士学习研究天文学并非不务正业,相反地,不学习、不研究天文学才是愚蠢的想法。显然,这既反击了路德等神学家对其《天体运行论》基本思想的非正式批判,也表明自己从事天文学与历法研究背后的宗教动机:这是一个称职的神职人员应该干的事情。他继续指出:"如果真有一种科学能够使人心灵高贵,脱离时间的污秽,这种科学一定是天文学。因为人类果真见到天主管理下的宇宙所有的庄严秩序时,必然会感到一种动力促使人趋向于规范的生活,去实行各种道德,可以从万物中看出来造物主确实是真美善之源。"③ 他还进一步指出:"我这样做是由于上帝的感召,而如果没有上帝,我们就会一事无成。"④

第四节 《天体运行论》的理论渊源及其整合

一 哥白尼革命的三大理论渊源

(一)古希腊地动说与日心说为哥白尼提供了重要思想基础

任何一次科学革命都不可能是一蹴而就的异想天开,而是科学理论

---

① 〔波兰〕哥白尼:《天体运行论》,叶式辉译,陕西人民出版社2001年版,第11页。
② 《柏拉图全集》(第三卷),王晓朝译,人民出版社2017年版,第577页。
③ 〔波兰〕哥白尼:《天体运行论》,叶式辉译,陕西人民出版社2001年版,第11页。
④ 〔波兰〕哥白尼:《天体运行论》,叶式辉译,陕西人民出版社2001年版,第12页。

的长期酝酿以及不同的科学理论多次碰撞的结果,哥白尼革命也不例外。在《天体运行论》序言中,哥白尼特别郑重地解释了他的地动说思想并非一时异想天开,而是源自古希腊经典文献中天文学前辈的研究成果,并小心翼翼地指出这些成果是假说,而不是直接说出它们是真理,其目的显然是为了避免直接冒犯教皇与教会的价值观,但应该指出的是,哥白尼内心深处毫无疑问是把自己在《天体运行论》中创作或综合的天文学理论当作真理。

哥白尼首先解释了地动说的古希腊哲学理论渊源。他指出在古罗马西塞罗的著作中发现了赫塞塔斯曾经提出过地球在运动的假说;随后又发现费罗劳斯提出地球像太阳和月亮那样,沿着倾斜的圆周绕着一团火旋转。赫拉克利特和埃克范图斯都主张地球在运动,但不是前进运动,而是像一只车轮,从西向东绕它自己的中心旋转。① 这三位学者对地球运动的研究与考察,是哥白尼地动说的重要思想来源,他明确指出:"就这样,从这些资料受到启发,我也开始考虑地球的可动性。"②

哥白尼也解释了日心说的理论渊源。亚里斯塔克的日心地动说既是哥白尼地动说的重要思想来源,又是哥白尼日心说的基础。亚里斯塔克认为,太阳是恒星中一种,他还指出,"恒星的周日运动,其实是地球绕轴自转的结果"③。地球绕日周行说也是哥白尼地动说思想来源。当然,哥白尼对此观点的表述十分小心翼翼,避免提及亚里斯塔克的太阳为宇宙核心的观点,以免过于唐突。

但是,最终哥白尼还是隐晦地指出,将地动说与日心说两个理论有机地结合起来,比其他天文学理论更加符合实际观测情况,他强调这样的思想来源于古希腊天文学著作。

陈方正认为,哥白尼一再强调地动说思想是从古希腊学说得到灵感,很可能是为了自我保护。④ 笔者赞同这一论断,一方面,考虑到哥白尼

---

① 〔波兰〕哥白尼:《天体运行论》,叶式辉译,陕西人民出版社2001年版,原序第3—4页。
② 〔波兰〕哥白尼:《天体运行论》,叶式辉译,陕西人民出版社2001年版,原序第4页。
③ 吴国盛:《科学的历程》,湖南科学技术出版社2018年版,第129页。
④ 陈方正:《继承与叛逆:现代科学为何出现于西方》,生活·读书·新知三联书店2009年版,第500页。

在致教皇的信中，阐述日心说思想时表现得十分谨慎；另一方面，在中世纪，古希腊文献在欧洲大陆具有极高的权威性，得到教会高度认可，将自己的学术思想渊源归结为古希腊典籍可大大降低被扣上异端思想帽子的风险。

事实上，谨慎的哥白尼对此是有先见之明的。他在《天体运行论》序言中指出："某些人一旦听到在我所写的这本关于宇宙中天球运转的书中我赋予地球某些运动，就会大嚷大叫，宣称我和这种信念都应当立刻被革除掉。"① 哥白尼这句话是不点名地批评路德主教，后者曾于1539年6月4日与其追随者们在聚会时批评哥白尼理论。虽然《天体运行论》还没正式出版，但哥白尼在1514年的《天体运动假说的要释》小册子已经在一定范围内传播。② 安东尼·劳特巴赫记载了当时的情景："路德说，（在天文学领域），如果谁要想让自己表现得更为聪明，就不要轻易地满足于他人的观点。他必须设计自己的天文学体系。他（指哥白尼）就是那样做的，想把天文科学全部弄颠倒。但是路德相信圣经，圣经记载了约书亚命令太阳静止下来，没有命令大地。"③ 从这个记载看，路德对哥白尼的理论创新比较轻蔑，甚至不屑一顾，更多地把哥白尼看作一个标新立异的投机者，而不是一个严谨的科学家或自然哲学家，这样的评价显然对哥白尼不公平，也让追求科学真理的哥白尼感到不舒服。但客观地讲，这种批评还不算严厉，虽然有明确的反对意见，但还远远谈不上禁止哥白尼天文学研究。但是，谨慎的哥白尼还是从中感受到了明显压力。从《天体运行论》后来的坎坷命运来看，哥白尼的谨慎与严加防范并非多此一举，而是恰当的自我保护。

（二）伊斯兰阿拉伯天文学家对托勒密体系的批判与修改为哥白尼革命奠定坚实的理论基础

长期以来，西方科学史学者有意或无意地忽略掉阿拉伯人在天文学

---

① 〔波兰〕哥白尼：《天体运行论》，叶式辉译，陕西人民出版社2001年版，原序第1页。
② 杜昇云、崔振华、苗永宽、肖耐园：《中国古代天文学的转轨与近代天文学》，中国科学技术出版社2013年版，第44页。
③ Luther M. "Table Talk" in *Luther's Works*, Vol. 54. trans. T. G. Tappert. St. Louis: Concordia Publishing House, 1967: 358.

领域的杰出成就与突出贡献，这不利于我们理解近代欧洲科学革命的历程。这可能是欧洲中心论泛滥的结果。

要想真正理解哥白尼革命，就必须了解伊斯兰阿拉伯天文学家对托勒密天文学理论的批判与修改。实际上，在公元 11 世纪到 14 世纪，阿拉伯天文学家对天文学理论体系做出了杰出的贡献。胡弗指出，这足以表明，伊本·阿尔·哈曾已经发现了托勒密体系存在的致命错误，根本无法有效地解释宇宙现象，而且他还以不容置疑的语气准确地下了断言：托勒密的行星运动模型是错误的，正确的或真实的宇宙模型还有待人类进一步深入探索。这毫无疑问是一种天才般的杰出贡献，对哥白尼放弃托勒密模型有重大启发意义。

伊本·阿尔·哈曾对托勒密宇宙模型的客观评价与真实宇宙模型客观存在但未被揭示的论断，在伊斯兰世界产生了深远影响。天文学家阿尔·比特拉几的《天文学原理》试图发展新数学模型来改革托勒密体系，但没有取得成功。其他伊斯兰阿拉伯天文学家曾致力于改革托勒密行星体系，但终究无法创造出完全脱离托勒密理论体系的新天文学模型。

简而言之，11 世纪的伊本·阿尔·哈曾留下的天文学研究思想与传统，实际上引领了"一个新的伊斯兰天文学研究计划"，它包含了一系列共同的对现存理论的科学驳斥以及判断科学理论成功与否的新标准。这一新研究运动终于在 13 世纪结出硕果，伊朗西部的阿尔·伍迪等天文学家成功地提出了第一个非托勒密行星模型；独立地工作于大马士革的伊本·阿尔·沙提尔则成功地研究出了数学上等价于哥白尼模型与托勒密模型的新数理天文学模型。这些天文学家属于马拉盖学派，尽管他们并没有完成新的日心结构的突破，但他们的确研究出了更加令人满意的数理天文学模型，因此，从某种意义上看，"哥白尼应该被看作即使不是最后一个，也必然是马拉盖学派最著名的追随者"[1]。

但遗憾的是，伊斯兰阿拉伯天文学家们并没有继续前进，而是止步于巅峰状态，并没有真正揭示出宇宙或太阳系的真实状态，上文已经解释了导致这一结局的根本原因是伊斯兰阿拉伯科学家在天文学领域的研

---

[1] 〔美〕托比·胡弗：《近代科学为什么诞生在西方》，周程、于霞译，北京大学出版社 2010 年版，第 54—55 页。

究主要是为了满足伊斯兰教信仰带来的数理天文学需求，当这一基本需求得到满足时，伊斯兰阿拉伯的科学研究也就回归古代社会正常状态，无法汇聚天文学领域大量英才来共同探索宇宙的真相。另外，以当时的观测设备估计也难以完成这一艰巨任务，这可能也是促使伊斯兰阿拉伯学者放弃探索宇宙真相的重要原因。

（三）欧洲本土地动说是哥白尼革命的思想渊源之一

穆斯林科学家的杰出贡献让托勒密《至大论》的诸多缺陷得以暴露出来。同时，人们发现托勒密的《至大论》无法解释部分天象。中世纪欧洲学者开始关注更广泛的天文学经典著作。在这种背景下，亚里斯塔克等学者关于地球自转与公转的理论开始受到关注，亚里斯塔克天文学理论虽然未能在古希腊时代产生影响，但是在14世纪后半叶起，他的理论在欧洲开始获得了一定的关注度。

或许是受古希腊地动说、日心说的影响，或许是受天文观测的发现的影响，布里丹、奥雷姆等天文学家开始陆续质疑托勒密的地心说体系，转而从地动说角度来解释天象，他们认为以地球为宇宙中心的概念存在逻辑上的困难，如果恒星每天旋转是因为天球的旋转，那么由于自身巨大的体积，天球表面的许多行星将要以不可思议的高速运转；这反过来似乎说明旋转的应该是小小的地球，而我们每天看到的天球旋转只是相对运动的视幻觉。[①] 同时，布里丹和奥雷姆还有重要发现：地球的自旋可以很简单地解释许多天文现象，而实际上到底是天旋还是地转是无法分辨的；天文学家库萨则提出宇宙没有固定中心或者周界且地球是移动的思想观点。[②] 显然，这是非常超前的天文学或宇宙论思想，可惜的是，在当时社会条件下，没有引起其他天文学家的关注。值得注意的是，奥雷姆和布里丹等学者借鉴牛津学者从数学和几何学角度探讨物理学，包括地球的运转和抛物体的运动等问题。这表明，古希腊、伊斯兰阿拉伯学者运用数学方法分析天体运动的传统已经在欧洲传播。1356年，奥雷姆发表论文支持地球自转的观点。他反驳认为，地球自转时并不是如其

[①] 何平、夏茜：《李约瑟难题再求解》，上海书店出版社2016年版，第99—100页。

[②] 陈方正：《继承与叛逆：现代科学为何出现于西方》，生活·读书·新知三联书店2009年版，第500页。

他学者所预料的会引起从东向西的大风，这是由于地球上的水和空气也获得了同样的运动状态。另外，他还借用奥卡姆的"推理精简论"说，地球绕轴自转比巨大的天体运转更为经济，而且还用几何图表显示其规律。[1]

此外，比利时主教尼科拉·德·居斯（1401~1464）支持亚里斯塔克的地动理论，尽管他的主张在他同时代的人看来不过是知识的游戏而遭受轻视，而他本人亦未能提供充分的理由去维护他的信念。[2] 但这足以表明居斯主教对亚里士多德以及教会关于地球是宇宙的中心且静止不动的根深蒂固的思想观念发生了动摇，他认识到教会坚持的理念未必是真理。这提醒我们，中世纪欧洲天文学家已经有地球旋转的思想观点存在，但整个社会的接受度仍然很低，属于边缘观点，还没有对托勒密体系的地位构成实质性威胁，但这种天文思想的确在欧洲天文学领域有过小范围的讨论与传播。虽然哥白尼从来没有提到这些早期学说，但考虑到哥白尼留学经历以及与顶尖天文学家诺瓦拉等学者交流的经历，曾经接触这些观点并且受他们影响的可能性还是比较大的。[3] 哥白尼之所以没有提及这些天文学观点，可能是考虑到这些欧洲天文学者研究成果或构想并没有受到同时代学者的广泛认同，不具备权威性，这和现代学者在论文写作时不太引用缺乏权威性的文献是一样的道理，但我们不能因此忽视欧洲本土地动说对哥白尼的影响。

二 《天体运行论》是数理天文学发展史上第二次整合

从哥白尼《天体运行论》的内容来看，所谓的哥白尼革命或天文学革命实际上是对托勒密《至大论》的一次颠覆性修正，这是人类历史上数理天文学发展历程中的第二次整合。在这次整合中，哥白尼将《至大论》中亚里士多德的地心说理论剔除出去，吸纳了亚里斯塔克日心说以及伊斯兰阿拉伯天文学家对偏心轮理论的修正，并在此基础上进行整合

---

[1] 何平、夏茜：《李约瑟难题再求解》，上海书店出版社2016年版，第71页。
[2] 〔法〕G.伏古勒尔：《天文学简史》，李珩译，广西师范大学出版社2002年版，第21页。
[3] 陈方正：《继承与叛逆：现代科学为何出现于西方》，生活·读书·新知三联书店2009年版，第500页。

创新。从某种意义上看,哥白尼革命仍然是古希腊行星天文学理论的继续,其思路仍然秉持柏拉图"拯救现象"的倡议,让天文学模型与宇宙真实图景相吻合,在此基础上认识"七大行星"运动规律并精确计算它们的运行位置,以合理确定年的长度以及年月日之间的内在联系。

16世纪初,在哥白尼创作《天体运行论》之前,托勒密体系的思想观点已经在伊斯兰世界、欧洲社会传播数百年,其缺陷已经得到比较充分的暴露。由于对托勒密体系的优点与缺陷相当熟悉,天文学家阿法拉更是针对托勒密体系存在的缺陷撰写了九卷本《大汇编纠误》,此书迅速被译为拉丁文并在欧洲广泛传播,因此欧洲天文学家们应该对托勒密体系的缺陷比较熟悉。伊斯兰阿拉伯学者对托勒密体系的挑战是认真的,他们一度致力于改革托勒密行星体系,改革的复杂程序中包含了用来解释理论与观察之间差异的数学模型和天文学推理。① 但遗憾的是,对托勒密体系的质疑与替代研究的持续时间不够长。

哥白尼接受了较为系统的天文学基础知识训练,又在欧洲大陆博洛尼亚大学和帕多瓦大学师从著名天文学家诺瓦拉,系统学习天文观测技术以及古希腊的天文学理论。在这期间,哥白尼从诺瓦拉处获悉当时欧洲天文学界对托勒密体系的质疑或批判,应该是一个可信度较高的合理推测。这些质疑或批判无疑为《天体运行论》作了非常有益的铺垫。正如库恩指出的:"发源于14世纪巴黎的关键概念可以追溯到同一世纪的牛津和15、16世纪的帕多瓦。哥白尼在帕多瓦学习过而伽利略曾在那里任教。尽管我们不能肯定哥白尼在《天球运行论》中任何特定的论证得自特定的经验批评,但我们不能怀疑这些批评作为一个整体,促成了那些论证的出生。至少它们创造了一种舆论氛围,使像地球运动这样的题目成为大学讨论的合法主题。哥白尼的一些关键论证非常可能借助更早期和未被公认的资源。"② 事实可能就是如此,因为儒略历修订的需要,整个欧洲社会的天文学家都在关注、讨论托勒密体系的优点、缺陷,天

---

① 〔美〕托比·胡弗:《近代科学为什么诞生在西方》,周程、于霞译,北京大学出版社2010年版,第54页。
② 〔美〕托马斯·库恩:《哥白尼革命:西方思想发展中的行星天文学》,吴国盛、张东林、李立译,北京大学出版社2003年版,第116页。

文学研究氛围相当热烈，因此，任何关于托勒密《至大论》的观点都有可能被反复讨论过。哥白尼在师从诺瓦拉过程中，充分获悉伊斯兰阿拉伯学者的重要天文学著作是非常正常的事情，这些著作至少包括阿法拉的《大汇编纠误》、阿尔巴塔尼大名鼎鼎的《天体运行》、图西的《天文学论集》以及沙提尔的《正确行星理论之总结研究》和《新天文手册》等。

哥白尼在创作《天体运行论》时面临的最大挑战，是如何用一种新的模型将亚里斯塔克学说、图西模型以及欧洲早期学者的零散思想观点有机地统一起来，构造一个能够替代托勒密体系的新天文学体系。在哥白尼的构想中，新的体系仍然建立在数理天文学框架之上，必须能够更加简洁地将宇宙结构呈现出来，其计算至少要比托勒密体系计算方法更简单，计算结果更为准确，能够实现理论计算结果符合实际天文观测数据。在反复权衡之后，哥白尼大胆地以日心地动说代替托勒密的地心说，同时，哥白尼全方位地借鉴并吸纳了图西与沙提尔对托勒密体系的修改意见，即所谓的"图西双轮"机制、纯粹的"均轮—本轮"系统。令人震惊的是，哥白尼和沙提尔在月球和水星模型（包括其"向量连锁"构造和所用参数）上完全相同。另外，他们所建构的其他三颗行星模型也基本相同。因此，绝大多数科学史家都赞同哥白尼的模型建构来自伊斯兰阿拉伯学者。[①]

当然，这并不能说哥白尼简单地抄袭了图西和沙提尔的模型，因为哥白尼将他们的理论组合在日心地动说框架中，而图西、沙提尔的理论建立在地心说基础上，两者存在截然不同的意义。

因此，从世界范围内天文学的发展历程看，将哥白尼革命归结为突然爆发的剧烈创新或许不是一个正确的观点。当然，如果仅仅针对天主教会意识形态统治下的西欧社会，将哥白尼革命看成突然爆发或许是正确的。但遗憾的是，正如库恩所言，许多西方人经常坚持一种错误的信念，即将哥白尼看成亚里士多德与托勒密的直接继承者，库恩指出："哥白尼仿佛是他们（亚里士多德与托勒密，引者注）的直接继承者，因为从托勒密去世到哥白尼出生之间的13个世纪中，并没有对他们的著作进行任何大幅度而且持久的修改。由于哥白尼的工作始于托勒密止步的地

[①] 陈方正：《继承与叛逆：现代科学为何出现于西方》，生活·读书·新知三联书店2009年版，第498—499页。

方，所以许多人推断他们之间的几个世纪并不存在科学。实际上，那时存在断断续续但相当强烈的科学活动，它在为哥白尼革命的兴起和胜利准备基础方面起到了必不可少的作用。"① 事实上，基于准确的历法或时间体系的需求，在很长一段时期里，不仅欧洲本土有一些学者质疑托勒密体系，而且伊斯兰阿拉伯天文学者更是对托勒密体系发起过大量的修正活动，并指出托勒密体系的致命缺陷。特别地，如果没有伊斯兰阿拉伯学者长达数百年扎实的理论研究与反复实践作为基础，哥白尼几乎不可能完成我们今天看到的《天体运行论》。正如上文所述，阿拉伯学者在天文学上的贡献构成了哥白尼革命的重要基石，其重要作用甚至不亚于古希腊学者。

当然，哥白尼《天体运行论》存在的问题，也来自亚里斯塔克时代遗留下来的问题，即模型的物理学检验或物理实在性问题。但是，哥白尼在整合数理天文学的过程中，把对托勒密体系的质疑以一种全新的方式展现出来，这与伊斯兰阿拉伯世界的天文学家对托勒密体系的批判或质疑，以及欧洲本土天文学对托勒密体系的批判与质疑，显然存在明显区别，因此，这样的数理天文学整合显然具有重要意义。

三 《天体运行论》的贡献与不足

（一）哥白尼开创了数理天文学新篇章

古希腊数理天文学由柏拉图学园的欧多克斯开创，经过数百年的传承，最终由托勒密加以综合而形成《数学汇编13卷》，伊斯兰阿拉伯天文学家甚至以《至大论》为名翻译了这一经典巨著，这是希腊古典时代以及希腊化时代数理天文学精华的浓缩，也是柏拉图"拯救现象"的继续。哥白尼《天体运行论》沿用了托勒密数理分析方法，构建了新的天文学模型来解释天体运行现象，为儒略历修订提供一个可靠的天文学理论依据，《天体运行论》提供的数学模型，可以更准确地计算出星表，直接服务于历法修订。在宇宙论上，哥白尼提供的宇宙图景完全颠覆了托勒密体

---

① 〔美〕托马斯·库恩：《哥白尼革命：西方思想发展中的行星天文学》，吴国盛、张东林、李立译，北京大学出版社2003年版，第98页。

系，在解释、预测天体运动规律上，哥白尼理论明显优于托勒密体系。

哥白尼《天体运行论》是对教会支持的托勒密体系的替代。关于这一点，哥白尼在《天体运行论》的序言中虽然说得非常委婉、隐讳，但还是准确无误地表达了以《天体运行论》替代《至大论》的观点。具体地讲，《天体运行论》提出了太阳是宇宙的中心，实际上否定了《至大论》强调的地球是宇宙中心的观点，也否定了天主教和新教坚持地球是宇宙中心的观点。《天体运行论》明确地否定了地球静止不动的观点，提出了地球存在自转与公转两种运动状态。天文学家、维滕堡大学莱茵霍尔德教授根据哥白尼《天体运行论》提供的简化计算方法，修订了哥白尼在《天体运行论》中的缺陷，历经数年艰辛工作，制定了当时最为准确的星表，即《普鲁士星表》，一度受到西欧天文学界的追捧。第谷在观察土星和木星的重叠现象时曾经发现，根据哥白尼天文学理论编制的新行星表比根据托勒密理论编制的旧行星表准确得多，新表预测的偏差只有几天，而旧表预测的偏差则长达一个月。① 这进一步引发天文学界对哥白尼理论的肯定，《普鲁士星表》也成为历法修订的一个重要基础。

（二）哥白尼运用相对运动原理来解释天文现象

哥白尼认为从地球的运动角度来解释星空现象更加有说服力。在当时的社会环境下，从地球运动的角度解释星空现象似乎给人一种十分荒唐的印象，不过是值得一试的途径或方法，因为这种尝试可以发现纷繁复杂的星空现象背后的真相。他指出，从地球运动角度远比从天球旋转角度能够更好地解释天象，极大地增强模型的解释能力。② 在这里，哥白尼实际上运用相对运动的思想来解释星空现象。他指出，天空的周日旋转实际上是地球旋转的反映，这种情况就像是船离开港口向前航行，船上的乘客看到陆地和城市悄悄退向后方。③ 库恩认为，哥白尼这一思想可能受奥雷姆视觉相对思想的影响。④ 这个可能性很大，但奥雷姆这种

---

① 何平、夏茜：《李约瑟难题再求解》，上海书店出版社2016年版，第103页。
② 〔波兰〕哥白尼：《天体运行论》，叶式辉译，陕西人民出版社2001年版，原序第4页。
③ 〔波兰〕哥白尼：《天体运行论》，叶式辉译，陕西人民出版社2001年版，第25页。
④ 〔美〕托马斯·库恩：《哥白尼革命——西方思想发展中的行星天文学》，吴国盛、张东林、李立译，北京大学出版社2020年版，第146页。

思想可能并非原创，因为柏拉图在《蒂迈欧篇》中谈到行星运动时已经指出了行星视运动的相对运行速度。① 实际上，人类在生产、生活、狩猎、战争实践中，早已经产生了相对运动速度的概念或思想。例如，狩猎时，猎人会根据动物奔跑速度调节射箭的力度与速度，以提高命中率；海战时，战士会根据双方船的运行速度调节发射箭矢或抛掷石头的时机；曾经当过骑兵的柏拉图无论在军事训练时还是在实战中，对相对速度肯定非常熟悉，因此他运用相对速度来解释不同行星之间的相对运动并不令人奇怪。

另外，在《天体运行论》中，哥白尼还明确指出："如果这从一种太阳运动转换为地球运动，而认为太阳静止不动，则黄道各宫和恒星都会以相同方式在早晨和晚上显现出东升西落……我们认识到太阳是宇宙的中心。"② 哥白尼这一表述虽然并非理论原创，其思想来自亚里斯塔克，但在 16 世纪上半叶这一时间节点提出来，仍然具有划时代的伟大意义，完全颠覆了传统天文学主流思想观点，为沉闷的、僵化的西欧社会注入新鲜的思想活力。

（三）《天体运行论》揭示了地球是众多围绕太阳做圆周运动的行星之一

哥白尼认为，地球并非宇宙的中心，仅仅是众多绕日行星之一，不同的行星绕日运动的周期存在很大的差异。他揭示的宇宙构造图景显然与传统的观点存在极大差异。他指出，宇宙的最外层是静止不动的恒星，是行星运动的参照系；最远的行星是土星，它环绕太阳运行一周所耗费的时间是三十年；其次是木星，绕日一周要 12 年；之后是火星，绕日运行一周要 2 年；地球绕日一周要 1 年；金星绕日一周要 9 个月；水星绕日一周仅需 88 天。③ 哥白尼还指出，月亮是地球的卫星，跟随地球绕日运动，每月绕地球一周。

另外，或许最能给传统宇宙观念形成沉重打击的是哥白尼对太阳是宇宙的中心的描述，他指出："静居在宇宙中心处的太阳。在这个最美丽

---

① 《柏拉图全集》（第三卷），王晓朝译，人民出版社 2017 年版，第 289 页。
② 〔波兰〕哥白尼：《天体运行论》，叶式辉译，陕西人民出版社 2001 年版，第 28—29 页。
③ 〔英〕W.C. 丹皮尔：《科学史》，李珩译，中国人民大学出版社 2010 年版，第 124 页。

的殿堂里，它能同时照耀一切。难道还有谁能把这盏明灯放到另一个、更好的位置上吗？有人把太阳称为宇宙之灯和宇宙之心灵，还有人称之为宇宙之主宰，这些都并非不适当的……太阳似乎是坐在王位上管辖着绕它运转的行星家族。地球还有一个随从，即月亮。"① 这一表述对教会关于地球是宇宙中心的教义形成了强烈的冲击，不仅让地球丢失了宇宙中心与宇宙主宰这两大殊荣，而且还把地球贬低为太阳的随从或仆从，接受太阳的管理。

（四）《天体运行论》的创新性问题

《天体运行论》创新性问题是一个热门话题，充满了争议。虽然哥白尼的《天体运行论》在西方近代科学革命历程中发挥了极其重要的作用，获得了崇高的荣誉，但许多学者从原创性角度出发，认为《天体运行论》总体上不是一部创新特点突出的著作。

罗素指出，哥白尼的《天体运行论》虽然对欧洲社会拥有非常重大的影响，但这部著作实际上只不过重现了古希腊人的天文学思想，他指出："尽管我们称之为哥白尼学说的这种理论在十六世纪以其全部新奇的力量问世，但是实际上却是希腊人早就创立了的，这些希腊人在天文学方面是非常有才能的……人们清楚地知道，曾经说过地球在动的第一个天文学家是萨摩斯岛的亚里斯塔克，他生活于公元前三世纪。"② 江晓原也认为，古希腊亚里斯塔克已提出日心地动之说，哥白尼在《天体运行论》中未能回答日心地动说的恒星周年视差问题以及地球自西向东旋转会导致垂直上抛的物体的落地点偏西的问题。③ 陈方正也指出："与其说哥白尼是革命者，不如说它是博古通今而敏求之者。哥白尼革命虽然是现代科学革命的起点，却并非思想上的飞跃，严格地说，甚至也并非'革命'而毋宁是'改弦易辙'和'拨乱反正'。换而言之，古希腊天文学本来就具有两条不同的思想轨辙，喜帕克斯和托勒密沿着'地心说'轨辙前进，并且发展了一整套数理天文学方法，它成为稳占上风一千八

---

① ［波兰］哥白尼：《天体运行论》，叶式辉译，陕西人民出版社2001年版，第34—35页。
② ［英］罗素：《宗教与科学》，徐奕春、林国夫译，商务印书馆2010年版，第8页。
③ 江晓原：《试论科学与正确之关系——以托勒密与哥白尼学说为例》，《上海交通大学学报（哲学社会科学版）》第13卷2005年第4期，第27—32页。

百年之久的正统。现在哥白尼所做的，则是回到古希腊原来起点，而且仍然沿用托勒密的数理方法，但改为依循'日心说'轨辙前进——甚至，在模型建构上，他也跟随沙提尔抛弃了对等点和'曲轴本轮'机制，回到柏拉图以圆形轨道为天体运动基础的思想。所以这是个'复古'和'转辙'过程，而并非一般意义的'革命'。"① 综合以上观点不难发现，从学术角度看，哥白尼实际上是用托勒密数理天文学方法重新梳理了亚里斯塔克日心地动说体系，并整合了沙提尔的改进方法，形成了今天我们看到的《天体运行论》，它实际上是对古希腊天文学体系和伊斯兰阿拉伯天文学体系的一种有机综合。

实际上，哥白尼体系原创色彩不足是可以理解的。因为从哥白尼创作的角度看，他的目的不是标新立异实现学术创新或理论创新，而是为儒略历修订提供一个恰当且可靠的专业建议。因此，哥白尼的首要任务，是搞清楚已有的各种天文学理论各自的优缺点，哪些理论描述了真实的宇宙景象，应该怎么验证这些理论。这就需要哥白尼反复比较、权衡、验证前人在托勒密天文学理论上的各种研究思路、方法与内容，甄别其中的缺陷与错误，在现有天文学理论元素中重新构建一个能够反映真实宇宙景象的天文学理论，以确保通过《天体运行论》提供的思路、方法能够准确预测天体的运动位置，为儒略历修改提供有效的专业参考意见。

因此，在为儒略历修改提供可靠专业建议的目标引导下，哥白尼放弃学术创新的目标是可以理解的事情，或者哥白尼根本没有学术上创新的目标，只有实用的目标，至少实用的目标是最重要的，他认为天文学之所以需要研究，主要是因为它可以用来制定或修订历法。当然，以实用为目标并不意味着《天体运行论》没有任何创新，也不意味着是肤浅的综合，而是以把握七大行星运动规律为前提，才能准确地制定或修订历法或时间体系。哥白尼发现，必须对已有的天文学理论进行综合，才能够更好地"拯救现象"，因此，《天体运行论》实际上是一种集成创新或综合创新，具有重大意义，其创新难度不容低估。

---

① 陈方正：《继承与叛逆：现代科学为何出现于西方》，生活·读书·新知三联书店 2009 年版，第 501 页。

只要我们认真反思一下，就不难明白其中的道理。托勒密在第一次数理天文学整合过程中，抛弃了日心地动说，并严厉批评了日心地动说，显然他根本没有意识到自己将宇宙（太阳系）中各天体的相对位置完全搞反了；伊斯兰世界拥有大量的天才般杰出天文学家，虽然对托勒密体系进行了大量批判，但他们始终没有明确提出要构建日心说或地动说，比鲁尼在给友人的信中只是提到了地动说或日心说的观点或猜想，并没有深入研究。近代欧洲除了哥白尼之外，并没有第二个学者构建日心地动说的体系框架，这至少表明，哥白尼做了认真的天文观测与验证工作，同时系统性地提出运动相对性原理，他实际上否认了地球自西向东旋转会导致垂直上抛的物体的落地点偏西的传统流行观点。

第五节　哥白尼革命最初的社会反响

一　《天体运行论》出版后反响平平

由于托勒密的天文学体系不能合理解释天体运动的客观规律，无法为儒略历修订提供可靠的建议。经过系统深入的全面比较研究之后，哥白尼发现托勒密体系的根本缺陷在于将真实的宇宙体系完全搞反了，地球并非如托勒密所说，居于宇宙的中央且静止不动，太阳、行星也不是绕地球旋转；真实的情况恰恰相反，地球仅仅是一颗普通行星，不是静止不动的，而是在围绕太阳公转的同时围绕自身的轴自西向东旋转。于是，哥白尼构建新天文学理论体系，即《天体运行论》，目的是为欧洲儒略历修订提供可靠的理论支持。

哥白尼深知托勒密体系在天主教会心目中的地位是神圣不可侵犯的，于是在写给教皇的信中委婉地提出天文学研究的与众不同之处在于研究思维不必囿于各种条条框框的限制，可以像古希腊先贤那样随意设想，然后再仔细验证。他小心翼翼地指出，在天体运行方面，"我也可以用地球有某种运动的假设"，然后他慎重地指出这样的假设必须经过严谨的论证得到更可靠的论据才行，"来确定是否可以找到比我的先行者更可靠的对天球运行的解释"①。显然，在这里，哥白尼借助古希腊经典文献为自己冒犯天主教会关于地球是静止不动的权威观点而委婉解释自己"荒唐想法"形成的原因，同时解释了自己的"荒唐想法"的价值在于可以比古希腊经典著作更加合理地揭示天球运动的客观规律，能够更好地"拯救现象"，即更好地揭示"七大行星"运动规律，从而能够为历法修订做出重要贡献。当然，哥白尼在这里没有提及伊斯兰阿拉伯学者对托勒密体系的批判，可能有避免触犯教皇的考量。由此可见，哥白尼内心虽然深信自己的天文学体系是正确的，但仍然担心其中的观点会因冒犯教廷而惹出麻烦。

但出乎意料的是，《天体运行论》正式出版之后，天主教会并没有像新教那样严厉批判《天体运行论》，而是选择了保持沉默，尽管个别天主教牧师表达了他们对新的地球概念的怀疑与憎恨，但《天体运行论》并没有被教廷批判或禁止，一流的天主教大学也允许阅读《天体运行论》，甚至允许教授《天体运行论》，至少是被偶尔地教授。② 除此之外，《天体运行论》并没有引起太大的反响，也没有哥白尼曾经担心的严厉批评。③、④

同时，《天体运行论》也没有得到天主教会的垂青，个中原因耐人寻味。要知道，自1414年教皇召开康斯坦茨会议之后，教皇以及教会对杰出的天文学家经常礼遇有加，说是思贤若渴也不为过，希望能够通过天文学理论创新为儒略历修订提供专业有效的建议。但是，面对哥白尼全新的天文学体系，面对可以给儒略历修订提供帮助的理论，教廷却意外地不予置评，保持了罕见的沉默，只有个别教士表达了怀疑与憎恨。由此不难得出合理的推论，即罗马教廷以及教皇对哥白尼的《天体运行论》持不赞成也不反对的态度。哥白尼描述的宇宙体系与教会坚持的宇

---

① 〔波兰〕哥白尼：《天体运行论》，叶式辉译，陕西人民出版社2001年版，原序第3—4页。
② 〔美〕托马斯·库恩：《哥白尼革命——西方思想发展中的行星天文学》，吴国盛、张东林、李立译，北京大学出版社2003年版，第192页。
③ 〔美〕劳伦斯·普林西比：《科学革命》，张卜天译，译林出版社2013年版，第40—41页。
④ 〔英〕阿利斯特·E.麦克格拉思：《科学与宗教引论》，王毅、魏颖译，上海世纪出版集团、上海人民出版社2015年版，第19—20页。

宙体系完全相反，贸然采用哥白尼体系可能导致教会意识形态面临极大的风险，于是最好的办法就是对《天体运行论》采取冷处理。

因此，虽然《天体运行论》应历法改革而生，但没有得到天主教会的垂青与礼遇，同时也没有得到实际采用。1545~1563 年，天主教会在意大利北部举行的定期会议——特伦托会议终于颁布了一项法令，决定成立一个特别委员会来推动历法改革。随后，经过长达 15 年的准备工作与研究讨论，特别委员会终于在 1577 年发布了历法修改纲要并再次向天文学家征求意见与建议。在审议并整理完众多的反馈意见之后，历法改革特别委员会对意大利医生兼哲学家阿洛伊修斯·里利乌斯博士所提出的精确而简洁的建议情有独钟。1580 年 9 月，特别委员会向教皇提交了基于里利乌斯的建议的结论。1582 年 2 月，格里高利历正式颁布实施。[1] 至此，儒略历的修订从正式提出到最终确定修订方案，前后历时 168 年。

虽然儒略历的修订最终采用了里利乌斯的方案，但据说该方案与哥白尼天文学理论密切相关，理由是里利乌斯的修订方案参考了《普鲁士星表》，而《普鲁士星表》是 1551 年莱茵霍尔德依据哥白尼体系编制的，因此，1582 年格里高利十三世在天主教世界颁布的历法，在某种意义上是《天体运行论》的产物。[2] 尽管这样，《天体运行论》仍然被当作天文学假说，并没有引起太多的关注。[3]

即使是在数学与天文学的学术圈子里，哥白尼天文学说的学术影响力也比较有限。从现有历史文献资料考察可以发现，在 16 世纪的数学与天文学领域，哥白尼的声望比较高，但大学教授们对地球运动的话题不以为然，要么匆匆忙忙一带而过，要么不屑一顾，认为是荒唐的观点而表示强烈反对。但数学家或天文学家们对哥白尼的数学技巧表示了较为一致的肯定，采纳哥白尼天文学中的关于行星位置的计算部分，同时把

---

[1] 〔美〕阿米尔·亚历山大：《无穷小：一个危险的数学理论如何塑造了现代世界》，凌波译，化学工业出版社 2019 年版，第 56—57 页。
[2] 〔美〕托马斯·库恩：《哥白尼革命——西方思想发展中的行星天文学》，吴国盛、张东林、李立译，北京大学出版社 2003 年版，第 192 页。
[3] 前文已经提及，关于哥白尼天文学理论对历法的贡献，存在多种争议，这里不再赘述。

哥白尼的宇宙体系当成一种假说。① 对哥白尼天文学说赞赏有加的莱茵霍尔德也是如此，莱茵霍尔德拒绝了哥白尼宇宙体系的观点以及地动说，但极为赞赏哥白尼行星模型的一致性和精确性，认为哥白尼的模型完全可以替代托勒密体系。② 莱茵霍尔德的观点值得重视，这不仅因为他是一位著名天文学家，更因为他是《普鲁士星表》的编制者，如果《天体运行论》在精确性方面没有达到相当高的水准，莱茵霍尔德不会耗费那么长时间来编制《普鲁士星表》。

维滕堡的梅兰希顿显然对哥白尼天文学说持负面看法，当哥白尼的唯一弟子雷蒂库斯热情地向梅兰希顿汇报哥白尼天文学说时，梅兰希顿表现冷漠，随后在写给朋友卡梅拉留斯的信中，提到了雷蒂库斯将精力与热情投放在哥白尼天文学说上是一种错误。③

值得注意的是，哥白尼理论并没有受到预期中的天主教会的严厉批判，但个别教士的严厉批判仍然发生了，所幸的是，批判的规模并不大，涉及的范围比较狭窄。耶稣会著名天文学家克拉维斯是制定格里高利历的关键人物，是当时著名的天文学家和数学家，他对哥白尼《天体运行论》提出了明确的批判意见，认为哥白尼理论建立在托勒密之前400年的亚里斯塔克学说基础上，与真实的宇宙不一致，他认为托勒密的宇宙结构才是真实的。④ 意大利西西里岛的数学家、天文学家弗朗西斯科·毛洛利克则坚决反对哥白尼日心说，他在1575年出版的《自由的世界》中指出："我们需要鞭打和痛斥提出日心地动学说的哥白尼，而不是进行宽容有加的反对。"⑤

在《天体运行论》出版之后，坚定信奉哥白尼学说的数学家或天文

---

① Gingerich, O. "From Copernicus to Kepler: Heliocentrism as Model and as Reality", *Proceedings of the American Philosophical Society*, 1973, 117 (6): 513-522.
② 〔美〕凯瑟琳·帕克、洛兰·达斯顿：《剑桥科学史：现代早期科学》，吴国盛主译，大象出版社2020年版，第496页。
③ 〔美〕罗伯特·S. 韦斯特曼：《哥白尼问题：占星预言、怀疑主义与天体秩序》（上），霍文利、蔡玉斌译，广西师范大学出版社2020年版，第336页。
④ 〔美〕罗伯特·S. 韦斯特曼：《哥白尼问题：占星预言、怀疑主义与天体秩序》（上），霍文利、蔡玉斌译，广西师范大学出版社2020年版，第470—478页。
⑤ Rosen, E. "Maurolico's Attitude Toward Copernicus", *Proceedings of the American Philosophical Society*, 1957, 101 (2): 177-194.

学家非常少，雷蒂库斯是其中一位，甚至可能是当时唯一相信哥白尼天文学说的天文学家。但后来开普勒、伽利略、托马斯·迪格斯也成为哥白尼主义者。他们对哥白尼学说深信不疑，并将哥白尼描绘的宇宙当作真实的宇宙图景。①

二 《天体运行论》反响平平的原因

哥白尼《天体运行论》出版之后之所以反响平平，除了教会刻意冷处理之外，还与《天体运行论》著作本身存在的不足密切相关。

第一，《天体运行论》自身仍然存在不可忽视的缺陷。由于在哥白尼之前，西方社会很少有系统探讨托勒密体系的文献，加上当时西欧天文学研究的物质条件的缺乏以及社会的动荡，哥白尼无法全身心投入到《天体运行论》的创作中去，除了履行教士的职责外，哥白尼还是一名不错的医生，还曾经领导信徒保卫所在的城市免遭匪徒的侵害。因此，哥白尼理论存在一定的缺陷是不可避免的事情，按照《天体运行论》提供的计算方法得出的结论与观测的数据存在不一致的现象。普林西比指出，虽然不少人读了《天体运行论》，但几乎没有人真正相信哥白尼的观点。直到16世纪末，坚定的哥白尼主义者可能不过十几人，这是由于哥白尼的日心说并不比地心说更好地符合观测数据。②麦克格拉思也指出，《天体运行论》仍然不能解释所有已知的观察数据而被广泛接受，直到17世纪头20年开普勒做了更为周密的工作，哥白尼日心说模型才最终被接受。③

第二，能够准确理解《天体运行论》的学者数量依然偏少。实际上，导致《天体运行论》反响平平的可能原因还在于，《天体运行论》数学表达方式虽然比托勒密的《至大论》简单得多，但是对那个时代的天文学界而言仍然显得比较复杂，能完全看懂者寥寥无几，因为那个时

---

① Westman, R. "The Astronomer's Role in the Sixteenth Century: A Preliminary Study", *History of Science*, 1980, 18（2）: 105-147.
② 〔美〕劳伦斯·普林西比:《科学革命》，张卜天译，译林出版社2013年版，第40—41页。
③ 〔英〕阿利斯特·E.麦克格拉思:《科学与宗教引论》，王毅、魏颖译，上海世纪出版集团、上海人民出版社2015年版，第19—21页。

代系统学习高深数学的人非常少。因此，用数学理论书写的《天体运行论》出版之后数十年时间里缺乏社会反响，并没有引起罗马教廷戒心，当然也没有受到哥白尼生前担心的打压问题。

第三，第谷指出《天体运行论》的天文观测方法存在错误，天文观测数据不准确。第谷是一位杰出的天文观测专家，他指出哥白尼以及莱茵霍尔德使用的观测仪器过于粗糙，并且在测量中几乎没有考虑到大气折射因素的影响，这就导致天文观测数据与实际天象的差距依然比较明显。例如，在1563年的一次土星、木星的交会计算中，以托勒密体系为基础的阿方索天文表误差达一个月，以哥白尼体系为基础的《普鲁士星表》误差也达到1天。① 虽然误差比较大，但也说明了哥白尼体系存在明显的优越性。

第四，西欧天文学家们对《天体运行论》的每一部分内容似乎都没有感到诧异。这可能主要归功于1414年教皇组织天文学家修订儒略历活动，极大地促进了欧洲天文学家们努力学习、研究他们所能够获取的一切天文学书籍，包括古希腊和伊斯兰阿拉伯天文学理论书籍。对于西欧天文学家而言，《天体运行论》的每一部分内容他们可能都相当熟悉，至少不会觉得太突然或太陌生，因为1414~1543年，欧洲有组织地学习、研究天文学理论已经历了整整140年，估计天文学家们早已对天文学理论中的相关问题做过深入讨论。

第五，哥白尼是在托勒密天文学体系经多次修改但仍然无法合理解释天象、无法为历法修订提供参考意见的基础上，才转向日心地动说并撰写了概要，时间是1509年。1514年开始，哥白尼陆续向外界散发一些关于日心说的纲要性材料，准备系统地阐述新天文学理论。这表明，哥白尼在1509年之前就认定托勒密天文学体系存在不可克服的缺陷，必须建立新的天文学体系。

此外，对于古希腊历史上日心地动说的三条重大反对理由，哥白尼的回答并没有明显超出已有理论的范围。

第一条是离心力问题。亚里士多德学派认为，如果地球在24小时内

---

① 杜昇云、崔振华、苗永宽、肖耐园：《中国古代天文学的转轨与近代天文学》，中国科学技术出版社2013年版，第50页。

旋转一周，其旋转的速度必然非常快，地球表面的风、云、鸟将因此被甩离地球表面，但人们并没有看到这样的现象，因此地球是静止不动的。托勒密曾经在《天文学大成》中批判古希腊地动说的观点是十分荒谬的，其理由是假如地球在运动，像一些天文学者说的那样，地球每24小时转动一周，这是异常剧烈的高速运动，这样的快速自转将导致地面的物体难以聚集起来；即使能够聚在一起，如果没有某种黏合物使之结合在一起，它们也会飞散。托勒密认为，如果情况是这样，地球早就该分崩离析，并且在苍穹中消散了。① 简言之，托勒密认为，地球高速自转运动将导致地球自身解体。哥白尼巧妙地以"以子之矛，攻子之盾"的办法反诘："他（指托勒密）为什么不替比地球大得多而又运动快得多的宇宙担心呢？"哥白尼认为，按照托勒密理论推论，恒星天球必定分崩离析。因为恒星天球距离地球最远，其一天转一圈的速度一定奇快无比，离心力也就极大，那么天球在离心力的作用下就会不断膨胀，最终天球一定会崩溃。② 但是，恒星天球并没有分崩离析，这意味着托勒密的理论推演是错误的，其理论也存在严重缺陷，具体是什么样的缺陷，显然哥白尼没有明确指出来。

第二条是地动抛物问题。托勒密针对古希腊天文学家提出地球绕轴自西向东自转的观点，提出"落体也不会沿直线垂直坠落到预定地点，因为迅速运动使这个地点移开了"。③ 此外，当时人们认为，如果地球自西向东自转，垂直上抛物体的落地点应该在抛物者偏西较远的地方，而事实上物体落地点就在抛物者所处位置。虽然哥白尼时代没有运动相对性原理和运动速度矢量合成原理，但难能可贵的是，哥白尼对这一问题的解释包含了运动相对性原理的思想。哥白尼引用了诗人维吉尔在《艾尼斯》中的名言"我们离开港口向前远航，陆地和城市悄悄地退向后方"来解释相对运动。④ 当船向前行驶时，如果以船为参照物，坐在船

---

① 〔波兰〕哥白尼：《天体运行论》，叶式辉译，陕西人民出版社2001年版，第24页。
② 董天夫：《哥白尼：科学发现与宗教信仰》，《自然辩证法通讯》1989年第5期，第50—57页。
③ 〔波兰〕哥白尼：《天体运行论》，叶式辉译，陕西人民出版社2001年版，第一卷第八章第24页。
④ 〔波兰〕哥白尼：《天体运行论》，叶式辉译，陕西人民出版社2001年版，第25页。

上的人感觉不到船的运动或船是静止不动的,如果以船以外的事物为参照物,船上的人将从周围的景物观察到船的运动。同理,在地球上的人之所以感觉不到地球的运动,只是因为他们选择了地球为参照物,看到了整个宇宙在旋转,日月星辰在运动;反之,如果选择宇宙物体作为参照物,将会观察到地球在运动。① 随后,哥白尼继续解释道,由于地球在旋转,"升降物体在宇宙体系中的运动都具有两重性,即在每一个情况下都是直线运动和圆周运动的结合"。因此,上抛物体或单纯的落体运动不会落在抛物者的西边。② 显然,从科学角度看,哥白尼实际上已经有了相对运动的观念,他把天体的视运动同天体的实际运动区分开来。③ 但遗憾的是,当时的学者对哥白尼的解释难以理解,要等到17世纪伽利略阐明运动相对性原理以及有了速度的矢量合成原理之后,人们才终于明白哥白尼的解释是正确的。④

第三条质疑《天体运行论》的一个严肃的理由是如果地球在绕日公转,则一定会观测到恒星的周年视差,即地球如果真的围绕太阳旋转,那么在其圆形轨道的此端到彼端观测远处的恒星,方位应该有所改变。但是,自亚里斯塔克提出日心说到哥白尼《天体运行论》问世,已历时1000多年,但仍然没有人观测到恒星的周年视差,因此地球围绕太阳公转的结论无法得到天文观测数据的支持。哥白尼在《天体运行论》中强调,由于恒星距离地球非常遥远,恒星周年视差十分细微,肉眼根本无法观测到。他指出:"它们非常遥远,以致周年运动的天球及其反映都在我们的眼前消失了。光学已经表明,每一个可以看见的物体都有一定的距离范围,超出这个范围它就看不见了。从土星(这是最远的行星)到恒星天球,中间有无比浩大的空间。"⑤ 实际上,哥白尼的这一解释并没有超出古希腊亚里斯塔克当年的解释。亚里斯塔克的这一解释并非信口

---

① 〔波兰〕哥白尼:《天体运行论》,叶式辉译,陕西人民出版社2001年版,第25—26页。
② 〔波兰〕哥白尼:《天体运行论》,叶式辉译,陕西人民出版社2001年版,第26—27页。
③ 董天夫:《哥白尼:科学发现与宗教信仰》,《自然辩证法通讯》1989年第5期,第50—57页。
④ 江晓原:《试论科学与正确之关系——以托勒密与哥白尼学说为例》,《上海交通大学学报(哲学社会科学版)》2005年第4期,第27—32页。
⑤ 〔波兰〕哥白尼:《天体运行论》,叶式辉译,陕西人民出版社2001年版,第35页。

开河，而是有较为充分的依据，他曾经测量过太阳、月亮与地球的距离以及相对大小。在《论日月的大小和距离》一书中，亚里斯塔克估算日地距离是月地距地的 20 倍，今天我们知道实际上是 346 倍。无论是 20 倍，还是 346 倍，都已经超出当时眼睛观测的范围之外，恒星周年视差观测不到就是自然而然的事情了。① 因此无论是亚里斯塔克时代，还是哥白尼时代，人类无法观测到恒星周年视差都是事实。当然，最好的办法还是找出恒星周年视差。1838 年，F. W. 贝塞尔公布了对恒星天鹅座 61 观测到的周年视差。此外，J. 布拉德雷 1728 年发现恒星的周年光行差，是地球绕日公转的证据，和恒星周年视差同样有力。在铁证面前，罗马教廷终于在 1757 年取消了对哥白尼学说的禁令。②

此外，哥白尼也没有对落体垂直运动问题和轨道形状问题做出新的回答。长期以来，信奉亚里士多德、托勒密学说的学者经常提出地球静止不动的一个重要理由是重物总是垂直下落，而不是斜抛落地。第谷提出，如果地球是运动的，从高塔顶端下落的物体将不会落到塔底，而应该在塔的西边，但在现实中，塔顶下落的重物总是垂直下落在塔底，因此地球是静止不动的。至于行星运行轨道形状问题，哥白尼只是提出行星（地球）围绕太阳旋转，否定日月星辰围绕地球旋转，但他并没有进一步提供可靠的证据。

---

① 吴国盛：《科学的历程》，湖南科学技术出版社 2018 年版，第 130 页。
② 江晓原：《试论科学与正确之关系——以托勒密与哥白尼学说为例》，《上海交通大学学报（哲学社会科学版）》2005 年第 4 期，第 27—32 页。

第三篇

近代科学革命深化的逻辑与动力解析

第八章　近代科学革命深化的原因与动力源泉

第一节　近代科学革命深化的传统解释及其缺陷

从近代科学革命的内容来看，从哥白尼革命到开普勒、伽利略的科学研究之前，西欧科学研究活动有所衰退，但开普勒、伽利略又掀起新一轮颠覆性的科学研究活动，从内容上看，明显是围绕着对哥白尼理论体系的验证来展开的。这个过程，吸引了大量学者参与验证哥白尼理论体系的各个环节，在物理学、数学、光学等科学领域出现了大量原创性科学成果。这是令人惊讶的历史现象。

在古代社会，科学研究大多数情况下属于个人的兴趣爱好，科学爱好者根据自身偏好进行的科学探索活动往往是零星的、偶然的。这种基于纯粹的好奇心的科学研究选题十分分散，科学成果呈现出随机分布的特点，科学发展没有明显的规律可循，许多领域的科学理论往往需要漫长的时间才偶尔有一些进展。因此，在古代社会，在同一个时间、同一个地点，很难找到有共同研究主题的学者，科学上的研究往往是"知音难觅"，当然也谈不上科学研究中的竞争与辩论。这是古代社会科学发展的常态。

但是，近代科学革命历程中，即使撇开突出的科学研究成果不谈，仅仅出现数十位一流科学家对相同或相近科学研究主题共同进行研究，本身也是一个奇迹。在哥白尼革命之后，西欧科学进展经过了短暂的休整，随后突然涌现出开普勒、伽利略、伽桑狄、梅森、笛卡尔、卡瓦列里、托里拆利等杰出的科学家群体，他们似乎一夜之间从地底下冒出来，并在短短的二三十年时间里（1600~1633年），取得了令人瞩目的重大突破，随后胡克、沃利斯、牛顿等人将科学研究推向一个高峰，证明了宇宙（太阳系）的秩序和运行规律。

究竟是什么原因导致这一系列重大突破，并最终创造了科学史上的伟大奇迹。换句话讲，在近代科学革命历程中，为什么会突然产生探索宇宙真相的科学研究热潮呢？为什么事前没有明显的征兆？探索宇宙真相的目的和动力在哪里？从传统角度看，以上问题存在四种解释：

一 近代科学革命深化的传统解释

（一）科学发展内在规律推动了近代科学革命不断深化

著名科学史家柯瓦雷博士认为，近代科学革命的深化与扩展是科学发展内在规律决定的，因为哥白尼革命出现了需要进一步解释的许多问题，这些问题引领了科学家不断探索或研究。柯瓦雷明确指出："新物理学是因为天文学才发展起来的，更确切地说，是因为需要回答哥白尼天文学提出的各种问题，尤其是因为需要回应亚里士多德和托勒密提出的各种物理学论证（他们利用这些论证来反驳地球运动的可能性）才逐渐发展起来的。"[1] 这些问题包括离心力问题、落体垂直运动、地动抛物问题、轨道形状问题以及恒星视差等物理学问题。[2]

诚然，要想让哥白尼天文学体系被普遍接受，的确需要准确回答上述问题。但柯瓦雷显然忽视了一个更为重要的问题，即为什么哥白尼天文学体系被普遍接受会成为一个十分重要的问题，迫切需要那个时代的学者做出回答。对此，柯瓦雷并没有做出明确解释，而这个问题恰恰是解开近代科学革命深化与扩展的谜题的关键。如果哥白尼体系是否被普遍接受不是一个令人感兴趣的问题，或是一个无关紧要的问题，近代科学家如开普勒、伽利略可能不会努力寻求让哥白尼天文学理论成立的各种证据。

---

[1] 〔法〕亚历山大·柯瓦雷:《伽利略研究》，刘胜利译，北京大学出版社2008年版，第185页。

[2] 〔英〕约翰·德斯蒙德·贝尔纳:《历史上的科学：科学革命与工业革命》，伍况甫、彭家礼译，科学出版社2015年版，第367页。

正如马赫指出，所有科学探索都诞生于新奇、非同寻常和不能完全理解的东西。寻常的东西一般不再会引起我们的注意，只有新奇的事件才能被发觉并激起注意。① 事实上，让哥白尼天文学理论成立的证据涉及一系列古老的问题，在公元1600年前后，这些问题已经存在了大约一两千年的漫长时期。这些问题最早由亚里士多德系统地提出来以驳斥日心说的宇宙观，距离近代科学革命时期，大约经历了2000年的漫长时间，托勒密在撰写《至大论》时再次重复亚里士多德曾经提出的问题，距近代科学革命也有1500年的历史，为什么在此前漫长的时间里，科学家没有足够的兴趣或意愿去回答这些问题，而到了公元1600年前后，突然涌现一大批科学家在努力研究这些问题？显然，这是需要仔细分析的问题，也是解开科学革命历程演变之谜的关键突破口。柯瓦雷用科学发展的内在规律来解释近代科学革命历程中伽利略、开普勒对包括离心力、地动抛物等问题的探索，实际上将近代科学革命历程中的演化因素归功于单纯的好奇心推动科学研究，这显然无法完整或恰当地解释近代科学革命之谜这一宏伟历史现象。

（二）哥白尼与托勒密天文学体系竞争推动科学革命深化

哥白尼与托勒密两种截然相反的天文学体系的竞争，推动了科学家深入研究亚里士多德和托勒密提出的上述物理学难题。这种猜测有一定道理，但经不起仔细推敲。

我们知道，《天体运行论》正式出版时间是1543年，但哥白尼天文学思想观点的传播要远远早于这个时间点。实际上，早在1514年，哥白尼在其《天体运动假说的要释》中初步阐述了日心地动说的数理天文学理论核心观点，并在天文学界小范围流传。此外，莱狄库斯介绍哥白尼数理天文学思想的《概论》也在一定范围内传播，《概论》甚至出版到第三版。②《天体运行论》初版于1543年，1566年再版，代哥白尼出版

---

① E. Mach, *Principles of the Theory of Heat, Historically and Critically Elucidated*, D. Reidel Publishing Company, 1986, pp.338~349. 转引自李醒民《科学探索的动机或动力》，《自然辩证法通讯》2008年第1期，第27—34页、第14页。

② 杜昇云、崔振华、苗永宽、肖耐园：《中国古代天文学的转轨与近代天文学》，中国科学技术出版社2013年版，第47—48页。

《天体运行论》的路德派牧师在该书的引言中谨慎地声明，该书是纯粹的数学假说。① 值得强调的是，1514 年刚好是教皇首次提出（1414 年）推动儒略历改革满 100 周年的时间点，从 1514~1582 年，正是西欧社会关于儒略历改革拉动天文学研究热潮的时期，欧洲天文学界处于历史上（公元 1~1582 年）最活跃时期，在这期间，欧洲天文学界对哥白尼主要思想观点已经充分了解，但哥白尼的思想观点并没有引起太大的反响，仅仅在天文学家小范围内传播，几乎没有什么社会影响力。欧洲天文学界也没有掀起对哥白尼和托勒密两种天文学理论的比较研究，更谈不上对两种天文学说涉及的宇宙论进行争辩，当时天文学界的中心任务在于如何修订儒略历，主要关心的是太阳回归年长度的精确测算以及儒略历累积的误差到底有多大。

据考证，在《天体运行论》出版之后（1543 年）直到教廷宣布（1616 年）其为禁书之间的 73 年间，只有西班牙萨拉曼卡大学于 1561~1615 年将哥白尼天文学作为大学二年级学生的一门选修课，在欧洲大学的天文学课程中，几乎没有正面评价哥白尼天文学思想观点的记载。②

因此，哥白尼与托勒密截然相反的天文学体系之间的竞争，推动验证哥白尼体系的科学研究活动的观点不符合历史事实。

（三）哥白尼与托勒密体系的辩论推动近代科学革命深化

第谷与德国数学家、天文学家克里斯多夫·罗特曼辩论引发验证哥白尼天文学说，也是一种推测。第谷曾经运用天文观测数据验证过哥白尼体系，发现其中仍然存在较大的误差，于是他根据哥白尼体系和托勒密体系提出自己的天文学体系，即地日混合说。克里斯多夫·罗特曼曾经以书信形式就第谷体系质疑，随后双方以书信形式展开长达三年的辩论，最后又在汶岛展开为期数周的面对面辩论，第谷取得全面胜利，罗特曼则承诺永远不发表支持日心地动说的言论。③ 总体来看，这场辩论

---

① 杜昇云、崔振华、苗永宽、肖耐园：《中国古代天文学的转轨与近代天文学》，中国科学技术出版社 2013 年版，第 67 页。
② 杜昇云、崔振华、苗永宽、肖耐园：《中国古代天文学的转轨与近代天文学》，中国科学技术出版社 2013 年版，第 49 页。
③ 杜昇云、崔振华、苗永宽、肖耐园：《中国古代天文学的转轨与近代天文学》，中国科学技术出版社 2013 年版，第 51 页。

是一个孤立的事件，可能引起了部分天文学家的关注，在小范围内产生了一定反响，但辩论结束后，并没有其他学者就此议题继续进行研究。需要特别关注的是，第谷与罗特曼的争论实际上遵循一项古老的原则，即任何天文学理论或计算方法得出的结论，都应该与实际观测到的天象相符，哥白尼天文学研究也是遵循这一原则，第谷体系与天文观测数据的吻合程度比哥白尼体系更好一些，这是第谷在辩论中获胜的关键因素。第谷是欧洲当时首屈一指的天文观测大师，他的模型确实在天文学研究的古老原则领域略胜一筹。这一事件与17世纪前后的验证哥白尼体系的科学研究活动基本上没有联系，验证哥白尼体系实际上是验证两种宇宙观的真实性问题，主要涉及的是离心力、地动抛物、恒星视差、落体运动等物理学问题，而第谷与罗特曼的争论涉及的是天文学理论或计算得出的结论与实际天象吻合程度。

因此，哥白尼与托勒密体系的辩论推动近代科学革命深化的可能性几乎可以排除。

（四）纯粹因为对宇宙体系的好奇而验证哥白尼体系

纯粹因为对宇宙体系的好奇而开展验证哥白尼体系，这种可能性也不存在。我们都知道，古代社会基于纯粹好奇心的科学研究通常带有偶然性与分散性的特点，科学研究成果本身就是他们从事科学研究的最好的回报，不需要任何额外激励。但是，在近代科学革命中，学者并没有将科研成果本身当作最好的报酬，因为近代科学革命进程中出现了大量的关于科学发现优先权的争夺，优先权意味着学者们希望同行的承认与良好的评价，这表明，参与哥白尼体系验证活动的学者数量具有一定的规模，这应该是受到某种外部因素的刺激，激励了诸多学者共同参与。究竟是什么因素，促使大量科学家突然间转向验证哥白尼宇宙体系和托勒密体系到底哪一个才是真正实在，吸引了众多学者共同探索宇宙结构的真相。这是值得深入探讨的一个问题。

二 引发社会强烈好奇心的问题是科研选题的优先方向

在第二章我们系统探讨了好奇心与科研选题之间的一般关系。在现代社会，在科学家能够自由选择研究课题情况下，好奇心驱动的科学探索的主观条件是科学家对探索的对象拥有强烈与持久的好奇心。正如马赫指出的,只有新奇的事件才能被发觉并引起注意。[1]

因此,不是通常的好奇心引发科学探索,而是强烈的好奇心才会引发科学探索。从这个意义上看,如果客观环境中存在的事物或发生的现象已经得到合理解释,即使看似合理的解释实际上是错误的或不合理的,人们也可能无法产生好奇心理,科学探索活动将会因此停滞。因此,尽管任何时候宇宙中未知的事物总是客观存在的,但只要人们感受不到它们的存在,科学探索也将停滞不前。近代科学革命中两种宇宙论的验证就属于这种情形,尽管两种相反的宇宙论早已存在,但并没有引起强烈的好奇心理。

在近代科学革命进程中,哥白尼天文学说核心思想观点的传播大约始于1514年,这与罗马教廷秉持的托勒密体系完全相反。在随后的80多年里,西欧天文学研究如火如荼,达到有史以来最高峰,产生了当时世界上最为庞大的天文学家队伍,可能也是当时世界上水平最高的天文学家集体。但令人十分诧异的是,一直在研究行星运动规律的天文学家们居然对两种完全相反的宇宙观熟视无睹,几乎没有什么研究兴趣,偶尔的探索、辩论(如第谷与罗特曼之间)激起的涟漪很快就消失了,根本没有形成持续研究的兴趣,直到外部因素的刺激,科学家才开始研究两种相反的宇宙观问题。

这种现象常常令现代人感到困惑不解。因为在现代人看来,科学研究选题由科学家自行决定是理所当然的事情,但在近代科学革命深化过程中,科学家的研究选题却是例外情况。在16世纪前后,两种尖锐对立的宇宙观的探讨终于成为科学家感兴趣的科研选题。导致这一转变的是,两种宇宙观的真相成为整个西欧社会迫切想知道的事情。

随着布鲁诺对哥白尼天文学说思想观点的广泛宣传,他天才般的演讲技巧和激情让哥白尼体系名声大振,对托勒密体系构成严峻挑战;同

---

[1] E. Mach, *Principles of the Theory of Heat, Historically and Critically Elucidated*, D. Reidel Publishing Company, 1986, pp. 338~349. 转引自李醒民《科学探索的动机或动力》,《自然辩证法通讯》2008年第1期,第27—34页、第14页。

时，人文主义者通过布鲁诺获悉哥白尼思想观点，再通过自身作品将哥白尼思想观点传遍西欧大陆，导致哥白尼天文学说的知名度飙升，极大地刺激了整个西欧社会的好奇心理。随后，布鲁诺从1592年被捕到1600年被罗马教廷处以火刑，一直是西欧社会舆论关注的焦点。这一系列事件导致整个西欧社会对宇宙的真相的好奇心理达到历史最高点，整个西欧社会都在思考哥白尼体系与托勒密体系究竟哪一个代表了客观真理？于是，探究哥白尼宇宙体系和托勒密体系到底哪一个才是真正实在，顺理成章地成为当时西欧社会科学研究优先选题，吸引了众多学者共同参与其中。

实际上，与其说开普勒、伽利略等科学家选择了验证哥白尼体系和托勒密体系的真相，不如说当时西欧社会所有人共同选择了这一科研选题，只不过一般人固然选择了探索这一问题的真相，但他们心有余而力不足，无法像开普勒、伽利略等杰出科学家那样，得出令人信服的科学结论。

因此，引发社会强烈好奇心的课题是科研选题的优先方向，布鲁诺的行为恰好引爆了西欧社会好奇心理，推动哥白尼体系验证的是整个社会好奇心理。

三 近代科学革命深化的功利因素

历史上科学奇迹并不都是好奇心导致科学研究的结果。

古希腊科学奇迹就是一个典型例子。柏拉图本身并非典型意义上的科学家，但他的"拯救现象"倡议，事实上划定了科学研究选题，从几何角度研究"七大行星"运动规律，以消解行星运动表面乱象带来的困惑，为天文历法修订提供可靠的天文学理论依据，最终促成了古希腊数理天文学研究热潮，铸就了古希腊科学奇迹。

伊斯兰阿拉伯科学奇迹虽然有科学家自主选题的因素，例如反托勒密研究主题的选择，但伊斯兰科学奇迹在很大程度上是建立在国王选题的基础上，国王为解决信仰中的数理天文学问题，如礼拜时间、吉布拉值、斋月时间等精确测定，拉动了伊斯兰世界科学事业的蓬勃发展。

实际上，以上两个例子并非都是纯粹好奇心理引发科学研究，而是既有好奇心理又有功利因素。爱因斯坦曾经将科学研究的动力分为效用与功利，前者指从事科学探索能够给科学家自身带来最大的心理满足或效用，后者为纯粹金钱或物质利益的享受，他指出："有许多人所以爱好科学，是因为科学给他们以超乎常人的智力上的快感，科学是他们自己的特殊娱乐……另外还有许多人所以把他们的脑力产物奉献在祭台上，为的是纯粹功利的目的。"① 实际上，这是科学家从事科学研究的动力的两个极端，绝大多数科学家从事科学研究既有效用因素，又有功利目的。

近代科学革命历程中，频繁出现的科学发现优先权的争夺，实际上反映了科学研究进程中的功利因素。科学中有关优先权的争论频繁出现从一个侧面解释了科学成就对科学家而言的极端重要性。正如默顿指出的："关于频繁出现的科学中有关优先权的争论不能解释为植根于人性中的个人主义，或者植根于科学家个人的个性，因为科学家们尽管在其他生活领域可以是谦谦君子甚至是卑躬屈节的人也会强硬地提出他们的优先权要求。"② 由于科学体制总是把首创性看作科学事业的最高价值，推动科学的发展，而科学领域的首创性需要科学同行的认可与尊重，科学家的形象在很大程度上取决于他的科学同行的评价，因此，同行承认的奖励起了维持科学中迅速交流的作用，而科学交流又促进了科学事业的发展。③ 一位科学家如果能够在科学共同体关心的主题范围内获得同行承认或赞赏，他或她将因为获得殊荣而深感庆幸，同时，他们也将因此获得社会认可和相应的物质报酬。

第二节　近代科学革命深化的关键历史背景

一　宗教改革运动导致天主教与新教各自酝酿历法改革

第五届拉特兰会议（1512~1517年）原本由教皇尤里乌二世主持，但他于1513年逝世，1514年新教皇利奥十世接替尤里乌二世继续主持拉

---

① 《爱因斯坦文集》（第一卷），范岱年等译，商务印书馆1977年版，第100—101页。
② 〔美〕罗伯特·金·默顿：《十七世纪英格兰的科学、技术与社会》，范岱年、吴忠、蒋效东译，商务印书馆2000年版，第 vix 页。
③ 〔美〕罗伯特·金·默顿：《十七世纪英格兰的科学、技术与社会》，范岱年、吴忠、蒋效东译，商务印书馆2000年版，第 vix 页。

特兰会议，决定继续推动儒略历改革，会议邀请了大量天文学家讨论了教会历书的修改问题。随后，在1514年7月21日、1515年6月1日、1516年，利奥十世三次郑重邀请每一位有名望的天文学家参加拉特兰会议，或者认真撰写修订历法的建议并寄给他本人。① 教皇利奥十世这一举措，实际上把历法改革难题提交给欧洲各地的天文学家们，保罗主教汇集了各地天文学家的建议或意见，形成《历法修改纲要》并呈报给教皇利奥十世，其中哥白尼提交了历法修改书面意见，但他本人并没有如伽利略所言前往罗马从事改历工作。②

正当教会主持的历法改革工作有条不紊地推进之时，突然爆发的宗教改革运动阻碍了历法修订。1517年，教士马丁·路德发表《九十五条论纲》，揭开了宗教改革序幕，导致天主教会主持的儒略历改革中断。虽然教会组织的儒略历改革会议中断，但无论是天主教区域，还是新教区域，以儒略历修订为目标的天文学研究仍然在继续。比如，天主教区域的哥白尼对天文学与历法修订的研究并没有因为欧洲轰轰烈烈的宗教改革运动而停止，他非常清楚地知道要推进准确的历法改革，必须精确地测定日月的运动和年月的长度。但哥白尼与托勒密不同，托勒密提供了与自己的理论相吻合的星表，成为举世闻名的历法大师；但哥白尼没有这么做，③ 可能是时间上不允许，当《天体运行论》刚刚出版，他就与世长辞，这或许是他为历法所做的工作不为人知的重要原因之一。

罗马大学克拉维斯原本是一个默默研究天文学和历法的一个天主教徒和无名学者，他在天文学、历法和数学上的造诣之深鲜为人知，如果天主教会没有提供历法改革的舞台，他可能注定是一个怀才不遇、默默无闻的数学教授。但他在后来的儒略历修订中大放异彩，发挥了关键性作用，在格里高利历制定上做出了杰出贡献，让世界永远记住了他的才华。④

1545~1563年特伦托会议决定成立历法改革特别委员会，以实质性

---

① 〔波兰〕哥白尼：《天球运行论》，张卜天译，商务印书馆2021年版，第569页注释。
② 〔波兰〕哥白尼：《天球运行论》，张卜天译，商务印书馆2021年版，第569页注释。
③ 〔美〕罗伯特·S.韦斯特曼：《哥白尼问题：占星预言、怀疑主义与天体秩序》（上），霍文利、蔡玉斌译，广西师范大学出版社2020年版，第349页。
④ 〔美〕阿米尔·亚历山大：《无穷小：一个危险的数学理论如何塑造了现代世界》，凌波译，化学工业出版社2019年版，第057页。

推进历法修订；在随后的日子里，该委员会的克拉维斯着手确定儒略历和阴历的确切误差，制定能够确切反映月相的新的阴历，纠正累计偏差并制定新的阳历。①

领导宗教运动的马丁·路德随即成为新教精神领袖，在新教区域拥有很大的影响力，他对儒略历改革有不同的看法，认为教皇无权改革恺撒大帝确立下来的历法，历法改革不是教会的事务，而是各基督教公国大公的事务。② 新教教派普遍认为，罗马教皇是基于宗教和政治考量而主持并推动儒略历改革，因此新教要坚决反对。遗憾的是，各基督教公国的大公们无所作为，并没有采取行动来修订历法。但新教区域的天文学家们则持续进行天文学和历法改革研究，莱茵霍尔德编制《普鲁士星表》就是一个很好的证明，虽然《普鲁士星表》没有成为新教区域历法改革的基础，但成为格里高利历的基础。莱茵霍尔德认为"哥白尼逃避了制作星表的责任"，《普鲁士星表》成功地填补了哥白尼理论和天文从业者实际运用之间的鸿沟，完成了哥白尼"遗漏"的工作；但莱茵霍尔德的工作并非简单重复了哥白尼的天文观测数据，而是重新计算了哥白尼书中数据，并且将圆弧修正角的精度从每三度为一单位提高到了一度为一个单位，将数值从分精确到了秒。③

当然，《普鲁士星表》并非一部占星书，也不是关于占星学的作品，他在书中序言明确指出，人们习惯于把解释行星运动并用数学表达的内容称为天文学，用星象来预测事件或解释事件的知识称为占星学。④ 当然，莱茵霍尔德不仅是一个数学家和天文学家，而且也是一个占星学者。在 1548 年，他曾经向阿尔布莱希特公爵承诺，在完成《普鲁士星表》之

---

① 〔美〕阿米尔·亚历山大：《无穷小：一个危险的数学理论如何塑造了现代世界》，凌波译，化学工业出版社 2019 年版，第 056 页。
② 〔英〕利奥弗兰克·霍尔福德-斯特雷文斯：《时间的历史》，萧耐园译，外语教学与研究出版社 2007 年版，第 180 页。
③ 〔美〕罗伯特·S. 韦斯特曼：《哥白尼问题：占星预言、怀疑主义与天体秩序》（上），霍文利、蔡玉斌译，广西师范大学出版社 2020 年版，第 349 页。
④ 〔美〕罗伯特·S. 韦斯特曼：《哥白尼问题：占星预言、怀疑主义与天体秩序》（上），霍文利、蔡玉斌译，广西师范大学出版社 2020 年版，第 350 页。

后，将转向进行占星学研究，解读星象的影响力。①

二 天主教历法改革实现历史性突破

1577年，天主教历法改革特别委员会发布了一份关于历法修改的纲要用来征求儒略历修改意见与建议，并在阿洛伊修斯·里利乌斯博士关于历法改革建议的基础上，于1580年9月向教皇提交儒略历改革方案。该历法改革方案的主要内容包括以下方面：第一，建议将儒略历当时日期删除10天，对日历进行一次性校正；第二，为了预防在未来若干世纪出现类似的历法缺陷，委员会对儒略历提出一个永久性的调整建议，即在原来能够被4整除年份定为闰年的基础上，把能够被100整除的年份定为标准年份，例如1700年，1800年等；另外，委员会又把能够被400整除的年份定为闰年。其中闰年为366天，标准年份为365天。② 这两项建议产生的结果是能够消除每年10分48秒的误差，从而让日历年与太阳年保持同步。

1582年2月，教皇颁布了官方命令，将当年10月5日到10月14日的日期删除掉，也就是说，当年10月4日星期四之后，次日为10月15日星期五，当年时间长度为355天，这是儒略历历史上唯一仅有355天的年份；同时，教皇还颁布了由克拉维斯和他的同事们共同设计的历法，即格里历，也就是当今世界通用的公历。值得一提的是，在整个历法改革过程中，克拉维斯在数学和天文学方面的专业知识起到了十分重要的作用，在审议学者们历法改革建议以及重新计算月相等天象方面，起到了无可争议的主导作用。他还撰写了关于格里历的长达600页的解释说明，回答关于格里历的批评意见与各种质疑，表现出令人惊叹的专业素养和才华。③

格里历的颁布是天主教在历法修订领域取得的一场空前胜利，解决了一个困扰基督教社会一千多年的时间体系不准确的难题，以昂扬的姿态展

---

① 〔美〕罗伯特·S. 韦斯特曼：《哥白尼问题：占星预言、怀疑主义与天体秩序》（上），霍文利、蔡玉斌译，广西师范大学出版社2020年版，第340页。
② 〔美〕阿米尔·亚历山大：《无穷小：一个危险的数学理论如何塑造了现代世界》，凌波译，化学工业出版社2019年版，第056页。
③ 〔美〕阿米尔·亚历山大：《无穷小：一个危险的数学理论如何塑造了现代世界》，凌波译，化学工业出版社2019年版，第56—57页。

示了罗马教皇像上帝一般的权力,改造了年份、宗教节日与季节,教皇成为令人瞩目的时间修正大师,重新设定了宗教和世俗时间秩序。①

三 新教历法改革停滞与反对格里高利历

虽然新教地区拥有莱茵霍尔德在内的杰出数学家和天文学家,这是毫无疑问的事实。莱茵霍尔德创作的《普鲁士星表》可以作为历法改革的基础,并非一些人所言用作占星术,至少有四个证据可以证明这一点:第一,莱茵霍尔德向他的赞助者阿尔布莱希特公爵表示,其编制的星表,即后来命名的《普鲁士星表》,可以为完善编年史和改善历法起到很大的帮助作用,②编年史需要时间体系,因为历法就是时间体系的基础或者历法本身就是一种时间体系;第二,莱茵霍尔德公开表示自己编制《普鲁士星表》,是替代哥白尼本应该完成的星表,就像托勒密自己编制星表一样,③而托勒密编制星表就是为了方便历法编制与修订,他的众所周知的历法大师称号很大程度上源于他的星表及其理论依据《至大论》;第三,莱茵霍尔德多次将自己编制的星表与《阿方索星表》进行比较,希望获得更高的回报以弥补自己的辛勤付出。④我们都知道,《阿方索星表》主要用于修订历法或时间体系的,因此,《普鲁士星表》也主要用于历法或时间体系;第四,《普鲁士星表》可以作为格里高利历编制的基础。但前文已经提及,主持历法改革的克拉维斯是否有意愿采用《普鲁士星表》则是另一个问题。遗憾的是,尽管新教地区拥有一流的数学家和天文学家,但新教地区的历法改革几乎没有任何实质性进展。

当教皇颁布了格里高利历之后,新教不仅拒绝采用,而且发表了严厉批判意见,例如,一位新教神学家指责格里高利历欺骗信徒在错误的

---

① 〔美〕阿米尔·亚历山大:《无穷小:一个危险的数学理论如何塑造了现代世界》,凌波译,化学工业出版社 2019 年版,第 57—58 页。
② 〔美〕罗伯特·S. 韦斯特曼:《哥白尼问题:占星预言、怀疑主义与天体秩序》(上),霍文利、蔡玉斌译,广西师范大学出版社 2020 年版,第 336 页。
③ 〔美〕罗伯特·S. 韦斯特曼:《哥白尼问题:占星预言、怀疑主义与天体秩序》(上),霍文利、蔡玉斌译,广西师范大学出版社 2020 年版,第 349 页。
④ 〔美〕罗伯特·S. 韦斯特曼:《哥白尼问题:占星预言、怀疑主义与天体秩序》(上),霍文利、蔡玉斌译,广西师范大学出版社 2020 年版,第 342 页。

时间向神灵表达崇敬仪式,他指出,"(格里高利历是)特洛伊木马,设计用来欺瞒真正的基督徒,在错误的宗教节日敬拜神"。① 新教还认为,他们的领先学者的才能绝不亚于天主教历法改革委员的克拉维斯及其同事②,言下之意是他们能够提供更好的历法。英国当时的数学家兼占星术士约翰·迪计算出儒略历比实际日期多出了11日又53分,建议从1583年1月至9月,删除每月的最后一天,再删除10月份最后2天,他自认为该历法修改方案比格里高利历好,不仅能够为其他基督教国家树立一个榜样,而且教皇也将效仿他的方案。③ 当然,这仅仅是他的一厢情愿的想法。1621年,英国托马斯·莉迪亚特还提出一种592年周期的历法改革方案,虽然赢得了一些名声,但最终不了了之。④ 后来,英国又一次推行历法改革,但是由于皇家学会会员、神学家沃利斯强烈反对而不了了之;沃利斯认为,复活节可以通过天文观测决定,从而不必改动民用年份;此外,苏格兰教会拒绝庆祝复活节,理由是《圣经》没有记载这一节日,因此,修订历法没有那么重要。⑤

实际上,新教地区拥有莱茵霍尔德、梅斯特林、第谷等一流天文学家,本来有机会可以为历法修订做出更多的杰出贡献,但没有合适的组织者推动历法修订,从而错失历法修订良机。在批判格里高利历的著名天文学家中,梅斯特林无疑是最为严厉的一位,他的批判让天主教学者们感到十分震怒,他也因此被认为是"不考虑一切科学论证而撰文抨击历法改革,从此被天主教学者视为顽固不化的异教徒"。⑥ 实际上,梅斯特林是哥白尼天文学的执着研究者,也是哥白尼天文学说的重要支持者,

---

① 〔加拿大〕丹·福尔克:《探索时间之谜:时间的科学和历史》,严丽娟译,海南出版社2016年版,第043页。
② 〔美〕阿米尔·亚历山大:《无穷小:一个危险的数学理论如何塑造了现代世界》,凌波译,化学工业出版社2019年版,第058页。
③ 〔英〕利奥弗兰克·霍尔福德-斯特雷文斯:《时间的历史》,萧耐园译,外语教学与研究出版社2007年版,第183页。
④ 〔英〕利奥弗兰克·霍尔福德-斯特雷文斯:《时间的历史》,萧耐园译,外语教学与研究出版社2007年版,第183页。
⑤ 〔英〕利奥弗兰克·霍尔福德-斯特雷文斯:《时间的历史》,萧耐园译,外语教学与研究出版社2007年版,第184页。
⑥ 〔德〕托马斯·德·帕多瓦:《宇宙的奥秘:开普勒、伽利略与度量天空》,盛世同译,社会科学文献出版社2020年版,第316页。

显然，他研究哥白尼学说有着历法修订方面的考量。

第谷的天文学研究工作也与历法研究存在较为密切的关系，这一点以往的科学史家往往比较忽略。他是一位杰出的天文观测者，还组织了一批观测者记录了大量精确的天文观测数据，号称是望远镜发明之前最优秀的天文观测家，他还利用精确的天文观测数据验证了哥白尼体系与托勒密体系一样，也存在不够准确的缺陷，仍然需要进一步优化；另外，他还是一个著名的占星学支持者，同时也是一个知名的占星术士，提出反对皮科对占星学批判的观点，还提出占星学的天文学基础改造设想。

这些光环可能掩盖了第谷从事历法研究的动机与行为。实际上，第谷对天文历法编制或修订做出了卓越贡献。当第谷发现哥白尼体系不够准确，应该推测到莱茵霍尔德基于哥白尼学说编制的《普鲁士星表》不够准确。于是，第谷于1588年提出介于托勒密体系与哥白尼体系之中的新宇宙体系，即第谷体系，该体系认为所有行星环绕太阳，而太阳围绕不动的地球运行。① 显然，大名鼎鼎的天文学家第谷，提出自己的宇宙体系以及试图编制《鲁道夫星表》，与新教地区对抗天主教会的历法改革存在密切联系。第谷体系最终成为一种研制历法的基础，《崇祯历书》就是以第谷体系为基础的历法、天文学理论、天文数学以及天文仪器介绍的综合，在清朝以《时宪历》之名正式颁布实施。根据江晓原的研究，当时欧洲天文学家通常根据天文学理论计算出星历表，这种表可以给出日、月和五大行星在任意时刻的位置，或者据表（如《鲁道夫星表》，引者注）做一些计算后可以得到这些位置。同行们可以通过天文观测来检验这些星历表的准确程度，从而评论其所依据的天文学理论体系的优劣。从这个方面看，第谷体系明显优于哥白尼体系。②

---

① 〔美〕凯瑟琳·帕克、洛兰·达斯顿：《剑桥科学史：现代早期科学》，吴国盛主译，大象出版社2020年版，第496页。
② 江晓原：《第谷（Tycho）天文体系的先进性问题——三方面考察及有关讨论》，《自然辩证法通讯》1989年第1期，第46页、第47—52页。

第三节　布鲁诺事件对近代科学革命的影响

一　布鲁诺给哥白尼学说带来的关键性影响

上文已经提及,《天体运行论》出版以后,虽然收获了一些赞誉,但也遭受了不少批评,甚至是严厉的谴责,但无论是赞誉还是批判与谴责,基本上局限于天文学、数学领域,也有少量神学家关注哥白尼宇宙观。但总体而言,《天体运行论》的宇宙观基本被忽略,仅仅被当做计算太阳、月亮以及行星运动技巧的一套理论体系,在关心历法改革的天文学家之间流传。除此之外,欧洲社会基本不关心哥白尼天文学说,或者说欧洲社会可能不知道哥白尼天文学说,因为这是一个专业性非常强的理论学说,普通人根本看不懂。换句话讲,《天体运行论》根本没有什么社会影响力,也不会对社会造成任何冲击。1959 年,阿瑟·科斯特勒在《梦游者：人类宇宙观的变化史》中,将《天体运行论》称为"无人读过的书",称"《天体运行论》是历史上销量最差的天文学著作",该书初版发行 1000 册甚至没有卖完。[①] 另外,阿瑟·科斯特勒还指出,长期以来,无论是天文学家还是科学史家,认真读过《天体运行论》的人寥寥无几,因为上述专业人士把哥白尼模型中的小轮数量搞错了,认为是 34 个轮子,而实际上轮子数量是 48 个。[②] 这种错误源于哥白尼早期对宇宙模型修订的乐观估计。早在 1514 年,哥白尼曾经在亲密好友间散发名为《哥白尼行星运动模型之短论》的小册子,只有短短十几页,哥白尼认为,他的行星运行模型与托勒密相比,有很大的简化,声称"只需要 34 个轮就足以揭示整个宇宙的结构和所有的行星的运动规律"[③]。

可见,《天体运行论》反响平平的结论是可靠的。因此,天主教会

---

① Koestler, A. *The Sleepwalkers: A History of Man's Changing Vision of the Universe.* New York: The Macmillan Company, 1959: 191.

② Koestler, A. *The Sleepwalkers: A History of Man's Changing Vision of the Universe.* New York: The Macmillan Company, 1959: 192.

③ Dbrzycki, J. "Notes on Copernicus's Early Heliocentrism." *Journal for the History of Astronomy*, 2001, 32 (3): 223-225.

并没有采纳一些激进的、强烈反对哥白尼学说的天文学、数学教授或神学人士的建议,没有对《天体运行论》的发行与流通采取限制或禁止等措施。

但是意大利哲学家和天文学家乔尔丹诺·布鲁诺对哥白尼学说的赞美与大力宣扬,极大地提高了哥白尼天文学说的社会知名度与美誉度,引起了整个欧洲社会对《天体运行论》的强烈好奇心理,导致验证哥白尼天文学理论体系成为具有吸引力的科学研究选题。以下简要介绍布鲁诺对哥白尼天文学说的推广过程。

实际上,布鲁诺没有真正完整地读过哥白尼的《天体运行论》,但可能读过哥白尼弟子雷蒂斯库编写的介绍哥白尼天文学的入门教科书《初讲》或《短论》,或其他介绍哥白尼学说的著作。[①] 然而,布鲁诺是一个博学多才、富有辩证思维、勇敢坚毅的哲学家和天文学家,他认定哥白尼天文学说是真理,揭示了宇宙的真实秩序。

哥白尼在《天体运行论》中描述的宇宙图景以太阳为宇宙的中心,地球与其他行星一样,都围绕太阳运转,地球不是宇宙的中心,而是月球轨道的中心,地球不仅不是静止不动的,而是既有自转,还会围绕太阳进行公转。当布鲁诺接触到哥白尼天文学说思想时,深受吸引,逐步成为哥白尼天文学说的信仰者。随后,布鲁诺开始在自己的著作中或演讲中热情地歌颂哥白尼在科学领域中的伟大革命,坚定地捍卫太阳中心说。[②] 布鲁诺宣扬哥白尼日心地动说的真理性,批判教会地心说,其出色的演讲才华以及勇敢大胆的风格,让教会感到异常害怕与愤怒。[③] 也有观点认为,布鲁诺宣扬哥白尼天文学说,并非因为哥白尼天文学说的真理性,而仅仅是因为哥白尼学说有助于支持其多神论观点。

但不管布鲁诺宣扬哥白尼思想基于何种动机,其造成的结果是《天体运行论》成为西欧大陆引人瞩目的天文学著作。一般认为,《天体运行论》是一部艰深专业的数理天文学专著,根本不会引起社会普通大众

---

① 〔美〕欧文·金格里奇:《无人读过的书:哥白尼〈天体运行论〉追寻记》,王今、徐国强译,生活·读书·新知三联书店 2008 年版,译者序第 4 页。
② 赵清爽:《布鲁诺:理论思维和性格上的巨人——兼论布鲁诺捍卫、发展"日心说"的哲学意义》,《学术交流》1991 年第 1 期,第 92—98 页。
③ 吴国盛:《科学的历程》,湖南科学技术出版社 2018 年版,第 243 页。

的关注。但是,布鲁诺对哥白尼天文学思想的宣扬首先引起了欧洲知识分子阶层的关注,引起了他们的思考,他们也对宇宙图景产生了浓厚的兴趣,这些知识分子通过自己的作品将哥白尼宇宙观传递给普通大众。正如约翰逊在《十六世纪的天文学教科书》中指出的那样,哥白尼提出的日心地动宇宙观对社会各界的思想观念产生了重大冲击,那些没有经过天文学专业训练的诗人、剧作家、神学家、哲学家等知识分子,对地球是否运动、太阳是否宇宙中心、地球是否行星等问题十分感兴趣,通过自身的作品探讨或宣扬哥白尼宇宙观点,而16世纪的普通大众则通过这些人的作品了解宇宙图景。[1]

另外,布鲁诺还在哥白尼天文学理论基础上,发展了自己的宇宙论。布鲁诺的著作《论原因、本原和太一》《论无限、宇宙与众世界》发展了哥白尼天文学思想,他认为我们生存的世界不是封闭的,不再有天球,天空上所有的星星都是自由的,它们都是有行星环绕的太阳;在行星、恒星以及其他的天体之间,并没有内在的差异,只有体积上的差异,以及有些星星会发光,有些则被其他星星照亮,除此之外,再无其他差异。[2] 实际上,布鲁诺否定了太阳是宇宙的中心。从宣扬有限的宇宙到否定有限的宇宙,发现无限的宇宙,前后不超过十年。[3] 布鲁诺如何在短短时间内实现科学理论的巨大升华,至今仍然是一个谜,但其科学思想无疑是正确的,只不过太过超前,以至于他描述的无数个太阳系并存的无限宇宙的图景,差不多300年后才得到科学界的公认。[4]

当然,布鲁诺在宣扬哥白尼《天体运行论》的宇宙图景时,之所以能够取得轰动性效果,除了自身的才华与长期不懈努力之外,还与当时的社会环境密切相关。在十六、十七世纪之交的风雨飘摇年代,一方面,各种宗教改革运动如火如荼;另一方面,教会与世俗社会的冲突依然此起彼伏,教会的奢侈风气以及教士阶层的贪腐习气早已是世俗社会憎恨

---

[1] Johnson, F. *Astronomical Textbooks of the Sixteenth Century*, London: Geoffrey Cumberlege, Oxford University Press, 1953.
[2] 〔法〕让·昊西:《逃亡与异端——布鲁诺传》,王伟译,商务印书馆2014年版,第115—116页。
[3] 吴国盛:《科学的历程》,湖南科学技术出版社2018年版,第243页。
[4] 吴国盛:《科学的历程》,湖南科学技术出版社2018年版,第243页。

的对象。在这种社会背景下,有人利用哥白尼日心地动说与《圣经》创世说不同的观点来反对或攻击天主教会。《天体运行论》揭示了地球只是一颗围绕太阳的圆周运动的普通行星,从而间接否定了"地球是上帝特意安排在宇宙中心"的上帝创世说。其中,布鲁诺等人借助哥白尼的天文思想反对教会宣扬的宗教观,严重威胁了教会在信仰领域的权威形象与地位,至少教会自身是这么认为的。

实际上,真正威胁与摧毁教会在信仰领域的权威形象与地位的,是教会以及教士阶层的贪婪与腐败。可笑的是,罗马教廷却将教会在信仰领域面临的危机与挑战完全归罪于布鲁诺对哥白尼学说的宣扬。实际上,如果没有教会及其教士阶层的贪婪与腐败,即使布鲁诺宣扬哥白尼学说,也不会导致教会在信仰领域遭受如此严重的危机与挑战。罗马教廷不是通过清除贪婪与腐败风气的根源以重新赢得信徒的信赖,而是采取野蛮与残忍的手段来震慑信徒。

二 布鲁诺宣扬宗教思想的疑点

传统上通常认为,布鲁诺是因为坚持和传播哥白尼真理而被判处火刑,是宣扬和坚定捍卫科学真理的殉道者。对布鲁诺的研究一直是近代科学兴起以及中世纪科学与宗教关系的重要课题。科学史界近半个世纪的研究得出一个新结论,认为导致他丧命的主要原因是他坚持宗教上的异端邪说,攻击天主教会,攻击基督教基本教义,信仰灵魂转世、迷信巫术和占卜,宣传世界的多样性和永恒性只是其中的一项罪行。[1]

众所周知,从坚持哥白尼学说到发展宇宙无限学说是布鲁诺在科学发展历史上最为辉煌的一页,但英国科学史家耶茨认为,布鲁诺坚持哥白尼学说、发展宇宙无限学说的思想动机源自对赫尔墨斯法术传统的痴迷与追随,赫尔墨斯法术传统在布鲁诺思想中占据着核心地位。[2] 耶茨还认为,导致布鲁诺科学发现的原因离不开赫尔墨斯法术传统、新柏拉

---

[1] 吴国盛:《科学的历程》,湖南科学技术出版社2018年版,第243页。
[2] 刘晓雪、刘兵:《布鲁诺再认识——耶茨的有关研究及其启示》,《自然科学史研究》2005年第3期,第259—268页。

图主义和希伯来神秘主义对其思想与人格的塑造。① 耶茨还指出，虽然哥白尼日心说有赫尔墨斯法术传统的思想渊源，但可能并没有过多地受到赫尔墨斯法术传统的影响，但布鲁诺要将哥白尼的科学工作复归到赫尔墨斯法术传统中去②；布鲁诺之所以接受哥白尼地动说，是因为赫尔墨斯法术传统中蕴含了万物的本性就是运动的思想，地球与天体的运动是万物本性的表现。③ 耶茨认为，布鲁诺坚持和宣扬哥白尼日心说以及在此基础上发展起来的无限宇宙学说，都是他坚持和宣扬赫尔墨斯主义的表现。④ 也就是说，在耶茨看来，布鲁诺坚持和宣扬哥白尼日心说并非传统上认为的捍卫科学真理，而是将哥白尼日心说当作宣扬赫尔墨斯主义、法术传统以及宗教使命的一个恰当的工具或道具。用科恩的话来讲，耶茨认为布鲁诺的言论与著作应该被"视为向宗教分裂的欧洲发出一种救世主式的呼吁，要求在一种魔法和犹太教神秘讯息的旗帜下重新团结起来，这种呼吁源于一种对赫尔墨斯著作的极端解释"⑤。

耶茨对布鲁诺的研究结论具有颠覆性色彩，但似乎缺乏充分的证据，同时也存在难以自圆其说的逻辑缺陷。如果耶茨的结论是准确与可靠的，那么布鲁诺通过哥白尼学说来宣扬赫尔墨斯主义、法术传统与神秘的宗教教义，究竟有什么好处？耶茨并没有对这一关键问题进行深入分析，她可能认为是借助哥白尼以及《天体运行论》的巨大影响力有助于布鲁诺实现预期目标。但她似乎忘记了一个历史事实，哥白尼及其学说的影响力正是在布鲁诺之后才变强的，而在布鲁诺坚持与宣扬哥白尼学说之前，其知名度和美誉度仅仅限于少量的数学家与天文学家；布鲁诺著作的读者是哲学、神学领域的学者或学生，他的演讲、辩论对象也主要是哲学、神学领域的学者以及学生，他们很少知道哥白尼及其学说的声誉，

---

① Yates F. *Giordano Bruno and the Hermetic Tradition*, London: Routledge & Kegan Paul 2002: 1.
② Yates F. *Giordano Bruno and the Hermetic Tradition*, London: Routledge & Kegan Paul 2002: 171-175.
③ Yates F. *Giordano Bruno and the Hermetic Tradition*, London: Routledge & Kegan Paul 2002: 267.
④ Yates F. *Giordano Bruno and the Hermetic Tradition*, London: Routledge & Kegan Paul 2002: 289-290.
⑤ 〔荷〕H. 弗洛里斯·科恩：《科学革命的编史学研究》，张卜天译，湖南科学技术出版社 2012 年版，第 374 页。

因此，布鲁诺似乎没有借助哥白尼及其学说来宣扬自己主张的动机。更何况，在布鲁诺时代，赫尔墨斯哲学的知名度应该远远高于哥白尼及其学说。

因此，耶茨关于布鲁诺的研究结论值得怀疑。当然，耶茨的研究还是有意义的，她让科学史研究更加关注当时的社会环境对科学兴起的作用。正如加蒂指出的，耶茨的证据不足以证明赫尔墨斯传统在布鲁诺的思想中占据核心地位，但耶茨的研究让人们开始关注赫尔墨斯传统在近代科学兴起过程中所起到的作用；加蒂接受了耶茨关于布鲁诺是一个法术师或赫尔墨斯主义哲学家的结论，但坚持布鲁诺也是近代科学革命的先驱，布鲁诺身上同时体现出了近代科学和法术传统；此外，加蒂还对布鲁诺在科学史中的作用做出了积极评价，认为他的数学方法、自然观和认识方法在近代自然科学兴起过程中起了积极的作用。[①] 科恩也指出，耶茨的观点一直在变化，她的错误在于片面理解了数学在近代科学中的作用，"把数理解成了犹太教神秘学意义上复杂的象征符号或严格毕达哥拉斯意义上构成世界的抽象实体"。[②]

因此，科学史界近半个世纪的研究，实际上在侧面上证实了一个历史事实，那就是不管布鲁诺出于何种动机宣扬哥白尼天文学思想，最终的确是导致哥白尼天文学思想得到广泛传播的重要因素之一，并因此导致哥白尼本人以及天文学思想收获了很高的知名度以及一定的美誉度。

三 布鲁诺死刑判决与开普勒和伽利略研究兴趣的转变

当布鲁诺在欧洲各地宣扬哥白尼日心地动说时，引发了教廷的极度恐慌。教廷费尽心思抓捕了布鲁诺，用尽一切残酷刑罚却无法改变布鲁诺的思想观点，试图通过死刑判决来震慑布鲁诺的追随者，让他们重新接受教廷关于宇宙的权威观点。[③] 布鲁诺无疑是一位意志十分坚定且勇

[①] Gatti H. "Frances Yates Hermetic Ranaissance in the Documents Held in the Warburg Institute Archive", *Aries*, 2002, 2 (2): 193-211.

[②] 〔荷〕H. 弗洛里斯·科恩：《科学革命的编史学研究》，张卜天译，湖南科学技术出版社2012年版，第378—379页。

[③] 〔美〕托马斯·库恩：《哥白尼革命——西方思想发展中的行星天文学》，吴国盛、张东林、李立译，北京大学出版社2003年版，第194页。

敢的哲学家，在生命最后一刻，他毫无畏惧地说："你们宣读判决时的恐惧，比我接受判决时还要大得多。"这是他临刑前的最后遗言，因为说完这句话，他的舌头就被钳子夹住了。至于他究竟因为什么罪名被处以火刑，目前无法确切地知道，因为拿破仑命令把审判布鲁诺笔录送来，后来这份笔录可能葬身于纸浆厂了。①

但是令罗马教廷始料不及的是，布鲁诺的死刑判决不仅没有实现震慑信徒的意图，还意外地进一步宣扬了哥白尼理论，进一步刺激了天文学爱好者的好奇心理，激发了他们的思考与探索的热情。因此，《天体运行论》本身在学术上虽然没有太突出的创新之处，却在特定历史条件下成为撬动科学进程转向甚至历史转向的有力杠杆。正如库恩所言："《天体运行论》的重要意义不在于它自己说了什么，而在于它使得别人说了什么。这本书引发了它自己并未宣告的一场革命。它是一个制造革命的文本而不是革命性文本。这样的文本是科学思想史上相当常见而又格外重要的现象。它们可以说是转变了科学思想发展方向的文本；一部制造革命的著作既是旧有传统的顶峰，又是未来新传统的源泉。"②

《天体运行论》成为最令人瞩目的天文学作品，这导致验证哥白尼宇宙体系成为一个十分令人感兴趣的选题。当时许多学者都对宇宙体系的真相非常感兴趣，伽利略与开普勒也属于这一类人。与其他学者不同的是，开普勒、伽利略他们本来深信哥白尼体系是正确的，他们既有科学发现或研究成果是建立在哥白尼宇宙体系基础之上的，当有人或组织宣称哥白尼理论是荒谬的，他们自然而然地就会进一步思考如何进行辩护，以维护哥白尼以及自身科学成果的荣誉，因为从科学事业的创新优先权角度考量，如果哥白尼体系得不到承认，在哥白尼理论体系基础上的研究自然也难以得到同行的认可与尊重，科学事业的创新优先权自然也就无从谈起。而最有力的辩护就是向世人展示哥白尼体系正确性的证据，或者对刁难哥白尼体系的问题给出有力的驳斥。要进一步验证哥白

---

① 〔美〕罗伯特·S.韦斯特曼：《哥白尼问题：占星预言、怀疑主义与天体秩序》（下），霍文利、蔡玉斌译，广西师范大学出版社2020年版，第783—784页。

② 〔美〕托马斯·库恩：《哥白尼革命——西方思想发展中的行星天文学》，吴国盛、张东林、李立译，北京大学出版社2003年版，第133页。

尼理论的真伪，需要采取更加可靠的论证工作，至少需要包括：准确描述各行星运动轨道，创立动力学来解释地球转动的不易察觉等问题。[1]

因此，在布鲁诺死刑判决之前，开普勒、伽利略都是在哥白尼理论基础上选择研究课题，在布鲁诺死刑判决之后，他们两位都开始了艰辛地验证哥白尼宇宙体系的过程。正如伽利略所言："无知是他所有老师中最好的老师，因为为了能够向他的论敌证明他的结论的真理性，他被迫用各种各样的实验来证明它们，虽然如果只为了使他自己满意，他从来不感到有必要做任何实验。"[2]

这符合科学家选择研究课题的习惯，总是把首创性看作科学事业的最高价值理念，为此，科学家往往喜欢标新立异，不满足于简单重复前人的研究成果，而是希望在前人成果基础上做出新的探索与发现。因此科学家一般不太喜欢简单地验证前人成果是否正确，除非这个前人的成果是非常引人注目，受到科学共同体的极大关注。如果没有意外事件发生，哥白尼的《天体运行论》可能还是继续默默无闻下去，成为无人问津或少人问津的普通天文学假说或数学假说。但是，布鲁诺的行为改变了科学的进程。

第四节　开普勒新天文学研究的动力逻辑解析

开普勒是近代科学革命重要先驱之一，他与伽利略一样，都是近代科学革命历程中起着承上启下之关键作用的重要科学家，其科学成就可以与哥白尼、伽利略、笛卡尔以及牛顿相媲美。然而，他的著作中常常夹杂着神秘主义思想而被曲解，以为开普勒的成就是建立在神秘莫测的逻辑而不是科学逻辑基础上。实际上，开普勒最伟大的贡献集中体现在新天文学领域，其中确实有一部分成就是建立在神秘的逻辑基础上，给人一种异想天开的印象，比如他的第一部天文学著作《宇宙的秘密》。

---

[1] 〔英〕约翰·德斯蒙德·贝尔纳：《历史上的科学：科学革命与工业革命》，伍况甫、彭家礼译，科学出版社 2015 年版，第 321 页。

[2] 转引自〔美〕罗伯特·金·默顿《十七世纪英格兰的科学、技术与社会》，范岱年、吴忠、蒋效东译，商务印书馆 2000 年版，第 282 页。

但是，我们不能因此完全忽视或否定他在新天文学领域的杰出贡献，特别是他通过将物理学融入天文学而实现了对传统天文学的改造，这意味着人类历史上天文学的研究目的与研究范式的巨大改变，即天文学研究的主要目的或主要用途在于制定或修订历法（时间体系）向认识宇宙真相转变，研究范式不是局限于运用几何学来解释天象修正宇宙模型，而是直接以探索宇宙实在为终极目标。因此，开普勒的新天文学研究成果实际上反映了近代科学革命的转折，意味着近代科学革命从哥白尼发动的天文学革命向纵深领域扩散，并蔓延到数学、物理学与光学等领域。

因此，选择开普勒新天文学研究动力逻辑作为近代科学革命动力之谜解析的一个突破口，是一个具有很高学术价值的研究选题，能够为近代科学革命动力之谜的正确解析奠定一个坚实的基础。

一 开普勒宣扬和验证哥白尼体系的动因的传统解释

1. 开普勒的太阳崇拜与天文学研究

开普勒的著作常常因为神秘主义而被误解，其中流行最广的可能是伯特认为开普勒基于"太阳崇拜"而支持哥白尼天文学说，因为在哥白尼体系中太阳处于新宇宙体系最为耀眼的位置。[①] 托马斯·库恩对此的解读，让伯特的观点广泛传播，在某种程度上坐实了开普勒太阳崇拜者的身份与支持哥白尼学说的动因。库恩在《科学革命的结构》中指出，科学家可以基于完全不属于科学领域的理由，如科学家的个性、国籍、声望等，接受新的科学范式，开普勒因为太阳崇拜而成为哥白尼信徒就是一个典型例子。[②]

显然，无论是伯特还是库恩，对开普勒研究天文学的动机都存在片面误解。开普勒之所以追随哥白尼天文学理论而研究天文学，是因为他认为哥白尼理论代表了真实的宇宙。在图宾根大学期间，开普勒深受天文学家梅斯特林的影响，梅斯特林教授对哥白尼体系做过深入研究，他

---

① 〔美〕罗伯特·S.韦斯特曼：《哥白尼问题：占星预言、怀疑主义与天体秩序》（下），霍文利、蔡玉斌译，广西师范大学出版社2020年版，第679页。

② 〔美〕托马斯·库恩：《科学革命的结构》（第四版），金吾伦、胡新和译，北京大学出版社2003年版，第128页。

的授课让开普勒深感哥白尼体系的魅力。根据韦斯特曼的研究，开普勒是梅斯特林的学生中唯一能够领会哥白尼理论并且乐于接受哥白尼理论的人，他回忆这段历史时发出感慨，（1590年）在图宾根大学深受传统宇宙学的许多缺陷困扰，哥白尼理论却给他带来惊喜，于是他进一步收集资料，结合梅斯特林的讲解，最终发现哥白尼理论比托勒密理论优越。① 自1595年开始，他就在哥白尼体系基础上做进一步研究，"专心致志要解答行星运行轨道的数目、大小以及运转方式这三个基本问题"②。最终他写了《宇宙的奥秘》，这一原创性著作为他带来了极大的荣誉，开普勒因此跻身知名天文学家之列。

2. 开普勒对哥白尼理论的真实看法

美国历史学家罗伯特·S. 韦斯特曼在其长篇巨著《哥白尼问题：占星预言、怀疑主义与天体秩序》中做出推断：哥白尼创作《天体运行论》是为占星学提供一套可靠的理论基础。显然，韦斯特曼的这一论断缺乏足够的证据，更多是基于当时社会环境的一种推测或猜测。

显然，韦斯特曼不仅误解了哥白尼学说的真实目的是为历法改革提供一种可靠的天文学理论，而且误解了开普勒研究天文学的真实意图。尽管开普勒与第谷一样，花费了大量时间与精力，去改革占星学的天文学和自然哲学的基础，以改进占星学，但对开普勒而言，这仅仅是一种谋生的手段与获取王公贵族赞助以继续研究天文学的手段，例如，他把1609年出版的《新天文学》献给神圣罗马帝国皇帝鲁道夫二世，并把火星与鲁道夫二世出生时的占星天空图联系起来，因为鲁道夫二世是开普勒的最重要赞助者和雇主。③ 这实际上是十五、十六、十七世纪科学家谋生与获取科学研究赞助的惯用手段，例如伽利略将发现的木星的四颗卫星献给了美第奇王公。

关于占星学与天文学的关系，开普勒曾经明白无误地进行了解释，他

---

① 〔美〕罗伯特·S. 韦斯特曼：《哥白尼问题：占星预言、怀疑主义与天体秩序》（下），霍文利、蔡玉斌译，广西师范大学出版社2020年版，第673—674页。
② 陈方正：《继承与叛逆：现代科学为何出现于西方》，生活·读书·新知三联书店2009年版，第544页。
③ 〔美〕凯瑟琳·帕克、洛兰·达斯顿：《剑桥科学史：现代早期科学》，吴国盛主译，大象出版社2020年，第475页。

认为占星学是一个愚笨却有钱的女儿，假如没有她的帮助，天文学母亲就会饿死。① 据说这是开普勒在格拉茨当讲师时提出来的观点。由于讲师的薪酬非常低，他不得不依靠编制占星历书来补贴生活费用，于是无奈地说道："如果女儿占星术不挣来两份面包，那么天文学母亲就准会饿死。"② 威廉·多纳林认为，占星学与天文学存在明显的区别，占星学把行星运动当成既定的，并考虑它们对人类社会的影响，绘制占星学的天空图需要用到一定程度的天文学知识，因此占星术士通常受过天文学训练。③ 达雷尔·鲁特金认为，根据托勒密的《占星四书》，天文学与占星学都属于"贯穿星体科学的预知"知识范畴，但天文学是运用数学研究天国物体精确运动的科学，占星学不是精确的知识，它考察天体对地面的各种影响④，这种影响往往是主观认定的。

二　开普勒的历法工作需要天文学理论支撑

开普勒的历法工作经常被忽略，但这对解释开普勒天文学研究实际上有重要意义。虽然新教地区没有对儒略历进行修订，也没有接受格里高利历，但这并不意味着儒略历缺陷就会自行消失。历法不准确在农业生产中的负面影响，对政治经济、军事以及准时履行宗教仪式的负面影响，是新教地区国家与新教各个教派必须认真面对并加以解决的问题。例如新教神学家指责格里高利历是"特洛伊木马，设计用来欺瞒真正的基督徒，在错误的宗教节日敬拜神"。⑤ 既然新教地区不信任格里高利历，而新教徒要想在准确的时间敬拜神灵，就需要校正儒略历。此外，农业生产、政治经济与军事活动，也需要一个准确的历法。

---

① 〔美〕凯瑟琳·帕克、洛兰·达斯顿：《剑桥科学史：现代早期科学》，吴国盛主译，大象出版社2020年，第499页。
② 〔英〕亚·沃尔夫：《十六、十七世纪科学、技术和哲学史》，周昌忠等译，商务印书馆1985年版，第147页。
③ 〔美〕凯瑟琳·帕克、洛兰·达斯顿：《剑桥科学史：现代早期科学》，吴国盛主译，大象出版社2020年，第499页。
④ 〔美〕凯瑟琳·帕克、洛兰·达斯顿：《剑桥科学史：现代早期科学》，吴国盛主译，大象出版社2020年，第469—470页。
⑤ 〔加拿大〕丹·福尔克：《探索时间之谜：时间的科学和历史》，严丽娟译，海南出版社2016年版，第043页。

在这种背景下，懂天文学的开普勒被派往格拉茨地区从事天文历法工作，体现了人尽其才的原则。韦斯特曼正确地指出，委派开普勒到格拉茨地区，并非如亚历山大·柯瓦雷所言，是路德派教会变相驱逐公开热情追随哥白尼宇宙学的开普勒，而是因为开普勒渊博的学识和数学技艺。① 因为地方天文历法工作再怎么说也是一项专业性相当强的工作，并非任何人都能够胜任。

1597~1599年，开普勒在格拉茨地区工作期间撰写了三篇年度预言，探讨了土耳其苏丹生辰对战争和国家的影响，探讨了历法与农作物生产等，他还通过研究对月食现象的观测结果来编制历法，并构建了新的月球运动理论。② 在此，开普勒观测月相，构建月球运动理论，可能与复活节需要月亮运动规律有关，编制的历法可能是阴历。

据记载，当时德国的日历和历书的编写包括天气预测的占星术内容，对农业生产具有十分重要的作用，开普勒编写过大量的日历，并为预报成功而感到自豪。③ 值得特别指出的是，所谓的天气预测占星术，并非完全迷信的内容，它很大程度上借用了星象历法时代的科学探索积累的知识，笔者在前文已经指出，星象历法时代，古人已经借助星象来预报季节和天气，例如古埃及人利用天狼星在空中的运行规律来预测尼罗河流域的雨季与河水泛滥季节，以服务农业生产，取得了很好的效果。

可见，开普勒从事天文学研究，还有历法工作方面的考虑，因为历法工作需要精确的天文学理论，这一点常常被忽视，可能有两个原因。一是当时格里高利历已经实行多年，而格里高利历是在儒略历基础上修订的，德国新教地区实行的仍然是旧的儒略历，编制准确的历书（包括指导农业生产的天气预报）完全可以参考格里高利历来进行，两者之间的切换不需要太复杂的专业技能。二是开普勒在行星领域的一系列研究成果实在太令人震撼了，以至于人们忽略了他在历法领域的贡献。但必

---

① 〔美〕罗伯特·S. 韦斯特曼：《哥白尼问题：占星预言、怀疑主义与天体秩序》（下），霍文利、蔡玉斌译，广西师范大学出版社2020年版，第694页。

② 〔美〕罗伯特·S. 韦斯特曼：《哥白尼问题：占星预言、怀疑主义与天体秩序》（下），霍文利、蔡玉斌译，广西师范大学出版社2020年版，第695页。

③ 〔美〕凯瑟琳·帕克、洛兰·达斯顿：《剑桥科学史：现代早期科学》，吴国盛主译，大象出版社2020年，第500页。

须指出的是,从开普勒在行星天文学领域的研究历程看,他拥有认真、仔细、一丝不苟的科学家宝贵素养,因此,在日历编写上,他不会轻易地、不加思考地借鉴格里高利历,应该会重新计算太阳、月亮的位置。笔者做出这一推测并非毫无根据,因为有确切证据表明开普勒在1597~1599年通过研究月食现象的观测结果来编制历法,而研究月食必须观测并计算太阳、地球和月亮的相对位置以及相对运动,他还构建了新的月球运动理论。① 另外,他前后历时数十年编写《鲁道夫星表》,由此也可以看出来他在编写历书过程中重新计算太阳、月亮的位置与相对运动规律。《鲁道夫星表》与《托勒密星表》的一个重要差别是,前者只提供计算方法,并没有给出行星的具体位置,而《托勒密星表》既提供行星的位置也提供具体的计算方法;《鲁道夫星表》新的编写方法为西欧数学的改进埋下了伏笔,因为西欧航海大发展之后,许多人需要自行计算行星位置,而开普勒提供的计算方法过于烦琐,需要进一步改进计算方法。②

三 开普勒从宣扬哥白尼体系到验证哥白尼体系

1. 开普勒宣扬哥白尼天文学说

早在学生时代,开普勒在师从梅斯特林的时候,就已经意识到哥白尼体系比托勒密体系明显优越,曾经在1593年的辩论会上公开支持哥白尼学说。后来,他在哥白尼学说基础上创作《宇宙的奥秘》一书,公开宣扬哥白尼学说。《宇宙的奥秘》出版过程谈不上一帆风顺,但是也没有遇到太大阻力,由于他的恩师梅斯特林教授的鼎力支持,并亲自向图宾根大学学术评议会大力推荐,强调开普勒著作在天文学方面的创新性和价值,最终评议委员会一致同意出版《宇宙的奥秘》。当然,神学家哈芬雷弗的友好地建议开普勒删除一些可能触犯神学家的内容,这也是开普勒著作得以顺利出版的重要原因。③ 由此我们也不难

---

① 〔美〕罗伯特·S.韦斯特曼:《哥白尼问题:占星预言、怀疑主义与天体秩序》(下),霍文利、蔡玉斌译,广西师范大学出版社2020年版,第695页。

② 〔美〕凯瑟琳·帕克·洛兰·达斯顿:《剑桥科学史:现代早期科学》,吴国盛主译,大象出版社2020年,第507页。

③ 〔美〕罗伯特·S.韦斯特曼:《哥白尼问题:占星预言、怀疑主义与天体秩序》(下),霍文利、蔡玉斌译,广西师范大学出版社2020年版,第711—712页。

理解开普勒著作中常常掺杂一些神学元素的原因，这实际上有着顺利通过当时宗教出版审查的考虑。

《宇宙的奥秘》是开普勒学术生涯非常重要的一部著作，书中一开始就提出，为什么天体运行轨道的数量、大小和运动是这个样子，而不是别的样子？开普勒试图从神灵或上帝制造宇宙原型角度为哥白尼宇宙观进行辩护。① 开普勒认为，柏拉图的五种正多面体恰好可以镶嵌在 6 个行星天球之间，来解释为什么行星的数量是 6 个，进而得出这种数学上的和谐是上帝造物计划，以表明哥白尼宇宙观反映了天上的真实情形。② 显然，开普勒的设想是天方夜谭的，根本没有经过严格的检验，因此《宇宙的奥秘》是一部连基本假设也存在错误的不成熟著作，但它有两个开创性意义。"首先，它公开宣扬哥白尼系统，而且是建立在其基础之上……它不仅仅以数学仿真现象，而企图对现象提出基本和物理性解释，也就是要找到现象背后的实质原因。"③

这意味着《宇宙的奥秘》是一部近代科学革命中承上启下的天文学著作，从内容上看，它融入了物理学元素，从目的上看，传统天文学通过拯救现象来理解天体运动，为历法制定或修订提供天文学理论依据，《宇宙的奥秘》可能纯粹是探索宇宙真相的著作，他开辟了近代科学研究的新领域，也是近代科学研究的新方向，推动了近代科学革命向纵深方向发展。

2. 开普勒验证哥白尼体系的早期努力

早在 1597 年与伽利略通信之时，开普勒就向伽利略提出大胆建议，希望伽利略将自己思考的支持哥白尼天文学理论的证据公开发表出来，共同推动哥白尼学说的验证并让社会大众接受。他在信中写道："我们这个时代的伟大事业已经首先由哥白尼，继而由许多非常博学的数学家草创，地球运动的主张也不再被视为某种新鲜事物。在此之后，通过对此

---

① 田国强：《新天文学的起源——开普勒物理天文学研究》，中国科学技术出版社 2010 年版，第 2—3 页。
② 田国强：《新天文学的起源——开普勒物理天文学研究》，中国科学技术出版社 2010 年版，第 3 页。
③ 陈方正：《继承与叛逆：现代科学为何出现于西方》，生活·读书·新知三联书店 2009 年版，第 544—545 页。

做出共同担保，将已经开动的车辆拉向目标，以及通过发出强有力的声音，逐渐压倒对依据欠考虑的大众，以便或许能巧妙地使他们认识到真理，这样不是更好吗？"① 虽然开普勒在推动哥白尼学说的验证上十分热情，但的确高估了支持哥白尼学说的数学家或天文学家数量，据可靠估计，当时毫无保留地支持哥白尼天文学说的坚定捍卫者，大概只有四位，即开普勒、布鲁诺、黑森林侯爵的数学家克里斯多夫·罗特曼以及伽利略。开普勒还认为，哥白尼学说的最大阻力来自同行，开普勒试图说服同行，但他很清楚，同行不会在没有证据的情况下承认哥白尼学说，为此他试图通过公开伽利略写给他的信来促进一种有利于支持哥白尼学说的认识的形成，推动各地的数学教授对哥白尼学说达成一致意见。② 这表明，开普勒十分迫切地希望哥白尼天文学说能够早日得到承认，作为哥白尼学说坚定支持者与追随者，开普勒迫切需要寻找证据，以证明哥白尼学说是正确的。开普勒苦于没有证据，在获悉伽利略拥有支持哥白尼学说的证据后，自然非常兴奋。他公开信件的打算显然不符合伽利略本意，伽利略绝不会希望他的信件内容被公开，因为这可能带来意想不到的麻烦。开普勒曾经猜测伽利略可能把潮起潮落现象归因于地球的运动，这一猜测无疑是准确的；伽利略后来的确把海洋的潮汐归因于地球绕日公转与自转的反应；但开普勒在这个问题上显然不赞成伽利略的意见，原因是开普勒已经发现涨潮与落潮与月球运行明显是同步的。③ 将潮汐运动归因于地球的运动，无论是公转，还是自转，显然都不是合适的证据。

开普勒真正最想获取的证据是恒星视差，但他自己无法独立进行这种高难度的天文观测，希望能够与伽利略合作，共同测量恒星视差。因为开普勒很清楚第谷反对哥白尼地动学说的三大理由。第一个理由就是恒星视差根本观测不到，由此断定地球静止不动，地球运动的观点是错

---

① 〔德〕托马斯·德·帕多瓦：《宇宙的奥秘：开普勒、伽利略与度量天空》，盛世同译，社会科学文献出版社2020年版，第313页。
② 〔德〕托马斯·德·帕多瓦：《宇宙的奥秘：开普勒、伽利略与度量天空》，盛世同译，社会科学文献出版社2020年版，第315—316页。
③ 〔德〕托马斯·德·帕多瓦：《宇宙的奥秘：开普勒、伽利略与度量天空》，盛世同译，社会科学文献出版社2020年版，第314页。

误的。如果能够观测到恒星视差，就构成支持哥白尼理论的最为重要铁证。另外两个理由分别是：第谷从物理学角度对哥白尼地动说提出反对意见，他指出，如果从极高的塔顶释放铅球，只有地球保持静止，铅球才会准确地落在塔底，现在铅球落在塔底，证明地动说是错误的；如果地球自西向东旋转，用大炮向东发射与向西发射的射程应该不一样，但事实上大炮在两个方向上射程一样，因此证明地球是静止的。①

3. 开普勒通过天文观测数据验证哥白尼学说

开普勒大约从1601年即布鲁诺死刑判决后开始验证哥白尼体系。他受邀参与第谷的天文学理论体系研究时，试图借助第谷丰富的精确天文观测资料来证明哥白尼体系是正确的。值得注意的是，第谷不是哥白尼理论的信奉者，而是质疑者，认为哥白尼理论也是错误的，他自己提出地日混合说，希望能够替换哥白尼体系。第谷邀请开普勒的目的是希望借助开普勒在数学上的深刻造诣，结合自己数十年积累的观测数据，帮自己修改或建立地日混合说的数学模型。第谷从《宇宙的奥秘》中看出了开普勒的数学天赋，也看出了开普勒天文学研究缺乏系统规范的天文观测数据检验的缺陷，这种缺陷必然导致天文学理论缺乏坚实的支撑而陷入空想。② 事实证明，第谷的眼光是非常深邃犀利的，他对开普勒在天文学领域的潜力的评估是非常准确的，他的邀请是开普勒走向一流天文学家的关键一环。由于两人在合作目标上存在明显的分歧，注定了他们的合作不会一帆风顺。

开普勒是一位坚定的哥白尼学说信奉者，这是毫无疑问的事情，证据有四。一是大学期间，1593年因为哥白尼体系与托勒密体系孰优孰劣与同学争辩，坚持哥白尼体系更为可信③。二是与第谷争论，众所周知，第谷是哥白尼体系坚定的反对者，开普勒则因为坚持哥白尼学说与第谷多次争论过，甚至因此而出走，只是感到第谷资料之精确丰富才回心转

---

① 〔德〕托马斯·德·帕多瓦：《宇宙的奥秘：开普勒、伽利略与度量天空》，盛世同译，社会科学文献出版社2020年版，第305页。

② 〔美〕凯瑟琳·帕克·洛兰·达斯顿：《剑桥科学史：现代早期科学》，吴国盛主译，大象出版社2020年，第503页。

③ 陈方正：《继承与叛逆：现代科学为何出现于西方》，生活·读书·新知三联书店2009年版，第544页。

意重新投靠第谷①。三是出版的《宇宙的奥秘》是建立在哥白尼学说基础上，公开宣扬哥白尼系统；如果不是确信哥白尼体系的正确性，绝不会将自己的研究建立在哥白尼体系基础上②。四是1597年给伽利略的回信，鼓励伽利略坚定信念，大胆宣扬哥白尼学说。③ 当然，开普勒并非盲目遵循哥白尼的理论，而是有自己的思想观点，在1593年辩论中，他在坚持哥白尼观点、认为太阳处于静止状态的同时，也明确提出第一推动者并非外部天球，而是太阳，这明显超越了哥白尼理论。哥白尼在《天体运行论》中并没有将行星运动的能量归结于太阳。根据韦斯特曼的分析，开普勒这一思想观点可能来自斯卡利格的学术思想。④

开普勒对哥白尼体系的验证过程并非一帆风顺，而是一波三折。他愿意在第谷处工作的一个重要诱因是希望借助第谷翔实、准确的观测资料验证哥白尼体系是正确的，同时也意味着他根本不相信第谷体系是正确的。但第谷却要求开普勒利用天文观测数据来完善地日混合说，这无疑令开普勒感到为难，无奈之下，开普勒采取了折中的办法，同时依据天文观测数据对哥白尼体系与第谷体系进行调整。⑤

但令人意想不到的是，不久之后，第谷竟然意外地因病逝世，开普勒正想加快研究进程时却遇到了新麻烦。由于第谷生前多次与开普勒在天文学上的不同意见发生争吵，第谷的女婿唐纳高不允许开普勒使用第谷的天文观测数据。几经交涉，唐纳高终于允许开普勒使用第谷天文观测数据，但双方达成协议，约定开普勒关于火星的著作必须得到唐纳高同意，确认没有违反第谷天文学观点，才可以出版，至于开普勒本人的见解，则必须等到《鲁道夫星表》公开后才能自

---

① 陈方正：《继承与叛逆：现代科学为何出现于西方》，生活·读书·新知三联书店2009年版，第543页。
② 陈方正：《继承与叛逆：现代科学为何出现于西方》，生活·读书·新知三联书店2009年版，第544—545页。
③ 〔俄〕鲍·格·库茨涅佐夫：《伽利略传》，陈太先、马世元译，商务印书馆2001年版，第73页。
④ 〔美〕罗伯特·S.韦斯特曼：《哥白尼问题：占星预言、怀疑主义与天体秩序》（下），霍文利、蔡玉斌译，广西师范大学出版社2020年版，第681—682页。
⑤ 何平、夏茜：《李约瑟难题再求解》，上海书店出版社2016年版，第107页。

由发表。[①]

四　为支持哥白尼体系而开启了探索宇宙真相的漫长历程

为了支持哥白尼体系，最好的办法是找出宇宙物理实在性。虽然唐纳高对开普勒的研究工作施加了苛刻的限制，但并没有监控开普勒的日常研究工作。开普勒在随后的研究中，仍然坚持优先推进哥白尼体系的验证工作，并没有在第谷的地日混合说领域浪费太多时间。这表明，当一位坚定的哥白尼学说信奉者坚持的观点遭到彻底的质疑与否定时，他必然会做出反击，而反击质疑或批判的最有效手段就是证明哥白尼理论是真理、是客观现实，而不是假说，更不是谬论或异端邪说。

在历尽艰辛之后，开普勒发现了火星围绕太阳运动的椭圆形轨道，且太阳是椭圆轨道的一个焦点，显然，行星不仅没有做匀速圆周运动，而且其运行速度随自身与太阳距离的变化而发生相应的变化，靠近太阳时行星运行速度加快，远离太阳时速度变慢，但是，行星与太阳的连线在相同时间内扫过的面积相等。开普勒的这一伟大发现进一步激发人们对哥白尼天文学的兴趣，提升了验证哥白尼天文学思想观点的学术价值，吸引了更多学者加入天文学研究领域，同时还带动人们对数学领域的圆锥曲线、面积体积计算理论和方法等问题的研究，甚至还带动了光学领域的研究。

第五节　伽利略新科学研究的动力逻辑解析

近代科学革命的动力是什么？传统的思路是从社会宏观视野与重大历史事件如文艺复兴、航海大发现、基督教改革、人文主义等领域，深入探析这些重大历史事件对近代科学革命提供的直接（间接）激励或动力源泉。但历经一百多年的研究，却始终未能合理地、彻底地解开近代科学革命的动力之谜。迄今为止，近代科学革命的动力仍然是一个扑朔

[①] 陈方正：《继承与叛逆：现代科学为何出现于西方》，生活·读书·新知三联书店2009年版，第545页。

迷离的历史谜题。

我们都知道，近代科学革命的成果归根结底是科学家辛辛苦苦地研究出来的或创新出来的。如果我们能够换个角度考察近代科学革命的动力，从微观角度而不是从社会宏观视野角度，即从科学家从事科学探索的动力或动因来考察近代科学革命的动力之谜，或许能够取得意想不到的良好效果。

伽利略是近代科学革命先驱，在新科学（指新天文学和新物理学，下同）领域做出了伟大贡献，被誉为近（现）代科学之父。伽利略是近代科学革命历程中起着承上启下关键作用的重要科学家，因此，我们选择伽利略新科学研究动力逻辑作为近代科学革命动力之谜解析的突破口。

一 伽利略新科学研究动力传统解释评述

（一）伽利略新科学研究动力源于对物理学进行数学化改造的人生目标

柯瓦雷在详细考察了伽利略研究历程后得出一个推论：从青年时期开始，伽利略就执着地追求物理学数学化的目标。他指出："从青年伽利略在比萨时的早期著作开始，这位阿基米德主义者和柏拉图主义者的努力就已经指向一个明确的目标，那就是使物理学数学化。在他之前，没有任何人如此自觉、如此耐心，如此执着地追求这个目标。"① 何平、夏茜也持有类似观点。他们认为，伽利略对物理学的数学化情有独钟，以为借助实验和数学对自然现象进行分析的做法将为伟大而卓越的新科学开辟道路；让伽利略产生这样深刻认识的原因主要表现在以下几个方面：一是亚里士多德的物理学存在许多谬误，二是亚里士多德代表的古典科学范式排除了运用数学方法研究物理，可能导致问题研究不够深入，三是亚里士多德更关心运动的原因，却忽视了物体如何运动问题。②

或许青年时期伽利略曾经立志实现物理学数学化，但就他后来研究内容看，很难把两者直接联系起来，就其成果而言，与其说目的是物理

---

① 〔法〕亚历山大·柯瓦雷：《伽利略研究》，刘胜利译，北京大学出版社2008年版，第107—108页。

② 何平、夏茜：《李约瑟难题再求解》，上海书店出版社2016年版，第132—133页。

学数学化,不如说他在矢志验证哥白尼理论,即使遭受教会严厉打击,仍然想方设法地验证哥白尼理论体系。如果伽利略科学研究的目的是物理学数学化,他没有必要冒险坚持与宣传哥白尼理论,而是潜心将亚里士多德的物理学进行数学化改造或革新。当然,物理学数学化分析范式的确立,在很大程度上要归功于伽利略,但我们很难将这个事实归因于他努力实现物理学研究范式的改变,因为这在很大程度上是他在验证哥白尼体系过程中的副产品。

(二)伽利略研究新物理学是为了回答天文学方面的挑战

柯瓦雷认为,伽利略从事新物理学研究,是科学发展内在规律决定的,因为哥白尼革命出现了需要进一步解释的问题。他指出:"新物理学是因为天文学才发展起来的,更确切地说,是因为需要回答哥白尼天文学提出的各种问题,尤其是因为需要回应亚里士多德和托勒密提出的各种物理学论证(他们利用这些论证来反驳地球运动的可能性)才逐渐发展起来的。"① 这些问题包括离心力问题、落体垂直运动、地动抛物问题、轨道形状问题以及恒星视差等物理学问题。②

这种观点有一定道理。诚然,要想让哥白尼天文学体系被普遍接受,的确需要回答上述问题。但问题在于,上述刁难日心地动说的问题并非在伽利略时代才出现,而是亚里士多德提出来的问题,到了公元1600年前后,这些问题已存在了2000年左右。为什么在此前漫长时期里,科学家没有兴趣去回答这些问题?显然,单纯依赖科学自身内在发展规律是无法完整解释这一现象。柯瓦雷显然忽略了一个关键问题,即伽利略为什么要去论证哥白尼体系的正确性,这才是回答伽利略从事新科学研究的动力逻辑的关键。

(三)伽利略新科学研究动力源于对单摆等时性与自由落体运动的好奇心理

好奇心理是驱使科学家进行科学探索的重要动因,因为满足好奇心

---

① 〔法〕亚历山大·柯瓦雷:《伽利略研究》,刘胜利译,北京大学出版社2008年版,第185页。
② 〔英〕约翰·德斯蒙德·贝尔纳:《历史上的科学:科学革命与工业革命》,伍况甫、彭家礼译,科学出版社2015年版,第367页。

理可以带来极大的乐趣,自柏拉图和亚里士多德阐述这一问题以来,获得了众多科学家的赞同与身体力行。在近代科学革命进程中,许多科学家正是仅仅因为能够从科学研究中获得极大的乐趣与心理满足而乐此不疲地投身科学事业。法国数学家、天体力学家、科学哲学家庞加莱曾经指出,科学家之所以从事科学研究,并不是基于科学的用途,而是因为他们能够从科学研究中获得足够的乐趣。[1]

伽利略对单摆等时性以及自由落体运动的好奇心理显然是一个客观历史事实,对这两个问题研究时间跨度曾经长达数十年。关于伽利略何时开始单摆研究是一个谜题,有各种不同版本的解释,但都不太可靠,但至少从1602年开始,伽利略已经在研究单摆问题。吴国盛指出,伽利略在1602年给朋友的一封信中提到了自己正在做单摆实验,1604年他设计斜面实验的一个主要目的就是为了解释摆的等时性,即摆动周期(时间)与摆幅大小无关;斜面实验的另一个主要目的是寻找自由落体运动规律。伽利略猜测,单摆运动与自由落体运动之间存在内在联系,二者都是物体的重量造成的;于是他设计了斜面实验将摆弧的曲线转化为斜面的直线来处理,斜面的倾斜角度越大相当于摆幅越大,当斜面的倾斜角度达到90度时,斜面运动就变成了自由落体运动。[2] 这样,伽利略用一个实验解决了两个物理难题,得出单摆的运动周期与摆长度的平方根成正比,落体下落的时间与物体重量大小无关,下落速度与时间成正比。但是,得出以上结论的过程十分艰辛,远远超出我们的想象。关于单摆运动周期公式的归纳,伽利略前后历时近20年[3];关于自由落体运动规律,则直到1630年才最终确定,前后大概经历了近30时间。大约在1618年之后,伽利略才发现此前归纳的自由落体运动中,落体的速度与距离成正比是错误的,开始以时间代替距离,继续考察运动速度与时间的关系,直到1630年才最终确定,物体自由下落速度与时间成正比,并给出了匀加速运动的明确定义。[4]

---

[1] 颜青山:《科学是什么》,湖南科学技术出版社2001年版,第206页。
[2] 吴国盛:《科学的历程》,湖南科学技术出版社2018年版,第253页。
[3] 何平、夏茜:《李约瑟难题再求解》,上海书店出版社,2016年,第133页。
[4] 胡化凯:《物理学史二十讲》,中国科学技术大学出版社2009年版,第220页。

显然，从偏好与兴趣角度来解释伽利略科学研究的动因，有一定合理性，符合科学研究动因的基本逻辑。但这种解释无法与伽利略随后的科学研究内容相衔接。众所周知，伽利略在随后二十多年里，基本围绕哥白尼理论体系的验证开展科学研究。

（四）伽利略新科学研究动力源于布鲁诺事件的刺激

布鲁诺是一个极富感染力的天才演说家与雄辩家，他在欧洲各地宣扬哥白尼日心地动说，取得了极大的轰动效应，引发了教廷的极度恐慌与强烈不满。教廷费尽心思抓捕了布鲁诺，用尽一切残酷刑罚却无法改变布鲁诺的思想观点，试图通过死刑判决来震慑布鲁诺追随者，让他们重新接受教廷关于宇宙的权威观点。[①]

随着哥白尼体系被用来攻击罗马教廷以及布鲁诺的死刑判决，引发了学术界对宇宙真相的强烈的、浓厚的兴趣，让《天体运行论》成为最令人瞩目的天文学作品，这导致验证哥白尼宇宙体系成为一个十分令人感兴趣的选题。正如贝尔纳指出："布鲁诺促使人对哥白尼理论进行思考和争辩。"[②] 贝尔纳还指出，要想让哥白尼理论得到坚实的论证，必须"要能提出令人信服的论证来解释地动的不可觉察性，此项任务就意味着必须先创立动力学这一门新科学。"[③] 当时许多学者都对宇宙体系的真相非常感兴趣，伽利略与开普勒也属于这一群体。

这一类解释有一定道理，符合科学社会学理论，是比较流行的一种观点。但由于缺乏直接证据，这一解释一直存在较大的争议。伽利略本人并没有明确说过新科学研究是受布鲁诺宣扬哥白尼理论以及布鲁诺死刑判决的影响。

（五）伽利略新科学研究动力源于对天文异象的好奇心理

1604年冬天，在欧洲南部天空出现一颗新的亮星并持续到第二年秋

---

① 〔美〕托马斯·库恩：《哥白尼革命——西方思想发展中的行星天文学》，吴国盛、张东林、李立译，北京大学出版社2003年版，第194页。
② 〔英〕约翰·德斯蒙德·贝尔纳：《历史上的科学：科学革命与工业革命》，伍况甫、彭家礼译，科学出版社2015年版，第321页。
③ 〔英〕约翰·德斯蒙德·贝尔纳：《历史上的科学：科学革命与工业革命》，伍况甫、彭家礼译，科学出版社2015年版，第321页。

天才逐渐消失。这一异常天文现象吸引了伽利略的兴趣，促使他暂时放下手头的物理学研究，转而研究天文学问题，并在帕多瓦大学公开发表自己对新星的研究成果。① 1608 年，伽利略听说荷兰商人发明望远镜之后，马上开始研制天文望远镜，经过多次努力之后，将望远镜放大率提升到 30 倍以上；随后，伽利略开始进行天文观测，取得了一系列重大天文发现；从此伽利略打开了通向近代天文学的大门。② 伽利略通过天文观测和研究，逐渐认识到哥白尼日心地动说是正确的，托勒密地心说是错误的，同时发现亚里士多德的许多物理学解释是错误的；由此伽利略逐步走上支持、宣扬、论证哥白尼理论体系的科研道路。③ 由于验证哥白尼理论体系需要新科学（新物理学）理论知识，伽利略由此走上了新科学研究道路。

这种观点有一定道理，公开资料显示，1604 年伽利略确实一度公开发表自己在天文学领域的一些研究心得。但伽利略研究天文学的时间应该远远早于 1604 年，因为在 1597 年，他在写给开普勒的信中提到自己多年前已经相信哥白尼学说，这意味着伽利略研究天文学的时间早于 1604 年。

总之，以上各种解释伽利略从事科学研究的理由均有一定道理，也具备一定合理性，但都无法完整解释伽利略科学研究的动力逻辑。为此，有必要重新梳理伽利略新科学研究的主要内容与目的，在此基础上，结合当时的科学研究环境进一步分析伽利略新科学研究动力逻辑。

二 从研究内容看伽利略新科学研究的目的

伽利略新科学研究成果可分成新物理学与新天文学两部分，前者主

---

① 李迪：《〈关于托勒密和哥白尼两大世界体系的对话〉导读》，参见〔意〕伽利略《关于托勒密和哥白尼两大世界体系的对话》，周煦良等译，北京大学出版社 2006 年版，第 6 页。
② 李迪：《〈关于托勒密和哥白尼两大世界体系的对话〉导读》，参见〔意〕伽利略《关于托勒密和哥白尼两大世界体系的对话》，周煦良等译，北京大学出版社 2006 年版，第 7—8 页。
③ 李迪：《〈关于托勒密和哥白尼两大世界体系的对话〉导读》，参见〔意〕伽利略《关于托勒密和哥白尼两大世界体系的对话》，周煦良等译，北京大学出版社 2006 年版，第 9—10 页。

要包括从斜面实验中归纳的自由落体运动规律、速度、加速度、(初步的)惯性定律、重力的性质,从斜面实验和炮弹的抛物线飞行轨迹中总结出运动相对性原理;后者主要包括他运用天文望远镜发现的木星四颗卫星及其运动规律、对金星相位的确认、发现土星环和太阳黑子。他不遗余力地运用自己在新科学领域的发现与理论创新来验证并广泛宣扬哥白尼理论。伽利略新科学研究的主要内容集中体现在以下方面:离心力问题、落体垂直运动、地动抛物问题、轨道形状问题以及恒星视差等物理学问题。另外,伽利略在天文观测领域的工具创新与天文发现也被用来验证上述问题。

显然,这些问题的解答是为了验证哥白尼理论体系。实际上,伽利略在斜面实验与炮弹飞行中总结的新科学理论,并不是很成熟,但伽利略却迫不及待地用来验证哥白尼理论体系,如运用惯性运动和原理来解释地球运动的轨道问题、离心问题;运用加速度、速度、惯性运动、地球周日、周年运动等来解释地球上海洋潮汐现象,爱因斯坦曾经批评伽利略急于给出地球运动的证明而构造了引人入胜的观点并自己全盘接受了。

上述分析表明,伽利略新科学研究的目的相当明确,就是为了验证哥白尼体系是正确的,托勒密体系是错误的。但伽利略基于什么因素的考量而冒险研究新科学,伽利略本人并没有明确解释,这也是导致近代科学革命动力之谜迟迟无法解释的重要原因之一,因此,必须进一步通过系统分析来推断伽利略从事新科学研究的动力。

因此,从某种意义上看,伽利略新物理学研究内容几乎专为验证哥白尼体系量身定做。

三 伽利略新科学研究动力形成过程的深层原因剖析

(一) 布鲁诺事件对伽利略新科学研究影响的进一步分析

在比萨大学时期,伽利略还没有对哥白尼学说的性质做出自己的判断,甚至可能还没有深入了解《天体运行论》。做出这样判断的依据主要有:其一,迄今为止的所有伽利略研究、传记或历史资料都没有记载他在比萨大学期间已经对哥白尼《天体运行论》性质做出判断;其二,

第八章　近代科学革命深化的原因与动力源泉

按照伽利略在比萨大学期间的科学研究态度与行为方式，如果他对哥白尼《天体运行论》的性质做出判断，很可能会以某种方式表现出来，如演讲、辩论等，但迄今为止并没有任何历史资料记载伽利略有这方面言行。因此，在比萨大学期间，伽利略还没对《天体运行论》的性质做出判断是一个大概率事件。

大约在 1595 年，伽利略发现借助哥白尼《天体运行论》中地球的周日运动与周年运动可以在力学上解释海洋潮汐。[①] 显然，伽利略研究《天体运行论》的时间应该早于 1595 年，否则难以解释他在 1595 年得到依赖哥白尼理论的海洋潮汐解释。另外，在 1597 年，伽利略在给开普勒的一封信中明确提出，自己在多年前就已经是哥白尼学说的信奉者。显然，这个多年前并非指 1595 年，肯定比这个时间点要早，否则伽利略应该讲两三年前，而不是多年前。那这个时间点到底在什么时候呢？笔者认为很可能是 1592～1593 年，也就是伽利略到帕多瓦大学之初，理由如下。

1592 年 5 月 23 日，布鲁诺在威尼斯共和国因被人出卖而被捕，伽利略一定知道这件事，而且很可能被深深地震撼了。做出这样判断的依据如下。第一，在学术界颇有名气的伽利略于 1591 年下半年来到威尼斯，作了多次科学方面演讲，颇受当地上流阶层欢迎，并多次受邀参加舞会、音乐会、宴会，结识了不少达官贵人。[②] 可能是因为自己在威尼斯拥有很好的人际关系，在帕多瓦大学期间，伽利略经常到威尼斯游玩或拜访朋友。布鲁诺被捕事件是威尼斯共和国的一件大事，威尼斯当局一开始不愿意将布鲁诺移交给罗马教廷，但在罗马教廷多次强烈施压之下，不得不于 1593 年 2 月向罗马教廷妥协，最终将布鲁诺移交给罗马宗教裁判所。[③] 从布鲁诺被捕到移交期间，布鲁诺与哥白尼理论一直是威尼斯社会的一个热门议题，经常拜访威尼斯的伽利略不可能不知道这件事。第二，帕多瓦大学距离威尼斯仅仅 32 公里，在历史上，帕多瓦大学的天文学在欧洲颇负盛名，哥白尼曾经在帕多瓦大学留过学，其间形成《天体

[①] 杨建邺、李继宏：《伽利略传》，湖北辞书出版社 1998 年版，第 145 页。
[②] 杨建邺、李继宏：《伽利略传》，湖北辞书出版社 1998 年版，第 145 页。
[③] 吴国盛：《科学的历程》，湖南科学技术出版社 2018 年版，第 243 页。

运行论》初步理论框架。因此，大力宣扬哥白尼《天体运行论》的布鲁诺的被捕，一定会在帕多瓦大学引发关注。第三，布鲁诺被捕与引渡事件一波三折，前后历时约七个月，引起威尼斯各界广泛关注和谈论，作为科学家的伽利略，往往具有比普通民众更加强烈的好奇心理，比其他市民更加关注《天体运行论》的真实性，在这种情况下诱发伽利略深入思考哥白尼体系，可能性很大。第四，在伽利略新科学研究生涯中，其朋友多次提到担心他遭受类似于布鲁诺的不幸，他本人在受审期间也多次考虑到布鲁诺的不幸遭遇，由此可见他对布鲁诺事件的印象非常深刻。

在布鲁诺死刑判决之前，虽然伽利略已经相信哥白尼《天体运行论》是真理，但并没有打算去证明哥白尼体系的正确性，从伽利略与开普勒的往来书信中不难看出这一点。

1597年伽利略收到开普勒《宇宙的奥秘》这一著作，在给开普勒回信中明确说明自己早在多年前就已经是一位哥白尼学说的信奉者[①]，他成功地应用哥白尼理论完全解释清楚许多现象，这些现象用相反理论不能解释清楚。在信中，伽利略写道："多年以前，我就倾向哥白尼的思想，借助于他的理论，我成功地完全解释清楚许多一般用相反理论不能解释清楚的现象。我研究出许多可以驳倒相反概念的论据。但由于担心碰到我们的哥白尼碰到的同样命运，至今没有把它们公开发表。当然，我知道哥白尼在不很多一部分人士中间赢得了不朽的荣誉，但在大多数人面前，却只得到讥讽和嘲笑。在那个时候以前，愚昧无知的人真是太多了。如果像您这样的人多一些的话，我经过再三思维毕竟会决定发表我的论据，既然情况并非这样，我就避免再谈上述课题。"[②]

从现有历史资料看，伽利略写信给开普勒的时候，反对哥白尼学说的诸多理由还没有哪一条被驳倒，支持哥白尼学说的发现都还没有被做出。[③] 也就是说，在《天体运行论》未得到有效验证之前，伽利略

[①] 伽利略青年时代在比萨的时候，就成了哥白尼学说的信徒。参见〔俄〕鲍·格·库茨涅佐夫《伽利略传》，陈太先、马世元译，商务印书馆2001年版，第73页。

[②] 〔俄〕鲍·格·库茨涅佐夫：《伽利略传》，陈太先、马世元译，商务印书馆2001年版，第73页。

[③] 江晓原：《试论科学与正确之关系——以托勒密与哥白尼学说为例》，《上海交通大学学报（哲学社会科学版）》2005年第4期，第27—32页。

已经深信哥白尼体系的正确性。当然，伽利略可能有一些未公开的证据能够证明哥白尼学说成立或证明托勒密学说不成立，但这些证据的可靠性并没有任何保障。但伽利略却坚信哥白尼理论是正确的，并在布鲁诺死刑判决之后，开始验证哥白尼理论的新科学研究。

从比萨大学到威尼斯再到帕多瓦大学，伽利略与布鲁诺事件有多次交集，至少会对布鲁诺事件做出自己的道德评判并深入思考，道德评判是人的社会本能反应，深入思考是一个正常学者对社会热点事件的本能反应，更何况布鲁诺事件是一个与科学有关的事件，作为科学家的伽利略没有理由不予以关注。考虑到伽利略开始研究哥白尼《天体运行论》的时间点，与布鲁诺被捕以及被移交罗马教廷的时间点存在重叠的可能性很大。倘若说伽利略研究《天体运行论》没有受到布鲁诺事件的影响，这将是十分令人难以置信的事情。

（二）重视科学发现或创新优先权的伽利略不会长期容忍对哥白尼理论的蔑视

在近代科学革命中，出现了大量的关于科学发现优先权的争夺，这意味着科学成果带来的荣誉能够激励科学家从事科学探索，成为科学研究的动力源泉。

伽利略非常重视科学发现或创新的优先权，曾经在太阳黑子发现优先权方面与德国耶稣会教士沙伊纳发生激烈的争论，也与意大利耶稣会教士发生激烈的科学发现优先权争夺，甚至因此与许多论敌结下了不解之怨，为1616年以及1633年受审埋下了祸根。[1] 还有一件典型的事件可以证明伽利略对科学发现或创新优先权的重视。1610年伽利略发现了金星相位与月亮类似，从形状上由满月变到蛾眉月，光亮时而增长时而消退，外圆半径时大时小，这些发现证明了金星围绕太阳旋转，而不是围绕地球旋转，于是将这一重大发现以类似密码的字谜形式写信告诉开普勒，目的是保护科学发现的优先权。[2] 正如史学家德雷克指出的："伽利略用字谜的方式是为了以后能确定发现的日期，免得引起发现优先权的争执。"[3]

---

[1] 杨建邺、李继宏：《伽利略传》，湖北辞书出版社1998年版，第232—233页。
[2] 杨建邺、李继宏：《伽利略传》，湖北辞书出版社1998年版，第212—213页。
[3] 杨建邺、李继宏：《伽利略传》，湖北辞书出版社1998年版，第213页。

伽利略深信哥白尼体系是正确的,他的既有科学发现或研究成果是建立在哥白尼宇宙体系基础之上的,当天主教会与罗马教廷宣称哥白尼理论是荒谬的,伽利略自然而然地就会思考如何进行辩护,以维护哥白尼以及自身科学成果的荣誉;因为从科学发现或创新优先权角度考量,如果哥白尼体系得不到承认,那么,在哥白尼理论体系基础上的研究成果自然也难以得到认可与尊重,科学发现或创新优先权自然也就无从谈起。最有力的辩护就是向世人展示哥白尼体系正确性的证据,或者对刁难哥白尼体系的问题给出有力的驳斥。

因此,在布鲁诺死刑判决之前,伽利略在哥白尼理论基础上选择研究课题,在布鲁诺死刑判决之后,伽利略开始了艰辛地验证哥白尼宇宙体系的过程。正如伽利略所言:"为了能够向他的论敌证明他的结论的真理性,他被迫用各种各样实验来证明它们,虽然如果只为了使他自己满意,他从来不感到有必要做任何实验。"① 伽利略这一段话不难理解,因为他自己很早就是一个典型的哥白尼理论支持者,早就对哥白尼理论深信不疑,所做的各种实验就是为了说服反对哥白尼学说的人。正因为如此,贝尔纳才指出:"他做实验并不是要说服自己,而是要说服别人。他异常自信有能力靠理性来解说自然。在这个意义上,他的这些实验不如说是演示而非实验了。"②

显然,伽利略的论敌包括罗马教廷高高在上的红衣主教以及耶稣会教士,他们大都反对哥白尼、布鲁诺的理论。伽利略在新科学研究过程中显然考虑到了教会对哥白尼、布鲁诺理论的压制态度。

(三) 伽利略选择自由落体运动作为验证哥白尼体系的突破口

在帕多瓦大学期间,伽利略成为一个坚定支持哥白尼学说的科学家,这可能与他的教学和科研活动密切相关,他一边在课堂上讲授托勒密体系,一边学习研究哥白尼体系,在反复比较两个体系过程中,做出了自己的判断。

库茨涅佐夫认为,伽利略在写作《关于托勒密和哥白尼两大世界体

---

① 转引自〔美〕罗伯特·金·默顿《十七世纪英格兰的科学、技术与社会》,范岱年、吴忠、蒋效东译,商务印书馆 2000 年版,第 282 页。
② 〔英〕约翰·德斯蒙德·贝尔纳:《历史上的科学:科学革命与工业革命》,伍况甫、彭家礼译,科学出版社 2015 年版,第 325—327 页。

系的对话》很久以前，也就是在帕多瓦大学的时候，已经完成了支持哥白尼体系的物理学发现。在帕多瓦大学课堂里，他用拉丁文讲解传统的宇宙学和物理学概念，在家里教租住在自己家中的学生，用托斯卡纳方言讲解新问题、阐扬新观点。① 这一记载应该可靠，美国著名科学哲学家伯特也指出，伽利略仍然在课堂上讲授托勒密体系多年，尽管他已经热情地拥护哥白尼体系。②

在1600年之前，伽利略已经成为一个坚定的哥白尼主义者，但如果没有充分有力的证据，伽利略不会轻易公开支持哥白尼日心地动说。例如，大约在1595年，伽利略发现借助哥白尼《天体运行论》中地球的周日运动与周年运动可以在力学上解释海洋潮汐。③ 又如，在构想地动抛物运动实验时，伽利略已经相信地球在运动过程中与静止状态的抛物运动是一样的，但那个时候，伽利略可能还没有创造出今天我们非常熟悉的速度、加速度概念，也没有惯性定律与运动相对性原理，不能在物理学上对地球海洋潮汐现象、地动抛物现象作出有说服力的解释，因此，伽利略并没有公开支持哥白尼的《天体运行论》。

作为坚定的哥白尼主义者，伽利略验证哥白尼体系的一切实验或理论创新就是为了说服哥白尼理论的反对者或质疑者，正如前文指出的，科学史家库茨涅佐夫、贝尔纳都发现了伽利略实验不是为了说服自己，而是为了说服哥白尼体系的反对者。

既然要做实验以及在实验基础上进行理论创新来验证哥白尼体系的正确性，就必须验证前述一系列重要难题。自从亚里士多德提出地球居于宇宙中心并静止不动、日月星辰围绕地球旋转运动的观点以来，人们对此就深信不疑，因为这与人们日常生活经验十分吻合。亚里斯塔克提出日心地动说后不断受到各种质疑。亚里斯塔克不仅认为地球存在自西向东旋转，而且围绕太阳公转，这与人们日常经验似乎相反，因为人们根本感觉不到地球在运动，因此，反对者利用亚里士多德理论对日心地

---

① 〔俄〕鲍·格·库茨涅佐夫：《伽利略传》，陈太先、马世元译，商务印书馆2001年版，第69—71页。
② 〔美〕埃德温·阿瑟·伯特：《近代物理科学的形而上学基础》，张卜天译，商务印书馆2018年版，第64页。
③ 杨建邺、李继宏：《伽利略传》，湖北辞书出版社1998年版，第145页。

动说提出各种质疑，这些质疑包括离心力问题、落体垂直运动、地动抛物问题、轨道形状问题以及恒星视差等物理学问题。① 在这些难题中，选择一个重要突破口非常重要，这个突破口难度不能太大，否则无法进行实验，同时又能够从实验中总结出一些新的物理学工具，如速度、加速度、力与运动的关系、惯性运动等，以作为分析其他难题的基础。

最终伽利略选择了自由落体运动作为验证哥白尼体系的突破口。必须再次强调指出的是，此时伽利略开展落体运动实验是为了验证地球转动情况下落体仍然可以保持垂直下落，而不是为了证明两个物体同时落地这个命题。之所以做出这一推论，是因为如果为了证明两个物体同时落地，并不需要斜面实验。虽然那个时代高层建筑物很少，可供选择的实验地点有限，但比萨斜塔是一个理想的实验地点，即使缺少精确的计时仪器，难以直接对自由落体运动开展严谨的实验研究②，但大体能够判断两个物体同时落地。公开资料显示，比萨斜塔从地基到塔顶高58.36米，从地面到塔顶高58米，从塔顶释放铁球自由下落，大约需要3.45秒的时间，即使没有精确计时仪器来准确测量下落时间，但基本可以推断两个铁球同时落地，而不是亚里士多德所说的重物远比轻物下落得快。

选择了自由落体运动作为验证哥白尼体系的突破口，既可以验证物体垂直下落问题，又可以验证地动抛物问题。同时，伽利略在自由落体运动、抛物线运动等领域有一定积累。他在大学时期曾经从恩师圭多波度那里系统学习过抛物运动理论（如炮弹的弹道等），在这方面有一定的理论基础与实践经验。另外，中世纪一些学者已经对自由落体运动做出一些零散的研究，布里丹、奥雷姆等学者还运用冲力理论对抛物问题做过一定研究，在一定程度上纠正了亚里士多德关于抛物运动的

---

① 〔英〕约翰·德斯蒙德·贝尔纳：《历史上的科学：科学革命与工业革命》，伍况甫、彭家礼译，科学出版社2015年版，第367页。
② 伽利略在比萨斜塔的自由落体实验中，结果是落地时大球仅超前小球两英寸。伽利略报告说，他观察到轻物在一开始的时候反而比重物落得快，重物是在后来追上轻物的。20世纪80年代，这一谜团被解开。在试验中，实验者拿着两个不同重量的物体，很难做到同时释放，即使他本人以为是同时释放的，相反，他往往先释放轻的那一个。造成重物先于轻物落地的原因是空气阻力。参见吴国盛《科学的历程》，湖南科学技术出版社2018年版，第12—14页。

错误看法。① 但已有物理理论显然还不足以对地动抛物问题做出合理解释，而要深入研究地动抛物问题，伽利略敏锐地意识到需要"认真研究在自由运动中的物体"。② 因此，伽利略最终选择了自由落体运动作为研究课题。

另外，从自由落体运动中，伽利略可以得到速度、加速度、惯性定律等概念或工具，作为进一步解释地球以及其他行星环绕太阳旋转的轨道、海洋潮汐等现象的理论基础，为验证哥白尼体系奠定基础。

（四）伽利略地动抛物实验构想来自布鲁诺

布鲁诺指出，航行中，船上物体与船一起运动，运动的地球与航行的船只一样，地球上的物体都和地球一起运动；但是，如果从船的桅杆向船的任何部位抛掷石块，它都会沿直线到达预定位置，如果从桅杆自由落下石块，石块将掉到桅杆底部，同样地，在桅杆底部向上直线上抛石块，石块将沿同一条直线重新回落。③ 虽然布鲁诺没有提出运动相对性原理，但他上述解释地动抛物现象的实验构想，实际上已经具备了运动相对性原理和惯性运动的初步思想。

因此，伽利略、梅森、伽桑狄等从运行的船只桅杆顶部下落物体的实验，其思想实际上都来源于布鲁诺，伽利略对地动抛物问题的验证思想以及运动相对性原理的总结，实际上深受布鲁诺思想的启示。但伽利略非常谨慎，避免在公众场合或著作中提及布鲁诺，以免触怒罗马教廷。

（五）伽利略坚持科学与宗教应该分开以实现各自发展

伽利略曾经天真地认为，只要自己能够证明地球和行星确实是围绕太阳转动，证明哥白尼学说是真理，教会应该会接受新的科学解释来替换对圣经的传统理解，以避免与真理背道而驰、名誉扫地的尴尬局面。④

---

① 〔美〕托马斯·库恩：《哥白尼革命：西方思想发展中的行星天文学》，吴国盛、张东林、李立译，北京大学出版社2003年，第120页。
② 〔英〕约翰·德斯蒙德·贝尔纳：《历史上的科学：科学革命与工业革命》，伍况甫、彭家礼译，科学出版社2015年版，第325页。
③ 〔法〕亚历山大·柯瓦雷：《伽利略研究》，刘胜利译，北京大学出版社2008年版，第193—194页。
④ 〔美〕阿米尔·亚历山大：《无穷小：一个危险的数学理论如何塑造了现代世界》，凌波译，化学工业出版社2019年版，第79—80页。

为此，伽利略甚至公开提出："当圣经和科学事实发生冲突时，必须做出调整的是对圣经的解释。"① 伽利略试图说服红衣主教的朋友们接受哥白尼的《天体运行论》，进而说服罗马教廷不要禁止哥白尼学说。他进一步指出，如果教会采取制裁措施压制科学研究与传播，只会对教会带来损害；在这里，伽利略还向教会朋友暗示，如果继续对科学家进行惨无人道的迫害，最终教会也会受到伤害。② 显然，伽利略在此隐讳地暗示了布鲁诺一类的受教会迫害的学者。伽利略希望教会区分科学与宗教、哲学的不同职能，彼此之间不能替代，更不能相互抵制或以某一个统治另一个。③ 用我们今天的话来讲，就是伽利略认为科学与宗教、哲学之间要和谐相处、互不干预，在各自领域自行发展。从中可以看出，伽利略主观意愿上没有反天主教会的诉求；但客观上，伽利略对哥白尼理论的验证与宣扬，严重伤害了教会的权威，导致教会坚持的宇宙观加速崩塌。

但必须指出的是，出现这种令教会十分尴尬和恼火的局面，并非伽利略有意为之，其根本原因在于天主教会曾经将托勒密地心说这一科学理论吸收为教义导致的必然后果。因为宗教教义与科学理论本身在性质上存在明显的差异与冲突，宗教教义通常自称是永恒的和绝对可靠的真理，而科学理论却总是暂时的和相对的真理，预期人们迟早对科学理论进行修正与完善。④ 科学理论通常在发展历程中需要不断证伪才能得以快速发展，这是科学发展内在规律决定的，并不会影响人们对科学理论的态度；而教义如果不断变化，甚至前后矛盾，容易动摇人们的信仰，让教会陷入进退两难的境地。中世纪初，教会曾经严厉禁止托勒密地心说，因为它和宗教经典中所说的大地形状扁平的观点有冲突。但著名经院哲学家托马斯·阿奎那用托勒密的地心说来论证上帝创世说：上帝创造宇宙的目的就是为了人类，因此，作为万物之灵的人类居住的地球必然是宇宙的中心。从此，托勒密的地心说与基督教教义融为一体，成了

---

① 〔美〕阿米尔·亚历山大：《无穷小：一个危险的数学理论如何塑造了现代世界》，凌波译，化学工业出版社2019年版，第172页。
② 杨建邺、李继宏：《伽利略传》，湖北辞书出版社1998年版，第216页。
③ 杨建邺、李继宏：《伽利略传》，湖北辞书出版社1998年版，第215—216页。
④ 〔英〕罗素：《宗教与科学》，徐奕春、林国夫译，商务印书馆2010年版，第5页。

神学的理论基础，并赋予神圣不可怀疑的权威性。① 这样，当哥白尼理论出现后，除非有一方做出退让，否则宗教与科学在托勒密地心说理论上发生冲突就是无法避免的事情。

（六） 在受审时伽利略并没有辩解自己的研究动机是物理学数学化

当伽利略因为《关于托勒密和哥白尼两大世界体系的对话》这一著作遭受严厉审判时，为了减轻自己可能受到的惩罚，伽利略做了各种辩解，如自己"天生的自满情绪""想要显示自己比别人更聪明这种虚荣心理造成的""只是论证了与哥白尼的见解相反的观点""不认可哥白尼的观点"等，并没有提及自己的研究是为了物理学数学化，如果仅仅是为了物理学数学化，相信罗马法庭会对他网开一面。

但实际上，伽利略仅仅在晚年提及动力学理论存在缺陷，值得研究。例如，伽利略在《两门新科学》中曾经指出："我的目的，是提出一门新科学来处理一个很古老的课题。在自然界中，最老的课题莫过于运动……我却发现运动的某些性质仍是值得探讨的"②。从中似乎可以发现，伽利略从事科学研究的动力源泉，纯粹是好奇心驱使，是力学发展的内在逻辑的体现。实际上，伽利略之所以这样讲，主要是因为那个时候他已经受到罗马教廷严厉制裁，根本不敢直接说是为哥白尼理论而进行研究，在受审时，伽利略甚至不敢承认自己支持哥白尼观点。

实际上，《两门新科学》中涉及运动学内容，大部分是斜面实验中的理论创新，如果伽利略是为了物理学数学化，那他应该将斜面实验中得出的规律、原理进一步用于物理学的数学化，例如对亚里士多德物理学中的内容进行数学化描述，或者对中世纪的其他物理学著作内容进一步数学化。但实际情况却与此大相径庭，当他通过斜面实验获得加速度、速度、惯性运动等物理学概念或工具时，甚至等不及进一步加以完善，就匆忙地将这些物理学概念或工具用于哥白尼理论的验证。例如，1613年，伽利略在《关于太阳黑子的书信》中首次提出惯性概念，在探讨黑

---

① 董天夫：《哥白尼：科学发现与宗教信仰》，《自然辩证法通讯》1989年第5期，第50—57页。

② 杨建邺、李继宏：《伽利略传》，湖北辞书出版社1998年版，第330页。

子环绕太阳运动时提出有限的惯性原理,认为在没有外力作用下,圆周路径上的物体将永远沿着该路径以恒定的速度持续运动下去。[①] 类似的情况还有很多,从中不难发现,伽利略提出运动学或动力学理论并非为了物理学数学化,而是为了验证哥白尼理论。

受布鲁诺事件影响而开始研究并验证哥白尼体系,肯定是一个无法言说的理由。实际上,当时许多学者受布鲁诺事件影响,对哥白尼体系感兴趣并开始研究天文学。只要看一看意大利林琴学院数十位院士都对伽利略的研究结论做出评判,就知道他们都学习或研究过哥白尼理论与托勒密理论,至少是有所涉猎。这么多人同时对一个问题感兴趣,在古代社会只有一个原因,即受到某种外部事件的极大刺激或权威的命令。在没有外部事件刺激或权威命令的情况下,古代社会的科学的发展是科学爱好者根据自身偏好进行的科学探索活动,是零星的、分散的,在同一个时间、同一个地方,往往难以找到对同一个问题有深入研究的同行。因此,在伽利略时代,仅林琴学院就有数十人对哥白尼体系感兴趣并研究相关问题,只能说明当时有重大事件刺激了他们或有某种权威命令他们那样做。纵观那个时代历史,只有布鲁诺事件符合这一条件。

(七) 伽利略尽力避免提及布鲁诺

在近代科学革命历程中,布鲁诺的影响实际上非常大,但在近代科学革命文献中,布鲁诺的名字却很少出现,主要原因在于学者们尽量避免提及或引用布鲁诺的观点,以避免激怒教会。正如科学史学者柯瓦雷指出,伽利略对布鲁诺的观点十分熟悉,但从来没有提到布鲁诺,这是因为伽利略谨慎,以免引火烧身。[②] 大名鼎鼎、人脉资源深厚、勇气可嘉的科学斗士伽利略尚且要小心翼翼地避开教会的锋芒,遑论其他学者了。因此,西欧近代科学革命中的学者,几乎毫无例外地避免正面引用布鲁诺的观点。不仅如此,为了避免教会的干预,在《关于托勒密和哥白尼两大世界体系的对话》中,伽利略解释这本书的目的有三个:证明

---

① 〔美〕伯纳德·科恩:《新物理学的诞生》,张卜天译,湖南科学技术出版社 2010 年版,第 103 页。
② 〔法〕亚历山大·柯瓦雷:《伽利略研究》,刘胜利译,北京大学出版社 2008 年版,第 191 页。

地球在运动，充实哥白尼学说，探讨地球海洋潮汐问题，隐瞒了验证太阳是宇宙中心的意图，但在正文中明确无误地指出了包括地球在内的行星围绕太阳中心旋转。另外，伽利略从始至终避免提及或引用布鲁诺的观点，尽管他的地动抛物运动的实验构想和运动相对性原理源自布鲁诺，至少可以说是受到布鲁诺思想的启发。

事实证明，伽利略避免提及布鲁诺的策略是对的，如果他在自己的著作中公开提及或引用布鲁诺的观点，恐怕很可能成为布鲁诺第二。但是，这掩盖不了他书中的例子、思路来源于布鲁诺的证据。

四 简短的结论

由于时代环境的限制，伽利略不敢真实地介绍自己为什么要验证哥白尼体系，或者说，不敢真实介绍他自己怎么发现"验证哥白尼理论"这一科研选题的价值与意义。但从上面的分析可以看出，伽利略开始关注或研究哥白尼《天体运行论》的时间点很可能在1592~1593年，与布鲁诺被捕以及被移交罗马教廷的时间点存在高度重叠，如果进一步考虑到伽利略地动抛物运动、运动相对性原理等重要思想与布鲁诺思想观点的渊源，以及他始终不愿意直接介绍自己科研选题的缘由等因素，伽利略科学研究目的、内容深受布鲁诺事件影响是很可能的。

实际上，伽利略科学研究深受布鲁诺影响还有一个十分重要的证据，那就是1610年在伽利略的《星际使者》出版前几天，开普勒在给伽利略信中的话："不应该忘记我们所有的人都是多亏了布鲁诺，今天我们之所以能够进行这些研究，仍然是多亏了他。"① 这里第一句话可能是指布鲁诺对哥白尼学说的热烈宣传让更多的人了解哥白尼学说的特点、优点与理论价值，所有学习、研究哥白尼理论的人都要感谢布鲁诺；第二句话"今天我们之所以能够进行这些研究"显然指当时验证哥白尼学说正确性的系列研究。另外一个十分重要的证据是1610年4月15日开普勒、伽利略共同的朋友哈斯达勒写信告诉伽利略，说开普勒看到刚刚出版的《星际使者》里没有提到布鲁诺，觉得非常惊讶，面对开普勒的委婉批

---

① 〔法〕让·昊西：《逃亡与异端——布鲁诺传》，王伟译，商务印书馆2014年版，第239—240页。

评，伽利略装聋作哑，继续保持缄默。① 伽利略之所以回避布鲁诺这三字，传统的说法是因为恐惧和避免麻烦，这显然是有道理的。实际上，在1603年8月7日，教皇克雷芒八世颁布法令，将布鲁诺作品列为最严格禁止类别，因为这些作品虚伪、异端、错误而且诽谤教义，损害了公序良俗以及基督教的虔诚，在罗马市内不得印刷、出售或以任何方式讨论与处理布鲁诺作品，否则，将会面临没收书籍、罚款、肉体惩罚，这一法令直到1900年才解禁。②

另外，伽利略可能还有尴尬与内疚的情绪让他回避布鲁诺这三个字，因为告发布鲁诺并让布鲁诺被捕的乔瓦尼·莫赛尼戈正是伽利略的亲戚。③

1600年布鲁诺的死刑判决，一定在他的心灵深处留下极大的震撼，他内心深处一定深深地同情布鲁诺的不幸遭遇。从他后来多次冒险劝说教会的行为看，伽利略可能还揣着崇高的使命感，希望通过自己的研究来说服教会让科学与宗教、哲学之间和谐相处、互不干预，在各自领域自行发展，以开辟科学发展的康庄大道，并希望悲剧不再重演。

鉴于以上分析，倘若说伽利略研究《天体运行论》没有受到布鲁诺事件的重大影响，这几乎是不可能的事情。

---

① 〔法〕让·昊西：《逃亡与异端——布鲁诺传》，王伟译，商务印书馆2014年版，第240页。
② 〔美〕罗伯特·S. 韦斯特曼：《哥白尼问题：占星预言、怀疑主义与天体秩序》（下），霍文利、蔡玉斌译，广西师范大学出版社2020年版，第784—785页。
③ 〔美〕罗伯特·S. 韦斯特曼：《哥白尼问题：占星预言、怀疑主义与天体秩序》（下），霍文利、蔡玉斌译，广西师范大学出版社2020年版，第801页。

第九章　近代科学革命的深化与两种宇宙观的验证

自从亚里士多德提出地球居于宇宙中心并静止不动，日月星辰围绕地球旋转运动的观点以来，人们就对此深信不疑，因为这与人们的日常生活经验十分吻合。当希腊划时代天才般的天文学家亚里斯塔克提出日心地动说后，就不断受到各种质疑。亚里斯塔克不仅认为地球存在自西向东的旋转，而且围绕太阳公转，这与人们日常经验似乎相反，因为人们根本感觉不到地球在运动，因此，反对者利用亚里士多德理论对日心地动说提出各种质疑，这些问题主要指离心力、落体垂直运动、地动抛物、轨道形状以及恒星视差等物理学问题。[1]

可见，日心地动说早在亚里斯塔克以及托勒密时代，已经遭受过各种力学难题的刁难，无论是亚里斯塔克，还是哥白尼，抑或其他的日心地动说支持者，均无法给出令人信服的逻辑自洽的回答，根本原因在于当时的物理学理论发展严重滞后于天文学，根本无法回答地球自转的离心力与地动抛物等一系列问题。

17世纪初，年轻的伽利略、开普勒等科学家深信哥白尼理论是正确的，并试图解答刁难日心地动说的问题。要实现这一目标，就必须在物理学理论上获得突破。以开普勒、伽利略为代表的科学家希望验证哥白尼理论比托勒密地心说更加符合实际情况，这就要求除了传统上通过精确的天文观测数据来验证之外，还必须合理解释刁难日心地动说的各种由来已久的问题。

这意味着天文学问题的验证对物理学（力学、光学）、数学理论提

---

[1] 〔英〕约翰·德斯蒙德·贝尔纳：《历史上的科学：科学革命与工业革命》，伍况甫、彭家礼译，科学出版社2015年版，第367页。

出了需求。但问题是，当时西欧社会乃至全世界范围内都没有可以直接有力地回答上述难题的物理学、数学理论。因此数学和物理学创新势在必行。

于是，以布鲁诺、伽利略、开普勒、牛顿等为代表的哥白尼理论的支持者，展开了长期持续的科研攻关。他们通过艰苦卓绝的努力，克服了大量难以想象的艰难险阻，最终实现了预期目标，让西欧社会逐步接受哥白尼天文学理论体系，并修正了其中存在的缺陷。在这一过程中，西欧社会产生了一个有趣的现象：当时的科学家往往是横跨不同学科领域的综合型科学家。例如，开普勒是德国杰出的天文学家、物理学家与数学家；伽利略是意大利杰出的天文学家、物理学家和工程师，在数学上也有很深的造诣；牛顿是英国著名的数学家、物理学家与天文学家。因此，科学革命虽然从天文学开始，但往往伴随着数学、物理学的创新或革命，正如贝尔纳指出的："正是纯粹天文学的研究途径，虽不能提供实际解决办法，但对未来科学，却会证明为更有价值得多。这是因为天文学鼓励人，从数学和动力学上寻求方法，来解决行星运动的问题。"[①]

因此，所谓的科学革命，实际上是指欧洲发生的以哥白尼天文学革命为中心，以哥白尼理论体系中未解问题（其中部分问题在亚里斯塔克时代就已经存在）为导向，以物理学（力学、光学）与数学为工具（包括工具的创新），以验证与完善哥白尼日心说为主题的科学研究活动及创造的重大科研成果，集中体现在天文学、数学、力学与光学等学科领域。可见，从一定意义上看，科学革命就是天文学革命；就科学革命或天文学革命的目的而言，近代数学、物理学（力学、光学）既是科学革命（天文学革命）的工具，又是科学革命（天文学革命）的成果。

---

① 〔英〕约翰·德斯蒙德·贝尔纳：《历史上的科学：科学革命与工业革命》，伍况甫、彭家礼译，科学出版社2015年版，第367页。

第一节　两种宇宙观的验证形成了近代科学革命核心内容

一　地球旋转离心力问题验证

1. 布鲁诺对离心力问题的研究

布鲁诺是哥白尼天文学理论的坚定信奉者与热情传播者。当有人以亚里士多德关于风、云、鸟的论据来反驳地球运动的可能性时，布鲁诺明确指出，地球周围的空气被地球运动所带动，因此风、云、鸟的运动完全可以通过与静止的空气相同的方式发生。[1] 显然，布鲁诺从相对运动角度来阐述地球表面附近物体的运动，他对相对运动原理的理解远超同时代的学者，对动力学的发展具有重大影响，尽管他的推理过程与结论并非完全准确，但已经非常难能可贵了。

2. 开普勒对离心力问题的研究

对于风、云、鸟受地球离心力影响的问题，开普勒比哥白尼、布鲁诺更进一步，他从吉伯关于磁力的论述中得到启发，认为地球是一个巨大的磁体，由于地球磁力的吸引，风、云、鸟实际上与地球形成一个整体，就像各种绳索或链条已将它们与地球连接在一起一样，跟随地球一起做周日运动。[2]

虽然哥白尼、布鲁诺、开普勒等人从相对运动角度回答了地球高速旋转对地面物体造成的离心力问题，但显然这些回答都缺乏足够的说服力，没有能够准确地回答离心力的难题。他们还没有意识到仅仅从相对运动角度回答离心力难题是远远不够的，因为需要一种力量来平衡离心力，以便使地球上的物体避免因地球自转导致被甩离地球的趋势。

3. 伽利略对离心力问题的研究

伽利略在离心力问题上出现了前后矛盾的心理。一开始，他注意到

---

[1] 〔法〕亚历山大·柯瓦雷:《伽利略研究》，刘胜利译，北京大学出版社 2008 年版，第 192 页。

[2] 〔法〕亚历山大·柯瓦雷:《伽利略研究》，刘胜利译，北京大学出版社 2008 年版，第 212—214 页。

了离心力问题在支持哥白尼理论方面的重要性，也花费了很多精力来研究离心力的性质与特点。例如，他发现并总结了离心力大小与圆周运动速度之间的关系，圆周运动的速度越快，在圆周边上的物体受到的离心力越大。但他并没有准确回答这一问题，他错误地认为离心力大小与速度成正比。直到才华横溢的惠更斯发现了离心力定律，离心力大小与圆周运动速度之间的关系才真正被揭示出来。细心的惠更斯在研究单摆运动过程中发现，伽利略对离心力的归纳存在明显的缺陷，离心力大小不是与速度成正比，而是与速度的平方成正比。①

但在《关于托勒密和哥白尼两大世界体系的对话》中，在解释地球做圆周运动时，伽利略忽视了地球运动的离心力问题，认为地球表面上的物体与地球一道，共同做圆周运动，不会出现可能被甩离地球的现象。② 这是由于伽利略错误地认为圆周运动具有惯性运动的一切特别之处，可以自发地永远沿着圆周路径保持匀速运动，且不会产生任何离心力，因此不依赖于任何引力把地球（以及其他行星）维持在太阳附近。③ 这导致他忽视了通过力学研究来解释天体运动。

二　自由落体运动与地动抛物运动问题的验证

1. 布鲁诺对自由落体运动与地动抛物运动的解释

早在《天体运行论》出版之前，哥白尼已经多次在私下场合传播过日心地动说观点，这与天主教会主导的哲学权威存在明显冲突。后者秉持亚里士多德主义，沿袭了亚里士多德主义根深蒂固的反对日心地动说的观点，他们认为："重物下落时垂直于地面，上抛的物体也沿着同一垂直线下落。如果地球是运动的，下落的物体将不会落在垂直于地面的点上。由于下落的物体总是垂直的，并不偏斜，所以地球是静止不动的。此外，如果地球是旋转运动着的，其上的一切物体，如

---

① 〔俄〕鲍·格·库兹涅佐夫：《伽利略传》，陈太先、马世元译，商务印书馆2001年版，第202页。
② 〔意〕伽利略：《关于托勒密和哥白尼两大世界体系的对话》，周煦良等译，北京大学出版社2006年版，第94—95页。
③ 〔法〕亚历山大·柯瓦雷：《牛顿研究》，张卜天译，北京大学出版社2003年版，第310页。

动物、人等都将由于离心力而飞散到天空中。然而，地球上的所有物体都未被抛散出去，可见地球肯定是静止不动的。"① 针对上述问题，哥白尼指出，重物垂直下落是受向下的自然运动所驱动，上抛物体的垂直下落同样如此。

布鲁诺沿袭哥白尼以船的航行为例来进一步阐述自己的相对运动思想。他指出，船只在航行中，船上的物体与船一起运动，运动的地球与航行的船只一样，所有位于地球上的物体都和地球一起运动；只有当石块的运动外在于地球时，亚里士多德以假设的方式提出的各种现象（如地球向西运转的滞后现象）才会发生，此时石块的运动才会丧失运动的垂直度（即自由下落）；这种情形与岸边的人向航行的船只笔直地抛掷石块相类似，石块肯定会偏离船只的预定位置，并且偏离的大小与船的速度成正比；但是，如果从船的桅杆向船的任何部位抛掷石块，它都会沿直线到达预定位置，如果从桅杆自由落下石块，石块将掉到桅杆底部，同样地，在桅杆底部直线上抛石块，石块将沿同一条直线重新回落。②

2. 第谷对哥白尼与托勒密模型的比较分析和创新

对第谷而言，哥白尼《天体运行论》是为西欧社会提供的描述宇宙体系的另一种版本，是与处于统治地位的托勒密体系恰好完全相反的数理天文学说。第谷与其他大多数学者一样，仅仅简单地把哥白尼理论当作一种假说，认为哥白尼理论只是简化了行星运动轨迹的计算方法。这主要是因为哥白尼及其支持者并没有合理解释日心地动说的有关质疑。例如，第谷·布拉赫并不相信布鲁诺对自由落体运动以及垂直上抛物体运动的解释，他在写给罗特曼的一封信中指出："如果某些人相信，在一艘正向前运动的船内向上抛出一枚炮弹，这枚炮弹会落回到当船处于静止状态的相同位置，那他们就大错特错了。事实上，船运动得越快，炮

---

① 转引自董天夫《哥白尼：科学发现与宗教信仰》，《自然辩证法通讯》1989年第5期，第50—57页。
② 转引自〔法〕亚历山大·柯瓦雷《伽利略研究》，刘胜利译，北京大学出版社2008年版，第193—194页。

弹就落后于船的运动越多。"① 同样地，第谷认为，如果地球是运动的，垂直下落的物体与垂直上抛的物体都会偏离原来的位置，而自由落体运动与垂直上抛物体回落原处表明地球是静止不动的。显然，第谷在这个问题上给出了错误的结论。第谷还举例解释地球是静止的，他指出，同一门大炮向西发射与向东发射飞行的距离一样，表明地球是静止的，如果地球是自西向东旋转，两个不同方向发射的炮弹飞行距离应该不一样。② 显然，第谷在这个问题上也犯了同样的错误，根本原因在于他不理解相对运动原理。

3. 开普勒对自由落体运动与地动抛物运动的理解

开普勒将地球看作一个巨大的磁体，由于磁力的吸引作用，自由下落或上抛的石块实际上与地球形成一个整体，就像各种绳索或链条已将它们与地球连接在一起一样，跟随地球一起作周日运动。③ 因此无论是自由下落的物体，还是上抛的物体，都会在磁力吸引之下实现垂直下落。

至于第谷用炮弹飞行等距离来批判地球是运动的观点，同时维护地球是静止的观点，开普勒则明确指出第谷用大炮发射来反驳地球运动的论证是不合理的，除非炮弹离开地球非常遥远，否则第谷的推理就是错误的。④ 他指出，相对于整个宇宙而言，在相等时间内，当我们向东发射炮弹时，将会比向西发射炮弹时通过更远的距离，但是，就炮弹在地球表面通过的距离而言，两者是相等的；也就是说，无论向东还是向西发射炮弹，以同样的力发射出的炮弹将在地球上通过相同的距离。⑤ 在《哥白尼天文学概要》中，开普勒还对上抛物体的下落轨迹进行了论证。

---

① 转引自〔法〕亚历山大·柯瓦雷《伽利略研究》，刘胜利译，北京大学出版社 2008 年版，第 206 页。
② 转引自〔法〕亚历山大·柯瓦雷《伽利略研究》，刘胜利译，北京大学出版社 2008 年版，第 207—209 页。
③ 转引自〔法〕亚历山大·柯瓦雷《伽利略研究》，刘胜利译，北京大学出版社 2008 年版，第 212—214 页。
④ 转引自〔法〕亚历山大·柯瓦雷《伽利略研究》，刘胜利译，北京大学出版社 2008 年版，第 231 页。
⑤ 转引自〔法〕亚历山大·柯瓦雷《伽利略研究》，刘胜利译，北京大学出版社 2008 年版，第 217—222 页。

4. 伽利略对自由落体运动的研究

今天我们都知道伽利略对自由落体运动规律的贡献。但是，如果因此将自由落体运动客观规律的发现完全归结为伽利略的贡献，可能对其他学者是不公平的，因为中世纪布里丹等学者已经对自由落体运动的研究奠定了一些理论基础。正如库恩指出的："伽利略某些最重要的贡献，特别是他关于落体的工作，可以被近似地看作是对从前那些零零散散的由中世纪学者艰难获得的物理和数学洞察的一种创造性重新整理。但即使在17世纪伽利略把这些东西编织成一个新的动力学之前，运动的冲力理论也已经对天文学思想有了重要的虽然非直接的影响。"① 虽然我们应该承认中世纪一些学者对自由落体运动的一些经验性研究与成果，如冲力理论对伽利略的自由落体运动研究有一定的启发意义，但库恩据此将冲力理论对天文学的贡献给予"重要的非直接影响"的评价，明显是对冲力理论的过度赞誉，因为这种评价缺乏有力的证据，有明显高估冲力理论历史价值的嫌疑。虽然布里丹等学者曾经表达过地球自转的观点，但最终又都否定了。我们不能因为伽利略在验证地动抛物运动以支持哥白尼理论体系中用到了冲力理论，就断言冲力理论对天文学思想有重要影响，就像开普勒运用椭圆曲线知识发现行星运行轨道一样，我们不能因此断言古希腊梅内赫莫斯或阿波尼奥斯的圆锥曲线理论对天文学思想产生过重要的非直接影响。

1604年，伽利略再次研究自由落体运动问题，他设计了物体的斜面运动实验，以此探索自由落体运动规律。自由落体运动一直以来是物理学中令人沉思和惊讶的主题，人们一直希望能够更好地了解它的运动规律。伽利略试图使用数学化的研究手段，更清晰地归纳自由落体运动规律，为验证哥白尼日心地动说的相关问题奠定一个坚实的理论基础。他精心设计了一个有精细距离刻度和可调整倾角的斜面，让铜球沿斜面沟槽滚下，当斜面的倾角达到90度时，物体（铜球）滚动运动就变成了自由落体运动。② 在反复实验100次之后，终于发现物体通过的距离是时间

---

① 转引自〔美〕托马斯·库恩《哥白尼革命：西方思想发展中的行星天文学》，吴国盛、张东林、李立译，北京大学出版社2003年版，第116页。

② 何平、夏茜：《李约瑟难题再求解》，上海书店出版社2016年版，第133页。

的平方的函数。① 在此，伽利略着重强调了定量的实验与数学推理之间的相互关系，这是非常重要的历史性突破，从此，力学开始以科学的面貌出现。② 对此，柯瓦雷将伽利略这一次对自由落体运动问题的研究，归结为青年时期在比萨的自由落体运动研究的延续，当作伽利略矢志不渝地坚持物理学数学化的雄心壮志的表现。③ 这可能误解了伽利略的意图，他真正的目的或者说主要的目的在于解决验证哥白尼理论及其面临的一些刁难问题，这可以从伽利略获得自由落体运动规律之后的行为清晰地看出来。他以自由落体运动规律为基础，对运动做了合成与分解分析，初步归纳了惯性运动及定理、相对运动原理，用来解释地球自转运动下自由落体运动现象、地动抛物问题以及行星匀速圆周运动现象，并在前两个问题研究上取得了重大突破。

显然，伽利略在自由落体运动规律上的研究成果具有伟大意义，它表明从定量角度验证哥白尼日心地动说取得重要进展，为合理解释长期笼罩哥白尼日心地动说的难题奠定了重要基础。

5. 伽利略对惯性定理的初步研究

在斜面运动实验中，伽利略不仅归纳了自由落体运动的数学公式，而且得出了惯性运动的初步思想，为惯性定理的归纳奠定了经验基础。但是，伽利略对惯性运动、惯性定理的认识存在明显的缺陷。例如，伽利略错误地认为，匀速圆周运动是一种惯性运动，同时，他将行星围绕太阳运动看作一种匀速圆周运动，因此，他认为行星运动可以用惯性运动或惯性定理来解释。

今天我们知道，直线运动是理解惯性运动的重要环节，遗憾的是，伽利略在这一问题上的认识存在严重的失误。他曾经指出，直线运动是宇宙中不可能存在的事物，他指出："在宇宙中不可能有自然的直线运动。因为直线运动就其本质来说是无限的。既然直线运动是无限和不确

---

① 何平、夏茜：《李约瑟难题再求解》，上海书店出版社2016年版，第134页。
② 〔英〕斯科特：《数学史》，侯德润、张兰译，中国人民大学出版社2010年版，第125页。
③ 〔法〕亚历山大·柯瓦雷：《伽利略研究》，刘胜利译，北京大学出版社2008年版，第92页。

定的，那么任何一个物体在本质上就不可能拥有进行直线运动的原则，因为在无限中没有终点。"① 关于圆周运动与直线运动之间的关系，伽利略总结道："有限及有界的圆周运动并不打乱宇宙某一部分的秩序。在圆周运动中，圆周上的每一点既是起点又是终点，只有圆周运动是均匀的。圆周运动能够永恒持续下去。直线运动天然就不能持续存在。直线运动是为了使被打乱的自然物体恢复其原先的完善秩序而赋予它们的。只有静止和圆周运动适用于维持宇宙秩序。"②

尽管如此，伽利略对惯性运动与惯性定理的研究仍然具有重要的理论与实践意义，因为伽利略是用科学的方法来解释惯性运动、惯性定理以及哥白尼日心地动说、地动抛物运动，而不是用神灵启示来解释自然现象，这就为科学的发展开辟了重要道路，其错误的观念或观点成为其他科学家对此类问题研究的导向。当人们发现伽利略的匀速圆周运动并非惯性运动时，很快就发现圆周运动的力学研究问题。正如丹皮尔指出的，物质运动具有惯性，行星一旦开始运动，就不需要力去维持行星的运动，真正需要解释的是行星为什么不断地离开直线并在围绕太阳的轨道上运行。③ 这引发了天体力学的研究。

6. 伽利略对运动相对性原理的研究以及对地球旋转中地动抛物现象的解释

1624~1630 年，伽利略花了很大精力写出了巨著《关于托勒密和哥白尼两大世界体系的对话》，这是近代科学革命中最有影响力的三部著作之一。在书中，伽利略设计了一个实验来分析运动相对性原理，实验是这样描述的："请从您的朋友中约好一个人合作，两人一起走进一艘大船甲板下面的船舱里，然后这样安排实验：船舱里有苍蝇、蝴蝶及其他飞虫。请您先布置一只大水瓶，瓶里有水养着小鱼，您再配上另一只带小颈的水瓶，这只水瓶搁的位置要高一点，让水从这个瓶子一滴滴地流进养小鱼的瓶子里去。当大船停航不动时，请您仔细观看，那些昆虫类动

---

① 转引自〔法〕亚历山大·柯瓦雷《伽利略研究》，刘胜利译，北京大学出版社 2008 年版，第 238 页。
② 转引自〔法〕亚历山大·柯瓦雷《伽利略研究》，刘胜利译，北京大学出版社 2008 年版，第 239 页。
③ 〔英〕W.C. 丹皮尔：《科学史》，李珩译，中国人民大学出版社 2010 版，第 145 页。

物是怎样在舱内以同样速度朝各个方向飞翔的,再看看小鱼在水瓶里怎样任意朝瓶边开始活动。水在滴着,全部会滴到低处养鱼瓶里去。您自己无论把什么东西抛给您的朋友,只要距离相等,您随便朝哪边抛,费力都无大小区别。如果您像俗话所说的双脚一起跳,那您无论朝哪个方向,跳跃的距离相等。"① 从中伽利略总结出著名的运动相对性原理。

根据运动相对性原理和惯性原理,伽利略设想在匀速直线运动的船上从桅杆顶端让一颗石子自由落下,石子将会落在桅杆底部的甲板上。伽利略认为,根据惯性运动原理,当石子离开手的瞬间,它获得了与船相同的水平匀速速度,只要水平方向没有受到阻力,直到落在甲板上之前,石子还会保持与船相同的运动速度继续前行;根据运动相对性原理,水平方向的运动与垂直方向的运动是相互独立的运动,两种运动互不干扰,因此,石子运动的垂直部分是加速的自由落体运动,它不受水平运动的干扰,最终石子将落在桅杆底部的甲板上。

伽利略自己是否做过这一类实验,历来存在争议,并没有定论。但法国著名学者梅森、伽桑狄做了类似的实验来验证伽利略运动相对性原理。

梅森曾写信给一位经常跨越英吉利海峡的朋友,建议他做实验验证伽利略的理论,他这位朋友于同年的一次航行中,安排了一个水手爬上桅杆扔重物,结果重物掉在桅杆的下方,从而证实了伽利略的结论。②

法国著名的神学家、科学家伽森狄,于 1640 年安排了验证惯性原理的实验。这个实验是由骑马人和坐在马车中的人向空中抛石块,并且互相投掷石块,由此人们可以看到抛出的石块跟随着马和马车运动,从飞奔的马上掉下来的石块也是相对马直线下落的。此外,伽桑狄还安排了一次在三层桨战舰上的实验,在战舰全速前进时,不论从行船的桅杆顶部垂直丢下一块石头,还是从桅杆垂直向上抛出的石头都是掉在桅杆底

---

① 转引自〔俄〕鲍·格·库兹涅佐夫《伽利略传》,陈太先、马世元译,商务印书馆 2001 年版,第 157—158 页。
② 武际可:《科学实验与力学——力学史杂谈之十六》,《力学与实践》2004 年第 2 期,第 78—80 页。

部，而不是掉在船尾。在他的实验报告中给出了船的速度并且详细描述了实验的细节。①

这就解释了地动抛物现象，即地球在旋转过程中，从手上或塔顶自由落下的物体，它离开手的瞬间，获得了与地球旋转相同的速度，如果没有受到其他阻力，物体还会与地球保持相同的旋转速度，因此物体落在人的脚下或塔底。

7. 伽桑狄、笛卡尔等对惯性运动与惯性定理的进一步研究

伽桑狄以一种令人难忘的特别方式证明了伽利略（和布鲁诺）曾经断言过的事实，即如果让一块石头或弹丸从一艘正在运动的船的桅杆顶端落下，那么它将落在桅杆的底部而不会滞后。实际上，他并非历史上第一个做过这个实验的人，却是第一个将它公之于众，并且在其《论被运动者推动的平移运动》中准确描述出来的人；他还打破了伽利略对圆周运动的迷信，在这本书中正确地表述了惯性原理。②

但伽桑狄在验证伽利略惯性原理之后，或许是发现了伽利略惯性原理的缺陷，或许是出于其他原因，他做出了独立思考。在《论受迫运动》中，他指出，无论物体被推向何方，只要运动起来，就将永远沿着这一方向匀速运动下去；由此他下结论说，所有的运动依其本性都应如此。虽然伽桑狄没有明确提到惯性运动是一种直线运动，更没有提到匀速直线运动，③ 但他提到的"这一方向"应该包含了直线的意思。这意味着伽桑狄对惯性运动的性质的认识已经在伽利略基础上前进了一大步，尽管如此，我们依然可以发现他对惯性运动与匀速直线运动之间关系的认识还不够深入，对惯性运动本质的认识仍然存在一定的缺陷。

笛卡尔对惯性运动本质的认识相当深入，他在《论世界》中明确提出了惯性运动的均匀性与直线性特点，同时也把运动明确地定义为一种状态。笛卡尔的研究具有重要理论意义，对牛顿归纳运动第一定律具有

---

① 武际可：《：科学实验与力学—力学史杂谈之十六》，《力学与实践》2004年第2期，第78—80页。
② 〔法〕亚历山大·柯瓦雷：《牛顿研究》，张卜天译，北京大学出版社2003年版，第174页。
③ 〔法〕亚历山大·柯瓦雷：《牛顿研究》，张卜天译，北京大学出版社2003年版，第72—73页。

重大启示,正如柯瓦雷指出的,正是运动状态概念的创立,才能使笛卡尔能够——也将使牛顿能够——断言其第一运动定律或运动规则的有效性,虽然假定一个物质在其中做纯粹匀速直线的惯性运动的世界是绝对不可能存在的。① 至此,伽桑狄、笛卡尔已经把惯性运动、惯性定理的认识推进了一大步,已经充分认识到伽利略把惯性运动用来解释行星的圆周运动存在的根本性错误;笛卡尔还认识到,圆周运动是一种运动状态不断变化的运动,根本不可能是惯性运动。他指出,一个做曲线运动的物体每时每刻都在改变自己的运动状态,因为它在任何时候都会改变自己的方向或角度;不过,它在每一时刻还是处于匀速直线运动状态,当然,这是一个极限的概念,笛卡尔说得很清楚,不是说物体的实际运动是直线的,而是其"conatus",即倾向是直线。②

此外,伽利略还运用速度、加速度解释海洋潮汐运动并证明地球在运动。大约在 1595 年,伽利略发现借助哥白尼《天体运行论》中地球的两种运动,即周日运动与周年运动可以在力学上解释海洋潮汐现象。③ 伽利略认为,地球表面各点的加速运动是地球周日运动与周年运动共同作用形成的结果,由此产生的加速度在速度提高时促使海洋退潮,在速度降低时促使海洋涨潮。④ 因此,海洋潮汐运动可以充分证明哥白尼学说是正确的,这是伽利略写作《潮汐对话》(即《关于托勒密和哥白尼两大世界体系的对话》)的主要目的。⑤ 在该书中,伽利略通过驳船运水的例子,通俗易懂地解释了地球表面海洋潮汐运动。⑥ 必须指出的是,虽然伽利略在分析海洋潮汐现象时,使用的分析方法是科学方法,速度、加速

---

① 〔法〕亚历山大·柯瓦雷:《牛顿研究》,张卜天译,北京大学出版社 2003 年版,第 73 页。
② 〔法〕亚历山大·柯瓦雷:《牛顿研究》,张卜天译,北京大学出版社 2003 年版,第 73—74 页。
③ 杨建邺、李继宏:《伽利略传》,湖北辞书出版社 1998 年版,第 145 页。
④ 〔俄〕鲍·格·库兹涅佐夫:《伽利略传》,陈太先、马世元译,商务印书馆 2001 年版,第 208 页。
⑤ 李迪:《〈关于托勒密和哥白尼两大世界体系的对话〉导读》,载〔意〕伽利略《关于托勒密和哥白尼两大世界体系的对话》,周煦良等译,北京大学出版社 2006 年版,第 12 页。
⑥ 〔俄〕鲍·格·库兹涅佐夫:《伽利略传》,陈太先、马世元译,商务印书馆 2001 年版,第 208—209 页。

度也是他自己创新的科学概念,但伽利略的海洋潮汐理论基本上是错误的。

三 行星运动轨迹验证

1. 从天文观测数据验证行星环绕太阳运动轨迹

第谷不仅是一位具有天赋和影响力的著名天文学家,也是一位十分杰出的天文观测学者,十分注重运用天文观测数据来检验天文学理论。

自1576年开始,第谷获得丹麦国王的大力资助,获得庞大资源,不仅可以用来建造天文台,而且可以配套建造庄园以供居住、工作;不仅可以大量购买当时最先进的天文观测仪器,且还可以自由研制各种巨型精密观测仪器,当然也可以衣食无忧地专心致力于天文学观测。[1] 当他了解了哥白尼以及布鲁诺关于日心地动说的观点时,决定从天文观测角度甄别哥白尼与托勒密两个体系的优劣。第谷的天赋与后天的努力,让他在长年累月的工作中积累了大量精确的观测资料,于是他开始通过计算来验证哥白尼与托勒密天文学体系孰优孰劣,他很快就发现哥白尼天文学体系并不比托勒密体系更符合观测数据,且二者均不符合实际观测数据。此外,哥白尼天文学体系在模型设计上也没有比托勒密体系简单多少,且与当时人们的习惯认知存在明显的矛盾。[2]这意味着,哥白尼天文学体系与托勒密体系均没有很好地描述客观存在的宇宙。这促使第谷思考并提出符合实际天文观测数据的宇宙模型,希望能够对地心说与日心地动说进行有效的综合,为此他提出了后来在欧洲社会颇有影响的地日混合说,希望这一理论既能够克服哥白尼、托勒密天文学体系的缺陷,又能够简洁明了地描述真实的宇宙。其核心观点认为,地球位于宇宙的中心,是静止的,太阳和月球围绕着地球运转,其他行星则围绕着太阳运转。但遗憾的是,第谷很快发现自己的模型也不符合观测数据。[3]

但第谷并没有就此放弃对宇宙结构的研究,而是希望在地日混合说的基础上进一步完善宇宙模型。于是,第谷邀请擅长数学的开普勒充当

---

[1] 陈方正:《继承与叛逆:现代科学为何出现于西方》,生活·读书·新知三联书店2009年版,第542页。

[2] 〔美〕劳伦斯·普林西比:《科学革命》,张卜天译,译林出版社2013年版,第40页。

[3] 何平、夏茜:《李约瑟难题再求解》,上海书店出版社2016年版,第104页。

自己的助手以进一步修改完善地日混合说。此前,开普勒的授业恩师已向第谷推荐过开普勒,第谷也看过开普勒的《宇宙的秘密》,对开普勒的数学素养颇为满意。虽然地日混合说是错误的,但它在当时的西欧社会影响力比较大,持续时间也比较长,甚至还成为崇祯历书修订的理论参考,后来还一度被天主教以及耶稣会作为替代托勒密天文学体系的天文学理论。值得一提的是,第谷在宇宙模型创建上的雄心壮志间接提升了开普勒验证哥白尼天文学体系的速度。如果没有第谷基于地日混合说的雄心壮志,开普勒可能没有机会利用第谷丰富、详尽、准确的高质量天文观测数据,如果是这样的话,即使以开普勒的过人天资,也难以在如此短的时间里做出如此重大的天文学发现。

2. 开普勒对行星环绕太阳的轨道的验证

开普勒是一位杰出的天文学家、物理学家、数学家和光学家,他最杰出的、值得后人追忆的成就,也许是他在验证哥白尼天文学体系的过程中发现了行星运动的三大定律。

在《天体运行论》中,哥白尼继承了古希腊天文学家对行星运行轨道的描述,认为行星要么做匀速圆周运动,要么是各种匀速圆周运动的合成运动。对此,开普勒一度深信不疑。当哥白尼天文学体系的理论受到天主教会及其附属的耶稣会公开强烈质疑与批判时,开普勒试图通过验证哥白尼天文学体系的正确性,纠正这种错误的看法,希望更多的人能够正确地认识并尊重哥白尼的《天体运行论》。限于当时的科学研究条件,利用天文观测数据验证天文学理论模型正确性是常用方法,这也是世界范围内最古老的方法,古希腊天文学家曾经运用这种方法完成了数理天文学模型修订任务。1596年,开普勒在《宇宙的秘密》中曾经运用正多面体来构建宇宙模型运行规律,其中详细描述了行星的轨道情况,他自己一度以为《宇宙的秘密》就是描述真实宇宙的理论,直到他利用第谷的天文观测数据进行验证之后,才意识到自己的理论是多么荒谬。

开普勒利用第谷的大量精确的天文观测数据,来验证哥白尼行星运动轨道的正确性,但他很快就发现哥白尼描述的行星运行轨道与实际观测的精确数据之间存在明显的误差。一开始,开普勒以为自己计算失误,但在多次反复验算之后,他确定计算结果与天文观测数据都没有问题,由此开始反思哥白尼关于行星做匀速圆周运动或做匀速圆周运动的合成运动的观点可能存在缺陷。于是，开普勒再次利用火星的天文观测数据来模拟火星的运动轨迹。经过多年的艰苦研究，前后 70 多次反复尝试，他终于断定行星围绕太阳运行的轨道不是正圆形，而是椭圆形，并总结出：每个行星（包括火星）都沿着椭圆轨道运行，太阳在椭圆的一个焦点上。这就是开普勒第一定律。

3. 开普勒继续研究行星运动规律

随着行星做匀速圆周运动或匀速圆周运动的合成运动的观点被证实是不可能的，开普勒开始下一个问题的探索，即行星沿椭圆轨道的运动速度是不是均匀的？开普勒对此做了进一步深入研究后发现：行星并非做匀速运动，它们在靠近太阳时速度加快，在远离太阳时速度变慢，但是，行星和太阳之间的连线在相同时间内扫过的面积是相等的。[1] 这就是开普勒第二定律。

既然行星围绕太阳做椭圆轨道运动，且速度快慢不一，那么行星围绕太阳公转一周究竟需要多长时间，这是开普勒在得出行星运动第一、第二定律之后非常想知道的答案。再经过 10 年的艰苦研究，开普勒终于发现：行星围绕太阳公转周期的平方同它与太阳距离的立方成正比。[2] 这就是开普勒第三定律。开普勒的行星运动三大定律揭示了行星的运动与太阳的紧密联系，同时抛弃了托勒密和哥白尼运用的一大堆本轮与均轮体系，行星按照开普勒定律有条不紊地翱翔太空，开普勒因此被誉为"太空立法者"。[3] 在天文学史上，开普勒用椭圆替代正圆揭示行星运行的轨道是具有划时代意义的重大事件，它标志着人类社会首次以科学手段而不是主观设想或宗教情结来探索行星运动的轨道，引领了天文学革命进一步深化发展。

开普勒的伟大之处在于，他没有轻易地满足于猜想，而是日复一日、年复一年地利用第谷积累的天文观测数据来拟合行星运动轨迹，历经数年才发现椭圆轨道最符合天文观测数据。由此，开普勒终于摆脱了行星运行

---

[1] 何平、夏茜：《李约瑟难题再求解》，上海书店出版社 2016 年版，第 108 页。
[2] 吴国盛：《科学的历程》，湖南科学技术出版社 2018 年版，第 249 页。
[3] 吴国盛：《科学的历程》，湖南科学技术出版社 2018 年版，第 249 页。

的圆形轨道这一根深蒂固的观念的羁绊；同时，开普勒没有止步于揭示行星运行的椭圆轨道和公转周期，而是继续深入探索维系行星运动的因素。

4. 伽利略发明天文望远镜向世人揭示宇宙真实面目

1609年，伽利略把新发明的天文望远镜朝向遥远的太空，发现月球并非如传统天文学理论所宣称的是一个完美无瑕的圆球，而是像地球表面一样，存在坑洼不平的地方，既有山脉，也有峡谷、火山口。

1610年，伽利略发现了木星的四颗卫星以及土星的光环。当他通过天文望远镜看到一片密密麻麻的天光，即组成银河的灿烂群星时，他感受到极大的震撼与喜悦。当他将镜头对准木星时，发现木星旁边的几颗小星星，第二天晚上继续观测木星时，发现旁边的几颗小星星位置发生了变化，连续观测之后，伽利略发现4颗卫星绕着木星以不等的距离、不同的周期、惊人的速度旋转着，他推断这几颗小星星在围绕木星做周期旋转。伽利略进一步大胆推测，这个体系是宇宙的通用模型，它不仅和亚里士多德星源学说对立，而且与一切关于哥白尼天文学体系的非动力学解释相对立，只有宇宙的动力学有希望担负起从物理学方面解释哥白尼天文学体系的任务。[①] 这一发现粉碎了教会坚持地球是宇宙的中心，只有地球才可能有天体（地球的仆从）围绕其运动的传统理念。同年3月，伽利略将他的发现写成《星际信使》公开出版，书中首次向世人揭示了太空的图景：月球并非完美无瑕，而是沟壑山峦丛生，木星的四颗卫星并非绕地球运行，而是绕木星运行，银河由大量恒星组成，太空中还有大量前所未知的恒星。[②]《星际信使》在欧洲引起的思想震动，可能远远大于一个世纪前哥伦布发现新大陆这一事件，伽利略的声望因此迅速攀升。[③]

在发现木星之后，伽利略多次参与了天文学方面的辩论并与同行深入交流，包括书信往来。在这个过程中，伽利略积极探索通过天文观测寻找有利于验证哥白尼日心地动说的经验证据。他和有共同兴趣的朋友

[①]〔俄〕鲍·格·库兹涅佐夫：《伽利略传》，陈太先、马世元译，商务印书馆2001年版，第82—84页。

[②] 吴国盛：《科学的历程》，湖南科学技术出版社2018年版，第255页。

[③] 陈方正：《继承与叛逆：现代科学为何出现于西方》，生活·读书·新知三联书店2009年版，第552页。

在讨论哥白尼日心地动说中形成共识:"从哥白尼体系推导出来的位相的存在,位相的观测就会变成哥白尼思想的具有决定性意义的证据。"①

1613年,伽利略在观测金星运动过程中发现:"金星位相这些现象如何旋转没有任何怀疑余地。我们绝对肯定会得出有利于毕达哥拉斯和哥白尼论点的结论,即金星绕着太阳旋转,同其他行星以太阳为中心,绕着它旋转一样。"② 伽利略认为,金星的位相是有利于太阳中心说的不容争辩的论据。③

可见,伽利略的天文观测并非仅仅满足好奇心理,还有寻找宇宙真相、验证哥白尼天文学体系的目的。因此,"伽利略是仰望星空发现了太阳中心说的经验证据的人"。④

四 行星轨道动力学问题研究

1. 早期天体运动磁力说

第谷通过对彗星的观测发现,宇宙的水晶球模型实际上是不存在的,因此,第谷提出自己的宇宙理论模型时,放弃了实体天球模型,为此,他的模型曾经被严重质疑。德国天文学家罗特曼批判第谷模型时指出,第谷体系中太阳与行星之间没有任何物质媒介相联系,无法想象太阳能够带动众多行星环绕运动;第谷含糊地回应称,天体之间存在相互吸引的磁力,正是磁力驱使天体自由运动。⑤ 这可能是世界上最早讨论天体运动的力学问题,但第谷的观点并没有引起明显的反响,不过,这一观点在多年后可能影响了吉伯,成为吉伯创作《磁石论》的一个灵感来源。1600年,吉伯在《磁石论》中更为明确提出了磁力是维持天体运动

---

① 〔俄〕鲍·格·库兹涅佐夫:《伽利略传》,陈太先、马世元译,商务印书馆2001年版,第90页。
② 〔俄〕鲍·格·库兹涅佐夫:《伽利略传》,陈太先、马世元译,商务印书馆2001年版,第90页。
③ 〔俄〕鲍·格·库兹涅佐夫:《伽利略传》,陈太先、马世元译,商务印书馆2001年版,第88页。
④ 〔俄〕鲍·格·库兹涅佐夫:《伽利略传》,陈太先、马世元译,商务印书馆2001年版,第195页。
⑤ 杜昇云、崔振华、苗永宽、肖耐园:《中国古代天文学的转轨与近代天文学》,中国科学技术出版社2013年版,第62—63页。

根本原因的观点,《磁石论》告诉世人,引力可能发生于相当远的距离之间。他本人曾经提出大胆猜想,维持行星在特定轨道上运动的正是磁性的吸引力。① 吉伯猜想太阳系中天体之间通过磁力相互激发形成一种和谐且相互有利的秩序,而远离太阳的恒星在太阳磁力作用范围之外,因此保持不动;在《论世界》中,吉伯进一步丰富并发展了"磁力宇宙论",并用来解释月球的运动。② 吉伯的观点不仅流传广泛,产生了极大的影响,包括开普勒在内的许多学者都是其观点的信徒。不过吉伯的观点并没有经过严格的科学证明,很多时候仅仅是猜想,甚至带有神秘的宗教色彩。

2. 开普勒对行星轨道动力学的研究

为什么行星在靠近太阳时速度变快而在远离太阳时速度变慢?开普勒自然而然地将行星运行速度与距离太阳远近联系起来,进而猜想是太阳对行星施加某种影响造成行星运行速度发生变化,后来他猜想是太阳产生的某种力量(引力或磁力)将行星维持在运动轨道。开普勒做出这种猜想并不令人意外,在他所处的时代,引力或磁力已经不是什么新鲜概念或神秘力量。正如贝尔纳指出的,早在1600年之前,在西欧社会,引力观念已是普通观念;当开普勒明确行星在椭圆轨道绕日旋转之后,许多人就开始揣测这是被某种引力维系。③ 作为第谷的助手或合作伙伴,开普勒显然知道第谷曾经用磁力来解释天体之间的联系,但吉伯《磁石论》《论世界》关于磁力在天体运动中的作用做了较为详细的分析,对开普勒产生了比较大的影响。开普勒将太阳的磁力(吸引力与排斥力)与行星运行轨道联系在一起。开普勒猜想是磁力的变化导致行星在绕日运动过程中时快时慢。他指出:"如果地球是一块磁石而且是一个行星,那我们为什么不能说其他行星也是磁石,而且太阳也是一块磁石呢?"在此基础上,开普勒设想由于磁性不同,天体之间或者被相互吸引或者相

---

① 〔英〕约翰·德斯蒙德·贝尔纳:《历史上的科学:科学革命与工业革命》,伍况甫、彭家礼译,科学出版社2015年版,第332页。
② 杜昇云、崔振华、苗永宽、肖耐园:《中国古代天文学的转轨与近代天文学》,中国科学技术出版社2013年版,第63页。
③ 〔英〕约翰·德斯蒙德·贝尔纳:《历史上的科学:科学革命与工业革命》,伍况甫、彭家礼译,科学出版社2015年版,第367页。

互排斥,由此导致行星运动速度快慢不一。[1] 他认为,每一个行星所受磁力的大小与行星自身直径成正比,与行星到太阳的距离成反比,行星环绕太阳公转的速度取决于所受磁力及自身惰性(天体自身所含物质量),太阳的磁极一个在中心,一个在表面,当行星环绕太阳公转时,行星朝向太阳的磁极不断变化,造成了其在不同阶段与太阳相吸、相斥的周期性变化,导致吸引力、排斥力大小增减的周期性连续变化。[2]

显然,开普勒的磁力论是吉伯理论的一种细化,并没有多少创新因素,也没有克服吉伯磁力理论的猜想性质与神秘色彩,但与以前学者相比较,开普勒是用磁力来解释行星的椭圆轨道运动,带有注重实际情况的宝贵因素,而此前学者是基于行星完美的正圆运动展开猜想的。后来,学者们发现开普勒这一猜想与计算是错误的,因为行星的运动意味着需要存在另外一种力或各种力的合力来平衡离心力,即向心力。如果太阳与行星之间存在磁力,磁极相异时产生相互吸引的力量,可以产生向心力,但磁极相同时,产生了相互排斥力,即太阳与行星之间就没有了向心力,则椭圆运动无法维持。遗憾的是,开普勒没有意识到这一点。

3. 伽利略开辟了行星绕日圆周惯性运动的错误路径

伽利略对惯性运动的认识经历了一个艰辛曲折的过程。在"两门新科学的对话"第三天,伽利略提出,沿光滑斜面下滑的球将不断加速,沿光滑斜面上升的球将不断减速,当球放在一个既不向上又不向下倾斜的光滑表面上时,由于不再有加速和减速的原因,球将沿着这一无限长的平面永远运动下去。这可能是伽利略关于惯性运动的最初思想,它解释了一个运动着的物体在不受力的作用时,将永远保持它的匀速运动状态。[3] 这表明,伽利略对力与运动之间的关系有了十分深刻的认识,这实际上颠覆了力是使物体运动的原因的传统观念。早期科学史著作通常将惯性定理的贡献完全归结于伽利略,这是对伽利略这位伟大科学家的

---

[1] 〔美〕安东尼·M.阿里奥托:《西方科学史》,鲁旭东等译,商务印书馆2011年版,第303页。

[2] 杜昇云、崔振华、苗永宽、肖耐园:《中国古代天文学的转轨与近代天文学》,中国科学技术出版社2013年版,第64页。

[3] 唐宇婕:《认识惯性的过程与惯性定律》,《力学与实践》2007年第2期,第84—87页。

过度赞誉。如丹皮尔指出，伽利略的研究让人们明白，需要外力的不是运动本身，而是运动的产生、停止或运动方向的改变。①

这可能高估了伽利略的贡献，如库恩指出的，这些理论有布里丹等学者的贡献。他指出："在冲力理论之前，不论是亚里士多德还是实验都已经证明了只有静止才能持久。布里丹和其他重力理论家宣称，除非受到阻力，运动一样会永远保持下去，因此他们朝着我们今天所知道的牛顿第一运动定律迈出了一大步。……布里丹将一个运动体中的冲力的量等同于物体的速度和它的物质的量的乘积。冲力的概念变得非常像近代的动量概念，虽然不能完全等同；在伽利略的著作中，'冲力'一词和'动量一词'经常可替代地混用。"② 可见，伽利略对惯性运动与惯性原理的认识并非完全独创，而是在一定程度上继承了前人的成果，虽然他对惯性定理的总结较前人有较大突破，但还存在很大的缺陷。例如，他将惯性运动界定在水平面上而不是直线上，充分暴露了他对惯性运动理解上的局限性。

前文已经指出，伽利略总结惯性运动或惯性定理的目的是将这些理论作为验证哥白尼天文学体系的工具。自从行星运动的正圆轨道观点被证伪后，天文学家们开始思考行星运动问题：行星为什么总是绕太阳旋转，而不是做直线运动远离太阳？伽利略误认为存在所谓的圆周惯性运动，并将惯性定理运用到行星绕日旋转运动研究上，虽然这是一种错误的路径，但这种尝试也不是一无是处，他对推动哥白尼天文学体系的验证具有重要意义，吸引了更多学者关注圆周运动的力学问题。

伽利略认为匀速圆周运动是一种惯性运动。这源于古希腊人深信天上的圆周运动是永恒的这一错误观念，这种观念坚持只有圆周运动才是真正均匀不变的运动，再没有其他什么运动还能是永恒的。③ 对此，伽利略似乎深信不疑，他曾经指出："圆周运动……一旦产生出来，它就会

---

① 〔英〕W. C. 丹皮尔：《科学史》，李珩译，中国人民大学出版社2010年版，第145页。
② 〔美〕托马斯·库恩：《哥白尼革命：西方思想发展中的行星天文学》，吴国盛、张东林、李立译，北京大学出版社2003年版，第120页。
③ 〔法〕亚历山大·柯瓦雷：《牛顿研究》，张卜天译，北京大学出版社2003年版，第72页。

以均匀的速度永远持续下去。"① 伽利略错误地认为，圆周运动具有惯性运动的一切特别之处，它可以永远是均匀的，这样，一旦行星获得了上帝已经指定的速度，它们就可以自发地永远沿着其圆周路径运动，不依赖于任何引力把它们维持在太阳附近，它们的运动不会产生任何离心力。②

虽然伽利略认识到力只是改变运动的原因，而不是保持运动的原因，但他将这一认识限制在地面，关于天体，他还是相信正圆运动的老观念。③ 传统的观点认为，伽利略相信行星运行轨道是正圆形而不是开普勒描述的椭圆形，很可能是他受根深蒂固的宗教理念的影响。但笔者认为，这可能是其中一个原因，但更重要的是，伽利略对惯性定理与惯性运动的看法存在严重缺陷，不仅没有将惯性运动看成在一条直线上的匀速运动，而且把封闭的匀速圆周运动看成匀速运动的一种。正是这样根深蒂固的认识错误，让他排斥了行星沿椭圆轨道运动的观点，对行星绕日运动做出错误的解释。在这里，伽利略将哥白尼的日心地动说解释为以惯性原理为依据的日心地动说体系，试图将其塑造为物理学上看得见的、合理的、可以理解的科学，但今天我们都知道伽利略的这一解释是片面与错误的。④

因此，伽利略虽然努力尝试用新的理论工具来验证哥白尼关于行星绕日运动的动力学问题，但实际上他对行星绕日旋转运动的力学问题了解得很少，对圆周运动中切向运动、径向运动的知识基本没有形成概念，正如库兹涅佐夫指出："他（指伽利略——引者注）不认识惯性、切线方向和向心的重力加速度对形成天体运动的作用。"⑤

---

① 转引自〔法〕亚历山大·柯瓦雷《牛顿研究》，张卜天译，北京大学出版社2003年版，第310页。
② 转引自〔法〕亚历山大·柯瓦雷《牛顿研究》，张卜天译，北京大学出版社2003年版，第310页。
③ 吴国盛：《科学的历程》，湖南科学技术出版社2018年版，第271页。
④ 〔俄〕鲍·格·库兹涅佐夫：《伽利略传》，陈太先、马世元译，商务印书馆2001年版，第70页。
⑤ 〔法〕亚历山大·柯瓦雷：《牛顿研究》，张卜天译，北京大学出版社2003年版，第11页。

五 行星运动力学研究从离心力到向心力的延伸

伽利略和开普勒一系列出色的开创性工作，打开了验证哥白尼天文学体系的大门。许多学者发现，自古希腊以来刁难日心地动说的疑问，一向被认为根本无法解开的谜题或疑难问题，正在被伽利略、开普勒逐步解开；而且，在伽利略、开普勒开辟的科学研究领域，他们似乎有参与科学研究盛宴的机会，这让他们非常兴奋。这些杰出的追随者主要包括惠更斯、波雷里、笛卡尔、罗贝瓦尔、费马等，正是他们将行星运动的动力学从离心力推向向心力，最终得出了引力与万有引力的概念，为牛顿证明哥白尼天文学体系奠定了坚实的基础。

1. 惠更斯发现了离心力定律

虽然伽利略提出了离心力问题，但他自己并没有准确回答这一问题。离心力问题是验证哥白尼天文学体系的一个具有很强吸引力的科学选题，吸引了许多学者参与探索，但迟迟没有取得突破性进展，直到才华横溢的惠更斯在单摆研究中发现了离心力定律。细心的惠更斯在研究单摆运动过程中发现，伽利略对离心力的归纳存在明显的缺陷，离心力的大小不是与速度成正比，而是与速度的平方成正比。他在《摆动论》中研究了维持一个物体在圆周上运动所需的力，并证明这个力可用 $P = mv^2/r$ 来表示，也就是说，一个做圆周运动的物体具有飞离中心的倾向，它向中心施加的离心力与速度的平方成正比，与运动半径成反比。[①] 后来，惠更斯通过实验，进一步测算出物体在地球赤道处受到的离心力大约为重量的 1/289。另外，在《摆动论》中可以看到对重物下降问题的充分论述，包括自由下降或沿光滑曲线下降。[②]

2. 波雷里（1608~1679）提出平衡离心力的向心力问题

意大利著名科学家波雷里一开始就接受了开普勒的磁力假定，但坚决反对开普勒对行星距离变化的力学机制的解释，认为太阳对行星只存

---

① 吴国盛：《科学的历程》，湖南科学技术出版社 2018 年版，第 268 页。
② 〔英〕斯科特：《数学史》，侯德润、张兰译，中国人民大学出版社 2010 年版，第 132 页。

在引力,不存在排斥力。① 显然,波雷里可能已经意识到,行星环绕太阳旋转会产生离心力,要让行星围绕太阳持续不断旋转,需要一种平衡离心力的力量,如果太阳对行星产生排斥力,行星可能因缺乏平衡离心力的力量做惯性运动,从而远离太阳而去。库恩指出:"除非存在其他的力笔直向着太阳拉住行星,否则每一颗行星都会沿着与其轨道相切的直线飞出去,从而彻底飞离太阳系。因此为了维持稳定的轨道,波雷里引入了另一种力,它不断地使正要离开的行星向着太阳偏转。在他的模型中,波雷里使用磁体来模拟这种力;在天上,他把这种力换成所有行星都会落向中心太阳的自然倾向,显示出亚里士多德概念的残留力量。"②

波雷里甚至做出断言,一个被吸向太阳并且沿切向运动的行星不会落入太阳中去,而是会绕着它旋转并画出一个椭圆,但他也没有断言一个地球上的重物也以同样的方式运动。③ 最终,波雷里认识到,在中心天体引力作用下,行星必然产生向心运动的趋势,同时,中心天体施加的磁力让行星在圆周运动过程中产生离心趋势,这两种趋势相互平衡使得行星沿椭圆轨道运动。④

值得一提的是,波雷里曾经富有远见地明确指出,太阳对行星的吸引力是与重力相同的力,支配天体运动与支配一般机械运动的力学原理是完全相同的。⑤ 实际上,波雷里打破了天界运动与地上运动的力学界限,这在当时是一种可贵的思想。

另外值得一提的是,波利奥、赫罗克斯对天体力学的探讨也产生了较大影响,尤其是波利奥提出的一种观点,对牛顿万有引力定律产生了重大影响。波利奥指出,假如太阳对行星具有引力,那引力应该像太阳

---

① 杜昇云、崔振华、苗永宽、肖耐园:《中国古代天文学的转轨与近代天文学》,中国科学技术出版社2013年版,第64页。
② 〔美〕托马斯·库恩:《哥白尼革命——西方思想发展中的行星天文学》,吴国盛、张东林、李立译,北京大学出版社2003年版,第241页。
③ 〔法〕亚历山大·柯瓦雷:《牛顿研究》,张卜天译,北京大学出版社2003年版,第310页。
④ 杜昇云、崔振华、苗永宽、肖耐园:《中国古代天文学的转轨与近代天文学》,中国科学技术出版社2013年版,第64页。
⑤ 杜昇云、崔振华、苗永宽、肖耐园:《中国古代天文学的转轨与近代天文学》,中国科学技术出版社2013年版,第64—65页。

光线那样沿所有方向均匀起作用，引力大小变化应该像光照度一样，随距离平方成反比变化。①

3. 笛卡尔创建漩涡理论解释向心力

早在探讨惯性运动时，笛卡尔就已经意识到圆周运动过程中的离心倾向，要想让圆周运动持续下去，必须用一种向心的力量予以平衡。笛卡尔从旋转流体运动得到启发。他认为，当地球上的物体被拉向或推向一种旋转流体的中心时，流体旋转运动就能够提供一种产生向心力的机械模式，如果把这种作用方式推广到天上去，就能够圆满地解释天体运动。② 因此，笛卡尔放弃当时流行的磁力或引力理论，提出行星绕日运动来源于惯性以及宇宙漩涡对行星的压力的新观点。

笛卡尔认为，宇宙是一个充满物质（以太）的空间，物质运动形成无数的漩涡，太阳系就处于一个巨大的漩涡中，漩涡的绝大部分区域充满了不断碰撞的微小的球，形成了完美的球体，一些更大的微粒构成行星等球体，每一颗行星都倾向于逃离漩涡中心，但构成漩涡的其他物质的离心倾向所产生的反作用力（向心力）与之抗衡，在这种动力学平衡之下，行星的轨道被确定了。③

虽然笛卡尔漩涡论建立在假设的基础上，宇宙间是否真的存在以太，实际上连笛卡尔本人也不敢确定，但由于漩涡论以地球上常见的自然现象为基础，比较容易理解，因此被广泛接受，成为当时最流行的宇宙理论，连大名鼎鼎的牛顿也是笛卡尔理论的信奉者。柯瓦雷指出，牛顿本人如此强烈地感到应该有这样一种机制，以至于他不是一次，而是三次试图用以太中的运动或以太压来解释它。④

4. 惠更斯重提漩涡论

大名鼎鼎的惠更斯也是笛卡尔漩涡理论的信奉者，这一点非常令人

---

① 杜昇云、崔振华、苗永宽、肖耐园：《中国古代天文学的转轨与近代天文学》，中国科学技术出版社2013年版，第65页。
② 转引自〔法〕亚历山大·柯瓦雷《牛顿研究》，张卜天译，北京大学出版社2003年版，第69页。
③ 转引自江晓原《科学史十五讲》，北京大学出版社2006年版，第175—176页。
④ 〔法〕亚历山大·柯瓦雷：《牛顿研究》，张卜天译，北京大学出版社2003年版，第69页。

费解，因为他在碰撞理论领域有很深的造诣，应该非常熟悉笛卡尔的漩涡理论存在的缺陷，比如笛卡尔根本没有考虑到动量的方向性问题。但是，1686年，惠更斯仍然在《私想集》中写道："行星在物质中漂流，因为若非如此，什么东西才能阻止行星逃离，又是什么东西才能使它们运动？开普勒认为是太阳，但他是错误的。"即使在牛顿《自然哲学的数学原理》正式出版之后，当时的主流天文学家接受了牛顿的万有引力定律，惠更斯仍然运用笛卡尔的漩涡理论来反驳牛顿的万有引力定律。1688年，他仍然写道："漩涡被牛顿摧毁了。……漩涡是必需的，[如果没有它们]地球就将逃离太阳；但漩涡彼此相距甚远，而不是像笛卡尔的漩涡那样相互挨着。"① 当然，惠更斯把漩涡理论做了些修改，试图用一套较小的漩涡，来替代被牛顿摧毁并从天空中清除了的巨大的笛卡尔的漩涡。② 总的来讲，惠更斯认为，引力理论是一种神秘的谬论，因此，他既没有接受牛顿的引力理论，也拒绝接受开普勒的引力理论；他相信，阻止行星逃离太阳的向心力来自漩涡的压力；在惠更斯和笛卡尔看来，物体之所以有重量，是因为它们被其他某些物体——更精确地说是被一种以极大的速度围绕地球转动的精细的或流体物质旋流压迫而推向地球。③

5. 罗贝瓦尔用引力概念替代向心力或重力

罗贝瓦尔是法国著名数学家与物理学家，受当时天文学研究热潮吸引，他也参与了当时新物理学领域的研究。在学术生涯高峰时期，恰值天主教会严厉压制新科学研究时期，为逃避教廷可能的责难，他极富创意的著作《世界的体系》，以古希腊天文学家亚里斯塔克的名义出版。罗贝瓦尔声称，《世界的体系》的拉丁文版来自阿拉伯译本，它存在一些明显的缺陷，自己仅仅改进了一下拉丁文版的风格，原书作者的观点与自己无关。

---

① 转引自〔法〕亚历山大·柯瓦雷《牛顿研究》，张卜天译，北京大学出版社2003年版，第113页。
② 〔法〕亚历山大·柯瓦雷：《牛顿研究》，张卜天译，北京大学出版社2003年版，第114页。
③ 〔法〕亚历山大·柯瓦雷：《牛顿研究》，张卜天译，北京大学出版社2003年版，第114—115页。

早在 1636 年，数学家罗贝瓦尔就用引力来解释重力，这可能是科学史上首次用引力概念来解释重力。大约 1644 年，罗贝瓦尔出版了他的《世界的体系》，系统解释了宇宙中各种物质之间引力的来源。在这本书中，他宣称，散布于宇宙各处的物质的每一部分都被赋予了一种特定的属性或者偶然性，这种属性使得所有的物质彼此拖动并且相互吸引，这种引力具有普遍性；此外，还存在着另外一些类似的力，它们为每个行星所固有（哥白尼和开普勒也承认这一点），它们使行星保持在一起，并使其球状得以解释。①

1669 年 8 月，在一次法国科学院举行的以重力为起因的论辩中，罗贝瓦尔宣读了一篇研究报告，在这篇报告中，他认为存在三种可能的对重力的解释，并进而指出，用相互吸引或者物质不同部分的结合趋势来解释重力是最简单的。②

虽然罗贝瓦尔的引力理论比较有创意，但总体上看，罗贝瓦尔的宇宙论，是极为含混甚至是混乱不堪的，为此，笛卡尔曾经十分严厉地批判了罗贝瓦尔的《世界的体系》，其他学者也不太认可罗贝瓦尔的宇宙论。不过从历史角度看，罗贝瓦尔的工作还是有意义的，正如柯瓦雷指出的，这不仅因为罗贝瓦尔第一次尝试在普遍的引力基础上发展出一个"世界体系"，还因为他提出了一些典型特征或解释模式，这些特征或模式，或者至少是它们的类似的物质，后来引发了胡克的讨论并受到牛顿和莱布尼茨的提倡。③

6. 胡克对引力定律的杰出贡献

1666 年 5 月，胡克向英国皇家学会提交了一篇论文，即"关于直线运动通过一种相伴随的吸引定律变为曲线运动的文章"，在这篇论文中，他首次通过生动的描述提出引力问题，他指出："我经常感到好奇，为什么行星要按照哥白尼的假定绕着太阳运动，它们又没有被包含在任何坚

---

① 〔法〕亚历山大·柯瓦雷：《牛顿研究》，张卜天译，北京大学出版社 2003 年版，第 201 页。

② 〔法〕亚历山大·柯瓦雷：《牛顿研究》，张卜天译，北京大学出版社 2003 年版，第 201 页。

③ 〔法〕亚历山大·柯瓦雷：《牛顿研究》，张卜天译，北京大学出版社 2003 年版，第 201 页。

实的轨道中，其中心也没有被任何可见的绳索缚住；它们从不偏离轨道多少，也不像每个仅仅受到一次推动的物体那样沿着一条直线运动。"① 这是胡克尝试研究引力问题的开始，这表明，欧洲大陆对引力问题的研究已经扩散到英国。

胡克对引力问题的研究成果主要体现在他于1670年发表的一次演讲中。在演讲稿中，胡克对引力的性质、作用等提出自己的见解。他指出，要想正确地解释一种世界体系，必须基于三条假设："第一条是，无论什么天体，都具有一种朝向其中心的引力。通过这种力量，它们不仅吸引住自身的多个部分，从而就像我们看到的地球一样，石器不至于分崩离析，而且也吸引所有那些位于其作用范围以内的其他天体。结果是，不仅太阳与月球对地球及其运动发生影响，同时地球也影响它们，而且水星、金星、火星、木星和土星也通过各自的这种吸引能力而对地球产生巨大的影响，同时地球的吸引能力也相应地以同一方式对它们中的每一个施以巨大的影响。第二条假设是，无论什么物体，只要它进入一种径直而单纯的运动状态，就将继续沿此直线前行，直至被其他某些外来的力量所改变，从而被迫进入一种画出正圆、椭圆或者其他更加复杂的曲线运动中。第三条假设是，这种引力作用有多强，取决于被作用的物体距离其中心有多近。"② 这些表述后来形成了《通过观测来证明地球运动的一个尝试》的重要组成部分之一。③

对此，柯瓦雷给予胡克非常高的评价，认为胡克的世界观与牛顿的世界观相似度高到惊人的地步，1679年胡克发现了平方反比定律，虽然他未经证明，也不是通过实验获取的，但我们不能因此否定胡克的洞察力。因此，柯瓦雷指出，胡克竞争万有引力定律的优先权是有较为充分的依据。④

---

① 转引自〔法〕亚历山大·柯瓦雷《牛顿研究》，张卜天译，北京大学出版社2003年版，第177页。
② 〔法〕亚历山大·柯瓦雷：《牛顿研究》，张卜天译，北京大学出版社2003年版，第179—180页。
③ 〔法〕亚历山大·柯瓦雷：《牛顿研究》，张卜天译，北京大学出版社2003年版，第274页。
④ 〔法〕亚历山大·柯瓦雷：《牛顿研究》，张卜天译，北京大学出版社2003年版，第275—276页。

六 恒星视差观测

早在亚里斯塔克时代，有人就以恒星周年视差理由批判日心地动说。亚里斯塔克则辩解道，恒星距离地球太过遥远，以至于地球轨道与之相比微不足道，因此，地球上的人们无法察觉恒星位置的变化。[①] 虽然亚里斯塔克的理由是正确的，但当时其他人无法接受这一解释。

哥白尼为了解决恒星周年视差难题而假定日地距离与恒星的距离相比极小，人们在地球上根本发现不了恒星的周年视差运动。哥白尼指出："它们非常遥远，以致周年运动的天球及其反映都在我们的眼前消失了。光学已经表明，每一个可以看见的物体都有一定的距离范围，超出这个范围它就看不见了。从土星（这是最远的行星）到恒星天球，中间有无比浩大的空间。"[②] 虽然哥白尼在亚里斯塔克的解释基础上，从光学角度理解可视距离，但仍然没有让反对者接受其解释。

实际上，以当时的技术条件，根本不可能在地球上观测到恒星周年视差，换言之，在当时条件下，将能否观测到恒星视差作为判断地球是否旋转的条件，本来就是一个不符合科学规律的事情。但遗憾的是，这一条件被反对者长期坚持。即使号称天文观测大师的第谷，也犯了同样的错误。第谷反对哥白尼日心地动说的最重要理由就是无法观测到恒星周年视差，他认为，如果地球环绕太阳运动，那么在地球上一定能观测到恒星周年视差。

作为哥白尼天文学体系的早期支持者，伽利略与开普勒都十分重视恒星周年视差的观测。早在1598年，开普勒就试图邀请伽利略合作，一起寻找恒星周年视差，但没有得到回应。[③] 在收到伽利略赠送的天文望远镜之后，开普勒通过改进天文望远镜进行天文观测，一方面是为了进一步补充第谷的天文观测数据，为《鲁道夫星表》编制做准备；另一方面，也是为了捕捉恒星周年视差，以进一步验证哥白尼天文学体系的正

[①] 吴国盛：《科学的历程》，湖南科学技术出版社2018年版，第129页。
[②] 〔波兰〕哥白尼：《天体运行论》，叶式辉译，陕西人民出版社2001年版，第35页。
[③] 〔德〕托马斯·德·帕多瓦：《宇宙的奥秘：开普勒、伽利略与度量天空》，盛世同译，社会科学文献出版社2020年版，第318页。

确性。但遗憾的是，由于技术限制，始终没有取得预期效果。

伽利略在"关于托勒密及哥白尼两大世界体系的对话"第三天的内容中，重点对地球公转的恒星周年视差问题进行了分析。他以萨尔维阿蒂（哥白尼主义者）的身份指出，第谷在恒星周年视差分析中严重高估了恒星的视大小，因为在消除了亮度对天体视大小的影响后，一等星的视大小只有5弧秒或角秒，而第谷却定为2~3弧分或角分，人为扩大了24~36倍。所以，第谷对哥白尼解决"视差悖论"方案的批判是站不住脚的。伽利略还正确地指出，人们之所以一直没有发现恒星周年视差，主要是观测水平和方法所限。① 因此，伽利略在书中，以萨氏名义仔细分析了恒星周年视差可能的变化规律，并提出了一些新的观测方案。②

天文观测领域后起之秀、著名科学家惠更斯也加入恒星周年视差的观测活动，虽然没有实现预期目标，但明确推断，恒星是遥远的太阳，两者在亮度上没有差别，并得出天狼星距离地球至少有27664个天文单位，实际距离为550000个天文单位，远远超过惠更斯的推测。这也表明，恒星距离地球的确太过遥远，以当时观测技术根本无法观测到恒星周年视差。

1672年，卡西尼发现了火星视差，这意味着可以算出火星的距离，而且可以进一步推算出日地距离。卡西尼还想进一步观测恒星视差，但因大气折射的干扰没能成功。这使他仍然不相信哥白尼的日心地动说。

在天文望远镜质量水平不断提高的同时，天文学家还对大气折射等影响观测精度的重要因素进行了认真研究。1656年前后，卡西尼开始把斯涅尔定律用于大气折射的计算，从而为天文观测提供了更加可靠的折射修正方法，为观测精度的进一步提高创造了条件。③ 当然，天文学家们始终没有忘记对日心地动说的判决性天象——恒星周年视差进行探查，虽然预期结果迟迟没有得到，但形成了一系列重大发现。从17世纪70

---

① 杜昇云、崔振华、苗永宽、肖耐园：《中国古代天文学的转轨与近代天文学》，中国科学技术出版社2013年版，第58页。
② 杜昇云、崔振华、苗永宽、肖耐园：《中国古代天文学的转轨与近代天文学》，中国科学技术出版社2013年版，第58页。
③ 杜昇云、崔振华、苗永宽、肖耐园：《中国古代天文学的转轨与近代天文学》，中国科学技术出版社2013年版，第60页。

年代开始,包括卡西尼、弗拉姆斯蒂德等在内的天文学家相继发现,恒星位置存在着可以察觉的明显变动,"恒星不恒"的事实变得越来越引人注目了。到了 1717 年,哈雷首先发现了恒星自行,而布拉德雷则在 1728 年和 1748 年公布了他对恒星光行差和地轴章动的发现,其中,光行差在证明日心地动说上与恒星周年视差具有同等功效。①

此外,牛顿等科学家都曾经观察过恒星周年视差,但都没有观察到。直到近代科学革命结束之后的 100 多年,即 19 世纪 30 年代,德国数学家、天文学家贝塞尔借助新的量日仪才终于发现了恒星周年视差。流行的观点通常认为贝塞尔于 1838 年首次观测到恒星周年视差,实际上,俄国的斯特鲁维于 1837 在圣彼得堡观测织女星时已得到了恒星视差值,比贝塞尔早一年;1839 年英国汉德森在好望角观测半人马座的一颗恒星,也得到了恒星视差值。② 这足以表明,尽管哥白尼天文学体系已经得到广泛承认,但天文学界仍然没有忘记这一日心地动说最重要的证据。

七 从星表角度验证哥白尼体系的真实性

近代欧洲天文学家通常根据天文学体系编纂星历表或天文表,给出日、月和五大行星在各个时刻的位置,以及一些重要天象的时刻与方位;天文学家们可以通过实际天文观测来检验这些星历表或天文表的精确程度,进而评价各表所依据天文学体系或宇宙体系的优劣。③ 通常认为,这种习惯做法来源于托勒密。实际上,最早星历表或天文表来源于美索不达米亚的日月运行表,后来古希腊继承了这一习惯,在阿拉伯人历法或时间体系修订中也广泛流行过天文表或星历表,近代科学革命前后,欧洲大陆也非常流行制定星历表或天文表。

在 14 世纪以后,欧洲人在实际天文计算中依靠的主要是 13 世纪后期编纂成书的《阿方索天文表》,尽管其中部分内容是 13 世纪的观测结果,但仍有相当部分是从《托莱多天文表》里继承下来的托勒密《天文

---

① 杜昇云、崔振华、苗永宽、肖耐园:《中国古代天文学的转轨与近代天文学》,中国科学技术出版社 2013 年版,第 60 页。
② 苏宜:《天文学新概论》(第四版),科学出版社 2009 年版,第 34 页。
③ 江晓原:《试论科学与正确之关系——以托勒密与哥白尼学说为例》,《上海交通大学学报(哲学社会科学版)》2005 年第 4 期,第 27—32 页。

第九章 近代科学革命的深化与两种宇宙观的验证

表手册》中的数据。《阿方索天文表》不仅内容陈旧，而且在实际天文计算中也存在相当大的误差。[①]

为此，莱茵霍尔德希望编纂精确度更高的天文表。1551年，他根据哥白尼数理天文学编定了《普鲁士天文表》（即《普鲁士星表》）并正式刊行，这样，哥白尼的数理天文学通过《普鲁士天文表》在历书编纂者及数理天文学家中得到了较为广泛的采纳，并成为1582年教廷改历的主要依据之一。哥白尼本人也被称为"托勒密第二""天文学复兴者""最有才华的天文学家"，从而受到普遍的尊敬。即便是在第谷指出《普鲁士天文表》同样不够精确的事实之后，他的这种声誉也没有受到太大的损害。[②] 因为他的精确度远远高于《阿方索天文表》《托莱多天文表》。

第谷通过精密观测后发现，哥白尼与莱茵霍尔德的观测数据是极为不可靠的。他们所用的仪器过于粗劣，在测量中几乎没有考虑大气折射等因素的影响，另外，他们对恒星的位置也几乎没有做过自己的观测。《普鲁士天文表》虽然在总体精度上高于《阿方索天文表》（13世纪后期编纂），但与实际天象之间的差距也还十分可观，例如，在对1563年的一次土星、木星交会的计算中，前者误差虽达1月之久，但后者也差至1天。[③] 显然，第谷的实际检验间接地表明哥白尼体系相对于托勒密体系，存在明显的优越性。

后来，开普勒编制了《鲁道夫天文表》，其精确度远远超过此前的任何一个天文表。1629年，开普勒根据《鲁道夫天文表》预报1631年将发生一次水星凌日现象，并建议天文学家注意对这一天象进行观测，用以改进内行星的有关参数。根据这一建议，法国天文学家伽桑狄届时前往南美对这次水星凌日现象进行了观测，并于1632年公布了观测结果。他的记录表明，在对这次天象的预报中，开普勒的误差仅为14′24″，而基于托勒密、哥白尼和隆哥蒙塔努斯理论的预报误差均在4度以上。

---

① 杜昇云、崔振华、苗永宽、肖耐园：《中国古代天文学的转轨与近代天文学》，中国科学技术出版社2013年版，第60页。
② 杜昇云、崔振华、苗永宽、肖耐园：《中国古代天文学的转轨与近代天文学》，中国科学技术出版社2013年版，第48页。
③ 杜昇云、崔振华、苗永宽、肖耐园：《中国古代天文学的转轨与近代天文学》，中国科学技术出版社2013年版，第50页。

另外，兰斯伯格的《永恒天体运动表》，根据哥白尼日心地动说为基础的天文表，预报误差也存在 1°8′的偏差。从此，《鲁道夫天文表》的准确性成为引人注目的事实，椭圆轨道理论也随之受到人们的重视，赢得越来越多的支持者。为数众多的天文学家投入了对开普勒行星理论的研究，对开普勒的计算方法以及《鲁道夫天文表》中的基本参数进行了一系列改进。

因此，在伽桑狄验证了《鲁道夫天文表》的精度之后，即便反对哥白尼日心地动说的天文学家也不得不将这一天文表作为自己的工作基础，包括《新至大论》的作者里奇奥利也采纳了此天文表。[①] 至此，哥白尼天文学体系以及经开普勒改进后的日心地动说，至少在实践层面已经占据了主动。

第二节 牛顿完成了"拯救现象"的证明

一 牛顿之前的科学理论基础

在牛顿开始证明哥白尼天文学体系或哥白尼-开普勒天文学体系之前，长期困扰日心地动说的五个基本难题，即离心力以及向心力或引力问题、落体垂直运动、地动抛物问题、轨道形状问题等已经基本解决，但恒星视差由于距离太过遥远无法观测。其中包括伽利略、伽桑狄、梅森、开普勒、笛卡尔、惠更斯、波雷里、罗贝瓦尔、波利奥、赫罗克斯、胡克等人的努力。

因此，在研究天体力学之前，牛顿可以详细地学习他的欧洲前辈们创立的天文学、物理学、数学和光学等科学理论知识。同时，在验证哥白尼天文学体系或哥白尼-开普勒天文学体系这一问题上，留给牛顿的空间并没有太多。

二 牛顿动力学综合

在牛顿开始验证哥白尼天文学体系之前，伽利略、开普勒、笛卡尔

[①] 杜昇云、崔振华、苗永宽、肖耐园：《中国古代天文学的转轨与近代天文学》，中国科学技术出版社 2013 年版，第 61—62 页。

等人的努力，创建了大量的关于物体运动的力学知识，人们对运动的认识开创了一个里程碑，但是，这种认识也存在一定的缺陷。例如，对天上的运动与地上的运动的认识还处于零散、琐碎的状态，还没有建立起系统的理论体系，形成对运动规律的普遍认识。因此，牛顿决定先对动力学领域进行归纳总结并构建理论体系，作为证明日心地动说的基础。牛顿在动力学领域的卓越贡献主要表现在以下方面。

1. 运动三定律①

牛顿第一运动定律也称为惯性定律，是指所有物体，除非有外力施加在它们身上，迫使它们的状态发生改变，否则将一直处于匀速直线运动或静止状态。牛顿第一运动定律是对伽利略、笛卡尔力学成果的继承与发展。伽利略从斜面实验中发现了水平方向惯性运动，但他曾经猜想匀速圆周运动也是由惯性导致的，笛卡尔发现物体的漩涡运动或圆周运动需要平衡离心力的力量，纠正了伽利略圆周运动惯性猜想，这些成果为牛顿正确总结第一运动定律奠定了基础。

牛顿第二运动定律，是指物体运动的变化幅度与其所受的力成正比，变化的方向与外力作用方向一致。牛顿指出，如果力的施加产生了某种运动，那么双倍的力、三倍的力将分别产生双倍、三倍的运动，无论这种力是单次施加，还是逐次施加，效果都一样。牛顿第二运动定律，也称为加速度定律，是对伽利略力学成果的继承与发展。伽利略创造了加速度概念并把它与力的作用联系起来，但未能在数学上确定力与加速度的联系，牛顿引入了质量概念，在研究万有引力定律中解决了力与加速度的联系。

牛顿第三运动定律，是指每一种力的作用都存在一种相等的反作用；或者说，两个物体相互间的作用是相等的，并且方向相反。牛顿第三运动定律又称作用力与反作用力定律，是由英国沃利斯、荷兰惠更斯等人发现的，并在英国皇家学会用实验证明过。坦率地讲，牛顿在这一定律上贡献比较小，只是进一步做了概括。

但牛顿将三条运动定律联结为一个整体，则奠定了整个动力学的基

---

① 〔英〕艾萨克·牛顿：《自然哲学之数学原理》，余亮译，北京理工大学出版社2017年版，第16—17页。

础，构建了经典力学的理论体系，这一贡献远远超出了三大定律的总结工作本身。

2. 力的合成和分解原则①

牛顿对力的合成原则的概括简明易懂。他指出，如果一个物体在指定时间内，受到力 M 的作用而产生由 A 向 B 的匀速运动，如果受到力 N 的作用而产生由 A 向 C 的匀速运动。这样，当两个力同时作用在一个物体上时，该物体会沿 AB 和 AC 组成的平行四边形（ABDC）的对角线运动，所需要的时间等于分别沿两边运动所用的时间之和。

牛顿对力的分解原则的概括也简明易懂。他指出，两个斜向力 AC 和 CD（或者 AB 和 BD）可以合成直线力 AD，反之，直线力也可以分解成两个斜向力 AC 和 CD（或者 AB 和 BD），在力学中，这种力的合成与分解经常存在。

牛顿提出的力的合成和分解原则是力学计算的基础，也是分析自然界各种运动现象与其他力学现象的基础。

3. 动量守恒定律②

牛顿的动量守恒定律可以简述为由同一方向的运动的和、以相反方向运动的差，所得到的运动的量，在物体间的相互作用中保持不变。牛顿的动量守恒定律最初是由牛顿第二、第三运动定律联合得出的推论，但后来发现它的适用范围远远超过牛顿运动定律本身，被称为现代物理学中三大基本守恒定律之一，是比牛顿运动定律更基础的物理规律。

4. 力学相对性原理或伽利略相对性原理③

牛顿的力学相对性原理或伽利略相对性原理是指在给定空间内，无论该空间是静止还是做不含旋转运动的匀速直线运动，物体自身的运动和相对彼此的运动都是相同的；无论物体相互间的运动方式为何，在平行方向上得到相同的加速力时，都会继续之前的相互运动，和没有加速

---

① 〔英〕艾萨克·牛顿：《自然哲学之数学原理》，余亮译，北京理工大学出版社 2017 年版，第 17—18 页。
② 〔英〕艾萨克·牛顿：《自然哲学之数学原理》，余亮译，北京理工大学出版社 2017 年版，第 20 页。
③ 〔英〕艾萨克·牛顿：《自然哲学之数学原理》，余亮译，北京理工大学出版社 2017 年版，第 24 页。

力时一样。它原来是牛顿运动定律的推论，最早来自伽利略为哥白尼日心地动说进行辩护而做出的解释。伽利略第一次提出惯性参考体系的概念，用来解释石子从匀速直线运动状态的船的桅杆顶端自由下落掉到桅杆底部而不偏向船尾的现象。牛顿将伽利略的概括拓展到静止状态，他指出，按照船的实验可证：无论船处于静止还是匀速直线运动的状态，船上的所有运动都会照常进行。

三 牛顿在哥白尼天文学体系上的综合与证明

对哥白尼天文学体系或哥白尼-开普勒体系的证明，实际上可以归结为对开普勒行星运动三大定律的证明。行星运动三大定律是17世纪初最伟大的天文学成就，开普勒也因此被赞为"天空立法者"。但是，开普勒本人并没有对行星运动三大定律给出严谨的数学证明。一般认为椭圆轨道定律和面积速度定律是在第谷观测资料基础上经过数学计算和逻辑推理得出的。至于行星运动第三定律，通常被认为与牛顿万有引力定律的发现有着十分密切的关系，开普勒并没有详细解释这一定律的来龙去脉。在其1619年出版的《宇宙之和谐》一书中，开普勒提出了行星运动第三定律，但第三定律究竟怎么来的，书中却没有详细说明。[①]

可见，虽然开普勒天才般地归纳了火星的椭圆轨道定律、面积定律与平方反比定律，并以杰出科学家特有的敏锐思维将之推广成太阳系的所有行星运动定律，但开普勒的行星运动三大定律，与其说是定律，不如定性为天文学假说更恰当一些，这导致人们对天体运动的认识还存在各种模糊的因素或不确定因素。正如波利奥在《天文学哲学》一书中指出的："事实上，仅仅依靠计算是不能证明轨道是椭圆的，因为即便是对火星的轨道可能是这样，但对于金星的轨道，椭圆性一直是未曾确证的，对于地球的轨道问题也同样不明朗。金星和地球的轨道相对于圆都偏离太少，单凭当时的测算不能知道它们究竟是圆还是椭圆。对于水星的轨道，其轨道的非圆性按理是可以觉察的，但是当水星处在最能确定其轨道形状的一些位置时，我们是观测不到它的；对于木星、

[①] 陈方正：《继承与叛逆：现代科学为何出现于西方》，生活·读书·新知三联书店2009年版，第546—547页。

土星而言，也不能完成这一判定。开普勒所提出的物理原理，显示了他头脑聪明，但这不能揭示真相。"① 因此，如果不能够对开普勒的行星三大运动定律做出证明，实际上无法全面理解行星运动规律，也无法真正证明哥白尼天文学体系或哥白尼-开普勒体系的正确性，无法真正推翻托勒密体系。

牛顿《自然哲学之数学原理》的目的或许不止一个，但其最主要的目的还是验证哥白尼天文学体系。正如柯瓦雷指出的：牛顿的《自然哲学之数学原理》"致力于证明哥白尼的假说或哥白尼-开普勒天文学体系的真理性"。② 实际上，在1686年4月28日的英国皇家学会会议上，已经有人明确指出，牛顿的《自然哲学之数学原理》包含了一种对开普勒提出的哥白尼日心地动说的数学证明。③ 这并不令人奇怪。早在牛顿之前，如何理解或证明行星环绕太阳运转已经是那个时代学者关注的最重要的焦点问题。伽利略、波雷里、笛卡尔、莱布尼茨、胡克等，均探讨过这一问题。但牛顿有数学优势，这是他最终成功论证哥白尼天文学体系的关键。

尽管如此，科学史界普遍认为，牛顿创建万有引力定律的关键一步，即引力平方反比关系的证明，是牛顿在融合"开普勒定律"和惠更斯"离心力公式"基础上进行理论推演的结果，牛顿的贡献主要在于对前人科学成果进行了数学归纳和证明。诚然，在某种意义上，牛顿在天文学领域的研究是对开普勒天文学的继承，但这不是一种对开普勒天文学的简单继承，而是一种有机的综合。著名天文学家波利奥对牛顿万有引力定律的发现也做出了重要贡献。波利奥提出了行星引力与距离平方成反比的假说以及行星椭圆轨道几何构想，并且还明确指出："均匀的运动必须产生于平行圆的无限序列；当行星从远日点向近日点运动时，其速度递增；当从某一较小的圆向较大的圆运动时，行星改变它的线速度，

---

① 转引自威世强《牛顿万有引力定律的发现渊源：从所谓的开普勒定律到万有引力定律》，《物理》1998年第9期，第557—564页。
② 〔法〕亚历山大·柯瓦雷：《牛顿研究》，张卜天译，北京大学出版社2003年版，第31页。
③ 〔法〕亚历山大·柯瓦雷：《牛顿研究》，张卜天译，北京大学出版社2003年版，第31页。

但在每一瞬间，它作定心的圆周运动，且角速度对瞬时中心不变；由于这样的圆一个接着一个没有间断，它们形成一个连续的表面。他还假定，轨道的运动发生在唯一的平面上——通过太阳的一个平面，这个平面与由等分圆组成的表面交叉定义了轨道。于是，轨道的形状问题亟待解决。"① 这些思想观点无疑对牛顿引力理论的建立有正面的宝贵的启发意义。另外值得一提的是，英国皇家学会的秘书长、著名科学家罗伯特·胡克对引力的贡献绝不能低估。他曾在1679~1680年写信给牛顿谈了自己的想法，牛顿在给朋友哈雷的信中承认胡克对万有引力定律的贡献。②

当然，我们不能因此而忽视牛顿工作的独创性的伟大贡献。无论牛顿吸纳了多少前人成果，都不能否认他在证明哥白尼天文学体系或哥白尼-开普勒天文学体系中独一无二的卓越贡献。实际上，牛顿开始思考引力或万有引力问题的时间节点，要远远早于哈雷与他探讨平方反比定律问题的1684年，尽管这一问题是促使牛顿创作《自然哲学的数学原理》的直接动因。1665年，牛顿因故回到伍尔索普老家，已经初步形成了万有引力思想，那个关于苹果的故事也许是真的。③ 据说牛顿从苹果落地现象得到启发：由于重力的作用，一个熟透的苹果从树上掉下来，同理，他推测出，或许是重力的作用让月亮保持在它的环绕轨道上。虽然牛顿有了万有引力的初步想法，但没能在短时间内推导出万有引力定律，直到20年后才正式公布万有引力定律。这主要是因为他面临两个无法解决的难题：其一是他在给好友哈雷的信中提到的，地球对外部物体的吸引力是否恰如它的质量全部集中在中心点上；1685年，他用自己新发明的微积分证明了"在任何一点的球体的密度仅仅取决于它和中心点的距离，这球体对外部质点的吸引恰如球体的质量集中在中心点一样"④；其二，当时没有微积分这一工具，无法求

---

① 转引自威世强《牛顿万有引力定律的发现渊源：从所谓的开普勒定律到万有引力定律》，《物理》1998年第9期，第557—564页。
② 何平、夏茜：《李约瑟难题再求解》，上海书店出版社2016年版，第144页。
③ 〔英〕约翰·德斯蒙德·贝尔纳：《历史上的科学：科学革命与工业革命》，伍况甫、彭家礼译，科学出版社2015年版，第369页。
④ 转引自〔美〕弗·卡约里《物理学史》，戴念祖译，广西师范大学出版社2002年版，第64—66页。

出物体在任何时刻的位置，当微积分发明之后，只要获知物体位置信息和在另外任一时刻的速度或速度变化率（即加速度）间的关系就可以求解任意时刻的位置。① 这两个难题一解决，牛顿发现万有引力定律就水到渠成了。

牛顿借助微积分和逻辑推演，证明了开普勒的行星运动三大定律，导出了引力平方反比定律，同时；他引入质量概念，把地面上的重力概念发展为引力概念并推广到一切物体（包括天体）之间的相互作用，并给出了万有引力定律准确的数学表达式。在此基础上，牛顿建立了月球运动理论、彗星理论、潮汐理论等。②

总之，牛顿将其成果汇成《自然哲学之数学原理》，基本完成了哥白尼日心地动说的验证，这也是柯瓦雷命名的近代科学革命结束的标志。

---

① 〔英〕约翰·德斯蒙德·贝尔纳：《历史上的科学：科学革命与工业革命》，伍况甫、彭家礼译，科学出版社 2015 年版，第 370 页。
② 威世强：《牛顿万有引力定律的发现渊源：从所谓的开普勒定律到万有引力定律》，《物理》1998 年第 9 期，第 557—564 页。

第十章 宗教与科学的冲突和近代科学革命中心的转移

近代科学革命始于哥白尼《天体运行论》，这是哥白尼在意大利留学期间基本完成全文构思的一部数理天文学著作，意大利的伽利略及其追随者对哥白尼宇宙体系展开系统深入研究并取得了丰硕的成果，意大利因此成为17世纪初西欧科学研究的中心。但是，自17世纪60年代开始，科学革命的中心突然向英国转移，英国皇家学会承接了由伽利略、开普勒开创的验证哥白尼体系的研究工作，最终牛顿完成了哥白尼宇宙体系的论证工作。这一切到底是怎么发生的，迄今为止并没有得到系统、合理的解释。本章将解析这一谜题。

第一节 宗教与科学的特殊冲突的两种后果

一 宗教与科学的特殊冲突的含义

在17世纪初期，科学界与天主教会发生了一场特殊的冲突，它源于布鲁诺对哥白尼天文学体系的宣扬，以及对托勒密天文学体系的批判，布鲁诺因此被判死刑，但以伽利略、开普勒为代表的科学家们却坚持推动哥白尼体系的验证，并因此触怒了天主教会，天主教会对伽利略实施了严厉惩罚并对科学研究选题作了严格规定。

1. 宗教与科学的特殊冲突的主要内容：

一是天主教会坚持的托勒密天文学体系原本是一套典型的科学理论体系，并非宗教理论，但这套科学理论的核心观点被内化为宗教教义的组成部分，托勒密体系的宇宙观被天主教会认定为神圣不可侵犯的教义的组成部分。科学家们出于追求真理的目的，批判托勒密天文学体系的错误之处，从其本意看，根本不是为了挑战天主教会的权威，而是希望证实宇宙的真实图景，但我们应该承认，科学家们的行为事实上损害了教会的权威。

二是在1650年之前，教会并没有系统反对科学的计划。无论是天主教会，还是新教教会，并不存在一般意义上的反对科学的行动与计划，教会早就对自然科学的发展进行了定位，即科学是神学的奴婢，这可能有轻视或压制科学的味道，让科学成为神学的附庸，但并没有禁止自然科学研究的规定，即使在天主教会与科学界关系最为紧张的时候，教会也仅仅禁止了威胁教会在意识形态领域权威地位的部分科学研究选题，并没有完全禁止科学研究。

三是世俗科学家与教会下属的耶稣会会士曾经就宇宙理论进行了多次辩论，从辩论结果看，世俗科学家伽利略等学者通常是获胜的一方，但部分耶稣会会士却因此恼羞成怒，凭借教会的权威和势力对世俗科学家进行打击报复，将两者的学术辩论上升到学者挑战或冒犯教会的恶性事件，给人的印象是科学与宗教之间爆发了不可调和的冲突，这可能存在夸大的嫌疑。

2. 天主教会对待自然科学的态度

在历史上，天主教会常常给世人阻挠科学研究的不良印象。实际上，这种看法是片面的。准确地讲，天主教会并非一贯反对科学研究。只要自然科学研究的结论不对天主教会的教义构成矛盾与冲突，一般情况下不会受到排斥或限制。虽然历史上天主教会曾经将《天体运行论》列为禁书，但这并不意味着天主教一直反对该著作。

实际上，天主教会对哥白尼《天体运行论》的态度经历了一个剧变过程。尽管《天体运行论》揭示了地球只是一颗围绕太阳做圆周运动的普通行星，从而间接否定了"地球是上帝特意安排在宇宙中心"的上帝创世说。但教会起初仅仅将《天体运行论》看成一种天文学假说，以方便构建太阳、月亮以及五大行星运动的计算方法，基于儒略历修订的考虑，教会采取宽容、务实的态度，并没有细究《天体运行论》中涉及的宇宙论内容，而是采取冷处理方式，不去纠缠哥白尼宇宙论与教义的矛盾。直到布鲁诺等人将哥白尼宇宙论内容作为攻击罗马教廷意识形态的强大武器，并很快地引起了社会的强烈共鸣之时，罗马教廷才恍然意识到哥白尼学说揭示的宇宙真相，能够对教廷刻意维护的意识形态领域形成致命冲击。

在布鲁诺死刑判决10年之后，伽利略运用天文望远镜在观测上取得了一系列重大发现，诸如月亮上的景象与教义描述的不一致，木星的四个卫星并没有如教义所言围绕地球旋转，金星的位相变化反映了金星围绕太阳旋转，而不是围绕地球旋转，这些新的天文现象是支持哥白尼学说的有力证据。随后，伽利略以及他的追随者在不同场合大力宣扬哥白尼理论，让哥白尼理论再次对罗马教廷意识形态造成新一轮致命冲击，罗马教廷终于在1616年决定将《天体运行论》列为禁书，试图再次阻挠哥白尼天文学说的传播。

对此，科学史家阿里奥图对天主教对待科学的态度做出了恰当的评价，他指出："当科学局限于假设的、传统上通用的结论公式时，他容忍科学；当科学争取到客观性质时，他必定使科学遭受宗教裁判所的鞭打和蝎蜇。"[1] 实际情况果真如阿里奥图所言。当布鲁诺坚持哥白尼日心说思想且毫不动摇时，罗马教廷残忍地对其实施火刑。伽利略深受读者欢迎的《关于两大世界体系的对话》被认为严重冲击了教廷的意识形态领域的权威性，被天主教批判为对《圣经》的随意解读[2]，属于严重的犯罪行为。最终，伽利略被判软禁，直至凄惨死亡为止。在天主教教规中，对《圣经》的解释权是教会垄断的权力，其他人是无权自行解释的，否则就是犯罪行为，将受到教廷法律制裁。

一般而言，科学家或自然哲学学者不会主动去招惹或挑起与宗教的论战或斗争，相反地，他们总是尽力地避免与教会爆发正面的冲突，在那个时代，科学家与宗教之间的力量相差太过悬殊，根本不具备正面冲突的能力，即使有强烈的斗争、辩论的意愿，也不敢轻易触犯教廷庞大的暴力机器。但是，在中世纪，科学发现或探索的内容与宗教宣传的教

---

[1] 〔俄〕鲍·格·库兹涅佐夫：《伽利略传》，陈太先，马世元译，商务印书馆2001年版，第237页。

[2] 〔美〕劳伦斯·普林西比：《科学革命》，张卜天译，译林出版社2013年版，第52页。

义的冲突无法完全避免，一旦触犯教会意识形态，教会很可能动用它的组织力量制裁科学家，甚至消灭科学家生命。从这个意义上看，科学与宗教之间的冲突是一种特殊的冲突。

但是，不主动挑起冲突，不等于科学与宗教之间不会发生冲突。比如，如果对某个宗教人士学术观点的批判，也可能被认为是对宗教组织的亵渎而遭受有组织的打压或制裁。正如劳埃德指出的，在很多时候，客观的批评和人身攻击之间的界线实际上很难把握，有时候取决于受众的感觉。例如，"苏格拉底对战胜对手没有兴趣，也对任何特别的听众对他所说的东西可能产生的想法没有兴趣。他只关心真理——仿佛那是一个完全非个人的和客观的问题"[①]。但遗憾的是，苏格拉底认为是关于真理的辩论，辩论对手却不这么认为，而是把它当作一种冒犯或人身攻击，苏格拉底因坚持真理而得罪了许多人，最后被判死刑。劳埃德进一步尖锐地指出："苏格拉底命运的寓意可能在于，只要涉及对观念的批评，那些持有观念的人总是要被牵涉进来，即使宣称批评是完全不针对个人的。唯一安全的可供反对的信仰是那些人们不再持有的信仰——但是谁会想要反对它们呢？"[②]

在近代科学革命历程中，伽利略无疑是一个非常杰出的科学家，也是极少数敢于公开质疑教会的伟大学者。在科学真理与宗教教义之间发生冲突时，伽利略认为，科学家应该坚持真理，教会应该根据真理调整教义，而不是通过教义否定科学真理。伽利略认为，如果没有专门的论文作为科学"依据"，就应该一直接受圣经之书的权威性，领会它最简单、最直接的含义。但是，如果我们确实有了科学依据，那么两者的角色就应该互换，圣经需要得到重新解释，以使圣经之书与自然之书保持一致。同时，伽利略郑重警告，如果继续坚持相信那些明白无误的谬误，这只会为教会招致嘲笑和诋毁；为避免这种结局，教会应该接受哥白尼的学说。伽利略坚称，他能够明白无误地证明地球和行星围绕太阳转动，

[①] 〔英〕G.E.R. 劳埃德：《古代世界的现代思考——透视希腊、中国的科学与文化》，钮卫星译，上海科技教育出版社 2015 年版，第 85 页。
[②] 〔英〕G.E.R. 劳埃德：《古代世界的现代思考——透视希腊、中国的科学与文化》，钮卫星译，上海科技教育出版社 2015 年版，第 86 页。

教会坚持与真理背道而驰的做法，只会使自己名誉扫地。他还认为，必须用新的科学解释来替换对圣经的传统理解，才能使圣经与科学真理保持一致。另外，伽利略还在书中加入了自己对圣经关键段落的解读，以说明它们与哥白尼学说是完全一致的。① 伽利略这一铿锵有力的论述被认为严重冒犯了教会。因为对圣经的解释向来是教会垄断的特权，任何其他人对圣经进行解释，不仅仅会被当作冒犯教会权威的举动，被认定属于犯罪行为，必须接受相应的处罚。从中不难看出，伽利略无意冒犯宗教权威，但异常坚定地坚持真理，其建议十分合理，但天主教会以及耶稣会宗教人士却顽固地坚持指鹿为马的荒唐做派，将真理与谬误的判断标准以权力为准绳而肆意妄为，历史已经证明，这样做的结果只会获得耻辱，不会赢得尊重，只会伤害教会自身。

从这个意义上看，与其说伽利略的观点冒犯了教会，不如说他的观点冒犯了当时宗教当权人士更为贴切。因为从历史角度看，基督教的教义并非固定不变，而是曾经做出多次重大修订，甚至是截然相反的改变，但社会对基督教的信仰却没有因此受到削弱，有时候甚至还因此得到了巩固，客观上壮大了教会力量。例如，奥古斯丁以柏拉图哲学为依托，成功地为基督教建立了一个相当完整的宗教哲学体系，开创了影响后世近千年的哲学服从和服务于神学的思想传统，有效地巩固了基督教信仰体系。② 13 世纪，托马斯·阿奎那抛弃了奥古斯丁及其追随者的柏拉图哲学理论，改用当时兴起的新亚里士多德主义，成功地把经院哲学推向了一个全盛时期，从而维护了基督教哲学在中世纪的统治地位。因此，作为一个虔诚的天主教信徒，伽利略了解基督教哲学理论的变化，他也相信基督教教义随科学进步而更改不会影响社会的信仰，但如果一味愚昧地抵制科学才会导致信仰体系崩塌。但不幸的是，教会掌权者认定伽利略犯了严重错误，宗教法庭认定伽利略犯了"持有并相信错误的与《圣经》相抵触的"哥白尼异端邪说的罪行。③

---

① 〔美〕阿米尔·亚历山大：《无穷小：一个危险的数学理论如何塑造了现代世界》，凌波译，化学工业出版社 2019 年版，第 79—80 页。
② 李建珊、罗玉萍：《再论中世纪是近代科学的摇篮——基督教文化与欧洲近代科学产生的关系》，《晋阳学刊》2010 年第 1 期，第 55—59 页。
③ 何平、夏茜：《李约瑟难题再求解》，上海书店出版社 2016 年版，第 129 页。

显然，伽利略的思想观点让教会当权者感到十分愤怒，这不仅让他们丢了面子，感受到了难以容忍的屈辱，而且可能导致他们丧失特权或利益。实际上，类似的事情在古希腊曾经发生过，苏格拉底经常在辩论中获胜触犯了一些人的利益或面子，结果惹来杀身之祸。英国科学史家劳埃德对这一类事情做出了精辟的总结，他指出："只要涉及不同类型的人和听众，对错误观念的怀疑会非常容易地被看作冒犯的理由。仅仅不赞同被普遍接受的信仰也会被认作是破坏团结，当这些信仰不是那么能够直接由经验证明的时候，尤其会那样。"[①] 事实的确如此，哥白尼的地动说不容易直接通过经验进行证明，因此被怀疑似乎是顺理成章的事情，但是伽利略一再强调可以运用相关手段或方法证明哥白尼体系的重要结论，如地球和行星确实是围绕太阳转动的观点，但仍然被直接无视，这只能证明天主教会对冒犯自身信仰和利益的科学研究进行不顾一切的野蛮压制，否则的话，以教会下属的耶稣会在天文学、数学、物理学、光学等自然科学领域的强大研究实力，即使无法判定伽利略的观点是完全正确的，也不至于得出哥白尼、伽利略的科学观点是完全错误的异端邪说这一令人瞠目结舌的结论。

由此观之，天主教会并非反对一般意义上的自然科学研究，而是强烈反对新科学，包括新天文学理论和新物理学理论，前者由哥白尼创立，后者源于伽利略、开普勒等科学家在回答亚里士多德和托勒密对日心地动说的质疑与刁难。

3. 天主教会鼓励科学研究的动力

当哥白尼天文学思想观点对西欧社会产生重大冲击时，天主教会鼓励科学研究的动力在于试图利用科学研究成果来驳斥哥白尼等学者的天文学思想，寻找能够为教义辩护的科学理论，从而维护自身形象、地位与利益。

由于哥白尼天文学说存在缺陷，天主教会决定利用科学研究来反驳哥白尼、开普勒、伽利略等"错误"天文学观点。这在今天看来似乎是一件非常荒唐的事情，但在 16～17 世纪，教会的决策有它合理的一面。其一，上文已经提及，哥白尼日心地动说本身存在不少缺陷、有些甚至

---

① 〔英〕G. E. R. 劳埃德：《古代世界的现代思考——透视希腊、中国的科学与文化》，钮卫星译，上海科技教育出版社 2015 年版，第 86 页。

是重大缺陷,且其理论在部分环节不能实现逻辑自洽,如对运动的天体离心力问题的解释等。其二,天主教会有吸收异端思想转化为宗教教义的成功经验。中世纪初,基督教会曾经禁止托勒密地心说,因为它和宗教经典中所说的大地形状扁平的观点有冲突。但是,经院哲学家托马斯·阿奎那在扬弃柏拉图哲学基础上,将亚里士多德思想同基督教神学融为一体,建立了他的基督教亚里士多德主义的庞大神学体系。阿奎那用托勒密的地心说来论证上帝创世说:上帝创造宇宙的目的就是为了人类,因此,万物之灵的人类居住的地球必然是宇宙的中心。从此,托勒密的地心说与基督教教义融为一体,成了神学的理论基础,被教会赋予神圣不可置疑的权威性。① 其三,当时日心地动说传播范围很广,影响很大,教会担忧仅靠宗教说教与严厉的语言批判难以阻止哥白尼等人的天文学理论的传播,无法挽回教徒的信仰,需要运用科学理论来加以驳斥日心说。其四,应对新教竞争影响的需要而鼓励自然科学研究。宗教改革家、新教代表人物约翰·加尔文积极鼓励自然科学研究,以发现更多的创造秩序和创造者智慧的证据,给自然科学研究赋予新的宗教动机。② 耶稣会反对宗教改革,提出了研究科学和数学的座右铭:"在万事万物中找到神。"③ 其五,基于教会对学者与自然科学研究的传统控制有效性的自信。众所周知,中世纪绝大部分大学是教会创办与资助的,教会还实际掌控了学者的执教资格,这是教廷控制大学的重要手段之一④,自然科学研究的界限就是不能违背神学教义,否则学者将面临谴责、驱逐等严厉惩罚⑤。天主教会内部的学者就更容易控制了。其六,对科学与宗教发展的前景与冲突的认识存在局限性。无论在任何时候,准确预

---

① 董天夫:《哥白尼:科学发现与宗教信仰》,《自然辩证法通讯》1989年第5期,第50—57页。
② 〔英〕阿利斯特·E.麦克格拉思:《科学与宗教引论》,王毅、魏颖译,上海世纪出版集团、上海人民出版社2015年版,第22页。
③ 〔美〕劳伦斯·普林西比:《科学革命》,张卜天译,译林出版社2013年版,第14—15页。
④ 张弨:《欧洲中世纪执教资格的产生与演进》,《世界历史》2013年第3期,第77—92页。
⑤ 邢亚珍:《在信仰与理性之间——论中世纪大学学者》,《现代大学教育》2008年第5期,第21—24页。

测科学的发展对未来社会的影响都是十分艰难的事情，天主教会当然也难以预测到科学发展最终会重创宗教，还以为通过对天文科学缺陷的批判能够壮大宗教。这种认识上的错误也是鼓励科学研究的动机之一。

因此，面对如火如荼的天文学革命思潮，天主教会鼓励开展自然科学研究，耶稣会甚至提出"愈显主荣"的宗教动机推动科学研究，希望在天文学研究中找到支持教义的科学证据，从科学角度证明哥白尼、伽利略等人的天文科学理论是蛊惑人心的伪科学。以哥白尼天文学为例，《天体运行论》还是存在很多缺陷，如天主教会反驳哥白尼理论与常识不一致，他们指出：如果地球在旋转，它的运动不就会产生强大的风吗？向上抛的物体不就会落后于旋转中的地球表面吗？[1] 再如查尔斯·马拉佩特于1618年通过对彗星、其他星辰运动的观测反驳哥白尼的日心说和伽利略的假说。[2] 事实上，早在《天体运行论》正式出版前，天主教会就以旋转的地球离心力专业问题来刁难哥白尼，哥白尼无法做出逻辑自洽的回答。[3] 实际上，关于离心力问题解答要在100多年后荷兰物理学家惠更斯发表《论离心力》一文之后，才能够从科学角度得到解答。牛顿在14年后独立推导了离心力公式，并在这个基础上发现了万有引力定律。[4]

当然，耶稣会科学研究取得了一些重要成果，特别是找到了再次整合天文学的机会，他们试图重现当年阿奎那整合地心说的辉煌功绩。耶稣会发现与笛卡尔主义和解对自身有利。笛卡尔主义使用逻辑而不是实验去检验假设对他们而言非常有利，耶稣会会士是逻辑辩论的大师，可以稳步地调和新机械论中很多科学元素，使之服从于教会的需要。这样，耶稣会就可以使用笛卡尔部分理论知识为基础，接受并改造第谷·布拉赫的太阳系的范式，以提出新观点，即尽管所有行星都围绕太阳运行，但地球仍然是宇宙的中心，太阳又带着所有其他行星围绕地球旋转。这

---

[1] 〔美〕斯塔夫里阿诺斯：《全球通史：1500年以前的世界》，吴象婴、梁赤民译，上海社会科学院出版社1999年版，第253页。
[2] 胡玲：《两难选择：早期耶稣会对科学的态度》，《淮阴师范学院学报》2004年第3期。
[3] 董天夫：《哥白尼：科学发现与宗教信仰》，《自然辩证法通讯》1989年第5期，第50—57页。
[4] 吴国盛：《科学的历程》，湖南科学技术出版社2018年版，第268页。

种做法可以抗衡哥白尼日心说对教义的致命冲击，又能够满足天主教会的需要，被作为经典模型一直教授了很多年。①

意大利天文学家和耶稣会士里乔利在他 1500 页的《新至大论》（又译作《新天文学大成》）一书中，提出他对第谷宇宙学的修正。他们认为修改后的第谷宇宙学说明显优于哥白尼学说，当然也优于托勒密的《至大论》。里乔利的贡献无疑是巨大的，由他提出的 200 多个术语也一直沿用至今。同时，他创立的这种以历史名人给月球地名命名的方法至今仍在使用。因此，尽管哥白尼、伽利略、开普勒的新科学在西欧世界取得了巨大成就和广泛影响力，但并非所有的科学家都相信哥白尼日心地动说是正确的，哪怕开普勒计算出行星的运动轨道和规律、伽利略等人通过天文观测发现行星围绕太阳旋转等现象，著名科学家、牛顿的老师巴罗仍然不敢肯定哥白尼学说的正确性，他临终时曾经希望自己将在另一个世界里学习这一真理。②

事实上，第谷的日地双心理论大约完成于 1583 年，并于 1588 年在《论天界新现象》中首次公开。③ 但第谷通过天文观测数据进行自我验证时，早已发现这一模型存在重大缺陷，根本不符合实际观测数据。耶稣会利用第谷模型为基础而构建的新宇宙模型，只能是自欺欺人，是按照教义来裁剪宇宙模型的荒唐行径，注定无法取得成功。事实果真如此，随着笛卡尔宇宙漩涡论的被证伪以及牛顿万有引力的发现，耶稣会的整合也宣告破产。

二　宗教与科学的冲突激发了科学研究的动力

虽然天主教会以及耶稣会也强调自然科学研究，有效激励了一批虔诚的天主教神职人员学习与研究天文学的热情。但是，天主教会以及耶稣会的学者进行科学研究受教规约束而束手束脚，许多科学研究是以是

---

① 〔美〕杰克·戈德斯通：《为什么是欧洲：世界视角下的西方崛起（1500~1850）》，关永强译，浙江大学出版社 2010 年版，第 182—183 页。
② 〔法〕亚历山大·柯瓦雷：《牛顿研究》，张卜天译，北京大学出版社 2003 年版，第 307 页。
③ 杜昇云、崔振华、苗永宽、肖耐园：《中国古代天文学的转轨与近代天文学》，中国科学技术出版社 2013 年版，第 50 页。

否符合教义教规为准则的，不能与《圣经》冲突，并且天文学理论是否与圣经冲突的解释权与判定权属于教会。天主教会认为，解释《圣经》是教会的特权，侵犯这种特权是有罪的；要想避免科学与宗教的冲突，可以使天文学理论去迁就经文。① 换句话说，他们所谓的科学研究有预设研究结论的嫌疑，违反科学研究基本准则和科学精神，具有明显的反科学色彩。

在教会科学研究主旨的影响下，耶稣会的学者以及耶稣会支持的其他学者经常武断地批判哥白尼著作，引发伽利略学派的反击。例如，亚里士多德学派的孔季认为没什么必要去讨论地球的静止问题，因为这与《圣经》内容相符合。② 其言下之意十分明确，哥白尼日心地动说由于违反《圣经》内容，是不可容忍的错误。1615年红衣主教认为没有物理证据能够证明太阳不是围绕地球，而是地球围绕太阳旋转，因此哥白尼日心地动说不成立。伽利略对此进行了反驳，认为地球的潮汐可以证明地球在运动，当然，伽利略这一反驳也是不正确的。

1618年出现的三颗彗星引起人们的关注与讨论，耶稣会修士格拉西在公开演讲中将之视为验证哥白尼理论是错误的证据。伽利略则指导其助手圭都奇发表演讲并发表《论彗星》一文，在文中不点名地纠正了格拉西多处错误。第二年，格拉西则发表《天文学天平》批判甚至攻击伽利略本人。1621年伽利略以通讯方式写作《测试师》加以反驳，这些辩论客观上推进了新科学的发展，对《关于两个主要世界系统的对话》等著作的创作与出版产生了重要作用。③ 类似的例子不胜枚举，实际上，伽利略的大部分论著都是在与天主教会及其主导的学派的学术争论中逐步完成，这是伽利略天文学研究生涯中的一大特色，它们不仅很好地宣扬了哥白尼新的宇宙观，而且奠定了科学研究的基本原则，那就是本着客观情况进行探索，不能屈服于教义或盲目服从某种权威。当然，这也

---

① 〔俄〕鲍·格·库兹涅佐夫：《伽利略传》，陈太先、马世元译，商务印书馆2001年版，第127页。

② 〔俄〕鲍·格·库兹涅佐夫：《伽利略传》，陈太先、马世元译，商务印书馆2001年版，第126页。

③ 陈方正：《继承与叛逆：现代科学为何出现于西方》，生活·读书·新知三联书店2009年版，第553—554页。

是导致伽利略被教会势力残酷打击的主要原因。

伽利略与教会支持的学者在科学研究上的争论，常常带来较大影响，甚至是轰动效应，这有效地推动了西欧科学研究活动以及科学研究选题。这一影响甚至波及西欧大陆之外的英国，如17世纪三四十年代，英国剑桥大学虽然没有开设由哥白尼、伽利略、开普勒等学者新开创的天文学、物理学、光学与数学等课程，但教授和学生们常常聚集在一起，以非正式的形式学习着新科学，著名数学家、物理学家沃利斯也在他们当中。在欧洲大陆，支持伽利略、开普勒的新科学的人非常多，笛卡尔是其中的佼佼者，他响应开普勒、伽利略的新科学，并提出具有独创性质的宇宙理论来支持哥白尼学说，此外，惠更斯、波雷里、雷恩、哈雷、牛顿等学者，都先后投身新科学研究。

可见，当自然科学与教会发生一定程度上的冲突，引发学术辩论或诘难时，有利于科学批判精神的发扬，客观上有利于科学的发展与进步。因为冲突意味着存在相反或相左的观点，持续的冲突意味着这些观点能够引发科学家们强烈与持久的好奇心理，激发科学探索的热情。正如马赫指出的，所有对探索的促动都诞生于新奇、非寻常和不完全理解的东西。寻常的东西一般不再会引起我们的注意，只有新奇的事件才能被发觉并激起注意。① 因此，在意大利发生的科学与教会的冲突，客观上有利于科学研究的推进。历史事实正是如此。

总之，在科学革命时代，包括天文学在内的自然科学研究虽然也有得到宗教的支持或特许，但这并不意味着科学与宗教没有冲突。可能有部分学者抱着维护宗教信仰的神圣使命来推动科学研究，但更可能是利用宗教领袖的疏忽来推动科学研究。例如，加尔文生于1509年，死于1564年，他在有生之年，对于自然科学的理解（加尔文的自然科学研究是把哥白尼天文学排斥在外的，这一点十分明确）实际上很不全面，也不大了解科学成果对宗教的威胁，但他在新教领域的威望却很高，大学学者巧妙利用他生前的话阻止新教教会对科学研究进行干预，成功推动

---

① E. Mach, *Principles of the Theory of Heat*, *Historically and Critically Elucidated*, D. Reidel Publishing Company, 1986, pp. 338-349，转引自李醒民《科学探索的动机或动力》，《自然辩证法通讯》2008年第1期。

了自然科学研究。即使到了 17 世纪中叶，教随国定在英国已成事实，宗教势力大为减弱，科学研究的宗教阻力仍然不可忽视。为了避免宗教势力对科学研究的干扰与破坏，争取更好的科学研究社会环境，英国的科学研究者不得不努力证明科学研究的正当性，努力消除科学研究的宗教神学观念的禁忌带来的阻力，耐心地向教会解释，研究自然能更加充分地欣赏上帝的杰作，能更好引导人们去赞颂上帝创世的威力。①

为了消除教会以及信徒担心科学研究会导致无神论的担忧，许多科学家宣称科学研究的目的不是废除上帝，而是提供了一种用来歌颂上帝的伟大智慧以及他所创造的宇宙的整洁性的有效手段。② 此外，科学家还巧妙地从教义中努力寻找科学研究的神学依据，强调对自然界的探索可以引导他们理解上帝的特性与信徒的责任。③ 虽然很多时候，科学家也觉得这些理由很牵强，但不得不这样做。在科学研究氛围相对宽松的英国，科学研究活动尚且面临各种阻力，需要各种借口或堂皇冠冕理由来开展科学研究活动，更不用说其他地方的科学研究。因此，在所谓近代科学革命的时代，鲜有敢公开反对宗教的科学活动，尽管科学研究活动确实打击了宗教形象与地位，但科学界仍然避免公开声明这一点。

三　宗教与科学的冲突导致意大利丧失科学中心地位

罗马宗教裁判所对布鲁诺、伽利略的无情审判，严重打击了伽利略学派科学研究热情。许多典型的历史事件反映了科学与宗教的矛盾与冲突是客观存在的现象。但我们倘若因此得出天主教敌视科学结论，也会失之片面。

在近代科学革命历程中，虽然宗教敌视科学的证据可以列举出很多，但主要集中在天文学及相关领域。倒不是说天主教特别偏好打击天文学，导致这一结果的原因相当复杂。从某种意义上看，当初天主教将亚里士

---

① 〔美〕R.K.默顿：《十七世纪英国科学、技术与社会》，范岱年、吴忠、蒋效东译，四川人民出版社 1986 年版，第 22 页、第 146 页。
② 〔美〕R.K.默顿：《十七世纪英国科学、技术与社会》，范岱年、吴忠、蒋效东译，四川人民出版社 1986 年版，第 99 页。
③ 〔美〕理查德·奥尔森：《科学与宗教——从哥白尼到达尔文（1450-1900）》，徐彬、吴林译，山东人民出版社 2009 年版，第 64 页。

多德、托勒密的宇宙观当作永恒的真理融入教义中，希望充实宗教哲学体系，凸显宗教哲学在整个社会科学领域的领导地位，并巩固教会在意识形态领域的权威，让信徒以为现有社会秩序、宗教等级秩序是上帝的旨意，以永远无条件服从教会构建的等级秩序。

但是，让教会始料不及的是，原本以为是绝对的永恒真理的科学的宇宙观，居然可能是错误的，并因为哥白尼天文学说而受到广泛质疑。尽管还没有充分的证据证明托勒密、亚里士多德的宇宙观是错误的，但不利的证据越来越多，如果继续允许相关研究，可能会直接推翻教会秉持的宇宙观，同时证实哥白尼宇宙观是正确的、真实的，若出现这种情况，将会对天主教会形成致命的打击。于是，教会开始以各种理由阻挠哥白尼学说的验证。例如，教会向罗马林琴学院和佛罗伦萨的齐门托学院的赞助者施加压力，迫使这两个科学学会因丧失赞助而解散。[1]

在新教区域，教会对待哥白尼天文学说的态度也是相当严厉甚至可能更加严厉。从英国早期科学家极力避免陷入当时消耗大多数知识分子精力的无穷尽的神学-政治争论这一历史事实中可以看出端倪。胡克在皇家学会章程序言里特别强调：皇家学会的任务是靠实验来改进有关自然界各事物的知识，以及一切有用艺术、制造、机械实践、发动机和新发明，不牵涉神学、形而上学、道德、政治、语法、修辞或逻辑。[2]

在意大利，由于教廷的限制，科学研究有许多禁区，但凡教会或其分支机构耶稣会反对的、认为会危害教会利益的，均会受到不同程度的限制，有时甚至是禁止。开普勒在1609年出版了他的代表作《新天文学》，证明了行星的运行轨道呈椭圆形而不是完美的圆形，行星以不断变化着的速度沿着其轨道运行。在书中，为了计算行星的精确运动，开普勒粗略地运用无穷小方法。当耶稣会获悉后，于1613年禁止了连续体由物理上的"极小量"或者数学上的不可分量构成的命题，1615年耶稣会重申了禁令。[3] 耶

---

[1] 〔英〕约翰·德斯蒙德·贝尔纳：《历史上的科学：科学革命与工业革命》，伍况甫、彭家礼译，科学出版社2015年版，第345—346页。

[2] 〔英〕约翰·德斯蒙德·贝尔纳：《历史上的科学：科学革命与工业革命》，伍况甫、彭家礼译，科学出版社2015年版，第349页。

[3] 〔美〕阿米尔·亚历山大：《无穷小：一个危险的数学理论如何塑造了现代世界》，凌波译，化学工业出版社2019年版，第120—121页。

稣会错误地坚持以是否符合教义教规为科学评价准绳，粗暴地破坏科学发展内在规律，必然严重打击科学研究热情。

历史事实的确如此，耶稣会聚集了大量的数学家、天文学家，由于被教义或权威束缚，鲜有杰出科学成果。偶有杰出之士，也被教规禁令无情扼杀。例如格里高利·圣文森特是耶稣会历史上最具创造性的数学家之一，1625年发明了一种计算几何图形的面积和体积的方法，并称之为"ductus plani in planum"。这是开普勒计算椭圆扇形面积激励学术界热情参与数学研究的又一典型例子。圣文森特认为他的方法解决了难倒过历代伟大几何学家的一个古老问题，即求一正方形，使其面积等于一个指定圆的面积，也就是十分古老的"化圆为方问题"。他将稿件寄往罗马申请刊发许可，经过逐级上报，最后到了耶稣会总会长穆奇奥·维特莱斯奇那里。维特莱斯奇再三斟酌，觉得大多数数学家都认为化圆为方是不可能的，以往声称解决这一问题的学者最终被发现都是沽名钓誉之徒，因此，如果有耶稣会会士声称解决化圆为方问题，存在玷污教会名声的巨大风险。更令人不安的是，圣文森特的方法看起来疑似基于被明令禁止的无穷小方法。于是，维特莱斯奇将稿件交给当时耶稣会最高数学权威格林伯格神父，后者否决了发表要求。圣文森特没有气馁，他请求前往罗马，用了两年时间力图说服格林伯格赞同自己的创新方法，并且没有违反限制使用无穷小方法的禁令，但最终他失败了。格林伯格告知维特莱斯奇还是担忧圣文森特的方法违反无穷小禁令。可见，耶稣会不仅明令禁止无穷小方法，而且事实上禁止了疑似或类似无穷小方法的一切创新方法，这对数学发展造成的严重后果是可想而知的，因为数学本身就是充满创新色彩，更何况无穷小的方法是当时数学领域最有前景的研究领域。此后20年，圣文森特没有发表任何作品，1647年，利用维特莱斯奇去世的一段时间，圣文森特才让他的作品最终得以问世。但整个过程仍然十分艰辛，说偷偷摸摸也不为过。圣文森特的经历代表了耶稣会对不可分量法的态度，不可分量肯定是被禁止的。[①]

更糟糕的是，耶稣会对圣文森特的压制向其他会士传递了一个非常

[①]〔美〕阿米尔·亚历山大：《无穷小：一个危险的数学理论如何塑造了现代世界》，凌波译，化学工业出版社2019年版，第124—125页。

不好的信号，在该领域的任何研究都可能触犯禁令而导致无法发表任何成果，这对耶稣会会士而言是难以接受的结果。于是，理性的选择是避开这一领域，将时间和精力投放在符合教义教规的科学研究，如伽利略的弟子维维尼亚从伽利略开创的验证哥白尼体系转向古典数学研究。

对耶稣会而言，数学的研究与发展首先要符合宗教划定的理想秩序，要符合他们的偏好与要求，不满足这一条件的数学就应该放弃或被淘汰，至于这些要求是否尊重了数学发展的内在规律，是否妨碍了数学学科的发展，则是无关紧要的事情。正如亚历山大所言："对耶稣会会士来说，数学的目的是构造一个确定、永恒的世界，这个世界的秩序和等级结构永远不应受到挑战。因此，世界上的每样东西都必须细致和理性地构造出来，不能容忍任何矛盾和悖论的存在。这是一种"自上而下"的数学，其目的是将理性和秩序赋予这个世界，否则的话这个世界会混乱不堪。"[1]

乌尔班八世担任教皇不久，任命主教乔瓦尼·钱波利担任他的私人秘书，并任命年轻的公爵维尔吉尼奥·切萨里尼担任教皇秘书处主管。这两人都是林琴科学院的成员，并且曾与伽利略策划如何"遏制耶稣会的嚣张气焰"。[2] 但这两人在耶稣会强力压制下，终究无力逆转耶稣会的荒唐禁令，遑论恢复伽利略倡议的研究思路与方法，此后，耶稣会在科学研究领域日益走向独裁。

1651年，耶稣会制定并实施《高等教育条例》，旨在维护"教义的稳定性和一致性"。此后，在世界各地的所有耶稣会会士都可以利用这个权威的列表，来辨别哪些学说是被禁止的，并且是绝不能持有或传授。例如禁止宣扬地球自转运动的任何学说，禁止由不可分量构成连续体的命题，禁止探讨在两个统一体或者两点之间可以包含无穷多的量体，禁止探讨违背了人们普遍接受的亚里士多德的物理学解释。该条例包括了90项内容，其中包含了相当多的禁止条例，而鼓励发展、研究的课题大部分集中在神学领域。该条例得到了耶稣会最高权力机构的支持，也得

---

[1] 〔美〕阿米尔·亚历山大：《无穷小：一个危险的数学理论如何塑造了现代世界》，凌波译，化学工业出版社2019年版，第152页。

[2] 〔美〕阿米尔·亚历山大：《无穷小：一个危险的数学理论如何塑造了现代世界》，凌波译，化学工业出版社2019年版，第127页。

到教会支持，印刷、出版、并广泛传播该条例的行为，引起了世界各地每一所教会机构的每一位教师的重视。到了 18 世纪，该条例仍在执行，因为它仍对耶稣会会士的教学起着基础性的指导作用。这对当时数学前沿领域的无穷小问题的研究是一个灾难，也对伽利略物理学、哥白尼天文学等自然科学领域的研究造成重大灾难。[①]

当科学被宗教彻底束缚，两者不再发生明面上冲突，意大利的自然科学研究也就开始停滞不前了。最终，意大利完全变成了耶稣会所希望的面貌：具有浓厚的天主教风格，充斥着天主教教义永恒不变的真理；教皇和教会的等级制度是绝对的精神权威，统治着这个国家。这种宗教秩序支撑着世俗秩序，两者有着许多相同的特征。[②] 但是，意大利丧失了近代科学革命中心的地位。

在意大利逐渐落后的几年里，英国逐渐成为最有活力、最有远见以及发展最快的欧洲国家。英国长期以来一直被认为是一个野蛮和半野蛮的国家，因为它一直处于欧洲文明的北部边缘。但在意大利拱手相让情况下，它最终成为欧洲文化和科学的前沿阵地，并且成为政治多元化和经济成功的典范。[③]

第二节 天主教会科研选题禁令与科学革命中心的转移

数学家与历史学家阿米尔·亚历山大指出，如果请一位 17 世纪 30 年代的客观观察者对英国和意大利的数学发展前景进行预测，几乎可以肯定他会选择意大利，因为两者相差悬殊，简直不可同日而语。自文艺复兴以来，意大利一直保持着杰出的数学传统，而同一时期，英国几乎没有出现过任何著名的几何学家，除了没有发表过作品并处于隐居状态

---

① 〔美〕阿米尔·亚历山大：《无穷小：一个危险的数学理论如何塑造了现代世界》，凌波译，化学工业出版社 2019 年版，第 144—145 页。
② 〔美〕阿米尔·亚历山大：《无穷小：一个危险的数学理论如何塑造了现代世界》，凌波译，化学工业出版社 2019 年版，第 288 页。
③ 〔美〕阿米尔·亚历山大：《无穷小：一个危险的数学理论如何塑造了现代世界》，凌波译，化学工业出版社 2019 年版，第 288 页。

的托马斯·哈里奥特。如果说有哪个国家会注定成为具有挑战性的新的数学先锋的话，那一定是意大利。① 同样，如果在 17 世纪 30 年代请一位客观公正的学者预测未来 50 年——英国和意大利——谁更可能成为新科学研究中心，答案一定是意大利，因为"自从文艺复兴时期开始，它的艺术和科学就激励了整个欧洲。而同时期的英国可以说一直停滞不前，它只能从那些更有文化的邻近的大陆国家那里得到一些文化上的滋养。"②

但是，历史的发展却出人意料，在随后半个世纪里，一向被认为是西欧文明的蛮荒之地的英国，在科学研究领域突飞猛进，不仅在数学上取得了重大突破，而且在天文学、物理学等领域的成就远远超过同一时期的意大利，成为近代科学革命的中心。

面对近代欧洲科学革命中心的神奇转换，我们应该综合内外两个影响因素来加以理解。

一 英国科学事业崛起并成为近代科学革命中心

（一） 17 世纪上半叶的英国科学事业

17 世纪上半叶之前，英国的科学事业可以用乏善可陈来形容。除了吉尔伯特在 1600 年出版的《论磁》之外，很难再找出在科学史上有一席之地的科学著作。许多学者将 17 世纪初的英国看作科学领域的蛮荒之地，这一看法虽然有点刻薄，但大体反映了那个时代英国科学领域的真实状况。英国数学史学者斯科特在《数学史》中，回顾了文艺复兴时期西欧主要国家在科学上的贡献时指出："德国的贡献主要是天文学和三角学方面，意大利的卓越之处在于代数学的发展。法国直到 16 世纪末才表现出它的力量，先是韦达，后来是笛卡尔、帕斯卡尔和费马，使法国占据领导地位几达一个世纪之久。"③ 作为英国学者，他唯独没有提到英国

---

① 〔美〕阿米尔·亚历山大：《无穷小：一个危险的数学理论如何塑造了现代世界》，凌波译，化学工业出版社 2019 年版，第 286 页。
② 〔美〕阿米尔·亚历山大：《无穷小：一个危险的数学理论如何塑造了现代世界》，凌波译，化学工业出版社 2019 年版，第 286 页。
③ 〔英〕斯科特：《数学史》，侯德润、张兰译，中国人民大学出版社 2010 年版，第 88 页。

的科学贡献，他随后指出："至于英国学派的贡献，直到当时还是微不足道的。"① 实际上，直到 17 世纪中叶之前，英国的科学事业还没有正式起步。

今天，众所周知，17 世纪下半叶开始，英国科学家开始崭露头角，并迅速在很短时间内取得了惊人成就。但是，在 17 世纪上半叶，再睿智的学者也无法预见到这些成就。这可以从英国近代科学革命中最早崭露头角的著名学者沃利斯的成长历史看出端倪。

沃利斯 1616 年出生，在他的青少年时代，学校并没有设数学课程。直到 1631 年，在家度圣诞节的沃利斯发现他做学徒的弟弟在学习算术和会计以帮忙照料生意，这是他第一次见识到数学。从那时起，沃利斯就一直自学数学。1632 年，沃利斯进入剑桥大学，大学的大部分课程由所谓的经院哲学组成，并没有数学课程。天文学是最热门课程，因为没有哪个领域能像天文学那样，产生如此之多的杰出发现。自从哥白尼在 1543 年首次发表了他的《天体运行论》之后，他的日心说不断吸引追随者，从一种看似牵强的假设演变成了一种被广泛接受的天体理论。哥白尼的学说引起了越来越多的关注，这也得益于其他一些天文学家的伟大发现，其中包括开普勒精确计算出的行星轨道，以及伽利略在《星际使者》中记录的用望远镜观测到的惊人发现。伽利略因为主张哥白尼学说而遭受了罗马教会的迫害（这正是沃利斯进入剑桥大学学习期间），这反而提高了该学说在英国新教中的普及程度。②

这些早期的科学萌芽在当时被称为新科学，并没有包括在大学僵化的课程设置里面，但教授和学生们聚集在一起，以非正式的形式学习着新科学，沃利斯也在他们当中。在大学中，沃利斯除了学习长期以来感兴趣的数学之外，还学习了天文学、地理学和医学。也许正是对天文学的兴趣，维系了沃利斯学习数学的长久兴趣，因为无论是托勒密体系、还是哥白尼体系以及开普勒、伽利略对宇宙体系的论证，都离不开数学知识，或者说，离开数学知识，天文学知识将变得十分难以理解。1637

---

① 〔英〕斯科特：《数学史》，侯德润、张兰译，中国人民大学出版社 2010 年版，第 108 页。
② 〔美〕阿米尔·亚历山大：《无穷小：一个危险的数学理论如何塑造了现代世界》，凌波译，化学工业出版社 2019 年版，第 228—233 页。

年、1640年沃利斯分别获得学士、硕士学位。从1645年开始，沃利斯开始参加由一些热爱自然哲学的绅士举办的会议，这些会议为以后皇家学会的成立奠定了基础。他们每周召开一次会议，涉及话题非常广泛，但大部分涉及哥白尼学说以及开普勒、伽利略对哥白尼学说的验证内容：如物理学、天文学、哥白尼假说、彗星的性质、新的恒星、木星的卫星、土星的椭圆轨道、太阳黑子、太阳的自转、金星和水星的相位、望远镜的改进并由不同观测目的的镜片打磨、空气的重量、真空的可能性或不可能性、托里拆利实验、自由落体实验以及加速度；此外还涉及其他学科如几何学、航海、静力学、磁学、机械力学、化学等。[1]

1649年沃利斯被任命为牛津大学的萨维尔几何学教授，这对他来说是意想不到的惊喜。据悉，对沃利斯的任命基本上是政治原因，没有人会期望他成为一名真正的数学家，如此不够资格的人如何获得了这样一个有名望的职位，至今仍是一个谜。[2] 同时，这也说明当时英国大学十分缺乏数学专业人才，否则难以解释沃利斯会通过数学教授的任命。虽然只了解一点现代数学，但沃利斯通过自身的努力掌握了伽利略、托里拆利、笛卡尔以及罗伯瓦尔的复杂的数学著作。在上任6年之后，他于1655年和1656年分别发表了两本具有惊人独创性的数学专著，一本名为《论圆锥曲线》，另一本名为《无穷算术》，这两部著作在欧洲数学界引起了巨大反响，从意大利一直流传到法国和荷兰共和国。[3]

（二）英国科学建制的形成与独立运作

1. 科学的建制化

在古代社会，科学研究成果不能像现代社会这样能够带来许多物质激励，科学研究的动力通常来自精神层面的激励，即科学领域的创新或发现本身以及同行的承认给科学家自身带来的独特的愉悦感受，这形成了一种无可替代的独特的激励作用。正是这种独特的激励作用维系了科

---

[1] 〔美〕阿米尔·亚历山大：《无穷小：一个危险的数学理论如何塑造了现代世界》，凌波译，化学工业出版社2019年版，第242—243页。

[2] 〔美〕阿米尔·亚历山大：《无穷小：一个危险的数学理论如何塑造了现代世界》，凌波译，化学工业出版社2019年版，第233—237页。

[3] 〔美〕阿米尔·亚历山大：《无穷小：一个危险的数学理论如何塑造了现代世界》，凌波译，化学工业出版社2019年版，第238页。

学家进行科学探索的动力,因此,"科学家们……也会强硬地提出他们的优先权要求。"① 默顿的这一观点恰如其分地概括了科学家对待自身科学成果的态度。无论是现代科学家还是古代科学家,无论是中国科学家,还是外国科学家,他们对待自身的科学成果的态度都表现出惊人的一致。在现代社会,在全球范围内,我们很容易观察到默顿所描述的科学家争夺科学成果优先权现象,即使在古代社会,我们也可以发现大量类似的现象。早在古希腊,学者们就非常重视自身科研成果优先权问题,他们总是想方设法地,甚至创造条件地让自身科学成果得到同行承认以锁定优先权。通过学术交流形式让其他学者知道自己的学术成果并予以承认是主要渠道,在这方面,"科学家亦不能免俗,尽早发表作品以确保优先权、锁定荣誉与承认,无可厚非。"②

科学家在科学成果优先权方面的执着可能意味着他们希望自身的研究活动进一步得到社会认可与支持。但科学成果的专业性意味着认知壁垒,普通人无法对其学术价值与社会价值做出恰当的评价,因此,科学成果要想得到社会认可与赞誉,首先必须得到同行的承认,同行承认是科学家获得社会认可的前提条件。因此,努力获取科学成果成了科学家从事科学研究的动力,也是维系科学家身份的凭证。正如李醒民指出的:"为了赢得社会和公众的赏识和名声,就必须首先博得科学共同体的承认……获取优先权就构成了科学探究的动力。"③ 从这个意义上看,一个恰当的科学评价体系对于维系科学研究的动力具有十分重要的作用,而能够提供科学成果评价体系的只能是科学家的同行们。这就解释了为什么历史上辉煌的科学成就往往具有明显的群体性特征。虽然科学家能够忍受孤独、艰苦的研究历程,但渴望得到同行的承认与赞许,一群志同道合的科学家往往能够给同伴提供承认与激励。

因此,科学家们往往有意愿构建一个共同的组织来恰当地评价科学

---

① 〔美〕罗伯特·金·默顿:《十七世纪英格兰的科学、技术与社会》,范岱年、吴忠、蒋效东译,商务印书馆2000年版,第 ix 页。
② 毛丹、江晓原:《希腊化科学衰落过程中的学术共同体及其消亡》,《自然辩证法通讯》2015年(第37卷)第3期,第60—64页。
③ 李醒民:《科学探索的动机或动力》,《自然辩证法通讯》2008年第1期,第27—34页、第14页。

成果，以获取同行承认，这意味着科学建制形成或科学体制化的内生冲动或动力来源于科学家自身内在需求，即来自自身渴望科学成果获得同行承认乃至社会承认的内在需求，只要外部条件许可，科学的建制化或体制化就是水到渠成的事情。这样，科学建制或科学共同体的形成，客观上能够激励科学家努力创造研究成果，因为科学成果是科学家得到同行认可获取荣誉激励的前提条件，没有科学研究成果的科学家则什么也不是。因此，努力获取科学成果本身就成了科学家从事科学研究的动力，也是维系科学家身份的唯一可靠的凭证。因为"在科学共同体内，承认是科学王国的唯一硬通货，荣誉是科学劳作的最大报偿"[1]。正因为如此，科学建制化的产生或科学共同体的诞生才被贝尔纳称为科学进入成熟期的标志。[2]

2. 新科学的传播成为英国科学共同体形成的触发因素

一般而言，科学共同体形成需要三个条件：首先是一群有相同或接近的研究主题的学者，相互之间能够理解彼此的科学成果，并能够对科学成果做出适当的评价；其次是学者希望自身的研究成果得到同行的承认，同行的承认能够给自己带来快乐；最后是适当的经费保障。这三个条件在今天看来是再简单不过的事情，很容易达到，因为今天的科学研究活动规模十分庞大，彼此之间更加需要同行的认可，因为同行的认可在现代社会有着更多的作用。但是在工业革命之前，科学共同体的成立并不简单，形成科学共同体的条件不容易具备，特别是前两个条件。我们都知道，古代社会，科学研究大多数情况下属于个人的兴趣爱好，因此在同一个时间、地点很难找到同一个研究主题的学者，科学上的研究往往是"知音难觅"。但是，哥白尼、开普勒、伽利略等开展的新科学研究，尤其是伽利略，在受到宗教人士批判、压制的时候，并没有表现出胆怯与退让，而是据理力争，甚至组织自己的学生和林琴学院的同事与教会人士或耶稣会学者辩论，这一系列事件直接让哥白尼、托勒密关于两个宇宙体系的尖锐对立的状况广为人知，吸引了大量科学爱好者的

---

[1] 李醒民：《关于科学与价值的几个问题》，《中国社会科学》1990年第5期。
[2] 〔英〕约翰·德斯蒙德·贝尔纳：《历史上的科学：科学革命与工业革命》，伍况甫、彭家礼译，科学出版社2015年版，第342—343页。

兴趣、关注以及积极参与。

　　由于开普勒、伽利略的杰出贡献，天文学再次成为欧洲引人关注的显学。随着开普勒《新天文学》《哥白尼天文学概要》以及伽利略《两个世界体系的对话》等著作不断在欧洲大陆引发轰动效应，也引发英国学界的关注与兴趣，这些以天文学、数学、物理学知识为代表的新科学开始在牛津大学、剑桥大学的学子中传播开来，引起了极大的兴趣。但这并不意味着新科学开始进入到当时英国两所最重要大学的课程表。实际上，当时英国大学的课程设置仍然十分保守僵化，充斥着神学为主导的哲学、修辞、逻辑等课程，根本不可能接受新科学。然而，新科学对大学的教授和年轻的学子们具有非常大的吸引力，他们不时地利用课余时间聚集在一起，兴致勃勃地学习并讨论着新科学，这些人中不仅包括了皇家学会中早期会员约翰·威尔金斯（他是唯一同时担任牛津大学、剑桥大学学院院长职务的杰出教授），而且包括了后来大名鼎鼎的皇家学会会员沃利斯。威尔金斯因为阅读伽利略、开普勒著作而于1638年创作并出版了《探索月球上的世界》，是世界上最早提出登月理论的学者。[①]从1645年开始，沃利斯开始参加由一些热爱自然哲学的绅士举办的会议，他们每周召开一次会议，从一开始的哥白尼、伽利略、开普勒开创的新科学主题，逐步蔓延到自然科学的各个领域，涉及话题越来越广泛，但大部分话题仍然集中在涉及哥白尼学说以及开普勒、伽利略对哥白尼学说的验证内容；此外还涉及其他学科如几何学、航海、静力学、磁学、机械力学、化学等。[②]这些新科学的爱好者的聚会谈论新科学的组织形式后来被尊称为"无形学院"，是科学共同体的雏形，也是组建皇家学会的中坚力量。

　　3. 英国皇家学会经费保障

　　科学学会或科学共同体对科学事业发展十分重要，吴国盛就把科学学会或科学共同体的兴衰视作意大利科学事业兴衰的标志。齐曼托学院

[①] 〔美〕阿米尔·亚历山大：《无穷小：一个危险的数学理论如何塑造了现代世界》，凌波译，化学工业出版社2019年版，第233—234页。

[②] 〔美〕阿米尔·亚历山大：《无穷小：一个危险的数学理论如何塑造了现代世界》，凌波译，化学工业出版社2019年版，第242—243页。

解散后，意大利科学逐步走向衰落，英国继而成为科学发展的先锋，其标志性事件则是英国皇家学会的创立。[1] 导致意大利科学共同体解散的直接原因是缺乏经费，因此许多学者都认为，科学学会的运行经费十分重要，日本科学史家古川安认为科学学会独立的经济来源十分重要，吴国盛认为赞助者切断了对学会的赞助是林琴学院与齐曼托学院这两个意大利最重要的科学学会解散的最重要因素[2]，何平、夏茜认为由伽利略的杰出门生维维安尼和托里拆利创建的齐曼托学院，是欧洲最早创建的科学院之一，由于没有固定的经济来源，最终因缺乏资金而昙花一现。[3]

通常认为英国皇家学会稳定的经费来源支撑了科学研究，许多文献都提到了这一点。皇家学会经费保障在一定程度上要归功于它独特的财政收支制度。古川安认为，1662年英国成立了"以改良自然知识为目的的伦敦皇家学会"，尽管冠以"皇家"的名称，但学会的财政却基本上靠收取会费来运行，与私立机构别无二致。由于采用了共同出资制，伦敦皇家学会不再像以往的学会那样受个人的命运左右，从而拥有了一定的稳定性。英国皇家学会成员不仅有科学家，还包括大量不从事研究的所谓名义会员，包括贵族、政客、乡绅（仅次于贵族阶层，尤其指大地主阶层）等实际上不从事研究的名义会员。实际上，在学会成立之初的几十年里，名义会员占据了皇家学会成员的绝对多数，真正的学者占比仅为10%左右，其中活跃学者占会员比例甚至仅为5%左右；但名义会员的参加不仅使皇家学会财政上有一些盈余，而且使学会的社会威信得到了一定的提升。这些优势使名义会员在学会中受到欢迎。[4] 古川安认为，学会的会费缴纳机制为学会的平稳运行与科学研究奠定了良好物质基础。何平、夏茜认为，1662年，英国皇家学会成立，确立了向会员定期收取会费的制度，确保了学会独立的经济来源，为学会日常运作奠定了重要的物质基础，有效保障了学会长期平稳运行，有效地推动了科学发展。[5]

---

[1] 吴国盛：《科学的历程》，湖南科学技术出版社2018年版，第304—305页。
[2] 吴国盛：《科学的历程》，湖南科学技术出版社2018年版，第304—305页。
[3] 何平、夏茜：《李约瑟难题再求解》，上海书店出版社2016年版，第145页。
[4] 〔日〕古川安：《科学的社会史》，杨舰、梁波译，科学出版社2011年版，第39—40页。
[5] 何平、夏茜：《李约瑟难题再求解》，上海书店出版社2016年版，第145页。

但是，英国皇家学会会员缴费制度在实际运作过程中也暴露出不容忽视的缺陷。贝尔纳指出："新成立的皇家学会会员们，为了自己的科学研究，自出经费。会费是每人每星期一个先令。此项会费极难收取，并几乎不够付书记和干事的报酬。这位干事'应精通有关哲学和数学的学问，熟练自然和艺术方面的观察、探讨和实验'，并须'于学会的每个集会日提供三四项重要的实验，但应不期望报酬，要等到学会有了积蓄而不能支付的时候'。"① 但幸运的是，皇家学会重要成员如牛顿、沃利斯、雷恩等都有稳定的职业与收入来源，没有对科学研究造成严重的不利影响。

（三）英国皇家学会成功规避宗教、政治审查，获得自由选择科学研究选题的权利，最终完成了近代科学革命

近代早期欧洲社会对意识形态控制非常严格，不仅教会对意识形态有系统的监督控制系统，而且各个王国政府系统也有自己的思想文化传播审查体系，英国也不例外，自1538年起对出版和印刷的权利进行严格的审查，亨利八世规定所有的英语图书都必须获得枢密院或其受命人的许可证之后，才能出版与销售。② 为避免重蹈伽利略及其学派成员在新科学研究中遭遇的严厉审查与刁难，英国无形学院在筹建科学共同体时，就非常希望他们的科学研究能够得到英国王室的保护，以有效规避政府、宗教等外部力量对科学研究的干扰。

从1660年11月开始筹建促进物理-数学实验知识的学院，并推选约翰·威尔金斯为主席，并委托莫雷征求英国国王查理二世的意见与特许并获得口谕允许成立，1662年英国国王正式颁发特许证，皇家学会正式成立。随后，皇家学会继续追求科学研究活动免受宗教与政治压制与干扰，寻求国王给予保护，最终查理二世"特许学会拥有发表刊物免检的资格"③。具体地讲，英国皇家学会的这一特许权表现在：皇家学会拥有

---

① 〔英〕约翰·德斯蒙德·贝尔纳：《历史上的科学：科学革命与工业革命》，伍况甫、彭家礼译，科学出版社2015年版，第349页。
② 姚远：《科学知识生产的权利保障——试析17世纪英国皇家学会的自治权利》，《自然科学史研究》2010年第4期，第185—196页。
③ 王晓艳：《科学的国家化进程：一种比较分析》，《人民论坛》2017年10月上，第80—87页。

出版印刷的特权，根据国王的特许，可以随时通过加盖皇家学会公章和会长签名的文件授权印刷商、印刷工、雕刻师印刷皇家学会文本、内容和事务等书籍或刊物。英国皇家学会得到了国王授予的出版特权之后，只要不涉及宗教和政治事务，任何仅仅与科学事业有关的作品，都可以自由地出版；出版特权使英国皇家学会在科学领域摆脱了书报检查制度的限制，客观上为学会的知识创造与生产活动创造了宽松的科学研究氛围。这一特权的获得对英国皇家学会社团法人的发展有着重大的意义，保障了英国皇家学会在不触犯法律的情况下，免受政府、教会等外部力量的干预的权利，有效保障了科学研究活动的自由，为英国皇家学会会员的科学研究活动起了保驾护航的重要作用。[1]

同时1662年特许证还让英国皇家学会获取了自由通信的另一特许权，特许证还规定，为促进实验、艺术、科学的进步，只要皇家学会会长、理事会或理事会中的七名以上人员同意，以皇家学会社团法人的名义并加盖公章就可以与陌生人、外国人进行通信交流；只要通信的范围没有超出皇家学会特有的哲学、数学、医学等范围，无论是私人信件或是与大学、法人团体的通信，都不会受到干扰、妨碍和侵犯。这让皇家学会成员可以自由通信，不会像伽利略那样，信件还要经由审查才可以寄送。

最终，英国皇家学会凭借英国国王1662年、1663年和1669年分别授予的三个特许证，获得了社团法人的自治权，拥有独立决策、自我发展的权利，让英国皇家学会成为英国历史上第一个纯粹以自然科学为研究对象的社团法人。

因此，1662年英国皇家学会获得的特许证，实际上让英国皇家学会拥有了自由选择科学研究主题的权利，这是17世纪科学研究最重要的自由权利，也是同时代其他科学共同体所不具备的特权，这才是英国皇家学会在17世纪取得丰硕科学成果的最重要原因。因为这样一来，英国皇家学会会员的科学成果容易通过公开发表的方式得到同行的承认，科学成果自身带来的精神领域的激励效果更加明显，不仅可以自我欣赏、自

---

[1] 姚远：《科学知识生产的权利保障——试析17世纪英国皇家学会的自治权利》，《自然科学史研究》2010年第4期，第185—196页。

我满足，而且能够方便地锁定科学成果优先权，得到同行承认。例如，1665年3月1日，英国皇家学会社团法人的理事会决定出版名为《哲学汇刊》的期刊，并指定约翰·马丁和詹姆斯·埃利斯为印刷商负责出版事宜。由于不需要漫长严格的审查，仅五天之后，《哲学汇刊》第一期就正式出版面世。这在近代早期的其他地方是难以想象的事情。《哲学汇刊》第一页特意标出了"特准出版"的字样。此后，英国皇家学会利用出版特权印刷出版了大量的科学、科学史的著作与英国皇家学会档案文献。[①]

这在天主教会以及耶稣会主导意识形态的国家与地区中，是根本无法想象的事情。正因为如此，新科学研究得以在英国顺利进行。在以往的文献中，这一点被长期忽视。

在查理二世庇护下，英国皇家学会拥有了自由选择科学研究主题的权利，他们继承了哥白尼、伽利略、开普勒开创的新科学，成为西欧唯一能够光明正大地继承并研究伽利略等人开创的新科学的学术团体。正如沃利斯指出的，英国皇家学会一开始的科研方向和研究选题就十分明确，即确立天文学和运动物理为主要研究方向与科学选题重点。英国皇家学会成员沃利斯在给他妻子的信中介绍学会的宗旨，研究主题包括："哥白尼假说、彗星和新星的本质、木星的卫星，土星的轨道形状，太阳黑点和它的绕轴转动……重物的下落和加速度"。其中与天文和重物有关的内容就占了很大比例。[②] 1665~1687年，最受关注的物理学领域（包括天文学、物理学、化学和技术）共有561篇文章，其中天文学191篇，占比为34.07%，物理学161篇，占比为28.07，两者占比之和为62.14%，这显示天文学以及与天文学相关的物理学是当时英国科学界关注的重点。有趣的是，1684~1687年是物理科学成果最突出的时期，从1691年以后，物理科学领域发表的文章数量急剧下降。

这似乎可以说明，牛顿《自然哲学的数学原理》的出版解决了17世纪下半叶长期困扰英国科学界的天文物理难题，许多科学家于是把注意

---

① 姚远：《科学知识生产的权利保障——试析17世纪英国皇家学会的自治权利》，《自然科学史研究》2010年第4期，第185—196页。

② 何平、夏茜：《李约瑟难题再求解》，上海书店出版社2016年版，第144—145页。

力转向了其他科学领域。① 显然,这一判断是准确的。整个 18 世纪,皇家学会很少关注天文物理领域的研究,相关研究文献也非常稀少。② 这从侧面解释了古代社会或前工业社会的科研选题极其不易,从发现科学问题到提出科学问题,再到分析科学问题并最终解决科学问题是一个极其艰辛的历程。近代科学革命中欧洲主要科学学会、学院成立时间与研究选题见表 10-1。这一点与现代科学选题极其不同。尤其是发现科学问题与提出科学问题,十分艰难,爱因斯坦曾经特别强调这一点,他指出:"提出一个问题往往比解决问题更重要。"③

表 10-1　近代科学革命中欧洲主要科学学会、学院成立时间与研究选题

	主要研究范围和成果	关键节点
林琴学院 (1603-1630)	哥白尼学说、天文学、动力学、光学、天象观测	赞助人切西公爵去世后关闭
意大利 西芒托学院 (1651-1667)	空气自然压力、水的压缩性、固体和液体的热膨胀、热的释放和吸收、电和磁的基本现象、光学。	1667 年因美第奇家族停止资助而终止
英国皇家学会 (1662-)	哥白尼学说、天文学、动力学、数学、光学	1662—1687 年活跃期,此后逐步衰落,19 世纪中后期后逐步恢复生气
法兰西科学院 (1666-)	热胀冷缩、空气压力、热的传播、光学、化学、生物、无穷小量、流体静力学、应用力学、天文仪器、测量恒星的赤道差和视差、摆钟与重力加速度的变化	1683 年新任的科学院督导不屑于纯理论研究,科学院活动一度受挫,直至 1699 年得到重整和扩充。

---

① 何平、夏茜:《李约瑟难题再求解》,上海书店出版社 2016 年版,第 141 页。
② 李斌、柯遵科:《18 世纪英国皇家学会的再认识》,《自然辩证法通讯》2013 年第 2 期,第 40—45 页,第 126 页。
③ 〔美〕阿尔伯特·爱因斯坦、〔波兰〕利奥波德·英费尔德:《物理学的进化》,周肇威译,中信出版集团 2019 年版,第 90 页。

续表

	主要研究范围和成果	关键节点
柏林学院 （1700-）	1710年出版《柏林学院集刊》，主要涉及一般科学和数学	困难重重，在威廉一世的统治下一度走向衰落，后来才恢复生气

资料来源：亚·沃尔夫：《十六、十七世纪科学、技术和哲学史》，周昌忠译，商务印书馆1984年版，第54—84页；何平、夏茜：《李约瑟难题再求解》，上海书店出版社2016年版，第144—146页；吴国盛：《科学的历程》，湖南科学技术出版社2018年版，第303—313页。

爱因斯坦这句名言道出了问题指引科学研究的重要性，而寻找问题更是至关重要。贝尔纳持类似看法，他认为科研选题是科学研究的前提与基础，是科学研究的起点与关键步骤。

因此，从这个意义上看，英国皇家学会能够从事物理天文学研究，要感谢整个近代早期的科学研究选题，要感谢发现并提出问题的布鲁诺、开普勒和伽利略，这些近代科学革命的伟大先驱人物，提出科学研究选题并进行研究，历尽了各种艰辛，布鲁诺不幸献出了生命，开普勒忍受了各种批判、阻挠，最后在颠沛流离中逝去，伽利略遭受了各种批判、责难、侮辱等。没有这些科学革命先驱的努力与奋斗，英国皇家学会可能根本找不到这样的科研选题。

当英国皇家学会成立时，日心地动说图景已成为许多学者心目中真实的宇宙图景，尽管它仍然还未被完全证实，但是，当初日心地动说被质疑的若干问题，已经得到较为合理解释，反对的声音渐渐变少乃至消失。例如自由下落的物体是否会因为地球自转而斜抛出去、地动抛物问题、轨道形状问题等，行星运行轨道动力学问题虽然没有得到合理解释，但开普勒、笛卡尔对此做出的大量努力并非没有任何收获，人们对此也并非一无所知，恒星视差虽然没有得到合理解释，但许多学者已接受宇宙是无限的概念，或者至少已经接受宇宙远比过去想象的要大得多的观念，这种观念上的转变让他们更易于接受古希腊学者亚里斯塔克的解释，即恒星距离地球过于遥远，无法观测到恒星视差。至此，验证哥白尼体系迫切需要解决的问题，实际上仅剩下合理解释平衡离心力问题以及行星运行轨道动力学问题。在胡克、哈雷、雷恩等共同大力推动下，牛顿最终创作了《自然哲学的数学原理》，完成了哥白尼体系或哥白尼-开普勒体系的证明。

顺便提一下，一种颇为流行的观点认为，英国皇家学会在科学研究选题上独具慧眼，一开始就确立天文学和运动物理学作为主要研究方向之一，抓住了哥白尼以来科学发展的关键问题。因而，从它的建立一直到18世纪早期，英国皇家学会逐步成为欧洲实验物理学研究的中心，替代了早前的意大利科学研究中心，这是牛顿得以发现万有引力和运动三大定律不可或缺的社会背景。[①] 这种流行观点实际上高估了英国皇家学会的眼光，低估了欧洲大陆科学家的智慧和眼光，这种评价对他们是非常不公平的。实际上，这样的热门、前沿选题，当时各国学者都非常喜欢，但由于宗教的限制而被迫放弃。

二 天主教会科研选题禁令的后果

1. 教会禁令导致德国无法承接新科学研究

虽然德国、法国在新科学研究领域的基础比英国强很多，德国维也纳大学在天文学、三角学方面做出杰出贡献，一度成为欧洲在这些研究领域的引领者，法国则在17世纪前半叶涌现了大量杰出人才，如韦达、笛卡尔、帕斯卡、费马在代数学、几何代数化、天文学等领域做出了极为突出的贡献，但他们却与科学研究中心无缘，最终是英国继承了意大利的科学研究中心地位。

德国是新教运动发源地，国内天主教与新教的冲突情况十分严重，在1618~1648年的长达30年的宗教战争中，德国是主战场，战争对德国造成极其严重的破坏，人口大约减少了三分之一，大量田地荒芜、工商业严重衰退、城市萧条、经济状况严重恶化、民生凋敝，整个社会危机重重，难以为科学研究提供一个优良环境。当然，这仅仅是经济环境方面，更重要的是，宗教对新科学研究的敌视与压制。德国的天主教区域显然要遵守教会给予伽利略及其学派的各项禁令，也要遵守耶稣会颁发的《高等教育条例》，其结果也与意大利一样，不能继承哥白尼、开普

---

① 何平、夏茜：《李约瑟难题再求解》，上海书店出版社2016年版，第145页。

勒、伽利略等科学家开创的新科学研究。

至于德国信奉新教区域,科学研究的环境虽然比天主教区域好一些,但也受到宗教的压制。德国新教属于路德教派,其领袖人物马丁·路德在哥白尼理论体系传播伊始,马上严厉批判了哥白尼体系,他指出:"大家都听说这么一个突然发迹的占星家讲话,他处心积虑要证明天空或苍穹、太阳和月亮不转,而是地球转。凡是希望显得伶俐的人,总要杜撰出某种新体系,它在一切体系中自然是顶好不过的啰,这蠢材(指哥白尼,引者注)想要把天文学这门科学全部弄颠倒;但是《圣经》告诉我们,约书亚命令太阳静止下来,没有命令大地。"① 马丁·路德的话讲得十分明白,他指责哥白尼日心地动说是十分荒谬的学说,做出这样判断的依据是哥白尼理论与《圣经》中的内容相冲突。

虽然不少学者私下里为马丁·路德辩解,认为这是一种误传,马丁·路德并没有批判过哥白尼,但是,哥白尼坚持的宇宙体系与新教信奉的托勒密体系存在尖锐的对立与冲突,终究是一个回避不了的客观事实。如果进一步考虑到路德十分偏爱《圣经》的字面意义或自然意义,而对寓意持排斥态度,那么马丁·路德坚定地信奉托勒密体系,就必然会反对哥白尼体系。在这种情况下,新教路德教派反对哥白尼、开普勒、伽利略的新科学就不足为奇了。开普勒研究生涯的重要时期,耶稣会对新科学的打压没有那么严厉,1616年对伽利略的禁令也没能让伽利略及其弟子私下里继续新科学研究,甚至还出现了伽利略通过他的弟子向耶稣会会士持续发出学术批判的事情,在禁令没有意大利严厉的德国,开普勒的研究环境比伽利略好得多。另外,开普勒的皇家占星家身份也为他的新科学研究打开了方便之门,减少了宗教干扰,即便如此,开普勒还是感受到了宗教施加的压力。在新教地区,开普勒被路德教派禁止参加圣餐,虽然是否参加圣餐,对他的学术研究没有什么实质性影响,但当时被规定不能参加圣餐的信徒大多是品行不端或犯罪的教徒,将开普勒与他们并列,反映了路德教派对开普勒的态度,这是侮辱性色彩较强的惩戒。面对教会人士对科学研究的审查与干扰,开普勒不无抱怨地指

---

① 〔英〕罗素:《宗教与科学》,徐奕春、林国夫译,商务印书馆2010年版,第10页。

出:"改进自然哲学的主要障碍不在于《圣经》的文字,而在于宗教法庭的裁定和教会博士们的看法。"①

因此,尽管德国曾经一度拥有良好的科学研究基础,但由于负面的政治、宗教与经济因素叠加,德国学者也无法在新科学研究中继承哥白尼、开普勒、伽利略开创的新科学研究。

2. 教会禁令导致法国无法承接新科学研究

在17世纪上半叶,如果说意大利是欧洲科学研究的中心,那么法国可以说是欧洲科学研究的副中心。与意大利类似,法国科学界在验证哥白尼天文学体系的进程中,也涌现出大量杰出的科学家。但令人惊讶的是,当意大利由于罗马教廷以及耶稣会对新科学研究选题进行限制而丧失科学研究中心地位时,法国科学界却没有承接伽利略、开普勒开创的新科学研究。

我们都知道,当时法国科学界的中心是得到法国皇室资助的法兰西科学院,其前身是梅森主持的无形学院,主要成员包括笛卡尔、帕斯卡、伽桑狄和费马等著名科学家,法国科学院的规模、实力基本能和英国皇家学会并驾齐驱。法兰西科学院前身一度是验证哥白尼体系的主力军,是欧洲新科学研究重镇,它不仅没有承接意大利新科学研究中心地位,反而中断新科学研究,转向其他诸如物体的热胀冷缩、空气压力、光学、流体静力学等领域的科学研究。②

法兰西科学院的选题为何脱离新科学研究前沿呢?是法国学者缺乏科学研究选题的智慧与眼光吗?真正的原因在于天主教会势力的干预与限制。

实际上,法国天主教会以及耶稣会实力非常强大,科学家们对他们的力量非常忌惮。1633年,伽利略受审的消息传来后,笛卡尔决定推迟出版含有赞成哥白尼学说的著作。直到1637年,在朋友们的劝说下,他出版了《关于科学中正确运用理性和追求真理的方法论的谈话。进而,

---

① 〔澳〕彼得·哈里森:《圣经、新教与自然科学的兴起》,张卜天译,商务印书馆2019年版,第155页。
② 何平、夏茜:《李约瑟难题再求解》,上海书店出版社2016年版,第145页。

关于这一方法的论文,屈光学、气象学、几何学》,简称《方法谈》。①另一种说法是,听到伽利略受谴责的消息之后,笛卡尔将一本刚刚完成的支持日心说的著作,即《论世界》,收藏起来。他知道这本书如果原封不动,肯定不行。为维护正教信仰真理,教会绝不会容忍任何其他可能使人怀疑这些真理的体系,所以笛卡尔就自己承担,要证明他的体系不仅能够证明上帝存在,而且与旧哲学相比也毫不逊色。从笛卡尔著名的第一条演绎"我思故我在",可以推出结论说:既然一切人都能想到比他们自己完美的东西,所以一定有一个完美的存在。可见,笛卡尔的体系为了免受神学的攻击,颇费心思地进行周密防范。②后来,为了躲避天主教会以及耶稣会的压制,笛卡尔逃亡荷兰。笛卡尔体系建立了一套概念,可以用严格的、定量的和几何的方式来论证物质世界的基础。③这是笛卡尔体系创新性与学术价值的体现。但是,笛卡尔的体系掺入了他所想要摧毁的体系中的很大部分。为了规避可能来自宗教惩罚的风险,笛卡尔有时候不得不委曲求全,只能隐晦地批判旧体系。笛卡尔无意与有组织的宗教产生正面冲突,他深知这样的冲突会导致严重后果,诸如布鲁诺、塞尔维特惨遭焚毙的悲剧。④

自1633年之后,像耶稣会士那样担任天主教会圣职人员不能继续公开支持哥白尼学说,因而转向了第谷体系或其他体系,尽管他们有时对教会的禁令阳奉阴违。⑤但总体上看,禁令基本得以遵守。这似乎验证了天主教及其下属的耶稣会对科学研究选题与内容的强大干涉能力。

法国和意大利都是信奉天主教的国家,两国的耶稣会的实力都非常强大,难分伯仲,都有能力影响科学家的研究选题与内容。耶稣会聚集

---

① 吴国盛:《科学的历程》,湖南科学技术出版社2018年版,第297页。
② 〔英〕约翰·德斯蒙德·贝尔纳:《历史上的科学:科学革命与工业革命》,伍况甫、彭家礼译,科学出版社2015年版,第340页。
③ 〔英〕约翰·德斯蒙德·贝尔纳:《历史上的科学:科学革命与工业革命》,伍况甫、彭家礼译,科学出版社2015年版,第336页。
④ 〔英〕约翰·德斯蒙德·贝尔纳:《历史上的科学:科学革命与工业革命》,伍况甫、彭家礼译,科学出版社2015年版,第338—339页。
⑤ 〔美〕劳伦斯·普林西比:《科学革命》,张卜天译,译林出版社2013年版,第53页。

了法国大量人才。据记载，法国耶稣会会士的人数从1556年的一千人上升到1600年的一万五千人。① 在17世纪中期，法国耶稣会依然是欧洲最大的耶稣会组织之一，完全有能力阻止违反《高等教育条例》的行为。这应该是法兰西科学院放弃新科学研究前沿的一个重要原因。

最终，意大利、法国、德国的天主教区域、波兰等国家执行严厉的科学研究选题审查制度，不仅剥夺了学者研究新科学的权利，而且不允许传授新科学，导致新科学在天主教意识形态统治区域后继无人，其连带结果是许多年轻人无心学习自然科学。②

类似的教训在古代中国也曾经发生过。在明代，天文学研究的禁止，导致数学研究丧失了一个主要激励来源与应用来源。吴国盛指出："明代的中央集权统治达到了极点，思想专制严重地束缚了理论科学的发展。明朝恪守旧历，而且严禁民间研究天文学，结果导致天文学发展陷于停滞状态。明代的数学也随天文学的停滞而停滞。连宋元时期已取得的杰出成就都未能继承下来。伴随着资本主义萌芽的出现，与生产有关的技术本来可能有广泛的发展，但资本主义的萌芽一再遭到扼杀，不可能出现技术上的重大突破和全面飞速发展。"③ 关于中国古代天文学发展停滞与衰退，陈美东也存在类似看法，他指出："明代开国后不久，就明确发布命令，严禁民间学习和研究天文历法。以致到了明代末年，虽然知道了当时施行的历法已经不准，但是在全国已经很难找到通晓历法的人才了。"④ 还有，宋元时期高度发展了的中国传统数学，如天元术和四元术，到了明代中叶，当时的数学家几乎完全不能理解，这些传统的高深数学几乎失传，成了绝学。产生这种现象的原因，主要是明代政府的科学政策不当和社会实际需要变化。当时国家对士人实行思想禁锢，以经书科举考试取士，不重视天文历法，而传统的高深数学，又主要用在历

---

① 〔美〕理查德·拉克曼：《不由自主的资产阶级：近代早期欧洲的精英斗争与经济转型》，复旦大学出版社2013年版，第364页。
② 〔美〕罗伯特·金·默顿：《十七世纪英格兰的科学、技术与社会》，范岱年、吴忠、蒋效东译，商务印书馆2000年版，第177页。
③ 吴国盛：《科学的历程》，湖南科学技术出版社2018年版，第205页。
④ 陈美东：《简明中国科学技术史话》，中国青年出版社2009年版，第447页。

法计算方面，在当时社会上没有实际用途。①

法国、中国、意大利等国历史上天文学、数学的停止或衰退，都与历法研究及应用存在密切关系。这是需要进一步深入研究的课题。

三 欧洲其他新教地区没有承接新科学研究的原因

默顿认为新教伦理促进了英国科学兴起，继而让英国成为接替意大利的科学研究中心。实际上，这一观点十分可疑，并没有直接的可靠证据加以支撑。如果新教伦理与科学发展之间真的存在价值观契合、宗教组织与科学组织（科学共同体）之间的良性互动，那欧洲还有许多信奉新教的国家和地区，为什么没有出现科学兴起呢？

实际上，在反对哥白尼、开普勒、伽利略等人开创的新科学研究问题上，新教与天主教在态度上并没有明显差别，唯一存在差别的是对待新科学的手段方面，新教确实没有像天主教会那样使用雷霆手段。这主要是因为新教教派比较分散，积累的财力远不如天主教会，同时基本上缺乏司法权，司法权属于世俗政权或乡绅，这与拥有罗马教廷的天主教会存在很大差别。一旦新教拥有司法权力，其对待科学的态度可从加尔文在瑞士日内瓦的所作所为看出端倪，他以火刑处死血液循环发现者塞尔维特，可谓臭名昭著。

在信奉新教的德国区域，开普勒的确继承了哥白尼学说并加以验证，但开普勒本人经常以王室御用天文学家、占星家的身份从事新科学研究，避免了宗教的审查与干预。除此之外，17世纪德国的新教区域并未出现新科学研究的浪潮，既没有像法国、意大利那样，在17世纪上半叶出现新科学研究热潮，也没有像英国那样，在17世纪下半叶出现新科学研究热潮。

在信奉新教的荷兰，惠更斯倒是一个著名的学者，但惠更斯重要的研究成果大部分是在法国做出的，有一部分是在英国做出的。另外，笛卡尔在荷兰的经历，也是新教对待哥白尼科学理论不友善的一个典型例子。据记载，笛卡尔在荷兰受到加尔文教派的骚扰与压制，这是间接导

---

① 陈美东：《简明中国科学技术史话》，中国青年出版社2009年版，第447页。

致他英年早逝的一个外部因素。众所周知，笛卡尔在法国遭受天主教与耶稣会的打压，于1628~1649年在荷兰从事学术研究。但17世纪40年代以后，加尔文教派对哥白尼、伽利略、笛卡尔等人的思想的压制越来越严厉，这是促使笛卡尔接受北欧瑞典女王邀请远赴斯德哥尔摩的重要原因。由于难以适应当地严寒的冬天，又由于改变了晚起的习惯，没多久就感染肺炎客死他乡。[①]

此外，在信奉路德宗的北欧地区，如瑞典、丹麦、挪威、芬兰等国家，以及信奉加尔文宗的荷兰、日内瓦等国家或地区，均未出现新教伦理对新科学研究的推动。实际上，在17世纪欧洲，科学发展面临的最大挑战仍然是来自宗教组织的猜忌、限制与干扰，特别是新科学的发展，严重威胁了宗教在意识形态领域的权威地位。

---

① 陈方正：《继承与叛逆：现代科学为何出现于西方》，生活·读书·新知三联书店2009年版，第559—560页。

第十一章 四个主要发现与展望

从科学的起源到近代科学革命的漫长历史过程中，蕴藏了许多有趣的待解之谜，吸引了不计其数的好奇目光，特别是历史上四次科学奇迹的真相，更是引人入胜。本作对此提供了一个理论逻辑推理与历史事实相一致的初步答案，即我们已经发现，人类时间体系建设与科学的起源到近代科学革命之间存在十分密切的关系，正是人类社会对准确时间体系的需求，形成人类社会科学发展的动力，对准确时间体系（天文历法）的强烈需求必然引导人类将目光投向遥远灿烂的星空，对时空问题展开系统、深入的探索与精确计算，由此引发天文学、数学、天体测量、物理学、光学等科学的创新与发展，构成了科学奇迹的主要内容。

当精确的时间体系的制定或修订任务完成，意味着以天文学为中心的科学发展动力暂时消失，科学事业由此逐渐衰落。由于准确的天文历法的制定或修订涉及十分专业且异常艰辛的历程，非常耗时费力，轻易不会启动历法修订工作，因此天文历法的使用周期往往很长，长达数百年或上千年，直到发现历法或时间体系存在较大缺陷，才会启动新一轮修订。新一轮历法修订是否再次拉动以天文学为中心的科学发展，以及拉动科学发展创新的程度，取决于历法修订过程中是否提出新问题，是否采用新思路、新方法。如果依据原有天文学理论，在现有历法基础上通过简单的天文观测数据加以修补，则难以拉动天文学深入研究；如果在历法修订过程中提出新问题，采用新方法或新思路，往往能够拉动其他相关科学研究与创新，从而创造科学的奇迹。人类历史上四次科学奇迹或辉煌，可以归因于人类时间体系建设拉动。

第一节 四个主要发现

一 时间体系建设是历史上科学奇迹的根本原因

(一) 科学起源于人类时间体系建设

原始人类很早就意识到要发展种植业，必须掌握识别时间和季节的科学知识，以把握适时播种机会。为了掌握时间和季节，必须认识时间和空间的内在联系，也就是我们习惯上讲的宇宙问题。所谓宇宙，就是时间与空间分别是什么以及两者之间的相互关系。原始人类有非常高的激励去探索时间和季节问题，他们为了掌握时间和季节变化规律，进行了十分漫长的天文观测、记录与计算，考古发现人类祖先的天文观测至少延续了2万多年。可见，原始人类历经无数次艰辛探索、努力实验才发现时间和季节变化规律，农业生产与季节、气候等时令关系，才能够初步建立时间体系，使种植业得以大规模发展。应该指出的是，在现有各种文献里，时间体系的重要性被大为低估了。

(二) 第一次科学奇迹

原始人类进入定居农业社会是人类发展历史的分水岭，意味着人类从野蛮社会进入文明社会，人类的科学技术进步对这一伟大转折形成强有力的支撑。也就是说，人类在时间体系建设上取得的重大成功支撑了他们向定居农业转型。尽管此时的时间体系或天文历法还不够精确，但我们不能否认原始社会宇宙运行机制精细学说已经形成，其发达程度足以让现代人发出阵阵惊叹，不知道原始人类如何利用简陋的工具创造出如此先进的天文学说并制定、修订历法。毫无疑问这是人类历史上第一次科学奇迹。天文学理论遥遥领先其他科学理论并成为世界各地普遍重视的科学理论。正是原始社会面对生存危机，通过对宇宙运行机制精细学说的研究，制定了历法或时间体系，解决了原始人类对把握时间和季节的迫切需求，解决了播种难题与食物危机，让人类社会度过危机并迈入文明社会。

由于远古时代原始人类还没有发明文字，没有留下他们探索天空星辰运动的文献，因此我们无法确知早期人类是如何通过天象观测来制定准确的历法，但可以想象他们一定是日复一日、年复一年，历经千辛万苦，经过复杂计算、推理，最终制定了历法，并且在这一过程中创造了天文学、数学、测量学和光学等科学，否则，没有这些科学工具，历法的制定无从谈起。但令人诧异的是，尽管历法制定是一项非常复杂、十分艰辛的专业工作，但早期人类几大文明的历法的准确度都相当高。

（三）古希腊科学奇迹是时间体系建设的产物

由于古希腊的历法混乱，社会迫切需要制定统一、高效、准确且能够服务农业生产、宗教节日等用途的历法。这需要天文学理论的革新与进步。柏拉图对天文学的进展十分不满，认为周边古文明运用观测方法进行天文学研究存在明显的缺陷，没有正确揭示行星的运动变化规律，难以为精确的历法制定提供理论指导。为此，柏拉图提出"拯救现象"。虽然柏拉图没有明确提出"拯救现象"的最终目的就是为了历法修订，但是，从他的时间哲学思想的形成、哲学家治国理念、对准时履行宗教礼仪的高度重视、对农业生产的重视以及对雅典农产品供给的时间安排的重视，可以推断柏拉图的拯救现象的最终目的是制定或修订一套准确的历法。之所以没有看到他直接强调历法的重要性，一个可能的原因是当时人们研究天文学的（主要）目的就是制定或修订历法，因为历法对社会生产生活、政治、经济、军事实在太重要了，是不言自明的一件事。正如哥白尼明确指出的："柏拉图曾经深刻地认识到，这门技艺（指天文学，引者注）能够赋予广大民众以极大的裨益和美感（更不要说对个人的无尽益处）。他曾在《法篇》第七卷中指出，这门学科（指天文学）之所以需要研究，主要是因为它可以把时间划分成年月日，使国家保持对节日和祭祀的警醒和关注。"[1] 显然，天文学能够把时间划分为年月日，也就是说天文学可以用来制定或修订历法，而历法或时间体系对治国理政的作用是极其重要的。

"拯救现象"推动了古希腊数理天文学研究，这是人类历史上天文学研究路径、模式的革命性变化，这种革命性变化对天文学等科学研究

---

[1] 〔波兰〕哥白尼：《天球运行论》，张卜天译，商务印书馆 2021 年版，第 4 页。

不断提出新问题，促使科学研究不断取得突破。

古希腊天文学的发展拥有强劲的动力，来自农业生产、商贸事业、宗教节日、政治、军事等对准确历法或时间体系的需要，得到了古希腊广大学者的积极响应。欧多克斯开创了创建了同心球模型来实现"拯救现象"，无意间开辟了数理天文学这一新领域，成为吸引众多学者加盟其中的重要科学选题，并带动了与天文学相关联的其他学科如球面几何学、球面三角学、天体测量学、数理地理学以及光学等学科的发展，缔造了古希腊科学奇迹，给世界留下了重要科学遗产，即《至大论》和《几何原本》，数理地理学、几何光学等。

（四）伊斯兰世界对时间体系的特殊需求拉动科学事业发展

伊斯兰阿拉伯社会对历法或时间体系的特殊需求可以归结为伊斯兰教信仰中的数理天文学问题，对天文学、光学、地理学等科学研究产生了明显拉动作用。

伊斯兰教的宗教活动对天文学提出了一些特殊需求，这些因素促进了天文学发展。首先是编制太阴历的需要，为避免诸如四季循环混乱、穆斯林神圣月份斋月出现在一年中不同季节等不必要混乱，需要天文学家利用球面几何的知识编制精巧的天文表帮助计算。其次，宗教祈祷时刻的同一性问题要求天文学家提供不同纬度、经度地点的日落、黄昏、拂晓、正午、下午的准确时间；伊斯兰教的法令要求所有的清真寺朝向必须向着麦加的宗教圣殿"克尔白"，这要求伊斯兰阿拉伯天文学家们从数学上确定朝圣方向，要运用数学方法计算地理学和天文学数据，以上要求促进了球面三角学的发展。[①]

对历法与时间体系的需求促使伊斯兰阿拉伯天文学家深入学习并研究托勒密《至大论》，在反复研究与大量天文观测数据的验证之下，阿拉伯天文学家对托勒密体系有了深刻理解，他们发现托勒密体系存在许多致命缺陷，无法对真实的宇宙做出客观的描述。伊本·阿尔·哈曾（约卒于1040~1041年）明确指出托勒密天文学体系的方法存在缺陷，

---

① 纪志刚：《阿拉伯的科学》，载江晓原《科学史十五讲》，北京大学出版社2006年版，第115—116页。

其有效性值得怀疑,对哥白尼放弃托勒密模型有重大启发。

伊斯兰阿拉伯天文学对哥白尼《天体运行论》理论体系产生了重大影响。在天文学模型构建上,伊斯兰天文学家图西与沙提尔均对托勒密体系提出了修改意见,分别形成了"图西双轮"机制、纯粹的"均轮—本轮"系统。绝大多数科学史家都赞同哥白尼的模型建构来自伊斯兰世界学者。①

遗憾的是,伊斯兰阿拉伯天文学家们止步于巅峰状态,没有真正揭示出宇宙或太阳系的真实状态,它最终由哥白尼、开普勒、伽利略以及牛顿等杰出学者完成。

(五) 儒略历修订对天文学理论的需求导致哥白尼革命

早在13世纪或更早之前,人们就发现儒略历的一年比实际的一年略长,实行1000多年的儒略历导致宗教历法的节日、圣徒纪念日与农业生产节气陷入一片混乱,正如哲学家罗吉尔·培根一针见血地指出的:"现在的历法令智者无可奈何,令天文学家望而生畏,并受数学家愚弄嘲笑。"人们希望作为"神圣生活节律的守护者"的教会,能够着手解决困扰整个基督教世界的不可回避的儒略历缺陷。② 1414年,基督教宗教会议终于决定着手推进儒略历改革。从康斯坦茨会议(1414~1418年)开始,历次教会会议都试图解决这个问题,但都没有实现预期目标。③ 其中关键原因在于托勒密体系无法对儒略历修订提供有效修改意见。此后,历次宗教会议均召集天文学家们讨论儒略历修改,拉动了欧洲出现天文学学习与研究的盛况。在1516年,哥白尼向教皇提出书面建议指出,当时的天文学理论还不能允许设计一个真正合适的历法,建议推迟儒略历修订。此后,哥白尼有针对性地创作《天体运行论》,直接目的是为儒略历的修订提供理论依据。

---

① 陈方正:《继承与叛逆:现代科学为何出现于西方》,生活·读书·新知三联书店2009年版,第498—499页。
② 〔美〕阿米尔·亚历山大:《无穷小:一个危险的数学理论如何塑造了现代世界》,凌波译,化学工业出版社2019年版,第55—56页。
③ 〔美〕阿米尔·亚历山大:《无穷小:一个危险的数学理论如何塑造了现代世界》,凌波译,化学工业出版社2019年版,第56页。

二　历史上科研选题生命力和科学衰落问题揭秘

(一) 前工业社会科研选题与科学成就之间关系的一般规律

在前工业革命社会，科学理论体系远未成熟，无法为社会生产生活提供相应的服务，一个社会很难形成具有广泛共识的科学研究选题。由于科研选题是科学研究的第一步，也是最为关键的环节，没有科研选题，科学研究就不会发生。没有广泛共识的科研选题，缺乏民意基础，即使偶尔有人开始研究，也难以形成长期持续的科学研究局面，更谈不上持之以恒研究以不断取得学术上的创新或突破。就古代科学研究而言，虽然个别天赋优异的天才可以在科学领域取得令人瞩目的成就，吸引了众多倾慕，甚至崇拜的目光，但实际上，许多科研问题不是依靠某一两个天才就能取得系统性突破，而是需要一代代学者从不同角度、运用不同方法对科研课题进行持续不断的探索，才能最终取得成功。

如果不是具有广泛共识的科学研究选题，而是个别学者根据自身的偏好或兴趣选择的科研选题，往往很难获得继承和发展，科学研究推进的速度和获取的成果往往具有极大不确定性，随着个别学者兴趣或偏好的改变而摇摆，并最终随着他们生命的逝去而中断，很难指望有奇迹发生。如果没有外部需求刺激或催化，古代社会的科学发展是科学爱好者根据自身偏好进行的零星的、分散的科学探索活动，往往需要漫长的时间才偶尔有一定进展。

纵观科学发展历史，撇开炼金术和医学，在整个西方社会拥有广泛共识的课题就是天文学研究，以及天文学研究的需要而带动的相关学科研究。我们看到前工业社会的天文学、数学、光学、天体测量学、物理学的发展奇迹，归根结底，实际上都源于社会对时间体系或历法的迫切需求拉动天文学研究，天文学研究对其他学科提出要求，带动其他学科共同发展。用哥白尼的话来讲，"它（指天文学，引者注）得到了几乎所有数学分支的支持，算术、几何、光学、测地学、力学以及所有其他学科都对它有所贡献"。[1]哥白尼这句话道出了天文学研究对相关学科研

---

[1] 〔波兰〕哥白尼：《天球运行论》，张卜天译，商务印书馆2021年版，第3页。

究的带动作用，但天文学研究的目的往往服从于精确的时间体系或历法的需要，一旦历法制定或修订任务完成，天文学研究就失去目标，其动力也相应丧失。

值得强调的是，历史上各个古文明制定或修订历法的目标与方法会影响天文学、数学等科学研究成果，甚至在某种意义上可以讲，两者存在明显的因果关系。

如果借鉴别的文明或自身已有的天文学理论和通过天文观测来制定或修订历法，则历法制定或修订难以拉动天文学理论研究，当然也无法带动其他相关学科研究，相应地，以天文学为核心的科学也难以取得成效。反之，如果采用新方法研究天文学理论，或者沿用原有方法、理论研究新问题，那天文学及其相关学科就有望取得突破性进展或成果。

由于柏拉图认为传统天文观测方法无法真正认识"七大行星"运行规律，难以为制定精确的时间体系或历法提供可靠的理论依据，必须另辟蹊径地从几何学来研究"七大行星"运动规律，即使一开始付出大得多的代价也是值得的。由此，古希腊天文学研究取得了丰硕的成果，在数理天文学、几何学、天体测量学、几何光学等领域，取得了伟大成就，铸就了科学奇迹。伊斯兰世界对数理天文学问题的持续深入研究，导致他们在三角学、几何光学、数理地理学等领域取得了辉煌成就。如果我们从微观角度看，哥白尼《天体运行论》涉及的每一部分内容的原创比例都比较小，甚至可以忽略不计，所以哥白尼在撰写过程中，并没有带动其他相关学科研究，但是从整体角度看，哥白尼天文学理论涉及已有天文学理论要素的重新组合，改变了"七大行星"的顺序与秩序，带来了宇宙观的根本改变，因而具有伟大的意义，为两种宇宙观的验证与取舍奠定了坚实的基础。当以人类宇宙观验证为重要目标的科学选题得到研究之后，面对新问题，开普勒、伽利略等从新角度、运用新方法来研究或验证两种宇宙论，很快在天文学、数学、物理学等领域取得重大创新与突破，铸就了近代科学革命奇迹。

（二）古希腊科学衰落的原因在于天文学预期目标的完成以及缺乏新的具有广泛共识的科研选题，科学研究难以为继

从欧多克斯到喜帕恰斯，古希腊数理天文学模型的修订基本完成，

天文学家们认为他们找到了"七大行星"的运动规律,这意味着柏拉图确立的天文学目标基本实现了,能够为历法修订或制定提供一个可靠的理论支持。此后,希腊数理天文学失去了目标和方向,处于停滞状态。缪塞昂成立后最初两百年科学成果十分突出,对应的是数理天文学研究活跃时期,古希腊数理天文学从欧多克斯开始到喜帕恰斯完成天体运动模型,基本实现了柏拉图"拯救现象"目标。随后四百年,缪塞昂没有形成新的具有广泛共识的科研选题,整体科学成果平淡无奇,科学研究是学者自发、零星的行为,反映了个别学者的研究兴趣和偏好。此后,古希腊天文学模型的完善,更多的是涉及具体的复杂计算方法,科学层面的原创成果比较少。总之,亚历山大里亚的缪塞昂很难找到类似于数理天文学模型那样的研究主题来拉动自然科学进步。

从某种意义上看,缪塞昂的兴衰反映的所谓古希腊特有的科学精神或文化,仅仅是在修订历法并推动天文学深入研究过程中展现出来的一种职业素养或科学素养,并非推动古希腊科学奇迹的原动力。尽管有国家提供的供养体系,缪塞昂科学家可以衣食无忧地从事科学研究,但他们依然无法提出具有广泛共识的重要研究选题。尽管他们曾经关注过近代科学革命深化过程中涉及的验证两种宇宙论(即日心说与地心说)的重要问题,包括自由落体运动、地球表面物体的运动、恒星视差等问题,但没有进行深入、系统研究。如果他们对以上问题进行深入、系统的研究,即使无法取得像开普勒、伽利略和牛顿那样伟大的成就,至少也可以把古希腊或缪塞昂的科学提高到一个新的高度,而不是在近四百年的时间里几乎没有什么明显的成果。

现在我们已经知道,古希腊科学奇迹的主要内容是以天文学为核心的科学体系,主要是为建设更加精确的时间体系或历法服务的,很少直接涉及工业生产领域的科学。即使掌握科学知识的学者与参与具体劳动的奴隶和自由民之间没有所谓的身份隔阂与价值观上的歧视,能够在一起探讨生产问题,我们也无法想象他们能够创造出类似近代工业革命的成果。这么说并不意味着我们认为古希腊科学完全不能用在工业生产领域,而是说这些科学知识要应用在工业领域需要经过非常复杂的过程;这意味着企图通过科学知识与社会生产的结合来延续古希腊科学奇迹,几乎是不可能发生的事情。

至于宗教因素对古希腊科学事业的影响，我们不能完全否定，但也不宜高估。的确，在希腊化时代晚期，具有反智识倾向的宗教派别极其活跃，吸引了大量信徒，宗教神学与传统科学在智识与精神上形成了竞争，教派的活动严重削弱了科学研究动力。[①] 也有观点认为，基督教压制了希腊的学术研究。但实际情况是，早在基督教被确立为国教之前，古希腊科学衰落或发展步伐放缓的现象已经比较明显，因此，古希腊科学衰退实际上是古希腊科学事业的发展回归古代科学发展的常态。

（三）伊斯兰世界科学衰落原因揭秘

解决伊斯兰教信仰中的数理天文学问题，即信仰服务的时间准确性与方向确定性的问题，引发伊斯兰世界的科学研究并带动相关科学不断取得突破性进展。当有关宗教信仰的数理天文学问题基本解决，并且解决方法已经得到优化之后，围绕解决宗教信仰问题的数理天文学的发展也就告一段落。此后，伊斯兰世界没有对天文学及其相关科学产生新的明确需求，无法拉动科学研究百尺竿头更进一步，伊斯兰世界科学研究逐步回归古代社会正常状态，与其他国家和地区科学事业一样，不再光芒万丈，而是平淡无奇。

宗教宽容与否对伊斯兰世界的科学研究的确有一定影响，但不宜高估宗教因素对科学研究的促进作用或抑制作用，除非宗教有意愿且有能力对科学研究选题做出明确的制度性安排，否则宗教与科学的偶尔冲突，不会构成科学衰落的关键因素。

同理，伊斯兰世界的宗教宽容被单一宗教替代，也不是科学研究事业衰落的关键原因。因此，不宜高估单一宗教对伊斯兰世界科学研究的破坏作用，得出单一宗教信仰对科学研究造成致命打击的结论。另外，打破单一宗教对科学研究到底有什么作用，不宜一概而论。

实际上，真正导致伊斯兰世界科学衰落，或者更准确的说法是伊斯

[①] 〔美〕詹姆斯·E. 麦克莱伦第三、哈罗德·多恩：《世界科学技术通史》，王鸣阳、陈多雨译，上海科技教育出版社2020年版，第107页。

兰世界科学回归常态的，是缺乏具有广泛共识的科学研究选题。整个伊斯兰世界虽然偶尔也有一些新问题提出来，但都缺乏可持续性，没有像历法或时间体系那样的具有吸引力的问题，能够得到长期持续的研究。

（四）其他时期科学衰落问题探讨

在人类农业文明早期，古埃及人、苏美尔人、古巴比伦人曾经在历法或时间体系领域取得了辉煌的成就，相应地，这些古文明的科学也得到相当程度的发展，包括天文学、数学、光学等科学都达到了相当高的水平。当历法或时间体系问题得到基本解决，这些古文明的天文学、数学、光学等科学的发展也因为缺乏动力而停滞不前。

在哥白尼时代，《天体运行论》正式出版之后并没有引起太大的反响。如果格里高利历正式颁发没有引起新教徒极大的抗议浪潮，没有布鲁诺与人文学者大力宣扬哥白尼理论，没有对教会秉持的宇宙观造成尖锐对抗或竞争，所谓的近代科学革命可能就此结束，也不会导致近代科学革命的深化，而是回归常态，西欧科学发展可能仅仅是昙花一现。

可见，具有广泛共识的科研选题在引领科学研究与进步上的作用是其他因素不可替代的。

三 近代科学革命深化的原因和结果揭秘

科学研究选题应当由科学家自身决定似乎是一件理所当然的事情。但事实并非如此，科学研究选题应当由谁决定并非一个多余的问题。甘晓、王大明认为，科学研究选题可能由科学家自身、政府或公众决定，三者之间常常相互影响，显示出复杂的形式与机制。两位学者还指出，公众或传媒塑造的社会舆论导向可能对科学研究选题产生重大影响甚至决定性的影响；原本是科学家同行内部争论在媒体介入下演变成公开争议，并最终决定了科研项目的命运。① 近代科学革命深化过程中的科研选题，也存在类似的机制。

在16、17世纪之交的欧洲风雨飘摇年代，新教徒对格里高利历的强

---

① 甘晓、王大明：《后学院科学：谁决定了科学研究项目——以"天河工程"争议为例》，《自然辩证法通讯》2021年第9期。

烈抗拒导致新教徒中的天文学家继续天文学研究,希望制定或修订比格里高利历更好的历法,或者至少可以与格里高利历相媲美的天文历法;同时,布鲁诺四处宣扬《天体运行论》,揭示了地球只是一颗围绕太阳做圆周运动的普通行星,否定"地球是上帝特意安排在宇宙中心"的上帝创世说。哥白尼天文思想通过人文学者的诗歌、散文等作品迅速传遍西欧大陆,许多信徒和人文主义者利用哥白尼日心地动说与《圣经》创世说不同的观点来反对或攻击天主教会,有效地削弱了天主教会的形象与合法性,沉重地打击了天主教会的权威与地位。

天主教会面对日益严峻的挑战与威胁,希望通过对布鲁诺的火刑判决来平息对天主教会宇宙论不利的争议,但没想到事与愿违,西欧社会对两种尖锐对立的宇宙观愈发好奇,对两种宇宙观的好奇心理和舆论不断发酵,最终引发了学术界对宇宙真相的强烈的、浓厚的兴趣,让《天体运行论》成为最令人瞩目的天文学作品,这无形中极大地提升了验证哥白尼宇宙体系的社会价值,或者说提升了验证宇宙真相的学识价值。

实际上,行星位置或顺序问题,或宇宙论问题,原本是天文学家内部的分歧,却演变成西欧民众大量参与争论的问题,最后体现于开普勒、伽利略等人科学研究的选题,即验证两种宇宙论。

开普勒、伽利略等率先开始验证宇宙真实的图景,他们卓越的研究工作打开了验证两种宇宙论的大门,用杰出的科学发现和科学实验稳健地开辟了科学研究前进的道路,让其他学者看到了验证两种宇宙论是可行的科研选题,于是,笛卡尔、惠更斯、伽桑狄、梅森、罗贝瓦尔、沃利斯、波雷里等纷纷加入验证哥白尼体系正确性的研究队伍,推动了近代科学革命不断深化,并在天文学、数学、光学、力学等领域做出一系列突出创新。

在前人科学探索丰富成果的基础上,牛顿完成了哥白尼体系或哥白尼-开普勒体系的证明,近代西欧科学革命得以完成。最终科学成果体现在天文学、数学(微积分、解析几何、对数、数列)、力学或动力学、光学(近代几何光学、物理光学)等学科领域。

四 西方科学数学化与实用化问题的真相

李约瑟曾经将西欧自然科学的数学化看作科学的升级或前现代科学

向现代科学转变的关键,将数学假设成功地应用于对自然现象的系统的、实验性的研究看作现代科学兴起的标志。① 但卜鲁指出,这一标准并不合适,将数学用于自然知识分析在 17 世纪之前已经在一些文明中出现,他进一步引用席文的观点指出,古代中国的和声学与天文学早已运用数学来分析问题。② 可见,虽然李约瑟对自然科学的数学化问题非常关注,但坦率地讲,李约瑟这一评判现代科学的标准虽不完美,却反映了自然科学数学化问题的重要性。实际上,大家比较熟悉的自然科学大规模数学化是古希腊和西欧自然科学的数学化。

1. 古希腊自然科学数学化

古希腊辉煌的科学成就常常被称为奇迹,奇迹通常被认为无法得到完整的合理解释。古希腊科学数学化现象的传统解释十分强调"万物皆数"的思想观念潜移默化地影响了希腊社会,导致希腊人形成偏爱数学分析的习惯,形成了独特的科学精神和文化,这些观念和科学精神的传承与延续,是铸就希腊科学奇迹的关键。

但迄今为止,我们并没有找到"万物皆数"思想与偏爱数学分析习惯形成的直接证据,也没有找到古希腊特有的科学精神与古希腊科学数学化奇迹存在明确因果关系的证据。

即使没有"万物皆数"以及数学分析重要作用的观念以及与此相关的科学精神,只要希腊学者想建构修订历法的天文学理论或行星天文学理论,必然要将天文学进行数学化或将天文学与数学进行深度融合。这早已为人类文明实践所证实。因此,古希腊科学数学化奇迹的基本逻辑是制定一部准确的历法或时间体系的内在要求,它推动了天文学及其相关的自然科学领域的数学化。

综观诸多古文明,都有自己的数理天文学或天文学的数理化,它们无一不是历法或时间体系制定或修订的必然结果。

因为历法修订的需求,柏拉图认为"七大行星"是一个整体,需要

---

① 〔英〕李约瑟:《文明的滴定》,张卜天译,商务印书馆 2018 年版,第 178 页。
② 卜鲁:《科学、文明与历史:与李约瑟的后续对话》,郑巧英译,载刘钝、王扬宗编《中国科学与科学革命:李约瑟难题及其相关问题研究论著选》,辽宁教育出版社 2002 年版,第 538 页。

在真正搞清楚"七大行星"运动规律基础上，厘清年、月、日之间的复杂关系，所以他提出"拯救现象"的研究纲领，推动了古希腊数理天文学研究。可见，是历法修订的需要要求天文学、光学进行量化研究，进一步地，天文学量化模型验证需要天体测量数据、地理位置数据，推动天体测量学、数理地理学的发展。因此，归根结底是历法修订需要天文学量化或精细研究带动了天体测量学、数理地理学、几何光学等相关自然科学的量化发展，造就了古希腊科学奇迹。

可见，从准确历法或时间体系修订这一角度解释古希腊科学奇迹，具有清晰的因果逻辑关系。

2. 近代自然科学数学化

近代科学革命始于哥白尼《天体运行论》，哥白尼创作的目的是为儒略历修订提供一个可靠的天文学理论依据。哥白尼创作天文学理论的动力深受柏拉图影响。柏拉图认为，一个准确的历法或时间体系可以给国家、民众带来数不尽的好处，哥白尼十分赞同柏拉图这一观点，并长期不懈地研究各种天文学理论，在此基础上十分耐心、认真地撰写《天体运行论》，因为他相信自己的努力创作能够给社会带来无穷的好处。哥白尼创作思路显然深受柏拉图影响，柏拉图认为，要制定准确的历法必须将七大行星运行规律研究透彻，才能为历法制定提供可靠的天文学理论。哥白尼首先重组了行星位置与秩序以更好地"拯救现象"，在此基础上，他基本沿用了托勒密的方法体系，仍然运用几何学来创作天文学理论。

西欧近代科学革命的深化逻辑是社会舆论影响科学家科研选题的典型例子。开普勒试图验证哥白尼体系是正确的、真实的宇宙图景，而托勒密、第谷体系是错误的宇宙图景，显然，开普勒必须采用数学方法，因为无论是哥白尼的《天体运行论》，还是托勒密《至大论》，都是数学（几何）方法撰写的天文学理论，验证这些理论中涉及的行星运动轨道当然离不开数学（几何）。

但令人意外的是，开普勒发现行星运动轨道并非传统认为的正圆，而是椭圆。开普勒随即在1604年出版的《天文学中的光学》中探讨了自己对各种圆锥曲线基本性质的认识，在西欧掀起了一股阅读和研究圆锥曲线的热潮，费马、笛卡尔是其中的佼佼者，他们发现运用坐标体系来研究圆锥曲线能够极大地简化圆锥曲线的复杂性，由此开创了解析几何。

当开普勒发现了行星运动的面积定律之后，他采用了穷竭法，这种方法最早是古希腊欧多克斯开创的计算面积的方法，后来阿基米德加以完善。开普勒运用穷竭法计算面积的方法引起西欧数学爱好者学习阿基米德数学方法，他们感到阿基米德的穷竭法太过复杂，于是试图找到更为简便的方法，创造了新的曲线面积求解方法，比如不可分量方法等。另外他们还模仿阿基米德穷竭法计算曲面体积，并做了改进，例如开普勒改穷竭法为无穷小方法计算酒桶体积，试图降低计算难度。另外伽利略利用不可分量方法计算汤碗体积，卡瓦列里运用不可分量计算不规则物体体积，最终许多数学家和数学爱好者掀起了一股创新计算物体面积和体积的浪潮。

阿基米德曾经用数列来表示运用穷竭法计算的弓形面积，也引起西欧数学爱好者和数学家模仿与创新，他们运用数列来表示各种曲线面积，最后演化成数列研究。

此外，关于力学、光学的数学化，也都与两种宇宙观的验证直接或间接相关。先是验证宇宙论的需要让力学、光学数学化，然后引发科学爱好者和科学家的关注并参与其中，在他们的共同推动下，力学、光学等学科的研究范围逐渐扩张，内容逐渐丰富，最终形成了天文学、物理学、光学的数学化，数学本身也得到极大的发展。

第二节　研究展望

一　近代科学革命与工业革命的关系

如果说农业革命是人类历史上第一个分水岭，标注着野蛮与文明的分界线，那么工业革命是人类历史上第二个分水岭，标注着现代文明与传统文明的分界线。农业革命是人类对稳定食物的渴求推动的，这是一个比较清楚的历史事实，但是为什么会发生工业革命？工业革命与近代科学革命之间的关系到底是什么？到目前为止仍然存在许多待解之谜。目前，两者之间的关系存在三种观点，即强相关、弱相关与不相关。

（一）强相关说

经济史学家莫基尔、戈德斯通等坚持认为科学革命对工业革命具有至关重要或决定性的作用，两者之间存在明显的因果关系。

莫基尔在多部著作中反复阐述了一套颇有说服力的理论，最终将促使各类新发明、新技术在工业革命期间次第涌现的原动力归结为科学革命和启蒙运动。① 他明确提出，"要理解工业革命为什么在那时发生，就必须从17世纪的科学革命中寻找答案"。② 他认为科学思想对工业技术进步的影响要比大多数文献所揭示的时间要早得多。工业革命前，欧洲相对自由思想市场已较为成熟，有利于技术创新。大约1450年开始，西欧就已经出现了相对而言比较自由的思想。虽然各种科学思想有时会被教会视为异端，但经过大约两个世纪的洗礼，即大约17世纪末期的时候，正统和异端的争论逐渐趋于平稳，政府对异端邪说的压制渐趋停止，市场作为新技术的孵化器的角色在17世纪末期趋于成熟。③ 戈德斯通、马克·埃尔文、罗斯托、汤浅光朝、罗伯特·艾伦以及一些科学家基本支持这一类观点。

（二）弱相关说

沃勒斯坦明确指出，科学革命与工业革命不存在紧密相关性，因为几乎没有科学史学家相信在1750年至1850年这段时期科学和技术曾出现过转折性的突破，相对而言，17世纪或20世纪都更具入选资格。④ 显然，沃勒斯坦否定了科学革命与工业革命的所谓的因果关系，但认为二者有一定关系。

（三）不相关说

英国科学家、科学史家约翰·德斯蒙德·贝尔纳在详细考察工业革命与科学革命的历史发展脉络之后，对工业革命与科学革命之间的历史联系做出了自己的界定，他指出："工业革命主要不是，而在早期几个阶

---

① 〔英〕罗伯特·艾伦：《近代英国工业革命揭秘》，浙江大学出版社2012年版，第371页。
② Joel Mokye, *The Gifts of Athena: Historical Origins of the Knowledge Economy*, Princeton, NJ: Princeton University Press, 2002: 29.
③ Mokyr. J., *The Market for Ideas and the Origins of Economic Growth in Eighteenth Century Europe*, Heineken Lecture, Univerrily of Groningen, 2006: 102.
④ 〔美〕沃勒斯坦：《现代世界体系》第三卷，高等教育出版社2000年版，第17页。

第十一章 四个主要发现与展望

段中肯定不是科学进展的产物。"[1] 显然，贝尔纳认为，近代科学革命不是工业革命发生的原因，尽管工业革命发生一百多年后，开始对科学提出需求，但不能因此就认为两者存在因果关系。贝尔纳特别强调，在十八世纪，"就实效论，科学对工业毫无贡献。在十九世纪初，科学却要成为人类生产力中主要因素之一且不失其学院式的特征。"[2] 这一结论是贝尔纳在详细考察工业革命和科学革命的历史联系基础上得出的，因此值得重视。

库恩认为，"不是别的，而是神话蒙蔽着我们，使我们不能清楚地认识到，除了最近这个阶段，在人类历史的其他所有阶段，智力（指科学知识，引者注）需求的发展几乎无须与技术发生关系"[3]。在这里，库恩显然认为将近代科学革命作为工业革命的前提条件或决定性条件并非历史事实，更像荒唐的神话传说一样，并不可信。

吴国盛认为工业革命和近代科学革命基本无关，他明确指出："工业革命基本上是在与理论科学研究完全无关的情况下发生的，但马上带动了相应学科的发展。科学自此越来越面向实用技术，并形成科学与技术相互加速的循环机制。"[4]

持有类似观点的学者还有夏平、贡德·弗兰克、亚当斯、诺思、古川安、莫森和罗宾逊[5]、兰德斯[6]、马赛厄斯[7]、霍尔[8]。

---

[1] 〔英〕约翰·德斯蒙德·贝尔纳：《历史上的科学：科学革命与工业革命》，伍况甫、彭家礼译，科学出版社2015年版，第386页。

[2] 〔英〕约翰·德斯蒙德·贝尔纳：《历史上的科学：科学革命与工业革命》，伍况甫、彭家礼译，科学出版社2015年版，第417页。

[3] 〔德〕贡德·弗兰克：《白银资本：重视经济全球化中的东方》，刘北成译，中央编译出版社2013年版，第2版，第179页。

[4] 吴国盛：《科学的历程》，湖南科学技术出版社2018年版，第315页。

[5] Musson, A. E., and Robinson, Eric (1969). *Science and Technology in the Industrial Revolution*, Manchester, Manchester University Press.

[6] Landes, David S. (1969). *The Unbound Prometheus: Technological Change and Industrial Development in Western Europe from 1750 to Present*, Cambridge, Cambridge University Press, pp. 113-114, 323.

[7] Mathias. Peter (1972). Who Unbound Prometheus? Science and Technical Change, 1600-1800, in A. E. Musson, *Science, Technology and Economic Growth in the Eighteenth Century*, London, Methuen, pp. 69-96.

[8] Hall, A. Rupert (1974). What Did the Industrial Revolution in Britain Owe to Science?, in Neil McKendrick (ed.), *Historical Perspectives: Studies in English Thought and Society*, London, Europa Publications, pp. 129-51.

二 李约瑟难题破解展望

假如我们认可近代科学革命始于哥白尼革命，那么关于近代科学革命为什么起源于西欧的问题？现在已经有了明确的答案，即哥白尼为了给儒略历改革提供可靠的天文学理论而创作《天体运行论》，这个结论相当可靠。假如我们不认可近代科学革命始于哥白尼革命，继续往前追溯哥白尼之前西方天文学研究轨迹，依然是以儒略历修订为核心，或许可以说儒略历修订引起了西欧近代科学革命，但近代科学革命始于天文学领域，应该不会有太大的争议。

无论是哪一种观点与结论，都没有脱离本书稿的主题，即人类时间体系建设，推动了科学起源、发展、演变，直到近代科学革命，两者存在十分密切的关系。当然，我们前文也强调指出，只有在制定历法或修订历法时使用新的方法（如古希腊）或对历法精确度有新的需求（如伊斯兰世界），才会拉动天文学研究，进而天文学研究拉动其他学科研究，以天文学为核心的科学体系才会有新的突破。

沿着人类时间体系建设主线，本书还得出了一些重要观点，例如，关于"拯救现象"以及古希腊天文学研究的最终目的是为历法修订提供可靠的天文学理论，希腊自然科学数学化的主要原因仍然是为历法修订而创作数理天文学的必然结果。

由于时间和水平限制以及科学发展历史的复杂性特点，按照新思路、新角度来解析科学发展的历史难免存在各种各样的不足或缺陷，需要不断努力加以完善。但本书可能对古希腊科学奇迹的研究、近代科学革命之谜研究以及整个科学史研究带来不一样的有益帮助，有助于推动真正破解李约瑟难题。

虽然距离李约瑟难题的真正破解还有很长的路要走，还有很多困难需要逐步克服，但对未来的进一步研究似乎可以乐观一些，对李约瑟难题最终得以正确解析的目标似乎不再遥不可及。

另需特别注意的是，近代科学革命是关于时间体系科学革命或者解释时空关系的科学领域的根本性突破。李约瑟难题则侧重于对近代中国生产技术领域的相对落后的原因探索，李约瑟曾经多次指出，要从中国没有发生工业革命角度解释近代中国科学技术落后的原因。在 17、18 世纪，时空科学理论与生产技术领域的科学理论两者之间不存在直接联系，甚至也很难找到两者之间有确凿证据的间接联系。

因此，我们要十分谨慎地对待"科学革命推动了工业革命"的流行观点，用科学史家科恩的话讲，就是"我们无法设想没有一场科学革命在先的工业革命"①。虽然这种观点极为流行，但究竟是否正确、在什么条件下正确，还需要进一步论证。不加考证地将近代科学革命作为英国原发性工业革命的前提与基础，在理论上存在很大的风险。首先，从逻辑上讲，近代科学革命所有一切成果如天文学、数学、光学、力学最终都表现为公共品，谁都可以学习，只要愿意学习，就不存在落伍的问题；如果要问 18 世纪的科学水平最高的国家，相信大家都会选择法国，而不是英国，但工业革命偏偏发生在英国。其次，众所周知，工业革命首先发生在纺织工业领域，其标志性工具是水力纺纱机，必须解释清楚时空科学理论在工业革命发生时对纺织业的生产技术做出了什么特殊贡献，让工业革命得以发生。

我们可以明确的是，近代科学革命的目的不是生产领域的科技进步，那么，西欧社会生产领域的科技进步又是什么因素造成的？这需要我们进一步系统深入探索，找出科学革命从时空科学理论转向促进生产领域科学技术创新的理论逻辑链条和历史条件。这样，我们就可以揭开工业革命之谜，从而合理地解析李约瑟难题。

---

① 〔荷〕H. 弗洛里斯·科恩：《科学革命的编史学研究》，张卜天译，湖南科学技术出版社 2012 年版，第 502 页。

后　记

　　历史谜题的破解经常一波三折，看似合理的解释往往因为新的历史资料的发现而被无情推翻，而新的发现又会引发新的争论和新的发现，如此循环往复。但只要历史谜题还未得到合理的解释，就一定会吸引更多的学者对其加以探究，这或许就是历史谜题本身的魅力。近代科学革命之谜和李约瑟难题既是人类发展历史上两个极其迷人的难题，又是两个联系非常紧密的历史谜题，召唤着众多学者乐此不疲地追寻准确而合理的解释。在笔者看来，一般情况下，人们对历史谜题的答案并没有太多奢求，他们仅仅期待一种能够实现理论逻辑推论与历史事实相统一的合理解释。

　　但是，对中国人而言，近代科学革命之谜与李约瑟难题之所以对我们具有如此强的吸引力，绝不仅仅因为它们是饶有趣味的历史问题，还因为这两个历史谜题的解析，直接关系到我们如何正确认识近代中国历史。

　　自 2013 年起，笔者就开始大量查阅世界科学史以及李约瑟难题的相关文献，直到 2016 年，笔者认为重要文献已经基本查阅完毕，但仍然没有找到历史谜题的合理解析思路，即理论逻辑推论与历史事实相统一的合理解释。于是，笔者做了一个非常艰难的决定，决心克服一切可能的困难，从零开始，努力实现合理、正确地解析历史谜题的学术目标。

　　本书是笔者长期探索李约瑟难题的阶段性成果。在历尽各种波折与艰辛之后，最终发现定居农业的产生、古希腊科学奇迹、伊斯兰阿拉伯辉煌科学事业以及近代科学革命都是人类时间体系建设的结果。

　　人类时间体系建设拉动了时空科学理论研究。时空科学理论创新始于原始社会，在古希腊古典时代取得了辉煌成就，有伊斯兰阿拉伯世界数百年间的应用与创新，最后在近代科学革命中得以完成。整个过程由历法修订或建立精确的时间体系引起，拉动了天文学研究，而天文学研究对数学、力学、光学、地理学创新提出实际的要求，这些学科的理论创新承担着天文学研究的工具角色，有效地服务了天文学研究。在时间体系建设中，往往一个问题解决了，又会产生或发现另一个新问题，持续引导着科学创新的方向与历程。其间，某个学科创新知识的出现，往往又会引起该学科爱好者或科学家的浓厚兴趣或好奇心理，诱导他们在新知识基础上做进一步研究与创新，最终形成了数学、天文学、力学、光学、数理地理学等相关学科的突破性发展，构成了古希腊、伊斯兰阿拉伯、近代西欧科学奇迹的主要内容。

如果将天文学及其相关科学理论剔除掉，则三个科学辉煌时代（原始社会科学奇迹缺乏文献）只剩下具有部分科学成分的炼金术和医学。当天文学研究预期目标完成，科学的发展也就失去了动力，上述三个科学辉煌时代无一例外地丧失了发展科学事业的动力，出现了所谓的科学事业的衰落，实际上是回归古代科学发展正常状态，而古代科学所谓的奇迹或辉煌就是因为天文学专项研究取得了一系列科学成就。从原始创新角度看，古代社会三次科学奇迹的开始、兴盛和衰落与专项天文学研究的开始、繁荣和退出的时间点基本相吻合。

回望多年前的决定，还是认为自己太过疯狂，明知道自己要研究的题目是一个难度极高的问题，历经11年才有这么一个阶段性成果，但自己并不后悔。在研究中对古希腊科学奇迹、哥白尼革命以及原始社会科学起源的探索和发现，给我带来很大的欣慰，也相信会给同行们带来有益的帮助或启发；唯一的遗憾是这些发现太晚了一些，2022年开始才有这些发现与思路。但与前辈和同行相比，又觉得自己比较幸运，我想这可能是因为我能够在前辈和同行在相关领域的大量重要成果基础上进行研究。当然，由于时间和水平限制以及科学发展历史的复杂性特点，按照新思路、新角度来解析科学发展的历史难免存在各种各样的不足或缺陷，需要不断努力加以完善。

至此，虽然离真正破解李约瑟难题还有较长的路要走，但笔者相信，破解这一谜题不再遥不可及。

本书的写作和出版，得到笔者所在单位领导与同事的大力支持与鼓励，对此深表感激！其中，特别要感谢的是福州大学副校长黄志刚教授、博导，长江学者、福州大学经济与管理学院院长王应明教授、博导，福州大学经济与管理学院副院长严佳佳教授、博导，福州大学经济与管理学院院长助理李艺全研究员等的大力支持与帮助；正是他们的大力支持与慷慨赞助，本书才得以出版。十分感谢我的同事卢长宝教授、博导，方建国教授，裴宏副教授对书稿写作与出版的有益评论与帮助。十分感谢经贸系主任龙厚印副教授对本书出版的热心支持与帮助。最后，要特别感谢的是社会科学文献出版社陈凤玲编审对书稿的审核、选题申报等工作的悉心支持与指导，感谢陈凤玲编审、武广汉编辑对本书修改、出版提供的宝贵意见，他们为本书出版付出的艰辛努力给我留下十分深刻的印象。此外，特别感谢我的家人对书稿撰写的理解和支持。

由于本书写作涉及的知识面十分广阔，作者本人学识水平所限，加上时间又比较仓促，本书可能存在不少缺陷或错误，恳请广大读者与同行不吝批评指正！

图书在版编目（CIP）数据

追问科学起源：时间体系与四次科学奇迹 / 陈资灿著 . --北京：社会科学文献出版社，2024.7. --ISBN 978-7-5228-3924-0

Ⅰ. G3

中国国家版本馆 CIP 数据核字第 2024JX0819 号

追问科学起源：时间体系与四次科学奇迹

| 著　　者 / 陈资灿

| 出 版 人 / 冀祥德
| 组稿编辑 / 陈凤玲
| 责任编辑 / 武广汉
| 责任印制 / 王京美

| 出　　版 / 社会科学文献出版社·经济与管理分社（010）59367226
　　　　　　地址：北京市北三环中路甲 29 号院华龙大厦　邮编：100029
　　　　　　网址：www.ssap.com.cn
| 发　　行 / 社会科学文献出版社（010）59367028
| 印　　装 / 三河市龙林印务有限公司
|
| 规　　格 / 开　本：787mm×1092mm　1/16
　　　　　　印　张：29　字　数：439 千字
| 版　　次 / 2024 年 7 月第 1 版　2024 年 7 月第 1 次印刷
| 书　　号 / ISBN 978-7-5228-3924-0
| 定　　价 / 99.00 元

读者服务电话：4008918866

版权所有 翻印必究

v